甘肃省“十四五”普通高等教育规划教材

国家级一流本科专业建设成果教材

大跨度空间结构

DAKUADU
KONGJIAN JIEGOU

第二版

王秀丽 主编　梁亚雄 吴 长 副主编

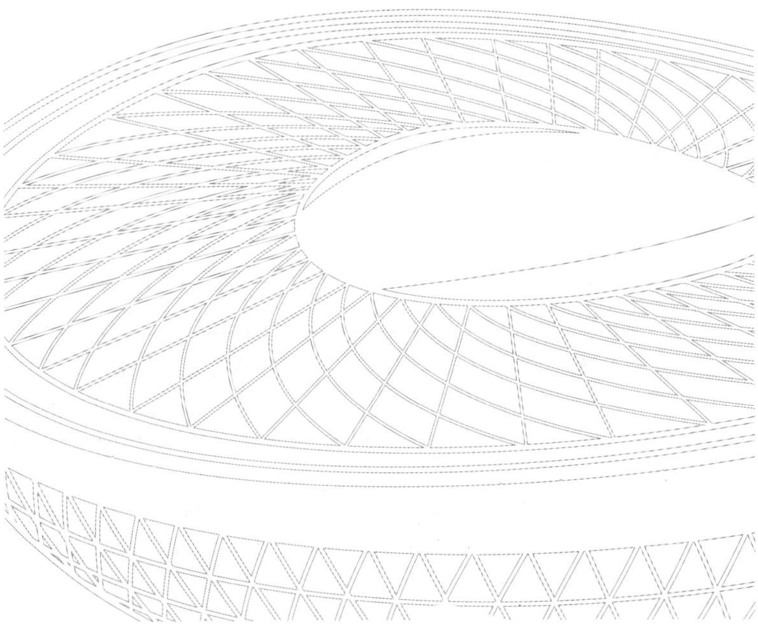

化学工业出版社
·北京·

内容简介

《大跨度空间结构（第二版）》共分8章，主要介绍了网架结构、网壳结构、悬索结构和膜结构、管桁架结构以及空间组合结构和新型结构体系，空间组合结构和新型结构体系简要地介绍了组合网架结构、斜拉结构、折叠式网壳结构、张弦结构、张拉整体结构、索穹顶结构、仿生结构、自由曲面结构、开合结构。各类型结构主要阐述了其设计方法与分析理论，突出实用的设计分析方法，第1～5章都有实际应用案例介绍。第7、8章分别为空间结构创新与结构设计大赛、大跨度空间结构健康监测简介。各章后均有思考题。

本书可作为高校土木工程专业的课程教材，适合学时为32～40学时，各学校可根据需要进行内容取舍。此外，本书也可以作为建筑学专业结构选型的参考，也可供科研、设计、施工和管理人员参考。

图书在版编目（CIP）数据

大跨度空间结构 / 王秀丽主编 ；梁亚雄，吴长副主编. -- 2版. -- 北京 ：化学工业出版社，2025. 8.
（国家级一流本科专业建设成果教材）. -- ISBN 978-7-122-48646-2

Ⅰ. TU399

中国国家版本馆CIP数据核字第2025KA1861号

责任编辑：刘丽菲　　　　装帧设计：刘丽华
责任校对：李　爽

出版发行：化学工业出版社
（北京市东城区青年湖南街13号　邮政编码100011）
印　　装：三河市双峰印刷装订有限公司
787mm×1092mm　1/16　印张17½　字数430千字
2025年12月北京第2版第1次印刷

购书咨询：010-64518888　　　　售后服务：010-64518899
网　　址：http://www.cip.com.cn
凡购买本书，如有缺损质量问题，本社销售中心负责调换。

定　　价：59.80元

前言

大跨度空间结构是衡量一个国家建筑科技水平的重要标志之一，也是国家经济、文化及文明发展的象征。空间结构受力合理，造型优美，同时符合绿色、智能建造的理念，因此在体育场馆、航站楼、铁路站房中都得到了广泛的应用。近40年，我国的空间结构得到了长足的发展，我国已经成为空间结构大国，正在向空间结构强国迈进。在这样的时代背景下，作者团队结合空间结构的发展状况修订了本书。

修订后全书共分为8章，第1章为概述，重点介绍空间结构的演变与发展历程，结合基本传力理论探讨空间结构构成，并给出空间结构的分类形式，同时补充了一些应用新材料的空间结构，便于读者全面了解空间结构的演变与发展的相关性。第2、3章重点介绍工程中最常用的网架与网壳结构，旨在满足常规工程设计需求，并强化空间网格结构的实用设计方法；第4章介绍了悬索结构的主要特征及其主要设计要点；第5章是常用的钢管立体桁架体系，按照规范完善了相贯节点的设计要点；第6章对其他多种形式的空间结构体系进行介绍，对具有发展潜力的各种新型结构体系，包括索穹顶结构、张弦结构、仿生结构、开合结构等进行了介绍。考虑到空间结构体系与组成方式对启发学生们的创新思维很有益处，本次再版增加了第7章，主要介绍结合全国结构设计大赛相关知识点加入结构分析的赛题，供学生们学习和思考；最后结合近年来空间结构健康监测的发展，本书增加了第8章，介绍了大型空间结构健康监测的相关内容，并给出了实际工程案例，供读者参考。

特别需要说明的是，本书所列举的有关研究工作及工程项目得到国家自然科学基金项目（51778273、52368001）、甘肃省建设厅等项目的资助，甘肃省建筑勘察设计院、中国十七冶集团、中国航空规划设计研究总院、甘肃建设监理有限公司、中铁建工集团、中建三局一公司等单位也为研究工作提供了大量的工程背景和研究平台，部分研究生参加了相关研究工作，为本书部分章节提供数据，在此一并表示诚挚感谢。

本书由王秀丽主编，梁亚雄、吴长副主编，编写分工如下：王秀丽修编第1～3、8章，梁亚雄修编第4章，王秀丽、冉永红修编第5章，吴长、罗斌修编第6章，王秀丽、吴长、冉永红修编第7章，全书由王秀丽负责统稿。

由于时间仓促，加之作者水平有限，书中难免有不足和疏漏之处，恳请读者批评指正。

编者

2025.5

第一版前言

大跨度空间结构的设计与建设是衡量一个国家建筑科技水平的重要标志之一，也是国家经济、文化及文明发展的象征。近年来随着我国经济的腾飞，空间结构越来越广泛地在工程中应用，相关的内容十分丰富，空间结构的分析与设计得到越来越多的重视。对于结构设计人员而言，空间结构领域有更多的创造性设计，对于培养学生创新性思维也有极大的促进作用，因此各高校开设大跨度空间结构的课程，旨在让更多的学生掌握空间结构基本选型、设计理念和设计方法。

结构选型与概念设计是空间结构重要的设计与研究内容之一。本书着重从结构形式和概念设计的角度出发，结合概念设计的基本原理，着重介绍大跨度空间结构体系的分类及特点，强调结构选型的重要性，并阐述各类结构的主要分析理论与设计方法，同时为了启发读者的创新思维，增加了工程案例，对其中部分工程进行点评，并对部分作者参与的实际工程设计与分析进行介绍，欢迎读者对此共同探讨（wangxl9104@126.com）。此外书中部分内容结合作者近年的研究工作连同概念设计给出一些参考构造，便于同行参考。

全书共分为6章，第1章为概述，重点介绍空间结构的演变与发展的历程，结合基本传力理论探讨空间结构构成的概念，此外结合工程实例说明空间结构概念设计的重要性，并对材料选用及相关内容进行了介绍，便于读者全面了解空间结构的演变与发展的相关性；第2、3章着重介绍工程中最常用的网架和网壳结构，以满足常规工程设计的需求；第4章介绍了悬索结构和膜结构的主要力学特征及其设计要点；第5章是目前应用较多的管桁架体系，重点地对这类结构节点构造等进行介绍，并对相贯节点的设计进行论述；第6章对各类其他形式的空间结构进行介绍，同时对具有发展潜力的各种新型结构体系，包括索穹顶结构、弦支穹顶结构等进行了介绍。

本书内容参考了大量国内外空间结构著名专家学者的专著、研究论文以及工程实例，在此对相关的作者表示衷心的感谢。特别需要说明的是，本书所列举的有关研究工作及工程项目得到国家自然科学基金面上项目（51278236），国家科技支撑计划（2011BAK12B07），甘肃省科技厅、建设厅及教育厅项目的资助，同时甘肃省建筑勘察设计院、中国市政西北设计研究院有限公司等工程单位也为研究工作提供了大量的工程背景和研究平台，殷占忠、马肖彤、冉永红、苏成江、王本科、虞崇钢等分别参加了部分相关的设计和研究工作，为本书部分章节提供数据平台，在此一并表示诚挚的感谢。

本书由王秀丽任主编并编写第1～3章，梁亚雄负责编写第4章，王秀丽、杨文伟负责编写第5章，吴长负责编写第6章，全书由王秀丽负责统稿。

由于时间仓促，加之编者水平有限，书中难免有大量的不足和疏漏，恳请读者批评指正。

编者

2017.1

目录

第1章 概述

1.1 建筑空间与大跨度空间结构

1.1.1 空间结构的概念

空间结构（space structure 或者 spatial structure）的基本定义是“创造宏大的内部空间的产物”，主要是利用空间形态或者三维形态抵抗外力。空间结构不仅考虑结构的内部空间，也顾及结构外部空间的影响；不仅要直接表达力学理念，也要通过规模、形态来展示建筑意图，同时空间结构的发展与进步，也是伴随着建筑材料与结构体系以及建筑技术综合发展的过程。

空间结构的创建中，材料、形态、体系和结构的表现深深地交织在一起，展示出建筑造型与结构体系的高度和谐（图 1-1、图 1-2），这就要求建筑师和结构工程师密切合作。空间结构的发展也带来了施工技术的发展，因此空间结构是建筑艺术与科学技术协调统一的工程杰作。

图 1-1　大连友谊广场

图 1-2　斯图加特观光塔

从结构受力分析与空间构成的角度出发，无法简化为平面结构的结构均为空间结构。实际上每个结构都应该是三维的，而对于某些工程可采用简化的平面体系分析即可满足其主要受力特性。兰州中山桥（图 1-3）是位于兰州城北白塔山下的黄河铁桥，是兰州境内历史最悠久的古桥，有“天下黄河第一桥”之称。1954 年，兰州市人民政府整修加固了铁桥，又增加了五座弧形钢架拱梁，使铁桥显得坚固耐用，气势雄浑。其中弧形钢架拱梁可以按照平面结构进行分析与设计。此外，目前大量采用的门式刚架结构（图 1-4），均可采用平面结构进行分析，既可以满足工程设计要求，又可以简化计算。

图 1-3　兰州中山桥

图 1-4　典型的门式刚架结构

1.1.2　利用空间结构实现宏大的内部空间

随着世界工业化的发展，人们对大跨度结构的功能要求也越来越高。空间结构由于其造型丰富多样，构成灵活机动，成为建筑师和结构工程师共同寻求解决结构整体空间问题的同一途径，因此合理协调建筑空间效果与寻求最佳受力的结构体系是空间结构的发展方向，也使得结构向超大跨度方向发展成为可能。

图 1-5　富勒的曼哈顿穹顶

世界上许多著名设计师认为网壳结构是空间结构中可以覆盖最大跨度和空间的结构形式。凯威特从理论上分析认为联方形网壳的跨度可以达到 427m，1959 年富勒曾提出建造一个直径达 3.22km 的短程线球面网壳（图 1-5），覆盖纽约市第 23～59 号街区，该网壳重约 80000t，每个单元重 5t，利用直升机可以在三个月左右安装完毕。日本的巴组铁工所认为 21 世纪将是人类创造舒适、清洁、节能的新型城市的时代，因此曾经提出跨度 500m 的全天候多功能体育、娱乐场所和跨度 1000m 的理想未来城市的穹顶空间（图 1-6）。对于如此大的空间结构的可行性和实用性研究是一个值得探讨的问题。

图 1-6　日本的未来之城

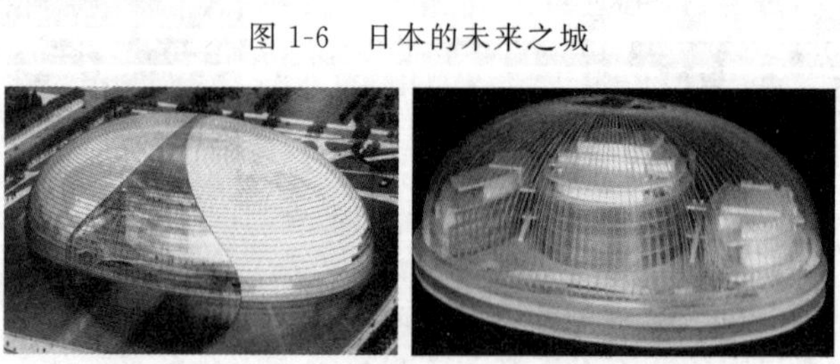

图 1-7　国家大剧院外形与内部空间结构

空间结构的发展是与经济水平及各种需求的发展密切相关的。近年来有不少的工程利用空间结构实现楼中楼的体系，例如国家大剧院工程，见图 1-7，就是采用了外围的一个大型空间网壳结构实现了集歌剧院、戏剧院、音乐厅为一体的多功能建筑结构。

又如北京侨福花园工程（图 1-8）是基于现代环保设计的理念，用一个环保罩将四栋建筑物覆盖在其中的空间结构。该工程建筑面积14.4万平方米，占地3万平方米，地下三层，地上共有四座塔楼，其中A、B座为两栋完全相同的19层、总高为78m的高塔，C、D座为两栋完全相同的11层、总高为41.7m的低塔，内部的四栋建筑均为钢筋混凝土框架剪力墙结构。

图1-8 侨福花园工程

环保罩由分别沿着东西和南北28°角倾斜的两个三角形斜面组合而成，由正交加斜交的交叉梁组成空间结构体系，上端铰接下端固定支承于塔楼屋顶的钢管柱上，铰接处采用铸钢支座；环保罩的侧面为玻璃幕墙结构，靠内部的塔楼作为其平面外的侧向支撑，四片侧罩在角部设伸缩缝分开。

1.1.3 空间结构应用范围的拓展

空间结构的造型是由理性的思考而来的，如结构体系的确认、相关条件的选择都具有多样性与创造性。世界著名空间结构专家、国际IASS学会主席、结构设计大师——德国斯图加特大学教授约格·施莱希在他的著作《轻型结构》中谈道：对于每一个任务，无论怎样仔细地加以定义，都会有无数个主观的概念设计，因此你总有机会发展自己的构思，仍然可以构造一个有个性的区别于其他任何东西的作品。这就表明空间结构的形成与发展无不具有创造性。在这个创造的过程中，概念设计是每一个作品的指导方针及原动力，它既是建筑形态是否能够实现的基本保证，又是作品是否具有独特风格的思维构成。

国内外大量兴建的各类体育场馆均选择了空间结构作为主要承重体系，造型日渐丰富。例如甘肃省庆阳体育馆采用了复杂造型的曲面网壳外加弧形大拱结构体系（图1-9）。该工程位于甘肃省庆阳市西峰区世纪大道，建筑面积19505m^2；建筑层数地上4层；建筑高度15.45m；下部结构为框架；基础为柱下条形基础；屋面结构为钢结构，其中比赛馆屋盖平面尺寸为100.20m×108.00m，屋盖高度17.8m，训练馆屋盖平面投影尺寸为48.69m×65.4m，高9m，均采用双向交叉立体桁架构成的曲面钢网壳结构，焊接球节点与相贯节点配合使用。

图1-9 甘肃省庆阳体育馆

此外，其他各类结构均可采用空间结构的设计理念进行分析与设计，使其工程应用的范围日益增加，如高度 46m 的南海大佛雕塑骨架，各种塔桅结构，深圳世界之窗入口金字塔网架（图 1-10），贵州人行天桥网架（图 1-11）等。

图 1-10　深圳世界之窗入口金字塔网架

图 1-11　贵州人行天桥网架

1.2　轻型结构与空间结构

空间结构具有受力合理、整体性和稳定性好、空间刚度大、抗震性能好、造型美观等优点。人们一直在寻求最优的结构体系，而最优的结构通常被人们认为是艺术与结构融合的产物。从典型的钢筋混凝土薄壳结构、拱及桁架结构到网壳结构、索网结构、薄膜结构，都是朝着这一模式不断发展而来的，空间结构就是实现轻型结构的途径之一。

1.2.1　薄壳结构

薄壳结构是一种极富魅力的结构形式，使人感觉其如同打破了重力定律的框架，飘浮于空中，是艺术在工程中的体现，以高效的承重实现了其结构的轻盈，轻盈与承重高度统一，其基本原理就在于薄壳结构具有良好的空间受力关系。遗憾的是，随着经济的发展，原材料越来越低廉而人工越来越贵，相应模板的造价昂贵，使得这种轻盈薄壳结构的使用越来越少。

典型的工程有采用混凝土薄壳结构的法国巴黎国家工业与技术展览中心大厅（图 1-12），折算壳面总厚度只有 180mm，厚跨比为 1：1200，比鸡蛋壳的厚长比 1：100 还小 12 倍。建筑造型新颖，充分说明混凝土壳体结构的优越性。

此外，著名的澳大利亚悉尼歌剧院（图 1-13），该工程外形由大平台上十个巨型壳片组成，三角形壳瓣是以 Y 形、T 形的钢筋混凝土肋骨拼接而成，各种房间隐藏在它的内部。这些壳片如同花瓣似的指向天空，构成奇异的造型，给人以美的联想。

图 1-12　巴黎国家工业与技术展览中心大厅

图 1-13　澳大利亚悉尼歌剧院

1.2.2 拱与拱桁架结构

拱是人类最早尝试营造大跨度的重要结构形式。当拱的形式符合其合理轴线时，或者通过适当的方法提高强度及抗弯刚度，或者通过应力拉索来抵抗不均匀荷载，可达到轻量化结构具有较大承载力的目的。同时，拱的曲线造型也符合人们的审美观点。图 1-14 是典型的拱形结构，其造型轻巧优美，但是拱结构势必会造成下部结构需要抵抗很大的水平力，因此增设拉索与撑杆解决了这一技术问题，见图 1-15。

图 1-14 典型的拱形结构

图 1-15 带拉索的拱形结构

随着建筑物跨度的增加，相应的拱梁截面就会增加较多，这时实现大跨度的结构形式可以由杆件组成的桁架结构代替钢梁，这种结构避免了单个杆件上的弯矩，最大限度地发挥了结构的材料性能，而桁架内部的三角形体系使得结构整体非常坚固，并且由于单元化的结构形式和优良的预制化程度，使得这种结构非常经济实用，近年来得到了越来越多的应用。张弦梁结构就是基于这种概念发展起来的新型结构体系，图 1-16 为广州会展中心的大跨度张弦梁结构。

图 1-16 广州会展中心大跨度张弦梁结构

1.2.3 悬索结构及各种组合体系

悬索结构是非常合理的结构体系，但是它也存在着整体刚度较小的弱点，采用悬索结构与其他刚性结构组合的混合结构体系无疑是非常合理的结构设计。

图 1-17 展示了北京 2022 年冬奥会国家速滑馆的屋面索网结构。该结构采用国产高钒封闭索，其平面投影尺寸约 198m×124m，是目前世界最大的体育馆索网屋面。该索网结构具有索体紧密、表面平整、防腐性能优异、承载能力强等特点：承重索直径 64mm，共 49 对（98 根）；稳定索直径 74mm，共 30 对（60 根）。索体总长度约 18564m，屋面索体总重约 581t，在保持承载力不变的前提下显著降低了屋面结构的用钢量。国家速滑馆钢结构工程因此荣获“中国钢结构金奖年度杰出工程大奖”。

图 1-17　国家速滑馆

1.3　建筑材料的发展与空间结构

空间结构受力体系好，应用的材料范围也极为广泛，因而空间结构设计的领域也十分广泛。随着空间结构的发展，每个时期所用的主流材料也有较大的不同。目前常用的材料是钢材及膜，其他还有石材、砖、钢筋混凝土、木材、竹、铝合金、塑料等。

1.3.1　石材砌体结构

胡夫金字塔（图 1-18）是一座正方形底座、侧面三角形的锥形石结构，距今已有 4000 多年的历史。底边长 230.5m，高 146.6m，斜面倾角 52°。石块总量有 230 余万块，平均每块重约 2.5t。西欧各国以意大利比萨大教堂和法国巴黎圣母院为代表的宗教建筑，都采用了砖石拱券结构。巴黎圣母院（图 1-19）始建于 1163 年，位于巴黎中心区城中岛上，正门前面是广场。教堂平面宽约 47m，长 125m，可容近万人。结构采用柱墩骨架、拱券和飞扶壁等组成的砖石框架结构。

1.3.2　钢筋混凝土空间结构

早期的钢筋混凝土空间结构，多为钢筋混凝土薄壳结构。混凝土薄壳的代表作是罗马小体育宫（图 1-20）。该工程由意大利建筑师 A. 维泰洛齐和工程师 P. L. 奈尔维设计，是为

图 1-18　胡夫金字塔

图 1-19　巴黎圣母院

图 1-20　罗马小体育宫

1960 年在罗马举行的奥林匹克运动会修建的练习馆。建筑平面为圆形，直径 60m，屋顶是一球形穹顶，在结构上与看台脱开。穹顶宛如一张反扣的荷叶，由沿圆周均匀分布的 36 个“丫”形斜撑承托，把荷载传到埋在地下的地梁上。斜撑中部有一圈白色的钢筋混凝土“腰带”，是附属用房的屋顶，兼作联系梁。

1.3.3　钢结构

钢结构的发展与应用与冶金材料生产密切相关，19 世纪 50 年代前为铸铁结构，后出现钢结构。1851 年英国伦敦世界博览会的水晶宫，长 563m，宽 124m，跨度 22m，采用铸铁结构。1889 年法国巴黎世界博览会建成高达 321m 的埃菲尔铁塔（图 1-21）。以埃菲尔铁塔为标志，钢结构开始进入工程应用。中国钢结构应用的初盛时期是 20 世纪 50 年代，20 世纪 60—70 年代为限制使用时期（当时国家年钢产量仅有 1000 万～2000 万吨），主要用于国防和机械工业，20 世纪 80—90 年代我国钢结构出现了新的发展时期，兴建了一批高层、超高层钢结构建筑，如上海金茂大厦（图 1-22）、深圳地王大厦（图 1-23）等。

图 1-21　埃菲尔铁塔

图 1-22　上海金茂大厦

图 1-23　深圳地王大厦

1.3.4　悬索结构和膜结构

随着材料科学的迅速发展，新型优质建筑膜材不断出现，悬索结构和膜结构应运而生——用膜材作为围护构件，用钢索和钢杆（或钢架）作为膜结构支撑结构。膜结构具有柔顺的曲面、广阔的空间、半透明的室内环境，因此具有广阔的发展前景。

早在 1917 年美国人兰彻斯特（Federick W. Lanchester）建议利用新发明的电力鼓风机将膜布吹胀作为野战医院。像许多专利申请案一样，这只是一种构思，并没有真正成为使用的产品。美国军方做了一个直径 15m 的圆形充气雷达罩，可以保护雷达不受不利天气侵袭，又可让电波无阻地通过，从而使相隔了 19 年的专利付诸实用。

随着悬索结构和膜结构建筑功能多样化和使用领域的不断扩展，结构跨度或高度不断增大，越来越多由悬索结构和膜结构体系建成的建筑成为标志性建筑。膜结构的突出特点就是它形状的多样性，曲面存在着无限的可能。以索或骨架支承的膜结构，其曲面就可以随着建筑师的想象力而变化。

我国膜结构发展极为迅速，目前已在很多有影响的城市建设项目中使用了膜结构，主要应用于体育场看台、车站、机场候机厅、露天剧场等，如水立方（图 1-24）、上海 8 万人体育场、青岛颐中体育场和武汉体育中心（图 1-25）等。随着国内建筑技术不断提高，膜结构建筑将会得到大量的推广应用。

图 1-24　水立方一侧

图 1-25　武汉体育中心

1.3.5 铝合金结构

随着科学技术的发展，铝合金材料性能得到了极大的改善，其材料强度、韧性等均能够达到建筑结构的需求，且铝合金材料比钢材弹性模量、密度及热膨胀系数小，大大减小了结构的自重，在大跨度建筑结构后期维护中，因铝合金材料抗腐蚀性能明显优于钢材，因此铝合金结构后期维护费用远远低于钢结构。如上海拉斐尔科创云廊（图 1-26）及南京牛首山佛顶宫（图 1-27）都采用了铝合金结构。

图 1-26　上海拉斐尔科创云廊

图 1-27　南京牛首山佛顶宫

1.3.6 木结构

木材具有较高的强度重量比，结构自重较轻，且柔韧性良好。作为可再生材料，通过合理采伐与种植，可实现资源的循环利用；木材易于加工，可实现曲线、镂空等复杂造型，适合美学的需求。从抗震角度来看，木结构通过形变吸收地震能量，比刚性结构更抗震，因此木结构也可以实现大跨度空间结构。如全球跨度最大的木结构建筑是天府农博园主展馆

（图 1-28），国内最大跨度的互承式胶合木结构建筑是九寨沟游客服务中心（图 1-29）。

图 1-28　天府农博园主展馆

图 1-29　九寨沟游客服务中心

1. 3. 7　空间结构体系划分

空间结构按照体系可以分为三大类空间结构，包括：薄壳结构、网格结构、张拉结构。网格结构通常又分为网架结构和网壳结构、张拉结构又分为索结构和膜结构，所以又称为五大空间结构。实际工程应用时可采用单一类型的结构，也可以采用多种以上的体系进行组合，例如广州会展中心的张弦立体桁架结构（图 1-30）、弦支穹顶结构（图 1-31）等，这样也极大地扩展了空间结构的应用范围。

图 1-30　广州会展中心的张弦立体桁架

图 1-31　北京工业大学羽毛球馆弦支穹顶

1. 4　大跨度空间钢结构的应用与发展

1. 4. 1　大跨度空间钢结构的应用

大跨度空间结构的建设水平是国家建筑科学技术发展水平的重要标志之一。世界各国对空间结构的研究和发展都极为重视，例如国际性的博览会、奥运会、亚运会等，各国都以新型的空间结构来展示本国的建筑科学技术水平。

近年来我国大跨度空间结构发展迅速，特别是北京奥运会的大型体育场馆“鸟巢”和国家游泳馆“水立方”工程建设规模和技术水平在世界上都是领先的，已成为我国空间结构发展的里程碑。空间结构以其优美的建筑造型和良好的力学性能而广泛应用于大跨度空间结构中，成为空间结构的主要形式之一。据不完全资料，世界著名空间结构工程参见表 1-1（扫码查看），国内著名大型空间结构工程参见表 1-2（扫码查看）。

表 1-1
表 1-2

1. 4. 2　大跨度空间结构理论分析的发展概要

随着科技水平的提高，我国空间结构理论分析近年来得到了长足发展，计算方法由连续化分析到离散化分析，由近似计算到精确计算，由等效静力分析到直接动力分析，由线性分析到非线性分析。研究方法向理论、试验、大量计算分析相结合的方向发展。

(1) 研究手段的进展

设计者们结合具体工程进行了大量的试验研究，其中包括悬索、网架、网壳、组合结构和张拉整体等各类空间结构；编制了大量的程序对各类空间结构体系进行计算分析，揭示了各新型结构动力特性与地震反应特点及随参数变化的规律；给出了各类空间结构响应规律，试验结果与计算分析值基本得到相互验证，新的研究成果使得新结构、新体系层出不穷，极大地丰富了空间结构领域。

(2) 计算理论的进展

空间结构的计算理论由弹性分析到弹塑性地震响应分析，在多遇地震作用下按弹性阶段进行计算的同时，还要防止结构在罕遇地震作用下倒塌并考虑设计的经济性对结构进行弹塑性分析。利用圆杆截面空间梁系弹塑性本构关系，结合有限分割有限元法、Newmark 逐步积分法和 Euler 一次 Newton-Raphson 迭代法，编制了空间网壳结构弹塑性地震响应时程分析程序，给出了单层球面与单层柱面网壳弹塑性响应规律和斜拉网格结构弹塑性响应规律，推导出了单元弹塑性刚度矩阵，研究了双层与单层柱面网壳弹塑性反应随参数变化的情况。对柔性结构全面考虑了几何非线性的影响，使得计算精度得到极大提高，计算理论不断完善。

此外，空间结构与支承体系协同工作性能得到进一步明确。在最初进行这类结构分析时，大多数采用离散分析。考虑到计算机容量及计算时间问题，常把支承体系用三向固定铰支承代替，将空间结构与支承拆开，单独进行计算。但由于实际支承体系往往不是三向刚度无限大，周边简支模型与实际出入较大，后进展到采用弹性支承的空间结构计算模型。有关共同工作问题，通过空间结构研究人员的研究，提出各种钢网格结构与混凝土支承不同材料组合体系的阻尼简化公式，给出修正的弹性支承计算模型。现有的分析软件也逐渐可以实现整体分析。

(3) 结构抗震分析理论的进展

大跨度空间结构抗震分析从单维地震反应分析发展到多维地震反应分析。由于地震时地面运动是多维的，同时各方向地震动引起的地震响应一般为同数量级的，因此为更真实地掌握结构地震反应，进行多维地震反应分析是很必要的。地震动有六维分量，由于结构设计形式尽量保证了均匀对称，同时计算转动分量将带来过大的计算工作量，目前以研究地震动的三个平动分量输入为主，为考虑三维地震输入，空间网壳结构曾用时程法进行确定分析；近年来，北京工业大学引用了林家浩等提出的单维虚拟激励法推导出网格结构多维地震输入的虚拟激励随机分析方法，编制了相应程序，并提出了随机参数取法，用此程序对单层、双层柱面网壳、球面网壳进行了系统的多维地震反应分析，得出了一些有益结论。

(4) 空间结构隔震、控震分析

结构振动控制包括基础隔震、被动控制、主动和半主动控制及近年来提出的智能控制。我国空间结构中采用橡胶支座隔震已相当普及，但在空间结构振动控制方面尚处于起步研究阶段，现已有可喜的科研成果。在基础隔震方面，同济大学、浙江大学等单位给出了各种支座的隔震性能、设计计算方法。浙江大学提出了适合于网格结构的黏弹性阻尼材料代替橡胶支座，北京交通大学研制出万向支承万向转动抗震减震支座，获得了专利。在网壳结构控制方面，哈尔滨工业大学提出了多个调谐质量阻尼器（TMD）的多重调谐阻尼器（MTMD）系统，建立了随机振动计算模型，采用传递函数算法和非线性数学规划方法确定其最优控制参数，并针对各类单层网壳进行了振动控制分析；设计了黏滞阻尼器，安装在网壳上进行了地震模拟振动台试验，得出有关结论。北京工业大学对网壳结构进行了半主动控制研究，提出将半主动控制器做成变刚度变阻尼杆件以替代网壳杆件的方法，并给出了控制杆件的最优布置准则。兰州理工大学提出采用约束屈曲支撑（BRB）代替部分网壳结构杆件的做法，利用通用有限元软件 ANSYS 对这种新型结构体系的各种形式进行分析，寻找约束屈曲支撑在整体结构中的最优布置和影响规律，在参数分析的基础上，探索网壳结构减震体系的减震机理与变化规律，分析结构减震控制的关键因素。

(5) 空间结构抗冲击性能研究

结构在使用阶段遭受炸弹爆炸和汽车碰撞等极端偶然荷载作用的风险使得对空间结构的抗冲击性能的研究很有必要。这类极端偶然作用可简化为冲击荷载，结构在这种荷载的作用下必然会出现一定程度的破坏。太原理工大学的李海旺率先研究了在冲击荷载作用下单层网壳的动力响应，首先对跨度为 1202mm 的 K8 型单层球面网壳进行了落锤冲击试验分析，实测了在冲击荷载作用下该网壳模型的动力响应和破坏的全过程，得出了网壳动力失稳的模态以及破坏形式。哈尔滨工业大学的范峰、王多智等开展了更为系统的大跨结构冲击研究，分别研究了凯威特型、短程线型单层球面网壳和三向网格型单层柱面网壳等在冲击荷载作用下的结构动力响应、失效模式和失效机理。兰州理工大学的王秀丽、马肖彤利用显式动力分析程序 ANSYS/LS-DYNA 进行数值模拟分析，建立了适用于冲击作用的 Cowper-Symbols 率相关本构模型方程，并研究了带下部支承柱单层网壳结构（图 1-32）的抗冲击动力性能，基于对 468 个工况的分析，对支承部位及上部网壳结构的动力响应特征展开研究，提出了对网壳结构进行冲击动力分析时数值模型的实现方法，并采用冲击模拟试验台对一跨度为 3m 的落地单层网壳（图 1-33）模型和带下部支承钢管柱的网壳结构模型分别进行了冲击试验研究。

图 1-32 带下部支承柱单层网壳结构

图 1-33 落地单层网壳结构

1.5 空间结构的概念设计定义

结构概念设计是结构设计中的重要环节，每个工程设计成功与否很大程度上取决于概念设计的结果，在正确进行结构体系选择和结构方案确定的基础上，选取合理的计算模型，再进行正确的计算分析，最后根据合理的构造实现结构设计的要求。因此，结构的概念设计是十分重要的内容，它既要求设计人员全面掌握专业知识，灵活运用所学的知识和相关的概念，同时还要不断积累丰富的实践经验，注重理论联系实际。

一般建筑物结构概念设计主要包括以下内容：①建筑平面布置、体型；②结构体系选择及材料；③基础结构及其相关设计的影响因素；④非结构体系；⑤结构非弹性性能；⑥能力设计，塑性铰屈服耗能部位，重点保证延性；⑦其他有关保证结构抗震性能的有效措施。

空间结构的概念设计是空间结构设计的重要内容，但目前尚未有专家对此进行明确定义，参照现有概念设计的定义，其基本内容主要包括以下几个方面：①结构平面布置、空间造型设计及形态分析；②结构受力体系选择及材料应用；③下部支承结构及其相关设计因素；④结构弹塑性性能，包括几何非线性和材料非线性；⑤整体结构稳定性及抗倒塌能力设计与控制；⑥其他提高结构抗震性能的细部构造措施。

思考题

1. 简述空间结构的定义和受力特点。
2. 简述空间结构的分类。
3. 查阅资料，列举最新的大型空间结构实例，并了解结构的基本参数。
4. 讨论未来空间结构的发展趋势。
5. 查找文献，简述空间结构体系名称。

第 2 章 网架结构分析及实用设计方法

网架结构是空间结构的主流结构体系之一，近年来发展极为迅速，其面积和总体用钢量也居各类结构之首，例如长春第一汽车厂从 1998 年开始，先后有五个厂房的屋盖采用了网架结构，其中总装车间面积达 8 万平方米，是世界上最大的网架结构。而且我国近年来每年网架结构建设的面积都可以达到 300 万平方米，超过 1500 座工程，我国可谓“网架大国”。网架结构设计既要保证结构的合理性及安全性，又要对结构体系进行优化以降低工程造价。

网架结构的设计步骤主要包括以下几个方面。

① 结构形式的合理选择。

② 结构基本尺寸的确定，包括网格尺寸和网架高度。

③ 结构的内力分析方法及基本分布规律。

④ 合理的结构构造。

本章对以上几个问题进行阐述，最后结合工程实例进行分析，同时给出设计中的一些注意事项，供设计人员参考。

2.1 网架结构形式及选择

2.1.1 网架结构的构成分析

网架结构是由杆件和节点按照一定规律构成的空间桁架体系，见图 2-1。网架结构在任意外力作用下不允许几何可变，因此须进行网架结构几何不变性分析。

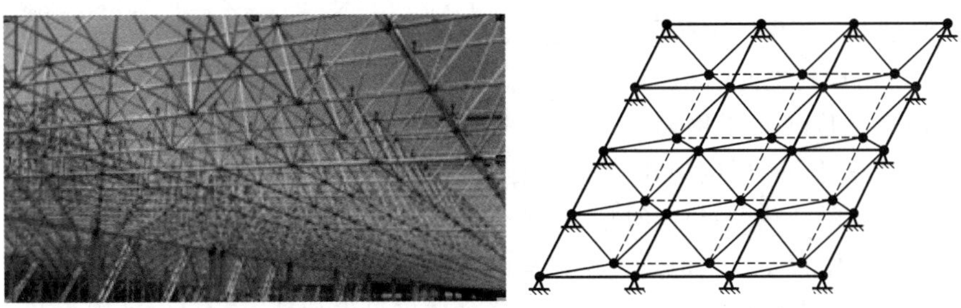

图 2-1 平板网架空间示意

网架结构的几何不变性分析必须满足两个条件。

① 必要的约束数量——充分条件。

② 合理的约束布置方式——充分条件。如约束布置不合理，即使满足必要条件，结构仍有可能是可变体系。

空间杆系铰接体系的一个节点有 3 个自由度，它的必要条件是：

$$W=3J-B-S\leqslant 0 \tag{2-1}$$

式中 B——网架的杆件数；

S——支座约束链杆数，$S \geqslant 6$；

J——网架的节点数。

因此，当 $W>0$，网架为几何可变体系；

$W=0$，网架无多余杆件，如杆件布置合理，该网架为静定结构；

$W<0$，网架有多余杆件，如杆件布置合理，该网架为超静定结构。

网架结构几何不变的充分条件如下。

① 用三个不在一个平面上的杆件汇交于一点，该点为空间不动点，即几何不变的。

② 三角锥［图 2-2(a)］是组成空间结构几何不变的最小单元。

③ 由三角形图形的平面组成的空间结构，其节点至少为三平面交汇点时［图 2-2(b)］，该结构为几何不变体系。

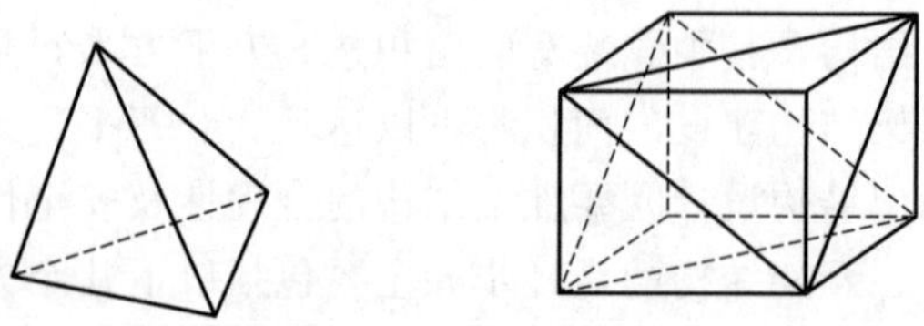

(a) (b)

图 2-2 基本单元

由于网架结构是由多节点、多杆件组成的空间结构，边界条件也很复杂，上述三条件并不是对所有网架结构的几何不变性都能分析出来。一般可通过对结构的总刚度矩阵进行检查来实现，如满足下列条件之一，则该网架结构为几何可变体系。

① 总刚度矩阵［K］考虑边界条件后，若对角元素出现零元素，则与它相应的节点为几何可变。

② 总刚度矩阵［K］考虑边界条件后，若矩阵行列式 $|K|=0$，说明该矩阵为奇异矩阵，该结构为几何可变。

2.1.2 网架结构的形式和选择

网架结构按弦杆层数不同可分为双层网架和三层网架。双层网架是由上弦层、下弦层和腹杆层组成的空间结构（见图 2-3），是最常用的一种网架结构。

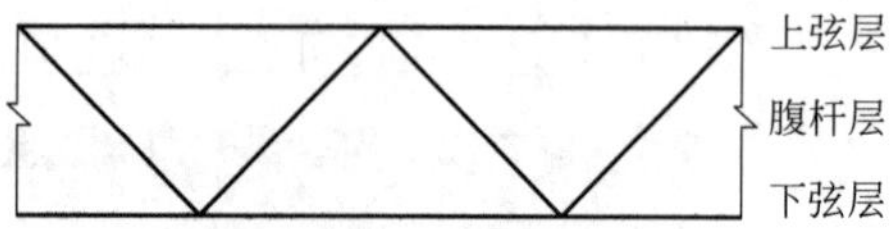

图 2-3 双层网架基本构造

三层网架是由上弦层、中弦层、下弦层、上腹杆层和下腹杆层组成的空间结构（见图 2-4）。其特点是：提高网架高度，减小网格尺寸；减少弦杆内力。根据资料表明，三层网架比双层网架降低弦杆内力 25%～60%，扩大螺栓球节点应用范围；三层网架还可减少腹杆长度，一般情况下，三层网架腹杆长度仅为双层网架腹杆长度的一半，便于制作和安装。但是三层网架构造较繁琐，节点和杆件数量多，中层节点上连接的杆件较密。因此主要用于特殊边界支承或者跨度过大的情况。研究计算表明：当网架跨度大于 50m 时，三层网架用钢量可比双层网架用钢量节省，且随跨度增加用钢量降低越显著。

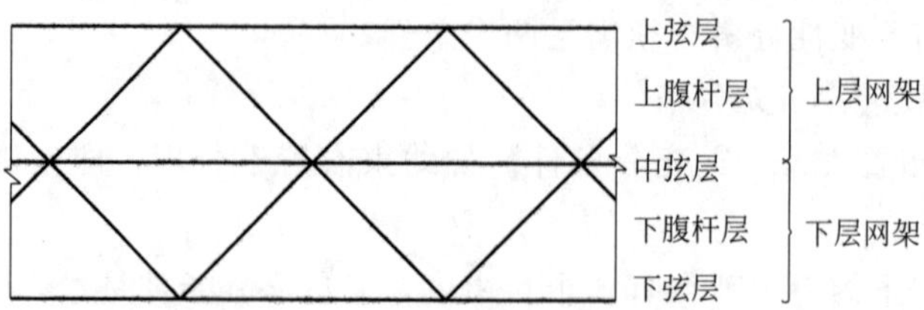

图 2-4 三层网架基本构造

2.1.2.1　双层网架结构的形式

双层网架结构的形式很多，目前常用有三大类 13 种形式，如表 2-1 所示。以下简述各类网架的基本组成形式。

表 2-1　双层网架结构的形式及选用

双层网架的类别	双层网架的形式	选型参考要点
平行桁架体系网架	两向正交正放网架	中小跨度，矩形或方形平面
	两向正交斜放网架	中小跨度，矩形平面长宽比较大时
	两向斜交斜放网架	特殊建筑要求
	三向网架	圆形平面，多边形平面，跨度较大
四角锥体系网架	正放四角锥网架	各类结构，各类支承
	正放抽空四角锥网架	中小跨度，矩形平面
	单向折线形网架	跨度较小，长宽比较大
	斜放四角锥网架	中小跨度，矩形平面
	棋盘形四角锥网架	中小跨度，矩形平面，周边支承[1]
	星形四角锥网架	中小跨度，矩形平面，周边支承
三角锥体系网架	三角锥网架	圆形，多边形平面，跨度较大
	抽空三角锥网架	圆形，多边形平面，中小跨度
	蜂窝形三角锥网架	圆形，多边形平面，中小跨度

(1) 平面桁架体系网架

平面桁架体系网架是由平面桁架交叉组成的，组成的基本单元如图 2-5 所示。这类网架上、下弦杆长度相等，而且其上、下弦杆和腹杆位于同一垂直平面内。一般可设计为斜腹杆受拉，竖杆受压，斜腹杆与弦杆夹角宜在 40°～60°之间。这类网架共有四种形式，即两向正交正放、两向正交斜放、两向斜交斜放、三向网架。

① 两向正交正放网架（图 2-6）

两向正交正放网架是由两个方向的平面桁架垂直交叉而成。在矩形建筑平面中应用时，

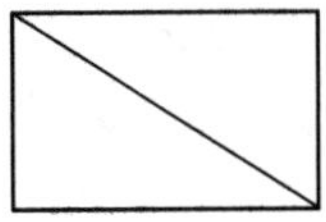

图 2-5　平面桁架体系网架基本单元

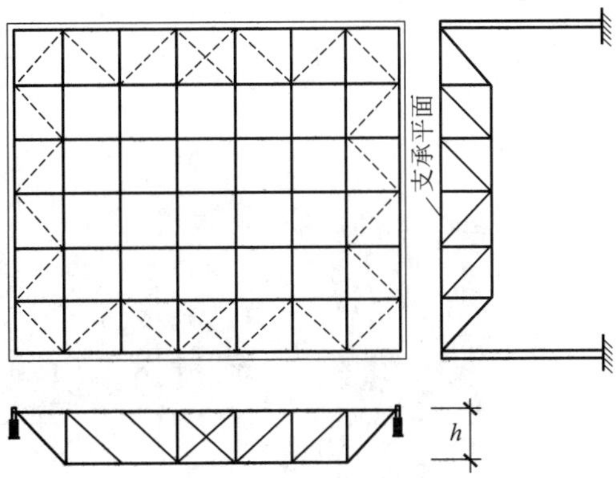

图 2-6　两向正交正放网架

[1] 周边支承、点支承见 2.1.4 网架结构的支承。

两向桁架分别与边界垂直（平行），两个方向网格数宜布置成偶数，如为奇数，则在桁架中部节间应做成交叉腹杆。由于该网架上、下弦杆组成的网格为矩形，腹杆又在上、下弦平面内，属几何可变。为能有效传递水平荷载，对于周边支承网架，宜在支承平面（支承平面系指与支承结构相连弦杆组成的平面，上弦或下弦平面）内沿周边设置水平斜杆（见图 2-6，虚线部分）；对于点支承❶网架，应在支承平面（上弦或下弦平面）内沿主桁架（通过支承的桁架）的两侧（或一侧）设置水平斜杆。

两向正交正放网架的受力类似于两向等刚度交叉梁，其受力随平面尺寸及支承情况的变化而变化。对于周边支承❶，平面尺寸越接近正方形，两个方向桁架杆件内力越接近，空间作用越显著。但随着边长比的增大，单向传力作用明显增强。对于点支承网架，支承附近的杆件及主桁架杆件内力较大，其他部位杆件内力较小，两者差别较大。

② 两向正交斜放网架（图 2-7）

两向正交斜放网架是由两个方向的平面桁架垂直交叉而成，在矩形建筑平面中应用时，两向桁架与边界夹角为 45°（−45°）。它可理解为面向正交正放网架在建筑平面上放置时转动 45°。

(a) 有角柱　　(b) 无角柱

图 2-7　两向正交斜放网架

两向正交斜放网架，两个方向上桁架的跨度长短不一，节间数有多有少，靠近角部的桁架刚度较大，对与其垂直的长桁架起支承作用。减少长桁架跨中弦杆受力，对网架受力有利。对于矩形平面，周边支承时，可处理成长桁架通过角柱［图 2-7(a)］和长桁架不通过角柱［图 2-7(b)］，前者将使四个角柱产生较大的拉力。后者可避免角柱产生过大拉力，但需在长桁架支座处设两个边角柱。

在周边支承情况下，支座节点沿边界切线方向加以固定约束，则与支座节点连接的连系梁会产生拉力，设计时需考虑。一般情况下宜将边界切线方向处理成可以产生位移，而在支座节点之间加连杆。

我国 1967 年建造的首都体育馆就是采用了两向正交斜放网架，平面尺寸为 99m×112.2m，是我国 20 世纪建成的跨度最大的平板网架之一，参见图 2-8。

图 2-8　首都体育馆

❶ 周边支承、点支承见 2.1.4 网架结构的支承。

③ 两向斜交斜放网架（图 2-9）

两向斜交斜放网架是由两个方向的桁架相交 α 角而成，形成菱形网格，适用于两个方向网格尺寸不同，而要求弦杆长度相等的情况。这类网架节点构造较复杂，受力性能欠佳，因此只在建筑上有特殊要求时才选用。

④ 三向网架（图 2-10）

三向网架是由三个方向的桁架按 60°角相互交叉组成。这类网架的上、下弦平面的网格呈正三角形，为几何不变体，空间刚度大，受力性能好，支座受力较均匀，但汇交于一个节点的杆件可多达 13 根，节点构造比较复杂，宜采用焊接空心球节点。三向网架适用于较大跨度（$l>60$m），且建筑平面为三角形、六边形、多边形和圆形，当用于圆形平面时，周边将出现一些非正三角形网格。

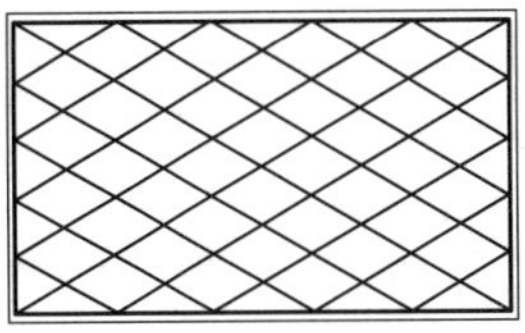

图 2-9　两向斜交斜放网架

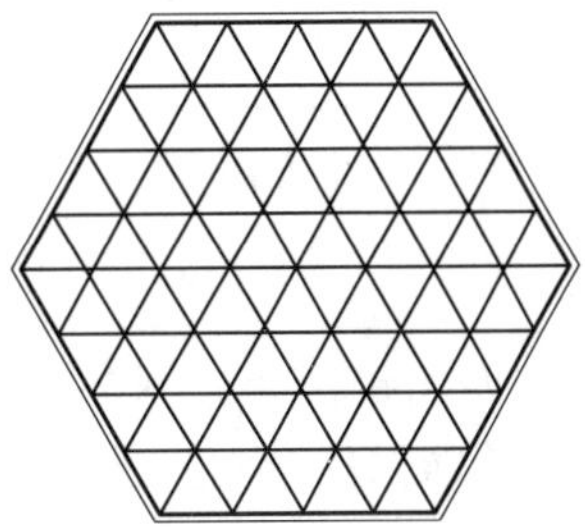

图 2-10　三向网架

我国 1975 年建造的上海万人体育馆，圆形平面，跨度 110m，连挑檐 125m，就采用了三向交叉桁架，是我国跨度最大的圆形平面平板网架，参见图 2-11。

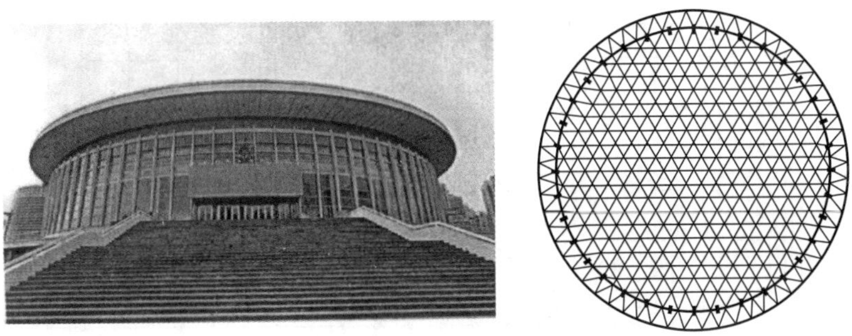

图 2-11　上海万人体育馆

(2) 四角锥体系网架

四角锥体系网架是由四角锥按一定规律组成，基本单元为倒置四角锥，如图 2-12(b)。这类网架上、下平面均为方形网格，下弦节点均在上弦网格形心的投影线上，与上弦网格的四个节点用斜腹杆相连。若改变上、下弦错开的平移值，或相对地旋转上、下弦杆，并适当抽去一些弦杆和腹杆，即可获得各种形式的四角锥网架。

这类网架共有六种形式，即：正放四角锥网架、正放抽空四角锥网架、单向折线形网架、斜放四角锥网架、棋盘形四角锥网架、星形四角锥网架。

① 正放四角锥网架（图 2-12）

正放四角锥网架是由倒置的四角锥体为组成单元，锥底的四边为网架上弦杆，锥棱为腹杆，各锥顶相连即为下弦杆。当建筑平面为矩形时，上、下弦杆均与边界平行（垂直）。上、下节点均分别连接 8 根杆件，如果网格两个方向尺寸相等，腹杆与下弦平面夹角为 45°，即

$h=\frac{\sqrt{2}}{2}s$（h 为网架高度，s 为网格尺寸），上、下弦和腹杆长度均相等，可使杆件标准化。正放四角锥网架空间刚度比其他类型四角锥网架及两向网架为大，用钢量可能略高些。这种网架因杆件标准化，节点统一化，便于工厂化生产，在国内外得到广泛应用。

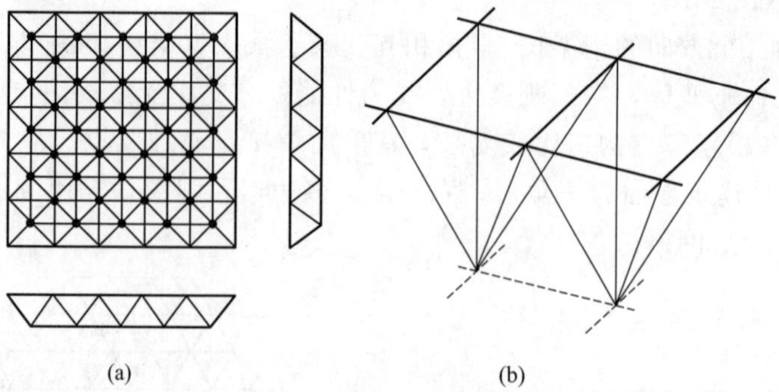

图 2-12　正放四角锥网架

② 正放抽空四角锥网架（图 2-13）

正放抽空四角锥网架是在正放四角锥网架基础上，适当抽掉一些四角锥单元中的腹杆和下弦杆，使下弦网格尺寸比上弦网格尺寸大一倍。这种网架的杆件数量少，腹杆总数为正放四角锥网架腹杆总数的 3/4 左右，下弦杆减少 1/2 左右，故构造简单，经济效果较好。由于周边网格不宜抽杆，两个方向网格数宜取奇数。这种网架受力与正交正放交叉梁系相似，刚度较正放四角锥网架弱一些。

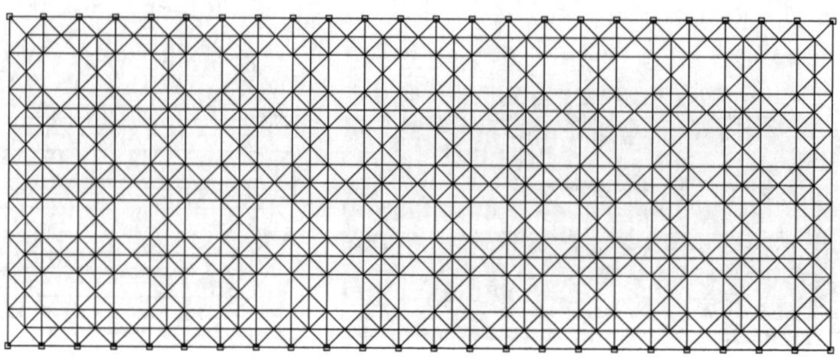

图 2-13　正放抽空四角锥网架

③ 单向折线形网架（图 2-14）

正放四角锥网架，在周边支承情况下，当长宽比大于 3 时，沿长方向上、下弦杆内力很小，而沿短方向上、下弦杆内力很大，处于明显单向受力状态，故可取消纵向上、下弦杆，形成单向折线形网架。周边一圈四角锥是为加强其整体刚度，构成一个较完美的空间结构。单向折线形网架是将正放四角锥网架取消纵向的上、下弦杆，保留周边一圈纵向上弦杆而组成的网架，适用于周边支承。单向折线形网架处于单向受力状态，由交成 V 形的桁架传力，它比单纯的平面桁架刚度大，不需设置支撑体系，所有杆件均为受力杆。

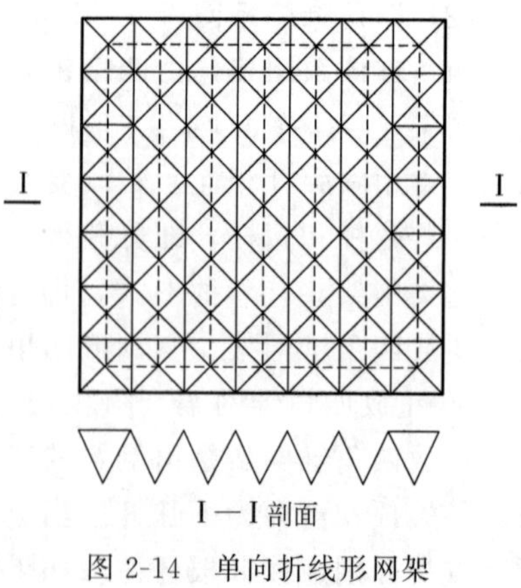

图 2-14　单向折线形网架

这种网架适用于周边支承且长宽比大于 3 或两边支承的情况，可以降低工程造价。

④ 斜放四角锥网架（图 2-15）

斜放四角锥网架也是由倒置四角锥组成，上弦网格呈正交斜放，下弦网格呈正交正放；也就是下弦杆与边界垂直（或平行），上弦杆与边界成 45°夹角。这种网架的上弦杆长度等于下弦杆长度的$\sqrt{2}/2$倍。在周边支承情况下，上弦杆受压，下弦杆受拉，该网架体现了长杆受拉，短杆受压，因而杆件受力合理。此外，节点处汇交的杆件相对较少（上弦节点 6 根，下弦节点 8 根）。当网架高度为下弦杆长度一半时，上弦杆与斜腹杆等长。这种网架适合于周边支承的情况，节点构造简单，杆件受力合理，用钢量较省，也是国内工程中应用较多的一种形式。

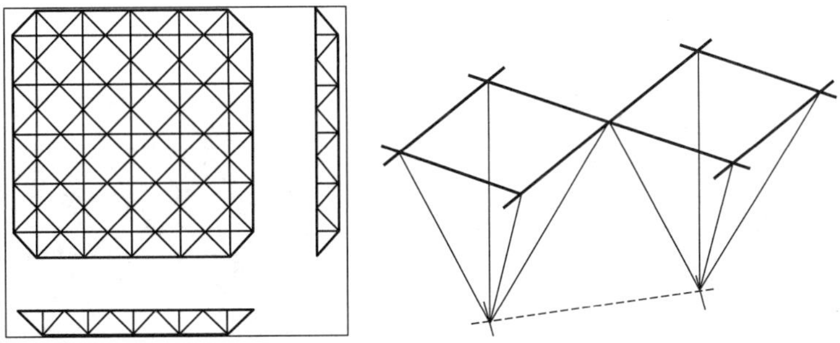

图 2-15　斜放四角锥网架

⑤ 棋盘形四角锥网架（图 2-16）

棋盘形四角锥网架是由于其形状与国际象棋的棋盘相似而得名。在正放四角锥的基础上，除周边四角锥不变外，中间四角锥间格抽空。下弦杆呈正交斜放，上弦杆呈正交正放，下弦杆与边界呈 45°夹角，上弦杆与边界垂直（或平行）。这种网架也具有上弦短、下弦长的优点，且节点上汇交杆件少，用钢量省，屋面板规则单一，空间刚度比斜放四角锥好，适用于周边支承的情况。

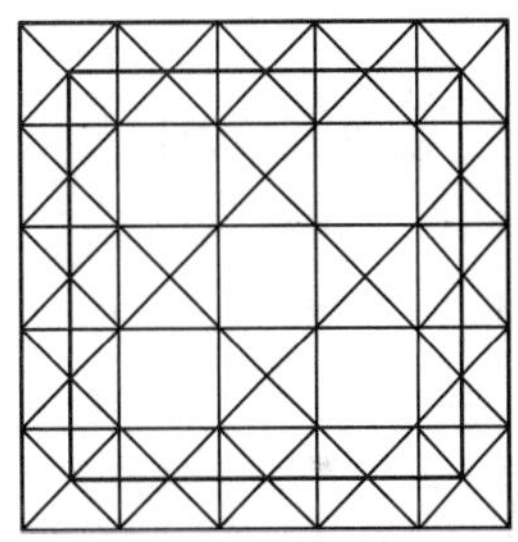

图 2-16　棋盘形四角锥网架

⑥ 星形四角锥网架（图 2-17）

星形四角锥网架是由两个倒置的三角形小桁架相互交叉而成的。两个小桁架的底边构成网架上弦，上弦正交斜放，各单元顶点相连即为下弦，下弦正交正放，在两个小桁架交汇处设有竖杆，斜腹杆与上弦杆在同一平面内。这种网架具有上弦短、下弦长的特点，杆件受力合理，适用于周边支承的情况。

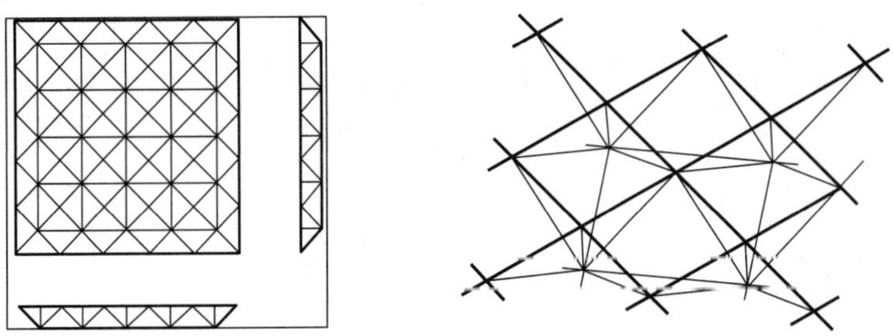

图 2-17　星形四角锥网架

(3) 三角锥体系网架

三角锥体系网架是由倒置三角锥组成，基本单元为三角锥，见图 2-18。锥底的三条边，即网架的上弦杆，组成正三角形，棱边即为网架腹杆，锥顶用杆件相连，即为网架下弦杆。三角锥体是组成空间结构几何不变的最小单元。根据三角锥体布置的不同，可获得不同类三角锥网架。这类网架共有三种，即三角锥网架、抽空三角锥网架和蜂窝形三角锥网架。

① 三角锥网架（图 2-19）

三角锥网架是由倒置的三角锥体组合而成。上、下弦平面均为正三角形网格。下弦三角形的顶点在上弦三角形网格的形心投影线上。三角锥网架受力比较均匀，整体抗扭、抗弯刚度好，如果取网架高度为网格尺寸的$\sqrt{2/3}$倍，则网架的上、下弦杆和腹杆等长。上、下弦节点处汇交杆件数均为 9 根，节点构造类型统一。三角锥网架一般适用于大中跨度及重屋盖的建筑，当建筑平面为三角形、六边形或圆形时最为适宜。

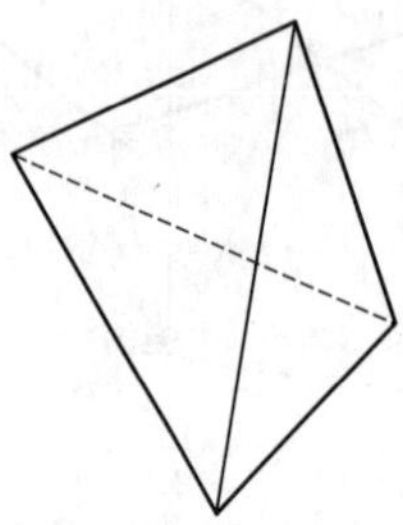

图 2-18 三角锥体系网架基本单元

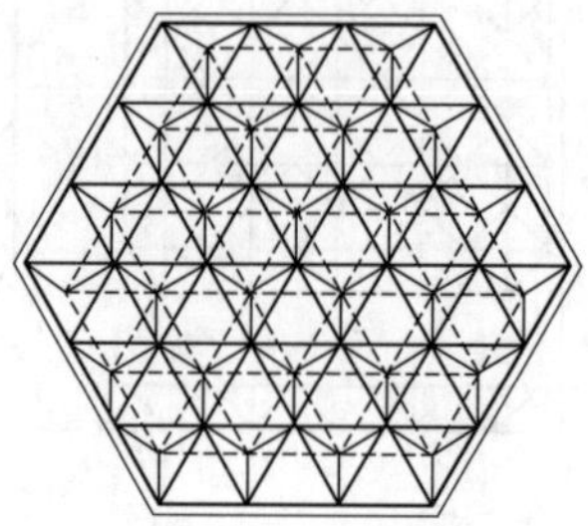

图 2-19 三角锥网架

② 抽空三角锥网架（图 2-20、图 2-21）

抽空三角锥网架是在三角锥网架基础上，适当抽去一些三角锥中的腹杆和下弦杆，使上弦网格仍为三角形，下弦网格为三角形及六边形组合或均为六边形组合。前者抽锥规律是：沿网架周边一圈的网格均不抽锥，内部从第二圈开始沿三个方向间隔一个网格抽掉一个三角锥，图 2-20 中阴影部分为抽掉锥体的网格。后者抽锥规律是：从周边网格就开始抽锥，沿三个方向间隔两个锥抽一个，图 2-21 中阴影部分为抽掉锥体的网格。抽空三角锥网架抽掉杆件较多，整体刚度不如三角锥网架，适用于中小跨度的三角形、六边形和圆形的建筑平面。

③ 蜂窝形三角锥网架（图 2-22）

蜂窝形三角锥网架是倒置三角锥按一定规律排列组成的，上弦网格为三角形和六边形，下弦网格为六边形。这种网架的上弦杆较短，下弦杆较长，受力合理。每个节点均只汇交 6

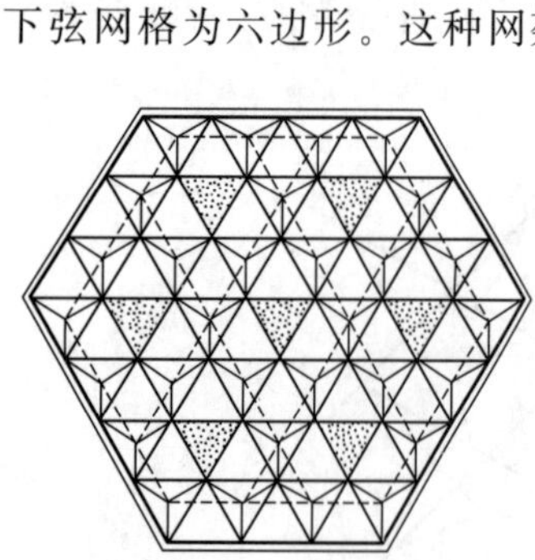

图 2-20 抽空三角锥网架形式一

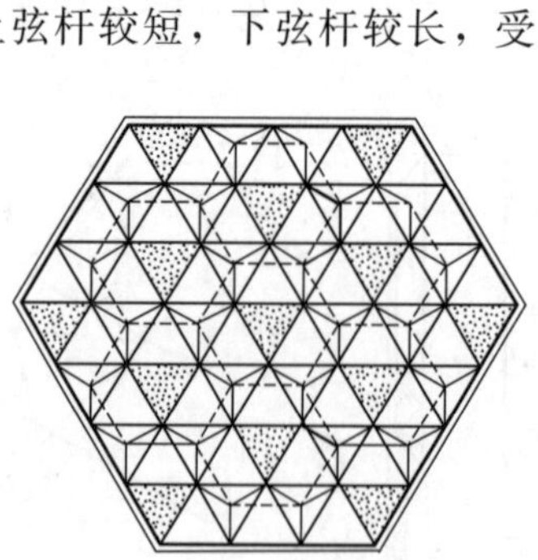

图 2-21 抽空三角锥网架形式二

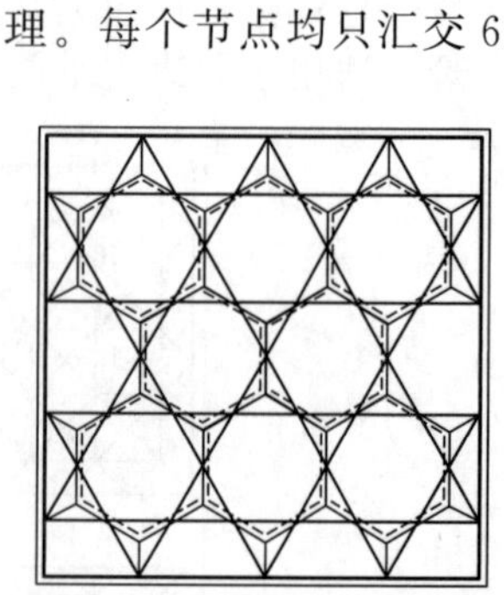

图 2-22 蜂窝形三角锥网架

根杆件，节点构造统一，用钢量省。蜂窝形三角锥网架从本身来讲是几何可变的，它需借助于支座水平约束来保证其几何不变，在施工安装时应引起注意。

分析表明，这种网架的下弦杆和腹杆内力以及支座的竖向反力均可由静力平衡条件求得，根据支座水平约束情况确定上弦杆的内力。这种网架适用于周边支承的中小跨度屋盖。

2.1.2.2　三层网架结构的形式

三层网架根据组成网架的基本单元体的不同可分成三大类，见表 2-2。

表 2-2　三层网架结构的形式及选用

三层网架的类别	三层网架的形式	选型参考要点
平行桁架体系三层网架	两向正交正放	矩形或方形平面
	两向正交斜放	矩形平面长宽比较大时
四角锥体系三层网架	正放四角锥	荷载较大,局部柱帽
	正放抽空四角锥	荷载较小的情况,网格数为奇数
	斜放四角锥	必须设置边桁架
	上正放四角锥下正放抽空四角锥	矩形平面,周边支承
	上斜放四角锥下正放四角锥	荷载较大,矩形平面,周边支承
混合型三层网架	上正放四角锥下正交正放四角锥	荷载较大时,矩形平面
	上棋盘形四角锥下正交斜放四角锥	矩形平面长宽比较大时

(1) 平面桁架体系三层网架

平面桁架体系三层网架是由平面网片单元按一定规律组成的空间三层网架。这类网架共有两种类型。

① 两向正交正放三层网架

两向正交正放三层网架是由两个方向的三层平面桁架呈直角交叉而成，见图 2-23。网架支座可以下层支承［图 2-23(b)］，也可以中层支承［图 2-23(c)］或上层支承［图 2-23(d)］。下层支承时，需设边桁架。

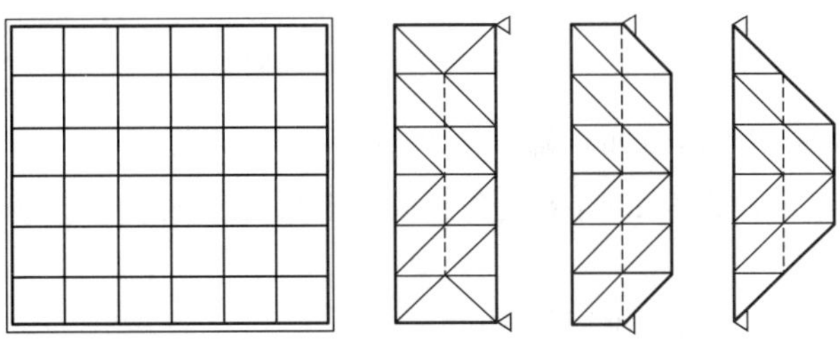

图 2-23　两向正交正放三层网架

② 两向正交斜放网架

两向正交斜放网架是由两个方向三层网架交叉 90°而成的，可理解为将两向正交正放三层网架［图 2-23(a)］绕垂直轴转动 45°，其网架支承形式与图 2-23(b)～(d) 一样。

(2) 四角锥体系三层网架

四角锥体系三层网架是由四角锥体单元按一定规律组成的空间三层网架，其上层为倒置四角锥，下层为正置四角锥，根据锥体的布置方法不同有如下几种类型。

① 正放四角锥三层网架

正放四角锥三层网架上、下层均为四角锥组成，见图 2-24。上下层网架的组成相似。

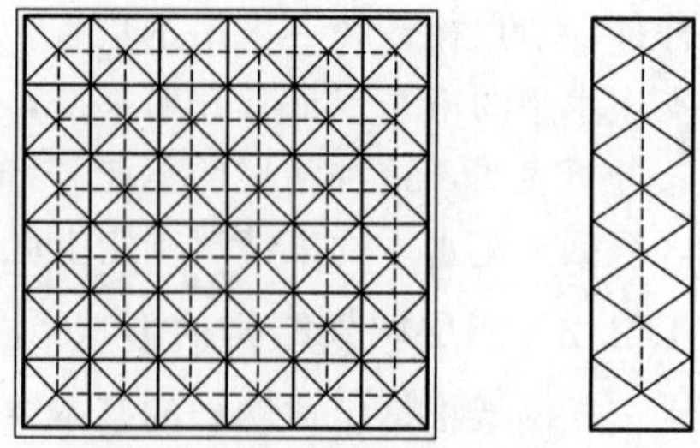

图 2-24 正放四角锥三层网架

② 正放抽空四角锥三层网架

正放抽空四角锥三层网架是由正放四角锥网架按一定规律抽掉锥体而形成，见图 2-25。为了抽锥方便，网格数宜采用奇数。

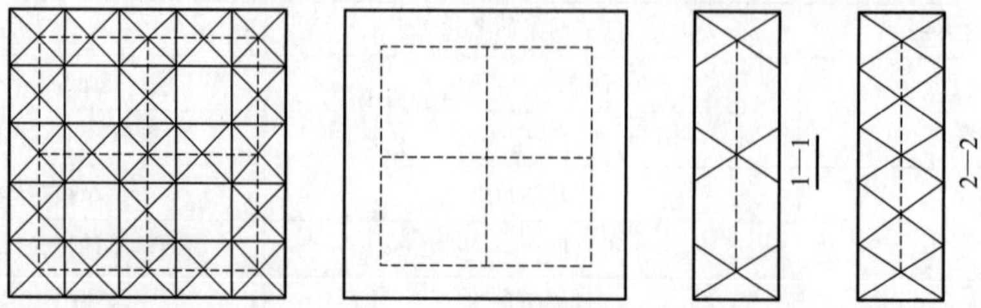

(a) 上下层平面　(b) 中间层平面　(c) 剖面

图 2-25 正放抽空四角锥三层网架

③ 斜放四角锥三层网架

斜放四角锥三层网架是由上、下两层斜放四角锥网架组成，见图 2-26。这种网架必须设置边桁架，以保证网架的几何不变性。

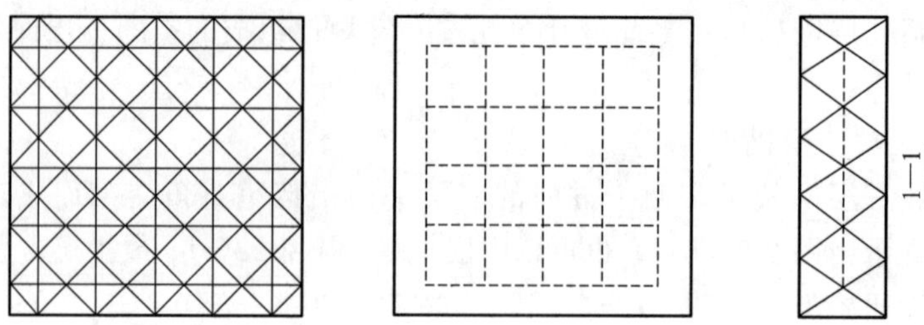

(a) 上下层平面　(b) 中间层平面　(c) 剖面

图 2-26 斜放四角锥三层网架

④ 上正放四角锥下正放抽空四角锥三层网架

这种网架由两种不同的四角锥网架组合而成。上层为正放四角锥网架形式，下层为正放抽空四角锥网架形式。

⑤ 上斜放四角锥下正放四角锥三层网架

这种网架由两种不同四角锥的网架组合而成。上层为斜放四角锥网架形式，下层为正放四角锥网架形式，中层弦杆既是上层斜放四角锥网架下弦杆，又是下层正放四角锥网架的上弦杆。

(3) 混合型三层网架

混合型三层网架由平面桁架体系和四角锥体系组成，有如下几种类型。

① 上正放四角锥下正交正放三层网架

这种网架由两种不同类型网架组成，上层为正放四角锥网架，下层为两向正交正放网架，见图 2-27。

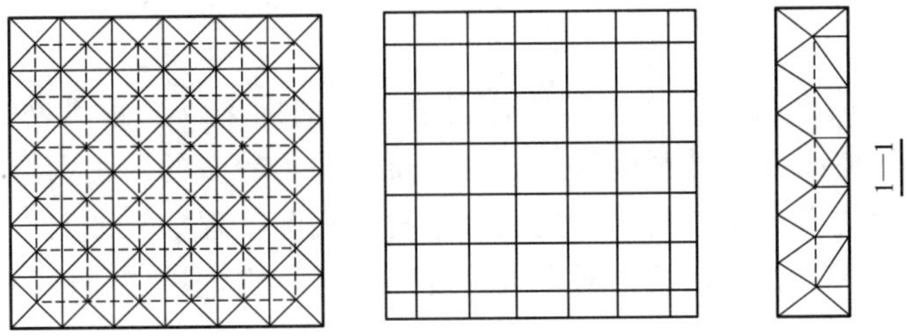

(a) 上下层平面　　(b) 中间层平面　　(c) 剖面

图 2-27　混合型三层网架

② 上棋盘形四角锥下正交斜放三层网架

这种网架由两种不同类型的网架组成，上层为棋盘形四角锥网架，下层为正交斜放网架。

以上仅介绍几种常用的三层网架形式，它们都是由双层网架延伸而成。在组成新的三层网架过程中，一定要注意中层弦杆走向，它既是上层双层网架下弦杆走向，也是下层双层网架上弦杆走向。按这种原则，双层网架 11 种形式（除蜂窝形三角锥网架和单向折线形网架外）均可组成各式各样的三层网架。

2.1.3　网架结构的选型要点

网架的形式很多，如何结合具体工程合理地选择网架形式是概念设计的首要问题。网架的选型应根据建筑平面形状和跨度大小、网架的支承方式、荷载大小、屋面构造和材料、制作安装方法等，结合实用与经济的原则综合分析确定。一般情况下，应选择几个方案经优化设计后确定。在优化设计中，不能单纯考虑耗钢量，还应考虑杆件与节点间的造价差别、屋面材料与围护结构费用、安装费用等综合经济指标。

（1）对于周边支承情况的矩形平面，当其边长比小于或等于 1.5 时，宜选用斜放四角锥网架、棋盘形四角锥网架、正放抽空四角锥网架，也可考虑选用两向正交斜放网架、两向正交正放网架。正放四角锥网架耗钢量较其他网架高，但杆件标准化程度比其他网架好，结构的整体刚度及网架的外观效果好，是目前采用很多的一种网架形式。对于中小跨度，也可选用星形四角锥网架和蜂窝形三角锥网架。当边长比大于 1.5 时，可采用两向正交正放网架、正放四角锥网架和正放抽空四角锥网架。当平面狭长时，可采用单向折线形网架。表 2-3 给出了正方形周边支承的各类网架的用钢量和挠度对比。

表 2-3　正方形周边支承网架的用钢量和挠度对比

网架类型	24m 跨		48m 跨		72m 跨	
	用钢量/(kg/m^2)	挠度/mm	用钢量/(kg/m^2)	挠度/mm	用钢量/(kg/m^2)	挠度/mm
两向正交正放	9.3	7	16.1	21	21.4	32
两向正交斜放	10.8	5	16.1	19	21.4	32
正放四角锥	11.1	5	17.7	18	23.4	30
斜放四角锥	9	5	14.8	16	19.3	29
棋盘形四角锥	9.2	7	15.0	22	21.0	33
星形四角锥	9.9	5	15.5	16	21.1	30

（2）对于点支承情况矩形平面，宜采用两向正交正放网架、正放四角锥网架、正放抽空四角锥网架。

（3）对于平面形状为圆形、多边形等，宜选用三向网架、三角锥网架、抽空三角锥网架。三角锥网架的整体刚度及外观效果好，也是目前采用较多的一种网架形式。

（4）对于大跨度建筑，尤其是当跨度近百米时，实际工程经验证明，三角锥网架和三向网架其耗钢量比其他网架省。因此，对于大跨度的屋盖，宜选择三角锥网架和三向网架。

2.1.4 网架结构的支承

网架结构搁置在柱、梁、桁架等下部结构上。网架结构整体受力上犹如一块大板，因此支承的位置对网架的受力及经济性能影响很大。通常根据位置的不同，可分为周边支承、点支承、周边支承与点支承相结合的混合支承、两边支承和三边支承等情况。

(1) 周边支承 [图 2-28(a)]

周边支承网架四周边界上的全部节点均为支座节点，支座节点可支承在柱顶，也可支承在连系梁上。其传力直接，受力均匀，是最常用的支承方式。

(2) 点支承 [图 2-28 (b)、(c)]

点支承是指网架的支座支承在四个或多个支承柱上，前者称为四点支承 [图 2-28(b)]；后者称为多点支承 [图 2-28(c)]。点支承的网架与无梁楼盖受力有相似之处，应尽可能设计成带有一定长度的悬挑网格，这样可使跨中正弯矩和挠度减少，并使整个网架的内力趋于均匀。经计算表明，对单跨多点支承网架，其悬挑长度宜取中间跨度的 1/3，如图 2-29(a) 所示。对于多点支承的连续跨网架取其中间跨度的 1/4 较为合理，见图 2-29(b)。在实际工程中还应根据具体情况综合考虑确定。点支承主要适用于体育馆、展览厅等大跨度公共建筑，也用于大柱网工业厂房。

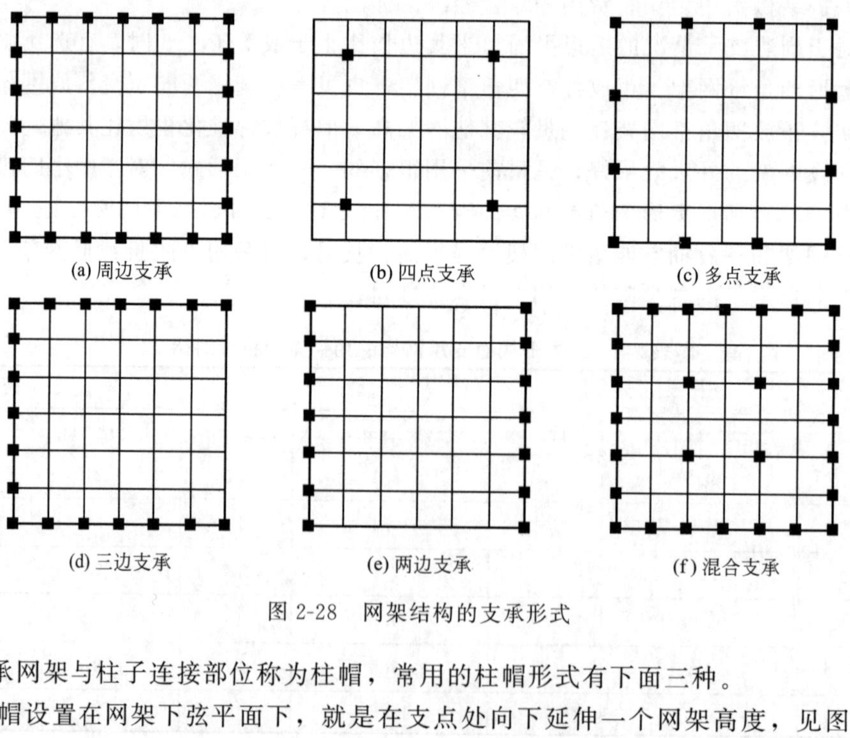

图 2-28　网架结构的支承形式

点支承网架与柱子连接部位称为柱帽，常用的柱帽形式有下面三种。

① 柱帽设置在网架下弦平面下，就是在支点处向下延伸一个网架高度，见图 2-30(a)。

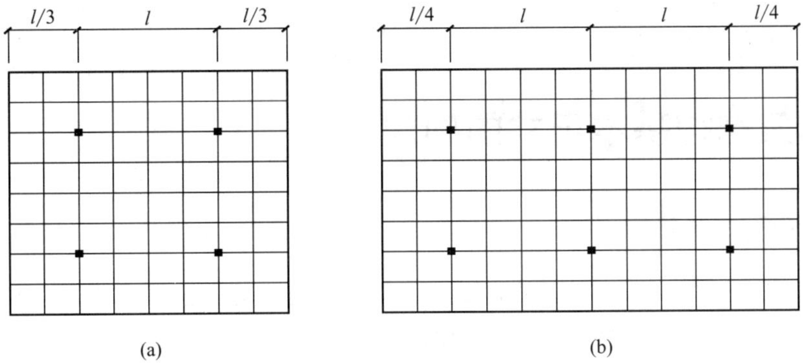

图 2-29　点支承时悬挑长度的确定

有时为了建筑造型需要也可延伸数层形成一个倒锥形支座。这种柱帽能很快将柱顶反力扩散，由于加设柱帽，将占据一部分室内空间。

② 柱帽设置在网架上弦平面之上，就是在支点处向上延伸一个网架高度，形成局部加高网格区域，如图 2-30(b)，其优点是不占室内空间，柱帽上凸部分可兼作采光天窗。

③ 柱帽布置在网架内，将上弦节点直接搁置于柱顶，使柱帽呈伞形，如图 2-30(c) 所示。其优点是不占室内空间，屋面处理较简单。这种柱帽承载力较低，适用于轻屋盖或中小跨度网架。

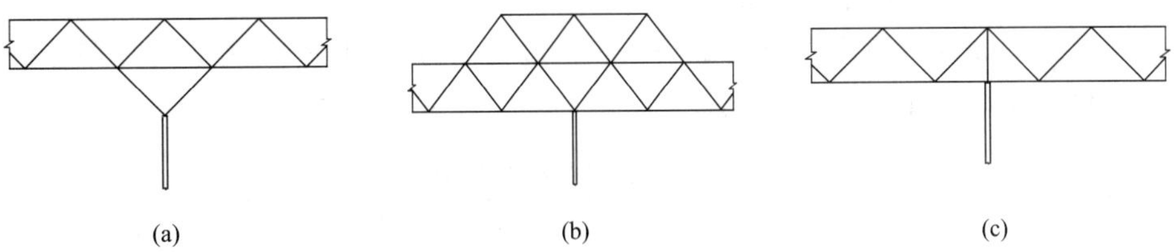

图 2-30　柱帽形式

(3) 三边支承或两边支承 ［图 2-28(d)、(e)］

在矩形建筑平面中，由于考虑扩建或因工艺及建筑功能要求，在网架的一边或两边不允许设置柱子时，则需将网架设计成三边支承一边自由或两边支承两边自由的形式。自由边的存在对网架内力分布和挠度都不利，故应对自由边进行适当处理，以改变网架的受力状态。这种支承在飞机库、影剧院、工业厂房、干煤棚等建筑中使用。

对于矩形平面，三边支承一边开口或两边支承两边开口的情况，只要对开口边进行处理，即可按四边支承情况选用网架形式。开口边有两种处理方法，一种是将整个网架的高度适当增高，开口边杆件的截面加大，使网架整体刚度得到改善；另一种是在其开口边局部增加网架层数，以提高开口边的刚度（见图 2-31）。

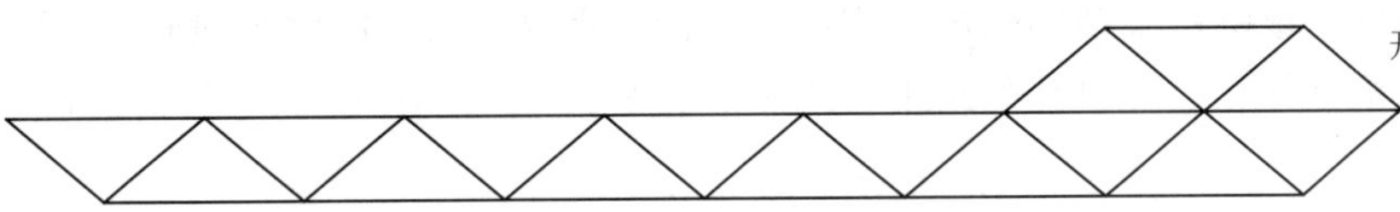

图 2 31　开口边局部增加网架层数示意图

(4) 周边支承与点支承相结合——混合支承 ［图 2-28(f)］

周边支承与点支承相结合的网架是在周边支承的基础上，在建筑物内部增设中间支承点，这样可以有效地减少网架杆件的内力峰值和挠度。这种支承的网架适用于大柱网工业厂房、仓库、展览馆等建筑。

2.2 网架结构基本尺寸的确定

2.2.1 网格尺寸的确定

近年来，随着计算机与运筹学的发展，可采用优化设计方法来确定网格尺寸和网架高度。优化目的是，在同一类型网架中，选用最优网格尺寸和网架高度，以达到网架总造价最低。网架结构的优化数学模型是以造价（F_C）作为目标函数，目标函数表达式如下：

$$F_C=C_1W_m+C_2W_j+C_3L_1L_2W_r+C_4L_1L_2W_r+2C_5(L_1+L_2)hW_c \tag{2-2}$$

式中 C_1，C_2，C_3，C_4，C_5——杆件、节点、檩条（或屋面板钢筋）、屋面板的混凝土与围护墙的单位造价；

W_m，W_j——杆件与节点的重量；

W_r，W_c——网架的长向、短向跨度，均是 G（网格数）的函数；

h——网架高度。

上式中 G、h 为自变量，C_1～C_5 是常数项，W_m、W_j、W_r、W_c 随 G、h 而变化。网架的优化采用了模式搜索法求造价最低。

按上式计算 7 种类型网架，跨度 24～72m，边长比为 1、1.5、2 等，经回归分析，提出网架上弦网格数和跨高比，列于表 2-4。

表 2-4 网架上弦网格数和跨高比

网架形式	钢筋混凝土屋面体系		钢檩条体系	
	网格数	跨高比	网格数	跨高比
两向正交正放网架，正放四角锥网架，正放抽空四角锥网架	$(2\sim4)+0.2L_2$	10～14	$(6\sim8)+0.07L_2$	$(13\sim17)-0.03L_2$
两向正交斜放网架，棋盘形四角锥网架，斜放四角锥网架，星形四角锥网架	$(6\sim8)+0.08L_2$			

注：1. L_2 为网架短向跨度，单位：m。

2. 当跨度在 18m 以下时，网格数可适当减少。

3. 表中仅列出 7 种网架形式，其他形式的网架也可参考。表中仅适用于周边支承情况。对于点支承的网架结构可以适当提高网架高度。

2.2.2 网架高度的确定

网架的高度是影响网架结构强度、刚度、造价的重要因素，因此必须充分考虑网架高度的合理选择。根据优化设计研究的结果，除满足表 2-4 的跨高比之外，网架的高度选择尚应参考以下方面。

(1) 屋面荷载大小和设备

当屋面荷载较大时，网架应选择较厚些，反之可薄些。当网架中必须穿行通风管道时，网架高度必须满足相应要求。但当跨度较大时，除能穿通风管道外，就取决于相对挠度的要求了。一般来说，当跨度较大时，网架高跨比可选得小些。

(2) 平面形状的影响

当平面形状为圆形、正方形或接近正方形的矩形时，网架高度可取小些。狭长平面时，单向作用越明显，网架高度应选得高些。

(3) 支承条件的影响

点支承比周边支承的网架高度要大。例如，点支承厂房，建议参考下列数据：当柱距为12m时，网架高跨比取1/7；18m时取1/10；24m时取1/11.3。

2.2.3 网架的屋面构造

(1) 网架屋面排水构造

任何建筑物的屋面都需解决排水问题。对于采用网架作为屋盖的承重结构，由于面积较大，一般屋面中间起坡高度也比较大，对排水问题更应给予足够的重视。有不少工程就是由于屋面排水问题解决得不好，造成屋面积水，增加了屋面的荷载，久而久之造成网架变形过大影响正常使用，甚至有的出现了严重的事故。

通常，网架屋面排水有下述几种方式。

① 整个网架起坡

采用整个网架起坡形成屋面排水坡的做法，就是使网架的上下弦杆仍保持平行，只将整个网架在跨中抬高，如图2-32(a) 所示。这种形式类似桁架起拱的作法，但起拱高度是根据屋面排水坡度决定的。起拱高度过高会改变网架的内力分布规律；这时候应按网架实际几何尺寸进行内力分析。

② 网架变高度

为了形成屋面排水坡度，可采用网架变高的方法，如图2-32(b) 所示。这种做法不但节省找坡小立柱的用钢量，而且由于网架跨度中间高度增加，还可以降低网架上下弦杆内力的峰值，使网架内力趋于均匀。但是，由于网架变高度，腹杆及上弦杆种类增多，给网架制作与安装带来一定困难。

③ 上弦节点上加小立柱找坡

在上弦节点上加小立柱形成排水坡的方法［图2-32(c)］比较灵活，改变小立柱的高度即可形成双坡、四坡或其他复杂的多坡排水屋面。小立柱的构造也比较简单，尤其是用于空心球节点或螺栓球节点上，只要按设计的要求将小立柱（钢管）焊接或用螺栓拧接在球体上即可。因此，国内已建成的网架多数采用这种方法找坡。应当指出，对大跨度网架，当中间屋脊处小立柱较高时，应当验算其自身的稳定性，必要时应采取加固措施。通常，当屋面找坡立柱高度超过900mm时，应考虑增加斜撑，以形成几何不变体系，保证屋面的刚度。

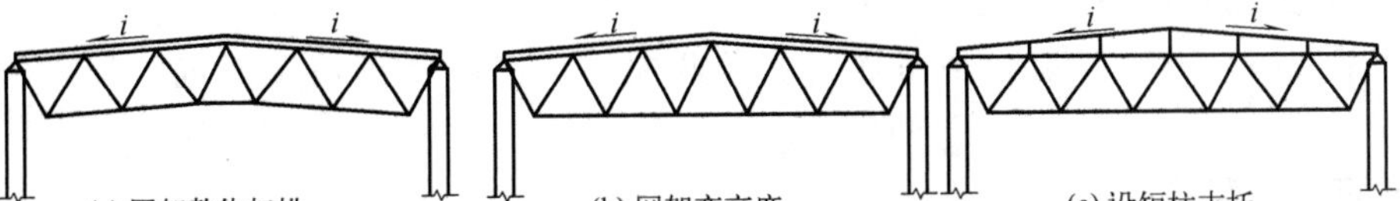

(a) 网架整体起拱　(b) 网架变高度　(c) 设短柱支托

图2-32 网架屋面排水找坡方式

此外，也可采用网架变高和加小立柱相结合的方法，以解决屋面排水问题。这在大跨度网架上采用更为有利。它一方面可降低小立柱高度，增加其稳定性，另一方面又可使网架的高度变化不大。

（2）网架起拱度与容许挠度

网架起拱主要是为了消除建成的网架在视觉上的下垂感。然而起拱将给网架制造增加麻烦，故一般网架可不起拱。当要求起拱时，拱度可取小于或等于网架短向跨度的1/300。此时，网架杆件内力变化一般不超过5%～10%，设计时可按不起拱计算。综合近年来国内外的设计与使用经验，网架结构的容许挠度，用作屋盖时不得超过网架短向跨度的1/300。一般情况下，按强度控制而选用的网架杆件不会因为这样的刚度要求而加大截面。当网架用作楼层时参考《混凝土结构设计标准》（GB 50010），容许挠度取网架跨度的1/400。

2.3 网架结构的内力分析方法

2.3.1 荷载和作用

2.3.1.1 荷载和作用的类型

网架结构需考虑的荷载和作用主要是永久荷载、可变荷载。

（1）永久荷载

永久荷载是指在结构使用期间，其值不随时间变化，或其变化值与平均值相比可忽略的荷载。作用在网架结构上的永久荷载有以下几种。

① 网架自重和节点自重

网架杆件均采用钢材，它的自重可通过计算机自动形成，一般钢材容重取$\gamma=7.85\text{t/m}^3$，也可预先估算网架单位面积自重。双层网架自重可按下式估算：

$$g_{\text{ok}}=\xi\sqrt{q_{\text{w}}}L_2/200 \tag{2-3}$$

式中 g_{ok}——网架自重，kN/m^2。

q_{w}——除网架自重外的屋面荷载或楼面荷载的标准值。

L_2——网架的短向跨度，m。

ξ——系数，对于杆件采用钢管时，取$\xi=1.0$；采用型钢时，取$\xi=1.2$。

网架的节点自重一般占网架杆件总重的20%～25%，如网架节点的连接形式已定，可计算它的节点自重。

② 楼面或屋面覆盖材料自重

根据实际使用材料查《建筑结构荷载规范》（GB 50009）取用。

③ 吊顶材料自重

④ 设备管道自重

上述荷载中，①②两项必须考虑，③④两项根据实际工程情况而定。荷载分项系数取1.2。

（2）可变荷载

可变荷载是指在结构使用期间，其值随时间变化，且其变化值与平均值相比不可忽略的荷载。作用在网架结构上的可变荷载有以下几种。

① 屋面或楼面活荷载

网架的屋面，一般不上人，屋面活荷载标准值为0.5kN/m^2。楼面活荷载根据工程性质查荷载规范取用。

② 雪荷载

雪荷载标准值按屋面水平投影面计算，其计算表达式为：

$$s_k = \mu_r s_0 \tag{2-4}$$

式中 s_k——雪荷载标准值，kN/m^2；

μ_r——屋面积雪分布系数，网架的屋面多为平屋面，故取 $\mu_r = 1.0$；

s_0——基本雪压，kN/m^2，根据地区不同查荷载规范。

雪荷载与屋面活荷载不必同时考虑，取两者的较大值。

③ 风荷载

对于周边支承且支座节点在上弦的网架，风荷载由四周墙面承受，计算时可不考虑风荷载。其他支承情况应根据实际工程情况考虑水平风荷载作用。由于网架刚度较好，自振周期较小，计算风荷载时可不考虑风振系数的影响。

风荷载标准值按下式计算：

$$w_k = \beta_z \mu_s \mu_z w_0 \tag{2-5}$$

式中 w_k——风荷载标准值，kN/m^2；

β_z——高度 z 处的风振系数；

μ_s——风荷载体型系数；

μ_z——风压高度变化系数；

w_0——基本风压，kN/m^2。

具体取值查《建筑结构荷载规范》（GB 50009）确定。

④ 积灰荷载

工业厂房中采用网架时，应根据厂房性质考虑积灰荷载，积灰荷载大小可由工艺提出，也可参考《建筑结构荷载规范》（GB 50009）有关规定确定。

积灰荷载应与雪荷载或屋面活荷载两者中的较大值同时考虑。

⑤ 吊车荷载

网架广泛应用于工业建筑中，工业建筑中如设有吊车应考虑吊车荷载。吊车形式有两种，一种是悬挂吊车，另一种是桥式吊车。悬挂吊车直接挂在网架下弦节点上，对网架产生竖向荷载。桥式吊车在吊车梁上行走，通过柱子对网架产生水平荷载。

吊车竖向荷载标准值按式（2-6）计算：

$$F = \alpha_1 F_{max} \tag{2-6}$$

式中 α_1——竖向轮压动力系数，对于悬挂吊车 $\alpha_1 = 1.05$；

F_{max}——吊车每个车轮的最大轮压。

吊车横向水平荷载标准值按下式计算：

$$T = \alpha_2 T_1 \tag{2-7}$$

式中 α_2——横向水平制动力的动力系数，对于中、轻级工作制桥式吊车：$\alpha_2 = 1.0$；对于重级工作制的软钩吊车，当吊车起重量 $Q = 5 \sim 20$t 时：$\alpha_2 = 4.0$；$Q = 30 \sim 275$t 时：$\alpha_2 = 3.0$。

T_1——吊车每个车轮的横向水平制动力，对于软钩吊车：

$Q \leqslant 10$t 时 $\quad T_1 = \dfrac{12}{100}(Q+g)\dfrac{1}{n}$

$15t \leqslant Q \leqslant 50t$ 时　　$T_1 = \frac{10}{100}(Q+g)\frac{1}{n}$

$Q \geqslant 75t$ 时　　$T_1 = \frac{8}{100}(Q+g)\frac{1}{n}$

Q——吊车额定起重量；

g——小车自重；

n——吊车桥架的总轮数。

(3) 作用

作用有两种：一种是温度作用，另一种是地震作用。

温度作用是指由于温度变化，使网架杆件产生附加温度应力，必须在计算和构造措施中加以考虑。

我国是地震多发地区，地震作用不能忽视。根据我国《空间网格结构技术规程》（JGJ 7）的规定，在抗震设防烈度为 8 度的地区，对于周边支承的中小跨度网架结构应进行竖向抗震验算，对于其他的网架结构均应进行竖向和水平抗震验算；在抗震设防烈度为 9 度的地区，对各种网架结构应进行竖向和水平抗震验算。在单维地震作用下，对空间网格结构进行多遇地震作用下的效应计算时，可采用振型分解反应谱法；对于体型复杂或重要的大跨度结构，应采用时程法进行补充计算，计算方法详见本书 3.5 节。

2.3.1.2 荷载组合

作用在网架上的荷载类型很多，应根据使用过程和施工过程中在结构上可能同时出现的荷载，按照承载力极限状态和正常使用极限状态分别进行荷载效应组合，并应取各自的最不利效应组合进行设计。

对于网架结构的承载能力极限状态，应按照荷载效应的基本组合，采取下列设计表达式进行设计：

$$\gamma_0 S \leqslant R \tag{2-8}$$

式中　γ_0——结构重要性分项系数；

S——荷载效应组合的设计值；

R——结构构件抗力的设计值，应按照各有关建筑结构设计规范的规定确定。

对于基本组合，荷载效应组合的设计值 S 应从下列组合值中取最不利值确定。

(1) 由可变荷载效应控制的组合

$$S = \gamma_G S_{Gk} + \gamma_{Q1} S_{Q1k} + \sum_{i=2}^{n} \gamma_{Qi} \psi_{ci} S_{Qik} \tag{2-8a}$$

(2) 由永久荷载效应控制的组合

$$S = \gamma_G S_{Gk} + \sum_{i=1}^{n} \gamma_{Qi} \psi_{ci} S_{Qik} \tag{2-8b}$$

式中　γ_G——永久荷载分项系数，当其效应对结构不利时，对由可变荷载效应控制的组合 $\gamma_G = 1.2$；对由永久荷载效应控制的组合 $\gamma_G = 1.35$；当其效应对结构有利时，$\gamma_G = 1.0$。

γ_{Qi}——第 i 个可变荷载的分项系数，其中 γ_{Q1} 为可变荷载 Q_1 的分项系数，一般情况下 $\gamma_{Qi} = 1.4$；对于标准值大于 $4kN/m^2$ 的工业房屋楼面结构的活荷

载 $\gamma_{Qi}=1.3$。

S_{Gk}——按永久荷载标准值 G_k 计算的荷载效应值。

S_{Qik}——按可变荷载标准值 Q_{ik} 计算的荷载效应值，其中 S_{Qik} 为诸可变荷载效应中起控制作用者。

ψ_{ci}——可变荷载 Q_i 的组合值系数，应分别按照相应的规定采用。

n——参与组合的可变荷载数。

当无吊车荷载、风荷载和地震作用时，网架应考虑以下几种荷载组合：

① 永久荷载＋可变荷载；

② 永久荷载＋半跨可变荷载；

③ 网架自重＋半跨屋面板重＋施工荷载。

后两种荷载组合主要考虑斜腹杆的变号。当采用轻屋面（如压型钢板）或屋面板对称铺设时，可不计算。当考虑风荷载和地震作用时，其组合形式可按式(2-8) 计算。

当考虑吊车荷载时，如多台吊车竖向荷载组合时，对一层吊车、单跨厂房的网架，参与组合的吊车台数不应多于两台；对于一层吊车、多跨厂房的网架，不多于四台。考虑多台吊车的水平荷载组合时，参与组合的吊车台数不应多于两台。

吊车荷载是移动荷载，其作用位置不断变动，网架又是高次超静定结构，使考虑吊车荷载时的最不利荷载组合复杂化。目前采用的组合方法是由设计人员根据经验人为地选定几种吊车组合及位置，作为单独的荷载工况进行计算，在此基础上选出杆件的最大内力，作为吊车荷载的最不利组合值，再与其他工况的内力进行组合。

对于网架结构的正常使用极限状态，应按照荷载效应标准组合的效应计算，采取下列设计表达式进行设计：

$$S\leqslant C \tag{2-9}$$

式中 C——结构或结构构件达到正常使用要求的规定限值，应按照有关建筑结构设计规范的规定确定；

S——荷载效应组合的设计值。对于标准组合，按照以下公式计算：

$$S=S_{Gk}+S_{Q1k}+\sum_{i=2}^{n}\psi_{ci}S_{Qik} \tag{2-9a}$$

2.3.2 网架的静力计算方法

网架结构是高次超静定结构，要完全精确地分析它的内力和变形是相当复杂和困难的，常需采用一些计算假定，忽略某些次要因素的影响，使计算工作得以简化。计算假定愈接近实际结构，计算结果的精确度愈高。网架计算的基本假定为：

① 节点为铰接，杆件只承受轴力；

② 按小挠度理论计算；

③ 按弹性方法分析。

网架的计算方法，大致分为精确计算法和简化计算法。精确计算法采用铰接杆件计算模型，即把网架看成铰接杆件的集合，未引入其他任何假定，具有较高的计算精度。

简化计算法可采用部分设计手册查表进行。常用的方法主要有梁系模型和平板模型。梁系模型通过折算方法把网架简化为交叉梁，以梁段作为分析基本单位，求出梁的内力后，再回代求杆的内力。平板模型把网架折算为平板，解出板的内力后回代求杆的内力。随着计算机的广泛采用，大多数工程均采用精确计算方法，简化方法已很少采用。

下面简单介绍一下空间杆系有限元法。

空间杆系有限元法又称空间桁架位移法，是目前杆系空间结构中计算精度最高的一种方法。它适用于分析各种类型网架，可考虑不同平面形状、不同边界条件和支承方式、承受任意荷载和作用，还可考虑网架与下部支承结构共同工作。

空间杆系有限元法以网架结构的各个杆件作为基本单元，以节点位移作为基本未知量。对杆件单元进行分析，建立单元杆件内力与位移之间的关系，然后再对结构进行整体分析。根据各节点的变形协调条件和静力平衡条件建立结构上的节点荷载和节点位移之间的关系，形成结构的总刚度矩阵和总刚度方程。解出各节点位移值后，再由单元杆件内力和位移之间的关系求出杆件内力。

(1) 基本假定

① 网架的节点设为空间铰接节点，每一节点有三个自由度，即 u、v、w。

② 杆件只承受轴力。

③ 假定结构处于弹性阶段工作，在荷载作用下网架变形很小。

(2) 单元刚度矩阵

① 杆件局部坐标系单刚矩阵为

$$[\overline{K}]=\frac{EA}{l_{ij}}\begin{bmatrix}1 & -1\\ -1 & 1\end{bmatrix} \tag{2-10}$$

式中 $[\overline{K}]$——杆件局部坐标系单刚矩阵；

l_{ij}——杆件 ij 的长度；

E——材料的弹性模量；

A——杆件 ij 的截面面积。

② 杆件整体坐标系的单刚矩阵

$$[K]_{ij}=[T][\overline{K}][T]^{\mathrm{T}}=\frac{EA}{l_{ij}}\begin{bmatrix} l^2 & & & & \text{对} & \\ lm & m^2 & & & & \text{称} \\ ln & mn & n^2 & & & \\ -l^2 & -lm & -ln & l^2 & & \\ -lm & -m^2 & -mn & lm & m^2 & \\ -ln & -mn & -n^2 & ln & mn & n^2 \end{bmatrix} \tag{2-11}$$

$$[T]=\begin{bmatrix} l & m & n & 0 & 0 & 0\\ 0 & 0 & 0 & l & m & n\end{bmatrix}^{\mathrm{T}}$$

式中 $[K]_{ij}$——杆件 ij 在整体坐标系中的单刚矩阵，是一个 6×6 阶的矩阵；

$[T]$——坐标转换矩阵。

l、m、n 为杆与坐标轴夹角的方向余弦：

$$l=\cos\alpha=\frac{x_j-x_i}{l_{ij}}$$

$$m=\cos\beta=\frac{y_j-y_i}{l_{ij}} \tag{2-12}$$

$$n=\cos\gamma=\frac{z_j-z_i}{l_{ij}}$$

$$l_{ij}=\sqrt{(x_j-x_i)^2+(y_j-y_i)^2+(z_j-z_i)^2} \tag{2-13}$$

α，β，γ——ij 杆轴 $\bar{x}$ 与结构总体坐标（x，y，z）正向的夹角。

(3) 结构总刚度矩阵

建立总刚矩阵时，应满足两个条件：①变形协调条件；②节点内外力平衡条件。

根据这两个条件，总刚矩阵的建立可将单刚矩阵的子矩阵的行列编号，然后对号入座形成总刚。对网架中的所有节点，逐点列出内外力平衡方程，联合起来就形成了结构刚度方程，其表达式（n 为网架节点数）：

$$[K]\{\delta\}=\{P\}$$

$$\{\delta\}=[u_1 \quad v_1 \quad w_1 \cdots u_i \quad v_i \quad w_i \cdots u_n \quad v_n \quad w_n]$$

$$\{P\}=[P_{x1} \quad P_{y1} \quad P_{z1} \cdots P_{xi} \quad P_{yi} \quad P_{zi} \cdots P_{xn} \quad P_{yn} \quad P_{zn}]$$

式中　$[K]$——结构总刚度矩阵，是 $3n\times3n$ 方阵；

$\{\delta\}$——节点位移列矩阵；

$\{P\}$——荷载列矩阵。

结构总刚度方程是高阶的线性方程组，一般借助计算机求解。

(4) 边界条件

结构总刚度矩阵 $[K]$ 是奇异的，尚需引入边界条件以消除刚体位移，使总刚度矩阵为正定矩阵。网架的支承有周边支承、点支承等。边界约束有自由、弹性、固定及强迫位移四种。实际工程中，网架的约束条件不同，直接影响网架结构的内力，因此应结合实际工程情况合理选用具体的约束条件。通常有以下几种情况。

① 周边支承

周边支承网架的边界条件为：

$$\begin{cases}\text{径向} & \delta_{ay}, \ \delta_{cx} & \text{弹性约束} \\ \text{切向} & \delta_{ax}, \ \delta_{cy} & \text{自由} \\ \text{竖向} & w=0 & \text{固定}\end{cases}$$

网架搁置在柱或梁上时，网架支座竖向位移为零。网架支座水平变形应考虑下部结构共同工作。在网架支座的径向［图 2-33(a) 中 A 点 y 方向，C 点 x 方向］应将下部结构作为网架结构的弹性约束，见图 2-33(b)。柱子水平位移方向的等效弹簧系数 K_z 值为：

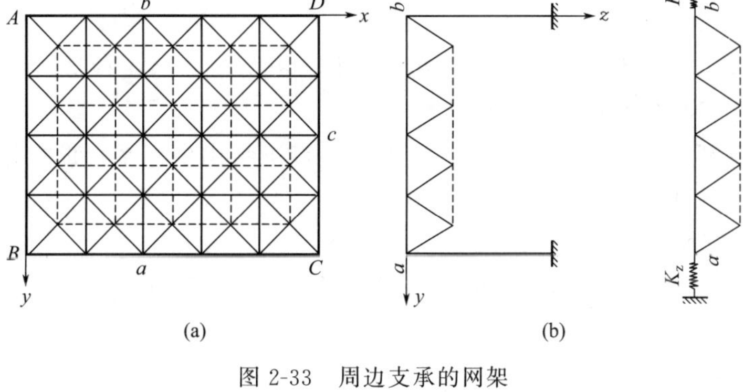

图 2-33　周边支承的网架

$$K_z=\frac{3E_zI_z}{H_z^3}$$

式中 E_z——支承柱的材料弹性模量；

I_z——支承柱的截面惯性矩；

H_z——支承柱的柱子长度，在网架支座的切向［图 2-33(a) 中 A 点 x 向，C 点 y 向］，认为是自由的。

必须指出，采用整个网架进行内力分析时，四个角点支座［图 2-33(a) 中 A、B、C、D 点］水平方向边界条件应采用两向弹性约束或固定，否则会发生刚体移动。周边支承网架支座的边界条件与支座节点构造有关，应根据实际构造情况酌情处理。

② 点支承

点支承网架（图 2-34）的边界条件应考虑下部结构的约束，即：

$$\begin{cases}u=\text{弹性约束 }K_{zx}\\v=\text{弹性约束 }K_{zy}\\w=0\text{ 固定}\end{cases}$$

$$K_{zx}=\frac{3E_zI_{zx}}{H_y^3}$$
$$K_{zy}=\frac{3E_zI_{zy}}{H_x^3} \tag{2-14}$$

式中 E_z——支承柱的材料弹性模量；

I_{zx}，I_{zy}——支承柱绕 x、y 方向的截面惯性矩；

H_x，H_y——支承柱的长度。

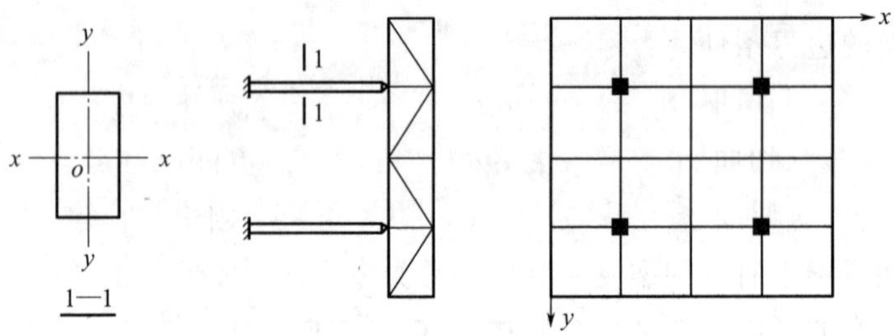

图 2-34 点支承的网架

总刚矩阵中边界条件有固定、弹性约束和强迫位移等，其处理方法有四种。

a. 支座某方向固定

支座某方向固定有两种处理方法。一种是划行划列方法；另一种是充大数方法。

b. 支座某方向弹性约束

支座某方向弹性约束是指沿某方向（该方向平行于结构坐标系）设有弹性支承 K_z。在总刚度矩阵对角元素的相应位置上加 K_z。

c. 支座沉降的处理

当需计算支座沉降的影响时，也可通过对总刚度方程的适当处理来解决。当采用软件计算时，可直接设定支座处的位移。

d. 斜边界处理

斜边界处理有两种方法：一种方法是在边界点沿着斜边界方向设一个具有一定截面的杆；另一种处理方法是将斜边界处的节点位移向量作一变换，使在整体坐标下的节点位移向量变换到任意的斜方向，然后按一般边界条件处理。

（5）对称性利用

根据结构力学的基本原理可知，对称结构在对称荷载下，结构的内力、反力及位移对称。以往受计算机容量的限制，网架分析的对称性利用非常重要，这样可以大大减少计算工作量，随着计算机技术的发展，现在的网架结构分析通常是按照整体结构分析的，对称结构的内力分布规律特性可用于判断结构计算结果的合理性，可以作为结构分析和设计的参考。

（6）杆件内力

边界条件处理后，通过对总刚度矩阵的求解，可得各节点的位移值，再由单元分析求得杆件内力。

（7）计算步骤

空间杆系有限元法的计算步骤如下。

① 根据网架结构的构成情况，选取计算单元。

② 对网架节点和杆件进行编号。

③ 计算杆件长度和杆件与整体坐标系夹角的余弦。

④ 建立整体坐标系的单刚矩阵。

⑤ 建立总刚矩阵，将单刚矩阵对号入座总刚矩阵有关位置上。

⑥ 输入荷载，建立总刚矩阵方程荷载列矩阵，形成结构总刚度方程。

⑦ 根据边界条件，对总刚度方程进行边界处理。

⑧ 求解总刚度矩阵方程，得到各节点位移。

⑨ 根据各节点位移求杆件内力。

目前国内有关网架结构计算程序很多，可实现网架节点自动编号和优化，自动形成杆件信息，计算节点坐标，并用图形表示出来以便检查，以上称为前处理。其次，对刚度矩阵方程进行求解，得出杆件内力，根据截面规格，按满应力设计原则，自动选择最优杆件截面，称为结构计算。最后打印内力、位移、各杆件规格、节点设计，绘制设计施工图和工艺加工图等，统称后处理。将前处理、结构计算和后处理三个步骤的实现称为网架结构的 CAD。作为应用网架结构分析软件的设计人员，应对有限元法计算方法有所了解，以便在分析过程中处理计算参数的选用，并运用概念设计的原理判断分析结果的正确性。如浙江大学编制的空间结构分析软件 MST 就具有很好的计算与处理功能，典型界面见图 2-35。

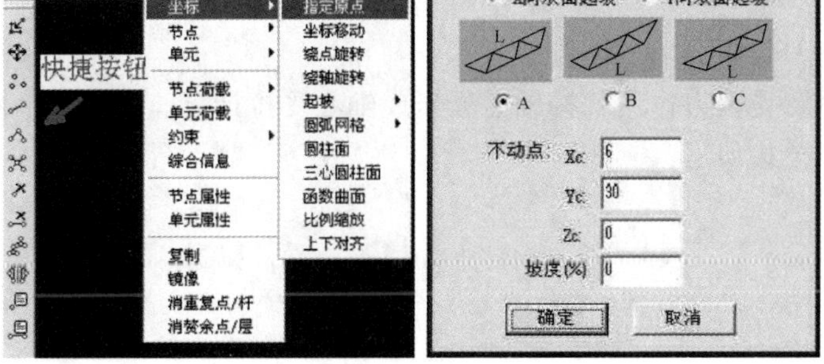

图 2-35　MST2016 典型界面示意

2.4 网架结构构造设计

2.4.1 网架的杆件设计与构造

2.4.1.1 杆件材料和截面形式

网架杆件的材料采用钢材，钢材品种主要为Q235B钢和Q355B钢。网架杆件的截面形式有以下几种：圆管、由两个等肢角钢组成的T形截面、两个不等边角钢长肢相并组成的T形截面、单角钢、H型钢和方钢管等，见图2-36。圆管截面具有回转半径大和截面特性无方向性等特点，是目前最常用的截面形式。资料分析表明，截面面积相等的条件下，圆钢管的轴压承载力是两个等肢角钢组成T形截面的1.2～2.75倍。圆钢管截面有高频电焊钢管及无缝钢管两种。在设计中应尽量采用高频电焊钢管，因它较无缝钢管造价便宜且管壁较薄。薄壁方管截面具有回转半径大、两个方向回转半径相等的特点，是一种较经济的截面，目前国内无适合这种截面的节点形式，应用还不广泛。角钢组成的T形截面适用于板节点连接，因工地焊接工作量大，制作复杂，采用也较少。单角钢适用于受力较小的腹杆。H型钢适用于受力较大的弦杆。

(a) 圆管　(b) 等肢角钢　(c) 不等肢角钢　(d) 单角钢　(e) H型钢　(f) 方钢管

图2-36　网架杆件截面形式

2.4.1.2 杆件的规格与截面尺寸

每个网架所选截面规格不宜太多，一般较小跨度网架以2～3种规格为宜，较大跨度网架也不宜超过6～7种。从概念设计的角度看，宜选用厚度较薄截面，使杆件在同样截面条件下，可获得较大回转半径，对杆件受压有利。常用钢管规格有$\phi 48\times3.5$，$\phi 60\times3.5$，$\phi 75.5\times3.75$，$\phi 88.5\times4$，$\phi 114\times4$，$\phi 140\times4.5$，$\phi 165\times4.5$，$\phi 133\times6$，$\phi 159\times10$，$\phi 180\times14$等。特别值得说明的是，钢管出厂一般均有负公差，故选择截面时应适当留有余量。

另外，杆件截面过小易产生初弯曲，对受力不利，因此，根据《空间网格结构技术规程》（JGJ 7）的规定，网架杆件的最小截面尺寸为：普通角钢L50×3；钢管$\phi 48\times2$。对于大中跨度的空间网格结构，钢管不宜小于$\phi 60\times3.5$。

2.4.1.3 杆件设计

网架的杆件主要受轴力作用，按轴心受压或轴心受拉计算。设计包括刚度、强度、稳定性三个方面。计算公式如下：

轴心受拉

$$\sigma=\frac{N}{A}\leqslant f \tag{2-15}$$

$$\lambda=\frac{\mu l_0}{r_{\min}}<[\lambda] \tag{2-16}$$

轴心压杆

$$\sigma=\frac{N}{\varphi A}\leqslant f \tag{2-17}$$

$$\lambda=\frac{\mu l_0}{r_{\min}}<[\lambda] \tag{2-18}$$

式中　N——杆件轴力；

A——杆件截面面积；

λ——杆件最大长细比；

l_0——杆件几何长度；

$r_{\min}$——杆件最小回转半径；

μ——计算长度系数，查表 2-5；

φ——压杆稳定系数，由 λ 查《钢结构设计标准》(GB 50017)；

f——钢材强度设计值。

目前国内《空间网格结构技术规程》(JGJ 7) 对杆件的容许长细比规定如下：

① 受压杆件　　$[\lambda]\leqslant 180$

② 受拉杆件

一般杆件　　$[\lambda]\leqslant 400$

支座附近杆件　　$[\lambda]\leqslant 300$

直接承受动力荷载　　$[\lambda]\leqslant 250$

网架杆件的计算长度 l 可按下式计算：

$$l=\mu l_0 \tag{2-19}$$

式中　l_0——杆件几何长度（节点中心间距离）；

μ——计算长度系数，由表 2-5 查得。

表 2-5　计算长度系数 μ

连接形式	弦杆	腹杆	
		支座腹杆	其他腹杆
螺栓球节点	1	1	1
焊接空心球节点	0.9	0.9	0.8
板节点	1	1	0.8

2.4.2　网架结构的节点设计与构造

2.4.2.1　网架节点的类型

在网架结构中，节点起着连接汇交杆件、传送屋面荷载和吊车荷载的作用。网架又属于空间杆件体系，汇交于一个节点上的杆件至少有 6 根，多的可达 13 根。这给节点设计增加一定难度。网架的节点数量多，节点用钢量占整个网架杆件用钢量的 1/5～1/4。合理设计节点对网架的安全度、制作安装、工程进度、用钢量指标以及工程造价都有直接影响。节点设计是网架设计中的重要环节之一。网架结构的节点应满足下列要求：①受力合理，传力明确，使节点构造与计算假定尽量相符；②保证汇交杆件交于一点，不产生附加弯矩；③力求构造简单，制作安装方便；④耗钢量少，造价低廉。

网架的节点形式很多，常用的主要形式有以下几种。

(1) 焊接空心球节点

焊接空心球节点是我国采用最早也是目前应用较广的一种节点。这种节点适用于圆钢管连接，构造简单，传力明确，连接方便。对于圆钢管，只要切割面垂直于杆件轴线，杆件就能在空心球上自然对中而不产生节点偏心。由于球体无方向性，可与任意方向的杆件相连，当汇交杆件较多时，其优点更为突出。因此它的适应性强，可用于各种形式的网架结构，也可用于网壳结构。图 2-37(a)、(b) 分别表示四角锥和三向网架的焊接空心球节点构造。

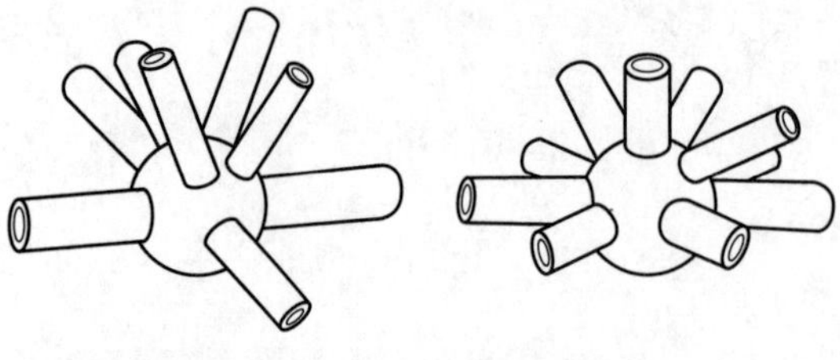

(a) 正放四角锥　　(b) 三向网架

图 2-37　焊接空心球节点大样图

空心球节点由两个半球对焊而成，半球有冷压和热压两种成型方法，热压成型简单，不需很大压力，用得较多；而冷压不需较大压力，但要求材质好，而且模具磨损较大，目前很少采用。热压成型流程见图 2-38，首先将钢板剪成圆板，然后将圆板加热后放在模具上，再用冲压机压成半圆球，最后对半圆球进行机械加工。

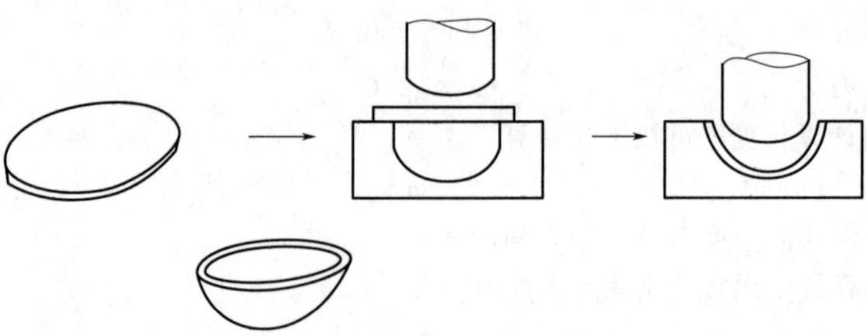

图 2-38　空心球热压成型流程

焊接空心球节点分为无肋和有肋两种。其剖面构造见图 2-39。

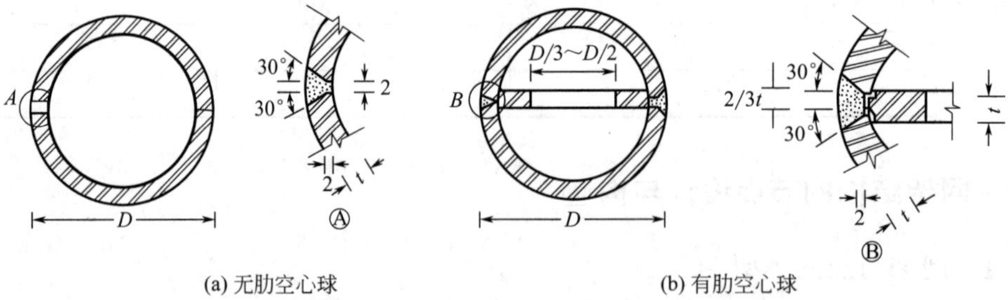

(a) 无肋空心球　　(b) 有肋空心球

图 2-39　焊接空心球节点

焊接空心球节点网架结构受力性能好，整体刚度大，而且材料用量较少，尤其适用于特殊角度的杆件连接、复杂造型以及支座处的节点。但这种节点加工时需要将钢板切割成圆形，钢材利用率较低，节点用钢量约占总用钢量的 20%～25%。另外，制作网架时，杆件与球体的连接需现场进行，且是全方位焊接，焊接工作量大，焊接质量要求高。特别是在现场施焊时，会因焊接变形而引起尺寸偏差，焊接时需预留焊接变形余量。

(2) 螺栓球节点

螺栓球节点是国内常用节点形式之一。它由钢球、销子、套筒和锥头或封板、螺栓等零件组成，见图 2-40。螺栓球节点除具有焊接空心球节点所具有的对汇交空间杆件适用性强、杆件对中方便和连接不产生偏心等优点外，还具有：可避免大量的现场焊接工作量；零配件工厂加工，使产品工厂化，保证工程质量；运输和安装方便，可以根据工地施工情况，采用散装、分条拼装等安装方法。它可用于任何形式的网架，目前常用于四角锥体系的网架。

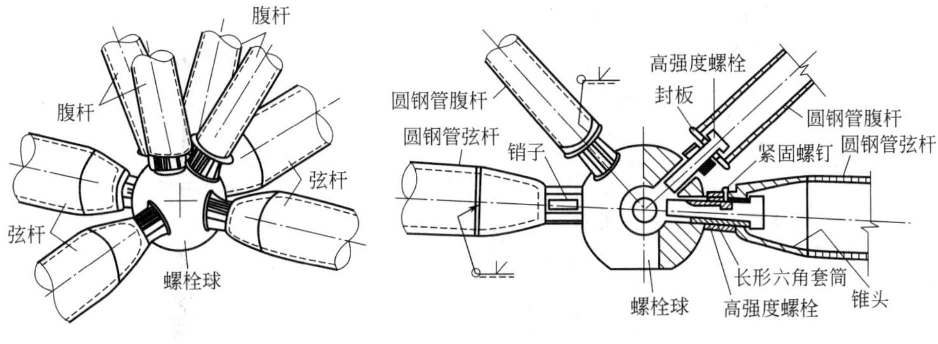

(a)　(b)

图 2-40　螺栓球连接节点

螺栓球节点的连接构造是先将置有螺栓的锥头或封板焊在钢管杆件的两端，在伸出锥头或封板的螺杆上套有长形六角套筒（或称长形六角无纹螺母），并以销子或紧固螺钉将螺栓与套筒连在一起，拼装时直接拧动长形六角套筒，通过销钉或紧固螺钉带动螺栓转动，从而使螺栓旋入球体，直至螺柱头与封板或锥头贴紧为止，各汇交杆件均按此连接后即形成节点。螺栓球节点的零件所用材料和加工方法列于表 2-6。螺栓球节点根据杆件受力不同（受拉或受压），传力路线和零件作用也不同。当杆件受拉时，传力路线为：拉力→钢管→锥头或封板→螺栓→钢球，这时套筒不受力；当杆件受压时，传力路线为：压力→钢管→锥头或封板→套筒→钢球，这时螺栓不受力，压力通过零件之间的接触面传递。

表 2-6　螺栓球节点组合零件所用材料及加工方法选用

零件名称	采用钢号	成型方法	机械性能要求		备注
钢球	45 号钢	机械加工			原坯球由锻压或铸造而成
高强度螺栓和开槽圆柱端紧固螺钉	45 号钢 40Cr 钢 40B 钢 20MnTiB 钢	与一般的高强螺栓加工方法相同	经热处理后的硬度（HRC）	24～30 32～36 34～38 34～38	8.8S 高强螺栓用
锥头和封板	Q235 钢 Q355 钢	锥头采用铸造或锻造			与杆件材质相适应
长形六角套筒		机械加工			可用六角钢直接加工
销子	高强度钢丝	机械加工			

(3) 焊接钢板节点

焊接钢板节点是在平面桁架节点的基础上发展起来的一种节点形式。适用于弦杆呈两向布置的各类网架，如两向正交正放网架、两向正交斜放网架以及各类四角锥体系组成的网架，这些网架上、下弦杆均呈两向正交布置，腹杆与弦杆位于同一平面内或与弦杆平面呈

45°夹角，如图 2-41 所示。这种节点沿受力方向设节点板，节点板间则以焊缝连成整体，从而形成焊接钢板节点。各杆件连接在相应节点板上，即可形成各种形式的网架。有时为增加节点的强度和刚度，也可在节点中心加设一段圆钢管，将十字节点板直接焊于中心钢管，从而形成一个由中心钢管加强的焊接钢板节点［图 2-41(c)］。

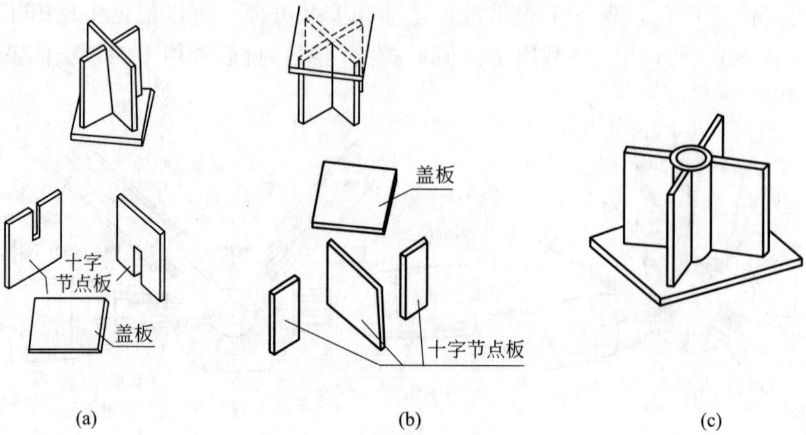

图 2-41　焊接钢板节点的组成

这种节点具有刚度大、用钢量较少、造价较低等优点，但不便于工厂化、标准化生产，工地焊接工作量大，目前使用较少。对于由角钢杆件组成的网架，采用这种节点尤为适宜，对于由钢管杆件组成的网架，这种节点具有一定的适应性。

随着网架杆件截面形式的不同以及跨度和安装方法的不同，杆件与焊接钢板节点的连接方式亦随之变化。对于由角钢组成杆件、较小跨度的两向网架，可采用图 2-42(a) 所示的焊接连接的节点构造形式。当网架跨度较大时，可采用部分杆件用高强螺栓与节点板连接，如图 2-42(b)。

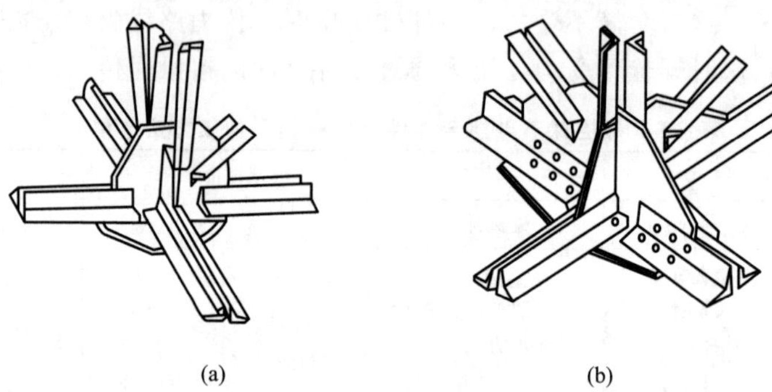

图 2-42　杆件与焊接钢板节点的连接

对于由钢管杆件组成的四角锥网架，当采用焊接钢板节点时，节点板可按上述相同方式构成，此时可将钢管端部开槽插入节点板中，并沿插入长度在钢管与节点板连接处施焊，如图 2-43(a) 所示。为防止钢管杆件的内壁锈蚀，可在杆端加封板，使之密闭。此外，也可通过改变节点板的构成方式，使各节点板均垂直于所连接的钢管杆件，将钢管端部直接焊在相应的节点板上，形成如图 2-43(b) 所示的适用于钢管杆件四角锥网架的焊接钢板节点。这种连接构造虽然密封性较好，但钢管杆件的下料长度必须十分准确，同时节点的加工制作也比较复杂，仅在少数工程中采用。

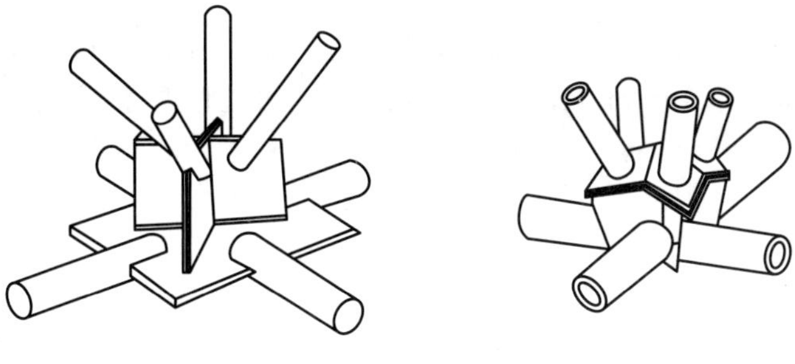

(a)　(b)

图 2-43　用于钢管杆件的焊接钢板节点

焊接钢板节点在由角钢杆件组成的网架中应用，具有一定的经济性和适用性。但它毕竟是一种只适合于现场就地制作的节点形式，现场焊接工作量大，且在连接焊缝中仰焊、立焊占有一定比例，需要采取相应技术措施才能保证焊接质量。也有一些节点以螺栓连接代替焊接连接，简化节点构造，为工厂生产提供方便，也可以形成一种比较合理的钢板节点。图 2-44 所示节点为改进的十字板节点。

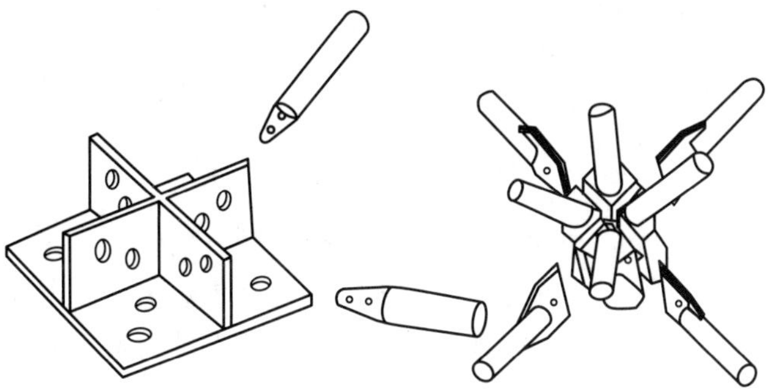

(a)　(b)

图 2-44　螺栓连接的焊接钢板节点

此外，网架连接节点，如直接汇交节点，它是将网架中的腹杆（支管）端部经机械加工成相贯面后，直接焊在弦杆（主管）管壁上，也可将一个方向的弦杆焊在另一个弦杆管壁上。这种节点避免了采用任何连接件，节省节点用钢量，但要求装配精度高，杆件由钢管或方钢组成，这类结构目前已广泛应用，成为独特的相贯节点的管桁架结构，详见本书第 5 章。

2.4.2.2　网架节点的设计要点

网架节点形式的选取主要依据结构的受力及当地网架结构的加工制作特点来定。一般情况下，焊接球节点和螺栓球节点经合理设计均可满足要求。通常，对于加工能力强、加工精度高的节点，采用螺栓球节点现场安装也比较方便，对于网架跨度较大，或者当地具有特殊地基条件，如不均匀沉降时，建议采用焊接球网架，这样充分利用了焊接球网架结构刚度大的优势，以抵抗结构的特殊受力。此外，对于采用抽空系列网架时，建议采用焊接球节点。

(1) 空心球节点的设计

网架空心球节点的设计是通过构造要求和承载力计算确定空心球的外径及壁厚。

① 空心球外径 D

空心球外径 D 主要根据构造要求确定，为便于施焊，在构造上要求连接于同一球节点的各杆件之间空隙不小于 10mm（图 2-45），按此要求可近似取球径为：

$$\frac{D}{2}\theta \approx \frac{d_1}{2}+\frac{d_2}{2}+a$$
$$D \geqslant \frac{d_1+d_2+2a}{\theta} \tag{2-20}$$

式中 d_1，d_2——相邻两根杆件的外径，mm；

θ——相邻两根杆件间的夹角，一个节点有多根杆件相交，相邻两根杆件的夹角也有多个，应取其中最小夹角，以弧度为单位；

a——相邻两根杆件之间的空隙，取 $a \geqslant 10$mm，见图 2-45。

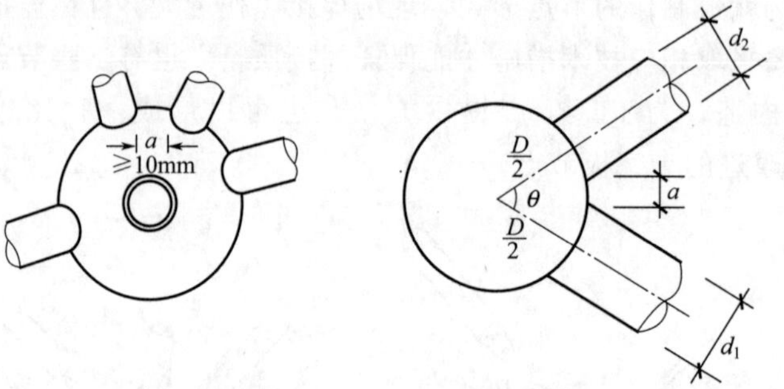

图 2-45 汇交钢管构造图

当空心球外径大于 300mm 且杆件内力较大需要提高承载力时，可在球内加肋，当空心球外径等于或大于 500mm 时应在球内加肋，肋板必须设在轴力最大杆件的轴线平面内，且其厚度不应小于球壁的厚度。

当空心球外径过大，连接杆件又较多时，为了减小空心球外径，允许部分腹杆与腹杆或腹杆与弦杆相汇交。汇交杆件的轴线必须通过空心球形心，汇交两杆中，截面积较大的杆件（主杆）必须全截面焊在球上（当两杆截面面积相等时，取拉杆为主杆），另一杆坡口焊在主杆上，但必须保证有 3/4 截面焊在球上。如果汇交杆件受力较大，可按图 2-46 设置加劲肋。

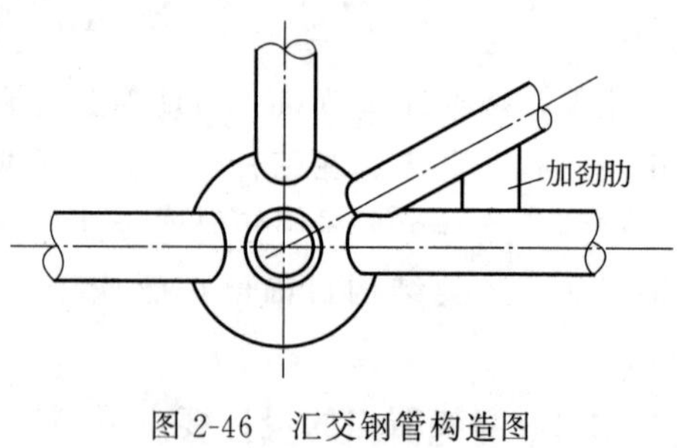

图 2-46 汇交钢管构造图

② 空心球的壁厚

空心球的壁厚根据杆件内力计算确定。空心球外径 D 与其壁厚 δ 的比值，一般可取 25～45。空心球壁厚与钢管最大壁厚的比值一般取 1.2～2.0，空心球壁厚一般不宜小于 4mm。

③ 承载力验算

当空心球直径为 120～900mm 时，其受压和受拉承载力设计值 N_R 可按下列公式计算：

$$N_R=\eta_0\left(0.29+0.54\frac{d}{D}\right)\pi t d f \tag{2-21}$$

式中 η_0——大直径空心球节点承载力调整系数，当空心球直径≤500mm 时，$\eta_0=1.0$；当空心球直径>500mm 时，$\eta_0=0.9$。

D——空心球外径，mm。

t——空心球壁厚，mm。

d——与空心球相连的主钢管的外径，mm。

f——钢材抗拉强度设计值，N/mm^2。

④ 圆钢管与空心球的连接要求

钢管与空心球用焊缝连接，钢管应开坡口，在钢管与空心球之间应留有一定的缝隙并予以焊透，以实现焊缝与钢管等强，否则应按照角焊缝计算。当钢管壁厚大于 4mm 时，必须做成坡口，要求钢管与球离开 4～5mm，可加套管，套管壁厚不小于 3mm，长度可为 30～50mm。对于大、中跨度网架，受拉的杆件必须抽样进行无损检测（如超声波探伤等），抽样数至少取拉杆总数的 20%，质量应符合网架结构二级焊缝的要求。

(2) 螺栓球节点设计

螺栓球节点应由钢球、高强度螺栓、套筒、紧固螺钉、锥头和封板等零件组成，其材料均应符合现行标准《钢网架螺栓球节点》(GB/T 16939) 的规定。

① 高强螺栓设计

高强螺栓在整个节点中是最关键的传力部分，对于 M12～M36 的高强度螺栓，其强度等级应按 10.9 级选用；对于 M39～M64 的高强度螺栓，其强度等级应按 9.8 级选用。螺栓头部为圆柱形，便于在锥头或封板内转动。螺栓外形见图 2-47。

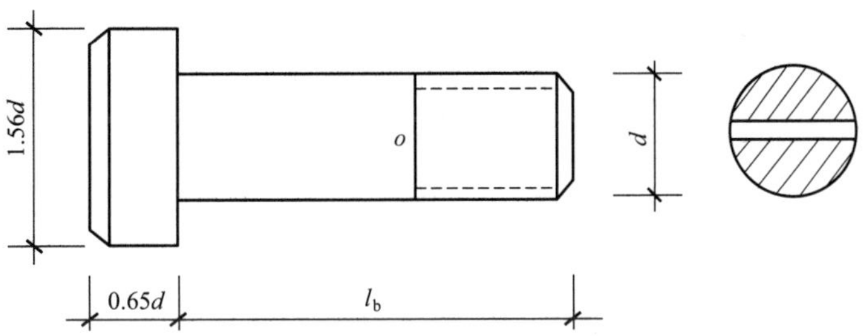

图 2-47　高强螺栓的几何尺寸

d—螺栓直径

每个高强螺栓的受拉承载力设计值应按下式计算：

$$N_t^b=A_{eff}f_t^b \tag{2-22}$$

式中　f_t^b——高强度螺栓经热处理后的抗拉强度设计值，对 10.9 级，取 $430N/mm^2$；对 9.8 级，取 $385N/mm^2$。

A_{eff}——高强度螺栓的有效截面积，可按表 2-7 选取。当螺栓上钻有键槽或钻孔时，A_{eff} 值取螺纹处或键槽、钻孔处二者中的较小值。

当螺栓上钻有销孔或键槽时，A_{eff} 应取螺纹处或销孔键槽处两者中的较小值。即：

销孔处面积

$$A_{np}=\frac{\pi d^2}{4}-dd_p \tag{2-23}$$

钉孔处面积

$$A_{ns}=\frac{\pi d^2}{4}-d_{se}h_{se} \tag{2-24}$$

螺纹处面积 $$A_e=\frac{\pi}{4}(d-0.9382p)^2 \tag{2-25}$$

式中 d_p——销子孔的直径，mm；

d_{se}——开槽圆柱端的孔径直径，mm；

h_{se}——开槽圆柱端的孔径深度，mm。

采用销孔时 $A_{eff}=\min|A_{np},A_e|$；

采用钉孔时 $A_{eff}=\min|A_{ns},A_e|$。

表 2-7 常用高强度螺栓在螺纹处的有效截面积和承载力设计值

性能等级	规格 d	螺距 p/mm	A_{eff}/mm^2	N_t^b/kN
10.9 级	M12	1.75	84	36.1
	M14	2	115	49.5
	M16	2	157	67.5
	M20	2.5	245	105.3
	M22	2.5	303	130.5
	M24	3	353	151.5
	M27	3	459	197.5
	M30	3.5	561	241.2
	M33	3.5	694	298.4
	M36	4	817	351.3
9.8 级	M39	4	976	375.6
	M42	4.5	1120	431.5
	M45	4.5	1310	502.8
	M48	5	1470	567.1
	M52	5	1760	676.7
	M56×4	4	2144	825.4
	M60×4	4	2485	956.6
	M64×4	4	2851	1097.6

注：螺栓在螺纹处的有效截面积 $A_{eff}=\pi(d-0.9382p)^2/4$。

螺栓长度 l_b 由构造决定，其值为

$$l_b=\xi d+S+\delta \tag{2-26}$$

式中 ξ——螺栓伸入钢球的长度与螺栓直径之比，$\xi=1.1$；

d——螺栓直径，mm；

S——套筒长度，mm；

δ——锥头板或封板厚度，mm。

对于受压杆件的连接螺栓，可按其内力所求得的螺栓直径适当减小。

② 钢球的设计

钢球按其加工成型方法可分为锻压球和铸造球两种。铸造球质量不易保证，故多用锻制的钢球，其受力状态属多向受力，试验表明，不存在钢球破损问题。

钢球的大小取决于螺栓的直径、相邻杆件的夹角和螺栓伸入球体的长度等因素，同时要

求伸入球体的相邻两个螺栓不相碰。通常情况下，两相邻螺栓直径不一定相同，如图 2-48 所示。

如使螺栓不相碰，最小钢球直径 D 为：

$$D \geqslant \sqrt{\left(\frac{d_s^b}{\sin\theta}+d_l^b\cot\theta+2\xi d_l^b\right)^2+\lambda^2 d_l^{b^2}} \tag{2-27}$$

式中　D——钢球直径，mm；

θ——两相邻螺栓之间的最小夹角，rad；

d_l^b——两相邻螺栓的较大直径，mm；

d_s^b——两相邻螺栓的较小直径，mm；

ξ——螺栓拧入球体长度与螺栓直径的比值，可取 1.1；

λ——套筒外接圆直径与螺栓直径的比值，可取 1.8。

另外，还应保证相邻两根杆件的套筒不相碰。

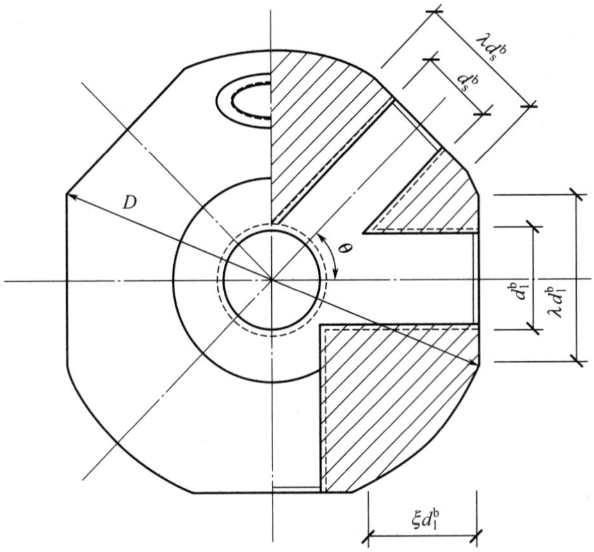

图 2-48　螺栓球与直径有关的尺寸

$$D \geqslant \sqrt{\left(\frac{\lambda d_s^b}{\sin\theta}+\lambda d_l^b\cot\theta\right)^2+\lambda^2 d_l^{b^2}} \tag{2-28}$$

当相邻杆件夹角 θ 较小时，尚应根据相邻杆件及相关封板、锥头、套筒等零部件不相碰的要求校核螺栓球直径。此时可通过检查可能相碰点至球心的连线与相邻杆件轴线间的夹角不大于 θ 的条件进行校核。

③ 套筒的设计

套筒是六角形的无纹螺母，主要是用以拧紧螺栓和传递杆件的轴向压力。设计时，其外形尺寸应符合扳手开口尺寸系列的要求，端部应保持平整。套筒内孔径一般比螺栓直径大 1mm。

套筒形式有两种：一种沿套筒长度方向设滑槽，见图 2-49(a)；另一种在套筒侧面设螺钉孔，见图 2-49(b)。滑槽宽度一般比销钉直径大 1.5～2mm。套筒端到开槽端（或钉孔端）距离应不小于 1.5 倍开槽宽度或 6mm。

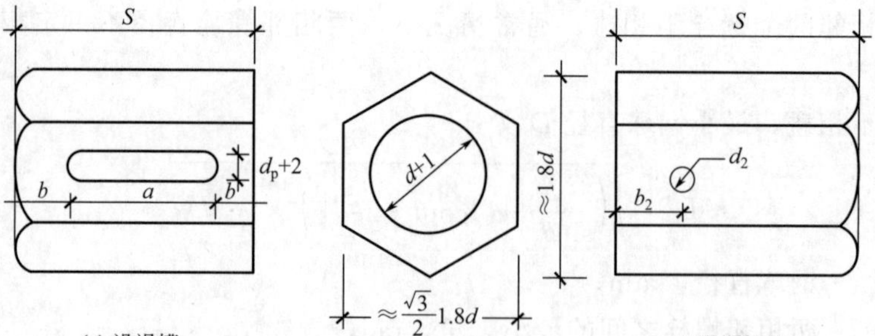

图 2-49　套筒的几何尺寸

套筒长度可按下式计算：

当采用滑槽时

$$S=a+2b \tag{2-29}$$

$$a=\xi d-c+d_p+4$$

式中　a——套筒上的滑槽长度；

d——螺栓直径；

c——螺栓露出套管的长度，可取 $c=4\sim5$mm，但不应小于 2 个丝扣（螺距）；

d_p——销钉直径；

b——套筒端部到滑槽端部距离。

当采用螺钉时

$$S=a+b_1+b_2 \tag{2-30}$$

$$a=\xi d-c+d_s+4$$

式中　a——套筒上的滑槽长度；

b_1——套筒右端至螺栓杆上最近端距离，通常取 $b_1=4$mm；

b_2——套筒左端至螺栓孔钉距离，通常取 $b_2=6$mm；

d_s——紧固螺钉直径。

采用螺栓上开槽的方法使螺栓在开槽处受附加偏心弯矩，对螺栓受力不利。

套筒的作用是将杆件轴向压力传给钢球，套筒应进行承压验算，其经验公式为

$$\sigma_c=\frac{N_c}{A_n}<f \tag{2-31}$$

套筒开槽时　$$A_n=\left[\frac{3\sqrt{3}}{8}(1.8d)^2-\frac{\pi(d+1)^2}{4}\right]-A_1$$

套筒开螺孔时　$$A_n=\left[\frac{3\sqrt{3}}{8}(1.8d)^2-\frac{\pi(d+1)^2}{4}\right]-A_2$$

$$A_1=(d_p+2)\left(\frac{\sqrt{3}}{4}\times1.8d-\frac{d+1}{2}\right)$$

$$A_2=d_s\times\left(1.8d-\frac{d+1}{2}\right)$$

式中　N_c——被连接杆件的轴心压力；

A_n——套筒在开槽处或螺钉处的净截面面积；

A_1，A_2——开孔面积；

d——螺栓直径；

d_p——销钉直径；

d_s——紧固螺钉直径；

f——套筒所用钢材的抗压强度设计值。

④ 销钉（或螺钉）的设计

销钉（或螺钉）是套筒和螺栓连接的媒介，通过它，旋转套筒时推动螺栓伸入钢球内。在旋转套筒过程中，销钉（或螺钉）承受剪力，剪力大小与螺栓伸入钢球的摩擦力大小有关。为减少销钉（或螺钉）对螺栓有效面积的削弱，销钉（或螺钉）直径尽可能小些，宜采用高强钢制作，销钉直径一般取螺栓直径的$\frac{1}{8}\sim\frac{1}{7}$倍，不宜小于 3mm，也不宜大于 8mm。采用螺钉的，其直径为螺栓直径的$\frac{1}{5}\sim\frac{1}{3}$倍，不宜小于 4mm，也不宜大于 10mm。

⑤ 封板与锥头的设计

封板和锥头主要起连接钢管和螺栓的作用，承受杆件传来的拉力和压力。

当杆件管径大于或等于 76mm 时，宜采用锥头连接；当杆件管径小于 76mm 时，采用封板连接。锥头任何截面上的强度应与连接钢管等强。封板或锥头与杆件的连接焊缝应满足图 2-50 的构造要求。其焊缝宽度 b 可根据连接钢管壁厚取 2～5mm。

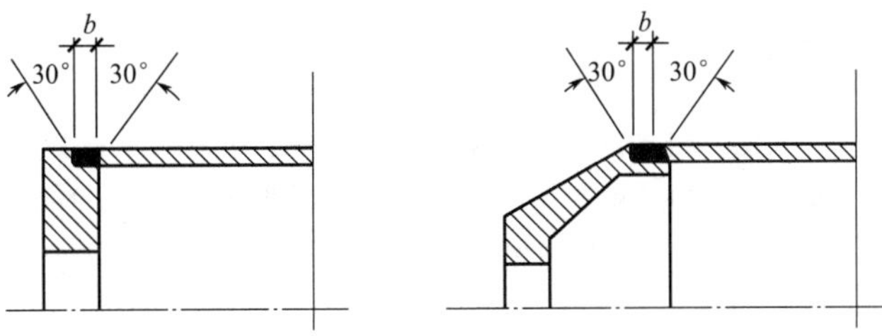

(a) 封板连接　　(b) 锥头连接

图 2-50　封板或锥头与杆件的连接构造

封板计算时，假定是周边固定，如图 2-51 所示，按塑性理论进行设计。封板厚度 δ 按照式(2-32) 确定，同时《空间网格结构技术规程》(JGJ 7) 规定封板厚度不宜小于钢管外径的 1/5。

$$\delta=\sqrt{\frac{2N(R-S)}{\pi R f}} \tag{2-32}$$

式中　R——封板的半径；

S——螺头中心至板的中心距离；

N——钢管的拉力；

f——钢板强度设计值。

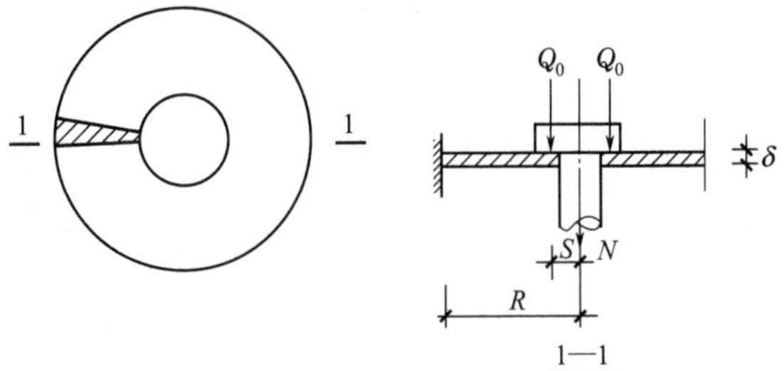

图 2-51　封板计算简图

锥头主要是承受来自螺栓的拉力或来自套筒的压力，是杆件与螺栓（或套筒）之间的过渡零配件，也是螺栓球节点的重要组成部分。由于锥头构造不尽合理，使锥顶与锥壁处产生严重应力集中现象，使锥头过早进入塑性。

锥头是一个轴对称旋转壳体，采用非线性有限元法可求出锥头的极限承载力。经理论分析表明：锥头的承载力主要是与锥顶厚度、连接杆件外径、锥头斜率等有关，经用回归分析方法，提出当钢管直径为 75～219mm 时，锥头材料采用 Q235，锥头受拉承载力设计值可按下式验算（图 2-52）：

$$N_t \leqslant 0.33\left(\frac{k}{D}\right)^{0.22} h_1^{0.56} d_1^{1.35} D_1^{0.67} f \qquad (2\text{-}33)$$

$$k=\frac{D-D_1}{2h_2}$$

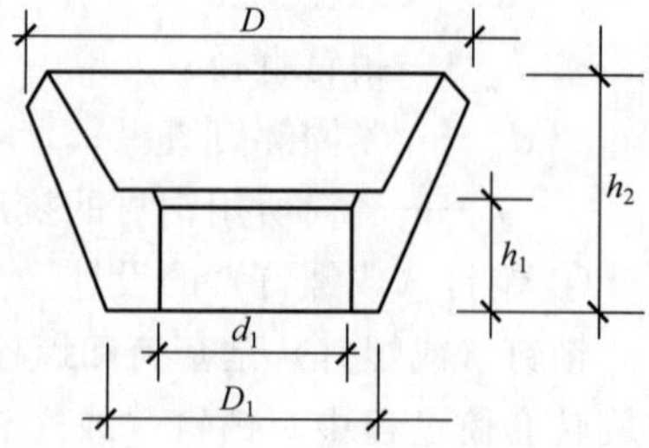

图 2-52　锥头尺寸

式中　N_t——锥头受拉承载力设计值，kN；

D——钢管外径，mm；

D_1——锥顶外径，mm；

h_1——锥顶厚度，mm；

h_2——锥顶高度，mm；

d_1——锥头顶板孔径，mm，$d_1=d+1$；

f——钢材强度设计值，kN/mm²；

k——锥头斜率。

上式必须满足 $D>D_1$，且 $r=\frac{1}{k}$，$5\geqslant r\geqslant 2$，$\frac{h_2}{D_1}\geqslant\frac{1}{5}$。

2.4.3　网架的支座节点

网架支座节点是指支承结构上的网架节点，它是网架与支承结构之间联系的纽带，也是整个结构的重要部位。支座节点应做到受力明确，传力路线简捷，连接构造简单，安装方便，安全可靠，经济合理。网架一般都搁置在柱顶、圈梁等下部支承结构上。设计中首先要保证在相应的位置上设置预埋件，以保证网架与下部结构连接可靠，不少工程事故就是由于支座设计或施工不合理造成连接不可靠而酿成工程事故。因此对网架的支座设计应给予充分的重视。注意受力特性，做好概念设计，根据网架的类型、跨度的大小、作用荷载情况、杆件截面形状和节点形式等情况，合理选择支座节点形式。

大多数支座节点一般采用铰支座，在构造上允许转动，同时尽可能与计算理论相吻合。此外，根据工程设计需要，还应考虑温度、荷载变化而产生的水平方向线位移和水平反力的影响。

网架在竖向荷载作用下，支座节点一般都受压，但有些支座节点也有可能承受拉力。根据受力状态，支座节点一般分为压力支座节点和拉力支座节点两大类。

2.4.3.1　压力支座节点

这类支座节点均以支座能承受向下反力为主，常用形式有如下几种。

(1) 平板压力支座节点

如图 2-53 所示，平板压力支座节点适用于较小跨度的网架。图 2-53(a) 用于焊接钢板节点的网架，图 2-53(b) 用于球节点（焊接空心球或螺栓球）的网架。它们通过十字节点板及底板将支座反力传给下部结构。这种节点构造简单，加工方便，用钢量省。这种节点的预埋锚栓仅起定位作用，安装就位后，应将底板与下部支撑面板焊牢。

(2) 单面弧形压力支座节点

如图 2-54 所示，单面弧形压力支座节点适用于中小跨度网架。它是在平板压力支座节

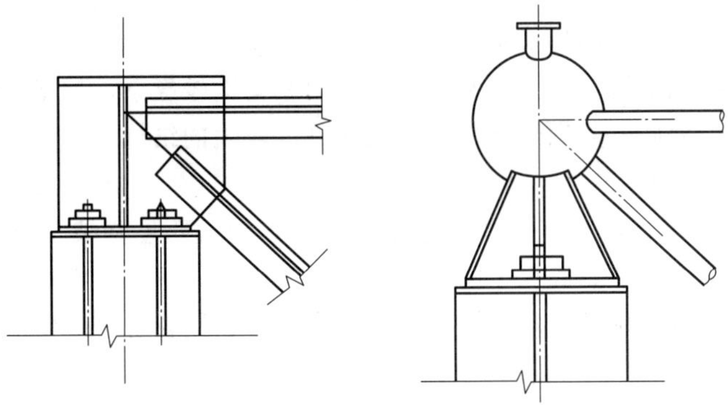

(a)　　(b)

图 2-53　平板压力支座节点

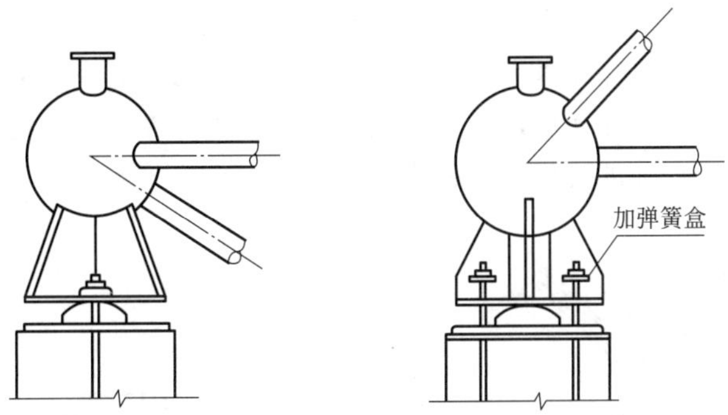

(a)　　(b)

图 2-54　单面弧形压力支座节点

点的基础上，在支座底板下设一弧形垫块而成，使沿弧形方向可以转动。

弧形垫块一般用铸钢制成，也可用钢板加工而成。底板反力比较均匀，一般设两个锚栓，安置于弧形垫块中心线上。当支座反力较大，支座节点体量较大时，需设四个锚栓，它们置于支座底板的四角，并在锚栓上部加设弹簧，如图 2-54(b)。

这种节点比较符合不动圆柱铰支承的约束条件。

(3) 双面弧形压力支座节点

如图 2-55 所示，双面弧形压力支座节点又称摇摆支座节点，适用于大跨度网架。它是

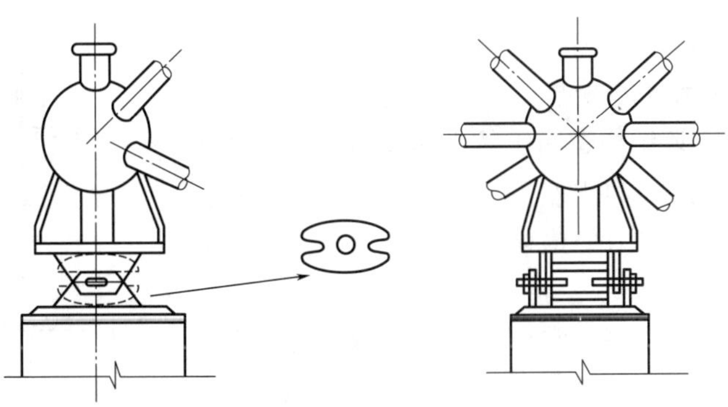

图 2-55　双面弧形压力支座节点

在支座底板与柱顶板之间设一块上下均为弧形的铸钢块，在它两侧设有从支座底板与支承面顶板上分别焊两块带椭圆孔的梯形钢板，然后用螺栓将它们连成整体。

这种节点既可沿弧形转动，又可水平移动。但其构造较复杂，加工麻烦，造价较高，对下部结构抗震不利，因此，多用于下部支承结构刚度较大的结构。

(4) 球铰压力支座节点

如图 2-56 所示，球铰压力支座节点适用于多支点的大跨度网架。它是由一个置于支承面上的半圆球与一个连于节点底板上的凹形半球相互嵌合，用四个螺栓相连而成，并在螺帽下设弹簧。这种节点可沿两个方向转动，不产生线位移，比较符合球铰支承的约束条件，有利于抗震，但构造复杂。

(5) 板式橡胶支座节点

如图 2-57 所示，板式橡胶支座节点适用于大、中跨度网架。它是在支座底板与支承面之间设置一块橡胶垫板。橡胶垫板是由多层橡胶片与薄钢板黏合、压制而成。在底板与支撑之间用锚栓相连。橡胶垫板具有良好的弹性，也可产生较大的剪切变形，因而既可满足网架支座节点的转动要求又可在外界水平力作用下产生一定变形。这种节点具有构造简单、安装方便、节省钢材、造价较低等优点，目前使用较广泛。这种节点存在橡胶易老化和下部支承结构抗震计算等问题，有待进一步研究解决。

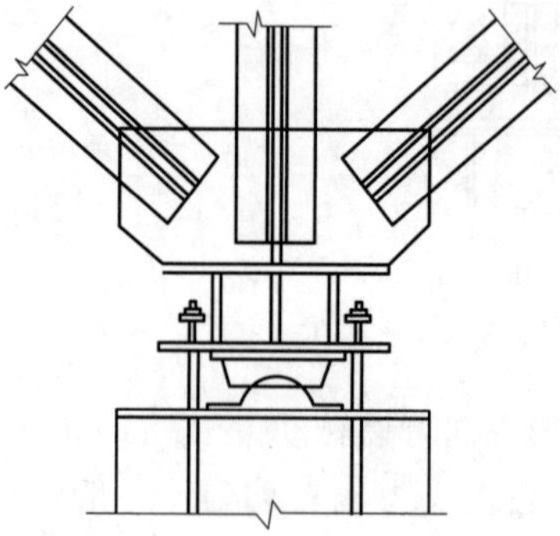

图 2-56 球铰压力支座节点

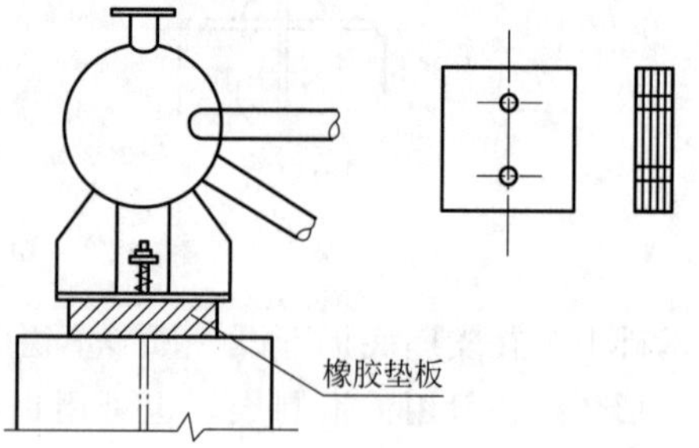

图 2-57 板式橡胶支座节点

2.4.3.2 拉力支座节点

常用的拉力支座有下列两种形式。

(1) 平板拉力支座节点

当支座拉力不大时，可采用平板拉力支座节点，此时锚栓承受拉力，适用于较小跨度网架。

(2) 单面弧形拉力支座节点

如图 2-58 所示，该结构适用于较大跨度网架。这种支座节点构造与单面弧形压力支座一样。为了更好地将拉力传递到支座上，在承受拉力的锚栓附近应加肋以增强节点刚度。

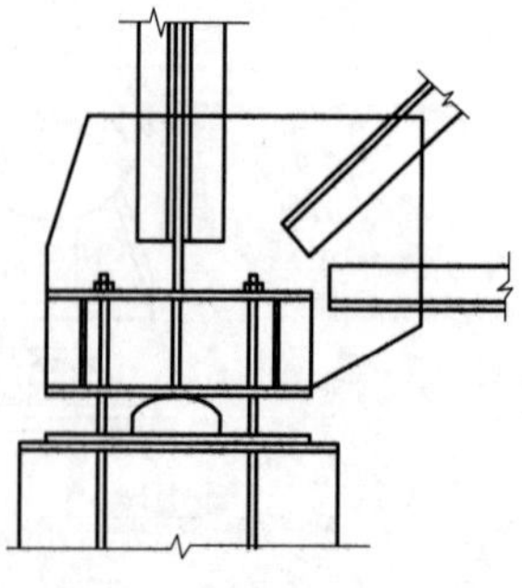

图 2-58 单面弧形拉力支座节点

网架结构施工方法很多，常用的有高空散装法、分条或分块安装法、滑移法、整体吊装法、整体提升法、整体顶升法等，安装方法及适用范围见表 2-8。

表 2-8　网架安装方法及适用范围

安装方法	内容	适用范围
高空散装法	单杆件拼装	螺栓连接节点的各类型网架
	小拼单元拼装	
分条或分块安装法	条状单元组装	两向正交、正放四角锥，正放抽空四角锥等网架
	块状单元组装	
高空滑移法	单条滑移法	正放四角锥、正放抽空四角锥、两向正交正放等网架
	逐条积累滑移法	
整体吊装法	单机、多机吊装	各种类型网架
	单根、多根拔杆吊装	
整体提升法	利用拔杆提升	周边支承及多点支承网架
	利用结构提升	
整体顶升法	利用网架支撑柱作为顶升时的支撑结构	支点较少的多点支承网架
	在原支点处或其附近设置临时顶升支架	
备注	未注明连接节点构造的网架，指各类连接节点网架均适用	

2.5　网架结构概念设计及实例点评

本书结合部分工程，说明实际工程中必须运用概念设计解决工程问题，同时对因特殊工程处理不当造成的不必要问题给予说明，以便引起同行重视，进一步提高网架结构的质量，确保工程安全。

2.5.1　网架结构工程中存在的问题

网架结构发生过的大小不同的事故，大致原因有以下几种。

(1) 自然灾害

这类事故较少，如 1985 年 8 月新疆喀什地区发生了 7.4 级地震，乌恰县影院的网架（24m×27m）受到了损害，部分杆件弯曲和脱落，但未倒塌。由火灾引起的事故较多，但均是部分杆件弯曲，网架未倒塌，经修复后可继续使用。暴风、雨、雪在我国尚未直接引起网架（壳）结构破坏的事故案例，但有案例如深圳某网架由于屋面排水不畅，屋面大量积水造成了网架倒塌。

(2) 设计不当

网架结构概念设计很重要，但有时设计人员不注重细节，出现计算模型与实际不符、边界条件处理不当、长细比过大、杆件匹配不当、忽视温度应力的影响等问题；有时盲目相信计算结果，不进行校核、分析和判断；设计荷载小于实际荷载，片面追求用钢量最少，忽视结构总体安全性和经济性等。因此，设计应严格遵循设计规范并注重概念设计。

(3) 制作和安装问题

制作和安装中通常存在的问题是错用材料，验收不严，管理混乱；杆件和节点部件加工粗糙，造成整体结构累积误差很大或无法组装；未考虑温度变化、焊缝收缩量的影响；偷工减料；焊接工艺不当，焊接时少焊、漏焊，特别是焊缝根部未焊透；高强螺栓质量差、错配螺栓；安装时对杆件或支座强迫就位；不进行必要的施工验算；安装措施不力，吊装机具在吊装时被破坏；质检体系不健全，缺乏对工艺流程各环节的严格检验；不按设计要求施工等。

(4) 施工问题

在施工中常出现的问题是：未遵循设计原则的规定，随意增加重物；不定期检查维修，防腐或防火措施不利或没有等。施工中以下问题应引起重视。

① 焊接空心球节点网架现场组对较困难，现场焊接量大，效率低，受气候影响大。同时现场焊接为全位置焊接，技术要求高，容易造成根部未焊透，现场必须加强对焊缝质量的监督检查。

② 螺栓球节点网架（壳）结构中应重视高强螺栓的外观检查，以免存在漏拧或未拧到位等隐患。节点构造复杂、零件多、系统误差大，若制造工艺粗放，存在结构安全度降低的隐患。因此迫切要求精心制造、精心安装，以提高施工的精度。可喜的是螺栓球节点网架（壳）的加工设备已有厂家研制出螺栓球的专用机床，特别是自动化加工中心，已实现与设计的计算机对接。杆件的焊接已有自动化焊接机床、机器人焊接设备。

2.5.2 网架工程实例及点评

实例 1——采用网架结构解决复杂问题

某工程拟将原屋顶花园进行局部加层改造，该工程下部为六层钢筋混凝土框架结构，由于原屋面部分区域有采光屋顶，因此，只能在钢筋混凝土部分增加钢柱。参见图 2-59。原计划采用屋面钢梁体系，但考虑到不少柱不易形成纵横对应的柱支承点，会导致很多部位采用悬挑梁。经设计，结构跨度为 16.8m，不算很小，但这样就会明显增加结构的耗钢量。同时该结构位于屋面塔楼，对结构抗震也十分不利。鉴于此，本工程采用多点支承的平板网架，这样既解决了少柱的问题，同时屋面整体刚度很大，又对结构抗震十分有利，综合比较，既经济又安全。

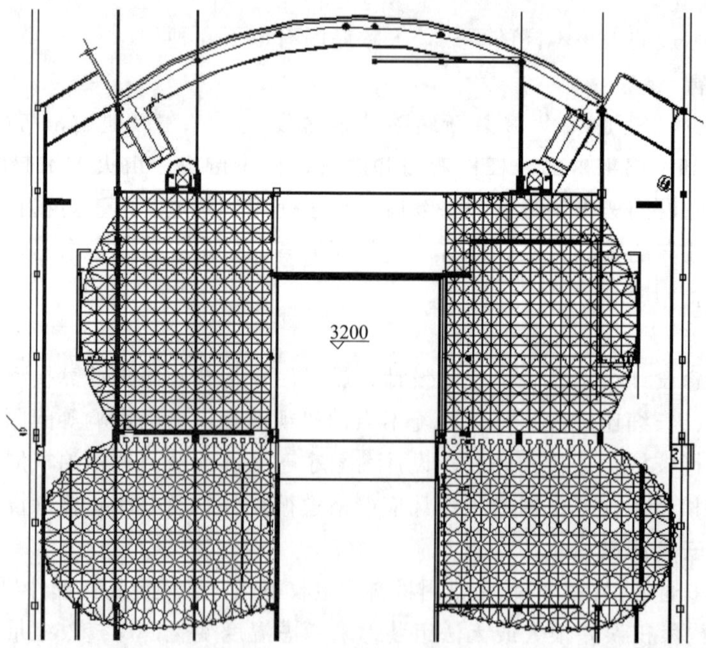

图 2-59 结构平面布置图

实例 2——合理支座位置的确定

某工程为平板玻璃厂石英砂库，平面尺寸为 42m×96m，采用平板网架（图 2-60），整个库房为敞开式，因此，综合考虑场地条件，采用多点支承的网架。网架在支点布置时充分考虑合理的支座位置，采用综合优化设计的思路，建立优化设计数学模型，以总体结构造价最低为目标函数，将支点的位置、网架高度及网格数均作为变量，网架结构的杆件强度、稳定及网架的挠度为约束条件，进行优化设计。

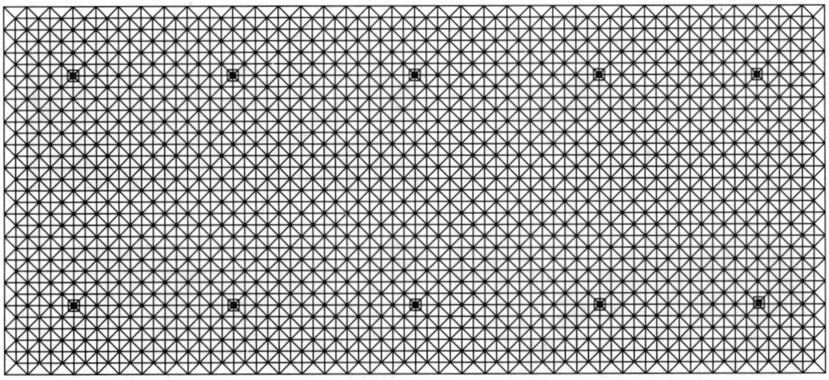

图 2-60　平板网架平面布置示意图

实例 3——设计不妥的工程

某工程为商场，钢结构网架工程。建筑面积：945m^2；网架主体跨度 19.2m，长度 49.2m，网架高度 2.133m。结构形式为正交正放抽空四角锥平板网架，焊接球节点。设计使用年限：50 年；抗震设防类别为丙类；抗震设防烈度为 8 度（0.2g）。由于特殊的工程要求，该工程地基处理是按照不同建筑物的要求分别处理的，因此，网架处于两个互不相关的结构上。该工程正常使用 10 年，但在使用过程中，建筑一侧修路开挖地面，造成较多积水，致使该建筑地基沉降并滑动，使得网架结构也发生了不同程度的损坏。网架平面见图 2-61(a)，建筑剖面见图 2-61(b)。

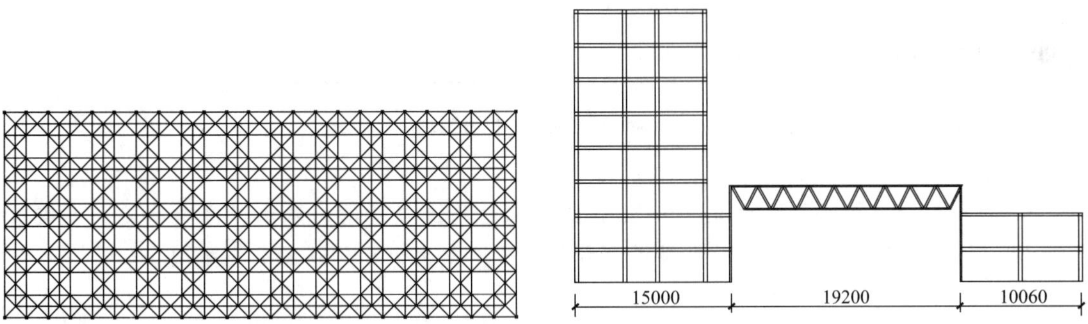

(a) 网架平面布置　　(b) 剖面示意图

图 2-61　实例 3 平面及剖面图

本工程原结构设计中将支座支承于不同的地基基础上。由于底层结构部分发生较大的地基位移和沉降，柱顶也产生了大的变位［图 2-62(a)］，相对于网架结构产生了不均匀的沉降与水平变位，造成实际网架结构部分腹杆出现弯曲［图 2-62(b)］，部分杆件发生断裂［图 2-62(c)］，部分严重破坏，下弦杆明显弯曲［图 2-62(d)］。

(a) 柱顶变位　(b) 腹杆弯曲

(c) 杆件断裂及支座损坏　(d) 下弦杆弯曲

图 2-62　实例 3 杆件及支座破坏照片

根据现场实测及分析计算可知，结构由于部分杆件的失效，使得网架结构产生新的内力重分布，致使更多的杆件出现超应力现象，对结构的安全造成巨大的隐患。该工程经过现场应力释放，以及主体结构及网架结构加固及修缮后正常使用。

思考题

1. 简述网架结构网格数和网架厚度确定的基本方法。

2. 绘图说明网架屋面排水的基本方式。

3. 自行设计一个平面尺寸在 30～50m 的网架结构，包括结构选型、网格确定、网架厚度选取，并计算竖向荷载作用下的网架内力，讨论网架内力和位移的分布规律。

第3章 网壳结构分析及概念设计

3.1 网壳结构工程应用及特点

3.1.1 网壳结构发展及应用

网壳结构是一种曲面网格结构，兼有杆系结构构造简单和薄壳结构受力合理的特点，因而具有跨越能力大、刚度好、材料省、杆件单一、制作安装方便等特点，是大跨空间结构中一种应用广泛的结构形式，也是近半个世纪以来发展最快、应用最广的一种空间结构。网壳结构的发展是和人类生活、生产的需要，科学技术水平以及物质条件密切相连的。早期的各种材料的穹顶建筑足以说明这一点。

意大利罗马小体育宫屋盖（图1-20）是混凝土网格型薄壳结构，圆顶直径60mm，以精巧的圆形屋顶著称于世。屋顶直径60m，由1620个钢筋混凝土预制菱形构件拼合而成，这些构件最薄的地方只有25mm厚，它们不但在力学上十分合理，而且组成了一个非常完整秀美的天顶图案。该建筑的外观和平面俯视或仰视都像一朵盛开的向日葵。

第二次世界大战以后，特别是近40年来，网壳结构得到重视及飞速发展，主要是因为钢筋混凝土结构薄壳施工时需要大量的模板，制作困难，劳动量大，费用高，高空浇筑费工费时。随着计算机技术的发展，广泛应用于杆系结构计算的有限元法和网壳结构的技术成熟等促进了网壳结构的应用与发展。网壳结构自身也经历了不同的发展阶段，跨度不断增大，从几十米到几百米，造型也由基本形式向各种形式变化，由功能单一向可开启等形式发展，理论研究也进行了承载力、结构稳定性及抗震性能分析等各个方面的深入研究，这些都标志着网壳结构的研究、设计和制造水平的不断提高，同时新的材料、新的施工工艺以及新的使用功能都得到了很大的改进。因此，越来越多的大跨度结构采用了网壳结构。国外很早就采用各种材料建造网壳结构，如美国塔科马市体育馆的胶合木网壳结构，直径达160m。参见图3-1。

图3-1 美国塔科马市体育馆

图 3-2 为日本名古屋体育馆单层网壳工程，圆形平面，直径为 187.2m，1996 年建成，是目前世界上跨度最大的单层网壳结构。该工程采用边长约 10m 的三向网格布置，杆件采用 ϕ650mm 的钢管，壁厚由中心的 19mm 至边界逐步增至 28mm，受拉环采用 ϕ900mm×50mm 钢管，网壳节点采用 ϕ1450mm 开口鼓形铸钢节点，内有三向加劲板。

图 3-2　日本名古屋体育馆

图 3-3 为日本福冈穹顶球面网壳工程。该工程于 1993 年建成，直径为 222m，是目前世界上最大的球面网壳结构。球形屋盖由三片扇形网壳组成，根据需要进行旋转开启，可以全开、半开和全闭合状态。整个过程大约需要 20 分钟。

图 3-3　日本福冈穹顶

我国的网壳结构在 20 世纪 50 年代初就有所应用，近年来网壳结构得到了突飞猛进的发展。图 3-4 为国家大剧院网壳工程。该工程屋面呈半椭圆形，外观具有柔和的色调和光泽。壳体由只有 0.44mm 厚的钛金属覆盖，前后两侧有两个类似三角形的玻璃幕墙切面，整个建筑仿佛漂浮于水面之上，行人需从一条 80m 长的水下通道进入演出大厅，通道两侧被规划为艺术博物馆、艺术品商场等。国家大剧院共占地 11.89 万平方米，总建筑面积 14.95 万平方米，设有歌剧院、音乐厅、戏剧场以及艺术展厅、艺术交流中心、音像商店等配套设施，工程概算总投资 26.88 亿元。屋顶呈椭圆大穹顶，东西轴跨度 212m、南北轴跨度 144m，周长达 6000 多米，是国内网壳结构建筑之最。

图 3-4　国家大剧院

图 3-5 为天津市体育馆，1994 年建成，采用放射状布置的正放四角锥双层球面网壳，

平面直径 108m，矢高 15.4m，挑檐 13.5m，总跨度达 135m，用钢指标为 $55kg/m^2$，是我国跨度突破 100m 大关的首例球面网壳结构。

川口卫提出并采用的新的施工方法建造的神户世界纪念馆（攀达穹顶），参见图 3-6，由于具有独特的施工工艺而闻名于世。该工程平面尺寸为 108m×68m，高 38.57m，柱面为双层网格结构，节点型式为焊接球节点。

图 3-5　天津市体育馆

图 3-6　神户世界纪念馆（攀达穹顶）

3.1.2　网壳结构的特点

网壳结构的发展和大量的工程实践证明，网壳结构为建筑结构提供了一种新颖合理的结构形式，这主要是由于网壳结构具有以下优点。

（1）网壳结构兼有杆件结构和薄壳结构的主要特性，受力合理，可以跨越较大的跨度。网壳结构是典型的空间结构，合理的曲面可以使结构力流均匀，具有较大的刚度，变形小，稳定性高，节省钢材。

（2）具有优美的建筑造型，无论是建筑平面、外形还是形体都能给设计师以充分的创作自由。薄壳结构与网架结构不能实现的形态，网壳结构几乎都可以实现。网壳结构的形态既能表现静态美，又能通过平面和立面的切割以及网格、支撑与杆件的变化表现动态美。

（3）应用范围广泛，既可用于中、小跨度的民用和工业建筑，也可以用于大跨度的各种建筑，特别是超大跨度的建筑。在建筑平面上可以适应多种形状，如圆形、矩形、多边形、扇形以及各种不规则的平面。在建筑外形上可以形成多种曲面。

（4）可以用细小的构件组成很大的空间，而且杆件单一，这些构件可以在工厂预制实现工业化生产，安装简便快速，适应各种条件下的施工工艺，不需要大型设备，因此综合经济指标较好。

（5）计算方便。目前我国已有许多适用于多种计算机类型的各种语言的计算机软件，为网壳结构的计算、设计和应用创造了有利条件。

（6）由于网壳结构呈曲面形状，形成了自然排水功能，不需像网架结构那样找坡。

诚然，网壳结构也存在不足之处，这也是制约网壳结构发展的主要因素，主要有以下几点。

（1）杆件和节点几何尺寸的偏差以及曲面的偏离对网壳的内力、整体稳定性和施工精度影响较大，这就给结构设计带来了困难。另外，为减小初始缺陷，对于杆件和节点的加工精度应提出更高要求，这就给制作加工增加了困难。这些缺点在大跨度网壳中显得更加突出。

（2）网壳结构可以构成大空间，但当矢高很大时，曲面外形增加了屋面面积和不必要的建筑空间，有些空间是不能用的，增加了建筑材料和能源消耗，屋面构造也比较复杂，某些形体的网壳若建筑上不加妥善处理，可能会影响音响效果。

随着科学技术的进步，只要精心设计，精心施工，网壳结构存在的缺点和问题是不难解决的。

3.1.3 网壳结构现状与概念设计

由于网壳结构具有很大的优越性，许多国家都在研究、发展和推广这种结构。网壳结构的发展与概念设计密切相关，新型结构体系的开发、新材料的应用更是使得网壳结构具有更大的发展空间。

3.1.3.1 利用网壳结构的优点实现独特造型

当代建筑师的设计思想日益开阔、不断创新，对于大跨度网壳结构不拘泥于某种特定的形体，而是根据使用要求，因地制宜选出最佳的方案，即在体型上选择多样化，在处理手法上具有灵活性。近年来，有不少的研究者利用仿生学原理开发新型的网壳结构形式，建成造型各异的非几何曲面网壳，或利用若干种曲面组合成新颖的结构，以及与其他结构如：索、拱、梁结构构成杂交结构，或称为组合结构。

例如甘肃省嘉峪关气象塔工程建筑设计，造型上采用了海豚的立体空间造型，参见图3-7，整个结构高度近百米，外立面设计为钢管形式的网壳结构，节点管管相贯，该结构体系既有单层网壳的受力特征，又具有空间框架结构的刚度，整个结构与核心混凝土筒体相连接，形成了钢-混凝土共同作用的混合结构体系。因此就不能采用常规的设计软件分析，应综合考虑结构的实际受力特点，进行概念设计及合理的简化分析，以确保工程安全，经济合理。

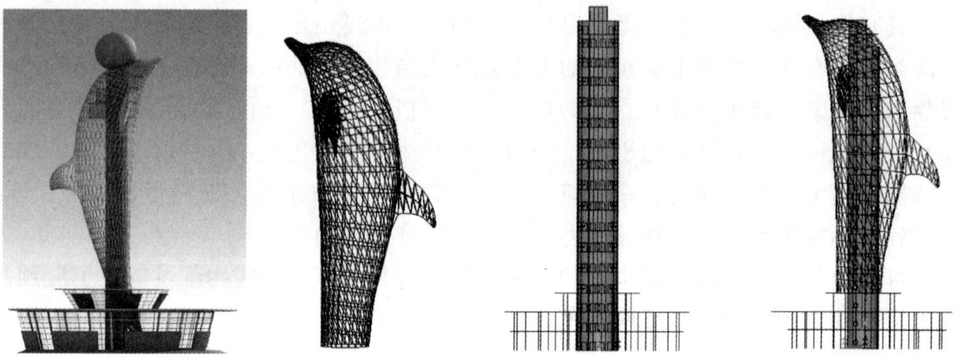

(a) 建筑造型　(b) 海豚网壳　(c) 筒体结构图　(d) 整体计算模型

图 3-7　气象塔工程结构

又如某景观设计采用了一系列树叶的造型，称之为“矿石花瓣”模型，以体现特殊的有色金属矿石的特色。该景观跨度 30～50m 不等，参见图3-8，结构设计采用了曲面网壳结构，支承点为桁架边缘，壳面上采用高强钢丝形成纵向拉筋，使整个结构既符合建筑造型要求，又满足结构稳定性的要求。

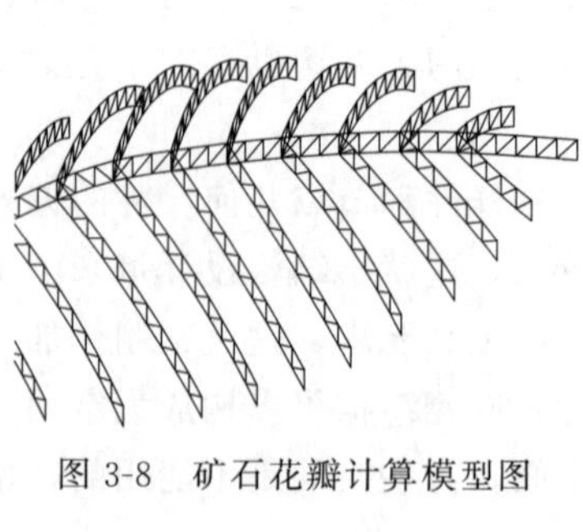

图 3-8　矿石花瓣计算模型图

3.1.3.2　网壳结构的跨度越来越大

世界上许多著名设计师认为网壳结构是空间结构中可以覆盖最大跨度和空间的结构形式。凯威特从理论上分析认为联方形网壳的跨度可以达到 427m，1959 年富勒曾提出建造一个直径达 3.22km 的短程线球面网壳，覆盖纽约市第 23～59 号街区，该网壳重约 80000t，每个单元重 5t，利用直升机可以在三个月内安装完毕。日本的巴组铁工所认为 21 世纪将是人类创造舒适、清洁、节能的新型城市的时代，因此曾经提出跨度 500m 的全天候多功能体育、娱乐场所和跨度 1000m 的理想未来城市的穹顶空间的构想。对于如此大空间结构的可行性和实用性是一个值得探讨的问题。

3.1.3.3　可移动或可开启的网壳结构

近年来，越来越多的体育建筑及造船厂为了适合体育比赛和生产的需要，减少天气对体育比赛或生产的影响，采用了可移动或可开启的网壳结构。目前网壳结构移动的方法有：旋转滑移法、水平移动法和提滑法。前述的福冈穹顶网壳工程即为旋转滑移法。

3.1.3.4　新型空间网壳结构减震体系

越来越多的公共建筑的跨度越来越大，结构的安全性要求也越来越高，而大跨度结构的动力响应随着跨度的增加也越来越明显，因此无论从安全的角度，还是从设计理念上，各类新型网壳减震体系应运而生，例如在网壳结构的内部或者下部结构合适的位置设置耗能支撑，既可增加结构的刚度，又能减少结构在罕遇地震下的动力响应，提高了网壳结构的抗震安全度。此外，还有采用 TMD 减震体系，设置摩擦摆支座，以及使用智能材料等。随着我国抗震防灾标准及抗震防灾能力的不断提高，空间结构减震体系将会得到更大的发展。

3.1.3.5　新型屋面材料的发展

大跨度空间结构的安全性包括结构安全性及使用安全性，大跨度结构的耐久性及适用性的要求也越来越高，因此围护结构配套技术措施直接影响到整个结构的长期使用。研究和生产轻质高强和防火性能好的屋面围护结构，以及效能高的保温隔热材料和防水材料非常重要，新材料和新工艺的发展将极大地促进空间结构快速发展。

3.2　网壳结构形式、分类及其选型

3.2.1　网壳结构的分类

由于网壳结构内容非常丰富，因此按照不同的方式有很多种分类方法，通常有以下几种：按照高斯曲率、曲面外形、网壳的层数、网壳的材料以及网格形式等。

3.2.1.1　按高斯曲率分类

网壳高斯曲率的定义如下。

设通过网壳曲面 S 上的任意点 P（见图 3-9），作垂直于切平面的法线 P_n。通过法线可以作无穷多个法平面，法平面与曲面 S 相交可获得许多曲线，这些曲线在 P 点处的曲率称为法曲率，用 k_n 表示。在 P 点处所有法曲率中，有两个取极值的曲

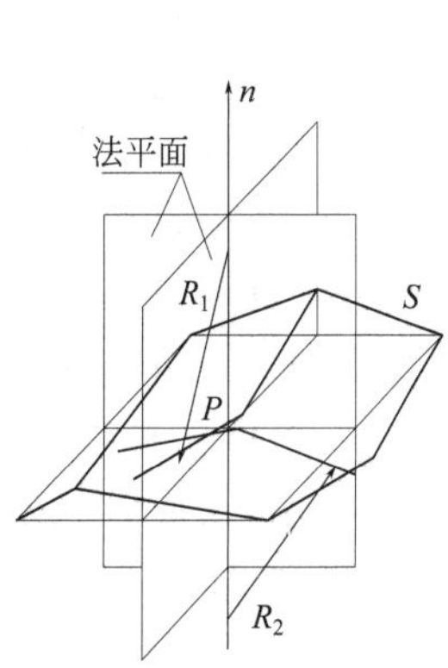

图 3-9　曲线坐标

率（即最大与最小的曲率）称为 P 点主曲率，用 k_1、k_2 表示。两个主曲率是正交的，对应于主曲率的曲率半径用 R_1、R_2 表示，它们之间关系为：

$$k_1=\frac{1}{R_1}$$
$$k_2=\frac{1}{R_2} \tag{3-1}$$

曲面的两个主曲率之积称为曲面在该点的高斯曲率，用 K 表示：

$$K=k_1k_2=\frac{1}{R_1}\times\frac{1}{R_2} \tag{3-2}$$

网壳按高斯曲率分为：零高斯曲率网壳、正高斯曲率网壳、负高斯曲率网壳。

(1) 零高斯曲率的网壳

零高斯曲率是指曲面一个方向的主曲率半径 $R_1=\infty$，即 $k_1=0$；而另一个主曲率半径 $R_2=\pm a$（a 为某一数值），即 $k_2\neq0$，故又称为单曲网壳，如图 3-10(a) 所示。零高斯曲率的网壳有柱面网壳、圆锥形网壳等。

(2) 正高斯曲率的网壳

正高斯曲率是指曲面的两个方向主曲率同号，均为正或均为负，如图 3-10(b) 所示。正高斯曲率的网壳有球面网壳、双曲扁网壳、椭圆抛物面网壳等。

(3) 负高斯曲率的网壳

负高斯曲率是指曲面两个主曲率符号相反，即 $k_1k_2<0$，这类曲面一个方向是凸面，一个方向是凹面，如图 3-10(c) 所示。负高斯曲率的网壳有双曲抛物面网壳、单块扭网壳等。

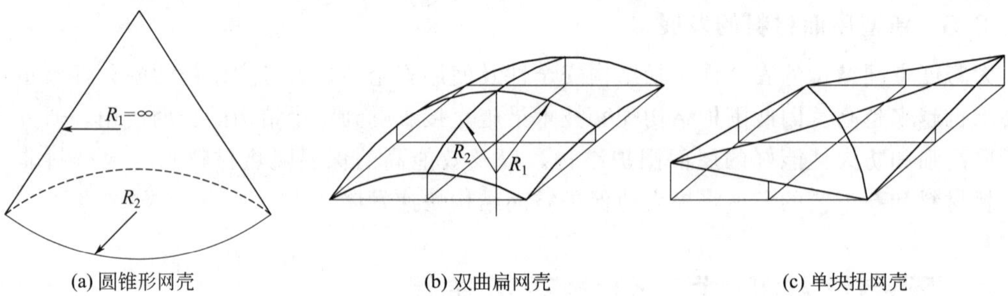

(a) 圆锥形网壳　　(b) 双曲扁网壳　　(c) 单块扭网壳

图 3-10　高斯曲率网壳

3.2.1.2　按曲面外形分类

网壳结构按曲面外形，主要有球面网壳、双曲扁网壳、柱面网壳、圆锥面网壳、扭曲面网壳、单块扭网壳、双曲抛物面网壳以及切割或组合形成的曲面网壳等。以下简单说明其主要构成及概念设计。

(1) 球面网壳

球面网壳是由一母线（平面曲线）绕 z 轴旋转而成，高斯曲率 $K>0$，曲率半径 $R_1=R_2=R_3$，见图 3-11。

球面网壳的曲面方程为

$$x^2+y^2+(z+R-f)=R^2 \tag{3-3}$$

式中　R——曲率半径；

　　f——球面网壳的矢高。

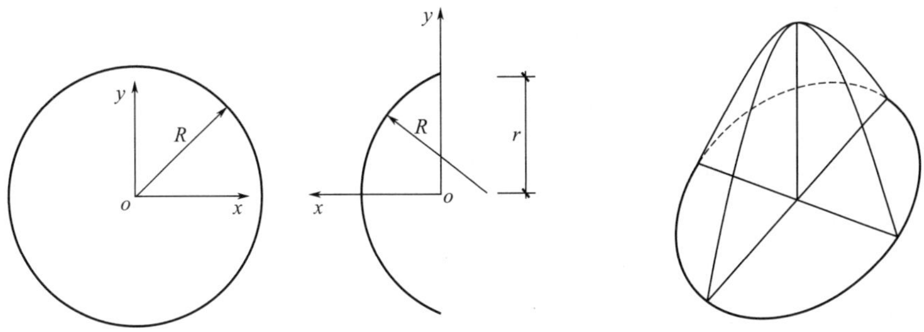

图 3-11　球面网壳

球面网壳是常用网壳形式之一，适用于圆平面。在实际设计中，可以根据具体的设计要求，选择球冠形（少半球）、半球形或者近似整球形（多半球）。

球冠形网壳空间利用率高，相应地工程造价合理，同时在环境设计（包括采暖、通风、电气以及声音控制等多项内容）中较容易处理，因此广泛用于实际工程。但是这种网架也存在一定的问题，例如，建筑造型效果相对较单一；由于网壳在支座处的斜向受力，因此会产生很大的支座推力，设计中要增设支腿或设置很大的基础。参见图 3-12(a)。

半球形网壳占用空间多，相应地工程造价较高，同时采暖、通风、电气等较难处理。耗能较大，但它可以形成独特的内部空间，例如国家大剧院就很好地利用了内部的空间，形成了楼中楼的独特效果，整体建筑浑然一体。又由于半球形网壳在支座处的切线恰好是垂直受力，因此不会产生支座水平推力，相应地基础设计就方便得多。参见图 3-12(b)。

近似整球形（多半球）网壳占用空间更多，相应地工程造价提高，内部空间设计难处理，耗能较大，但它可以形成独特的造型，因此常用于跨度较小的工程，以实现其美观的建筑效果或者利用其空间实现特殊的功能要求，例如天文台观测罩、球幕电影院等。参见图 3-12(c)。

(a)　(b)　(c)

图 3-12　网壳高度与内部空间示意

(2) 双曲扁网壳

双曲扁网壳的矢高较小，如图 3-13 所示。$a>b$，$\frac{a}{b}\leqslant 2$，且$\frac{f}{b}\leqslant\frac{1}{5}$，高斯曲率$>0$，这类网壳适用于矩形平面。扁网壳的曲面可由球面椭圆抛物面、双曲抛物面等组成。

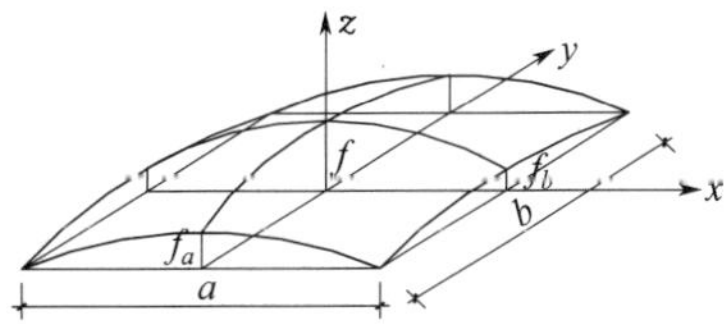

图 3-13　双曲扁网壳

双曲扁网壳的矢高较小，因此工程造价合理，室内环境设计容易处理。但这种网壳空间坐标需准确，定位较繁琐，边界上的支承梁也需要制作成弧形，给施工带来一定的难度。

当 $f=f_a+f_b$ 时，双曲扁网壳的曲面方程为：

$$z=f-\left[f_b\left(\frac{2x}{a}\right)^2+f_a\left(\frac{2y}{b}\right)^2\right] \tag{3-4}$$

式中 a，b——网壳投影面的长边、短边尺寸；

f_a，f_b——网壳长边、短边处的矢高；

f——网壳跨中矢高。

(3) 柱面网壳

柱面网壳是由一根直线沿两根曲率相同的曲线平行移动而成，如图 3-14 所示。它根据曲线不同分为柱面网壳、椭圆柱面网壳和抛物线柱面网壳。因母线是直线，故曲率 $k_1=0$，高斯曲率等于零。

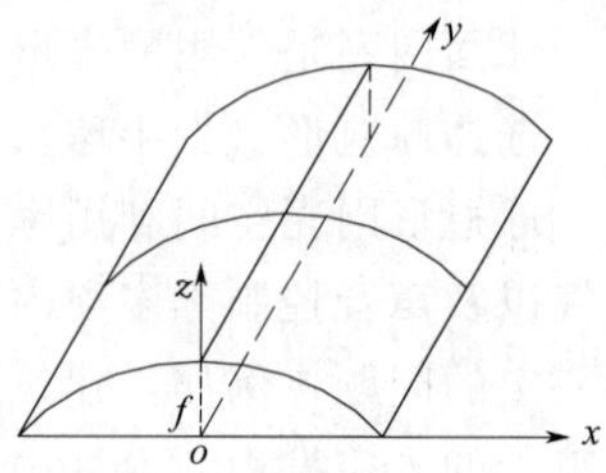

图 3-14 柱面网壳

圆柱面的曲面方程为：

$$x^2+(z+R-f)^2=R^2 \tag{3-5}$$

式中 R——曲率半径；

f——柱面网壳的矢高。

柱面网壳适用于矩形平面，构造简单，施工方便，在国内得到了广泛的应用。值得注意的是，柱面网壳结构具有典型的拱结构受力特征，会产生较大的水平推力，因此对支座或下部结构有较大的影响。

(4) 圆锥面网壳

圆锥面网壳是由一根直线与转动轴呈一夹角经旋转而成，如图 3-15 所示，其曲面方程为：

$$\sqrt{x^2+y^2}=\left(1-\frac{z}{h}\right)R \tag{3-6}$$

式中 R——圆锥面网壳锥底半径；

h——圆锥面网壳的锥高。

圆锥面网壳适用于圆形平面，高斯曲率等于零，工程中有时采用圆台形式构成空间体系，具有平面与曲面的空间组合。

(5) 扭曲面网壳

如图 3-16 所示，高斯曲率<0，适用于矩形平面。它的曲面方程为：

$$z=f-\frac{4f}{ab}xy \qquad (x,y\geqslant 0) \tag{3-7}$$

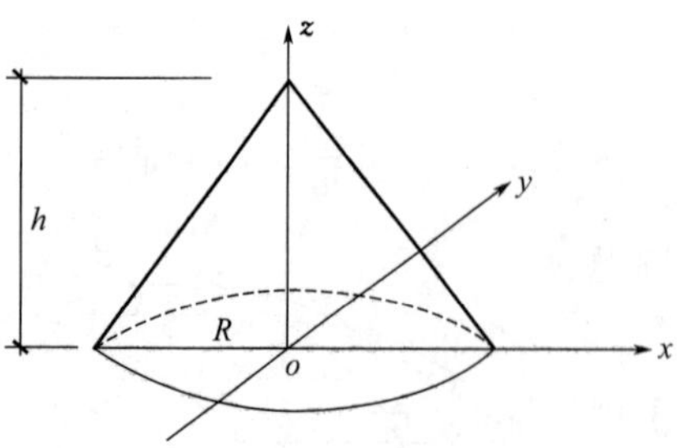

图 3-15 圆锥面网壳

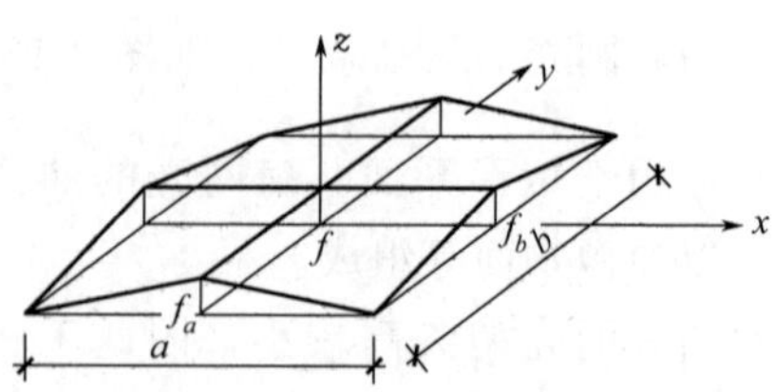

图 3-16 扭曲面网壳

$$z=f+\frac{4f}{ab}xy \qquad (x,y<0) \tag{3-8}$$

式中　f——网壳的矢高；

a，b——网壳的边长。

(6) 单块扭网壳

如图 3-17 所示，高斯曲率<0。运用于矩形平面。它的特点是与 xz，yz 平面平行的面与网壳曲面的交线是直线。

(7) 双曲抛物面网壳

双曲抛物面网壳是由一根曲率向下（$k_1>0$）的抛物线（母线），沿着与之正交的另一根曲率向上 $k_2<0$ 的抛物线平行移动而成。该曲面呈马鞍形，如图 3-18 所示。如沿曲面斜向垂直切开时，则均为直线。高斯曲率 $K<0$。该网壳适用于矩形、椭圆形和圆形等平面。矩形平面的双曲抛物面网壳的曲面方程为：

$$z=\frac{y^2}{R_2^2}-\frac{x^2}{R_1^2} \tag{3-9}$$

式中　R_1，R_2——双曲抛物面两个主曲率的曲率半径。

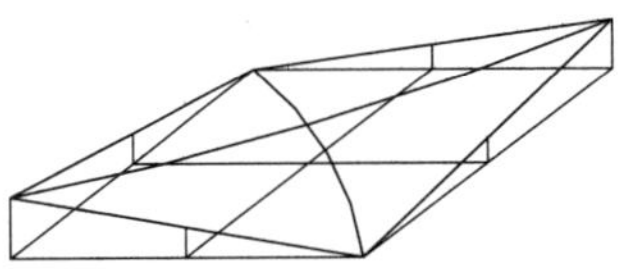

图 3-17　单块扭网壳

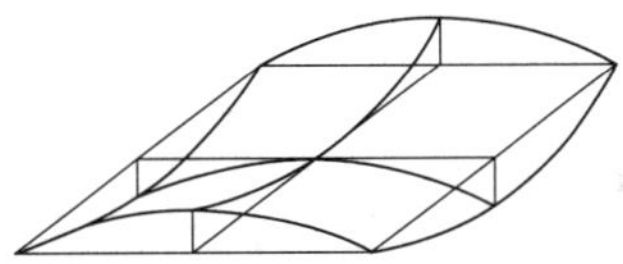

图 3-18　双曲抛物面网壳

(8) 切割或组合形成的曲面网壳

球面网壳用于三角形、六边形和多边形平面时，采用切割方法组成新的网壳形式，如图 3-19 所示。由单块扭面组成的各种网壳列于图 3-20(a)。由球面网壳和柱面网壳组成的网壳，见图 3-20(b)。还有其他形式组合和切割，这里不赘述。

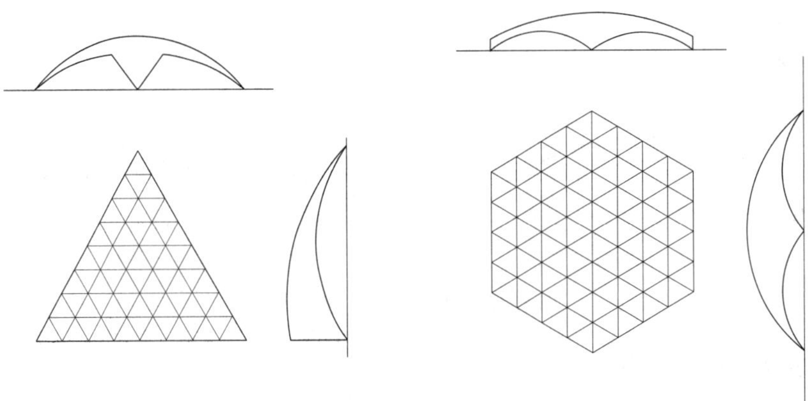

图 3-19　切割形成的球面网壳

3.2.1.3　按网壳的层数分类

网壳按层数划分有单层网壳和双层网壳两种，见图 3-21。近年来又出现了局部双层网壳结构体系。其中双层网壳上弦的网格形式可以按照单层网壳的网格形式布置，而下弦和腹杆可按相应的平面桁架体系、四角锥体系或三角锥体系组成的网格形式布置。

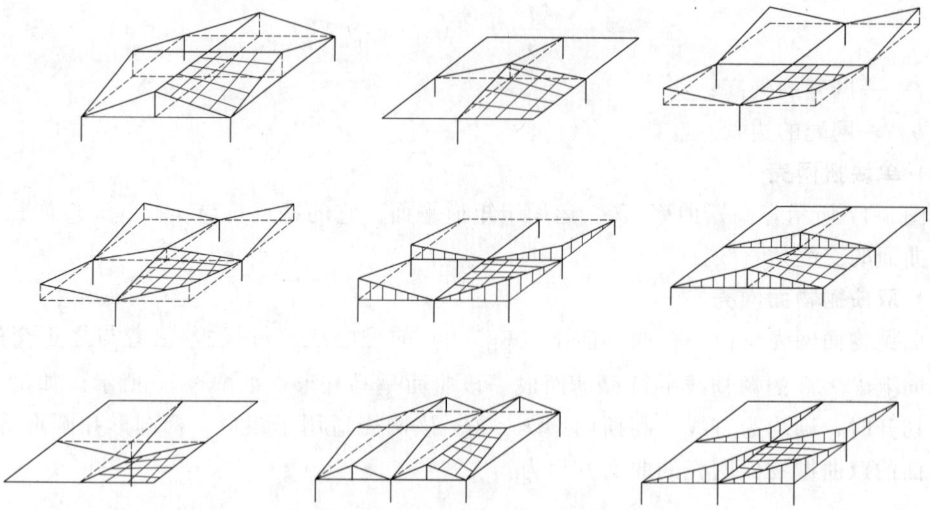

(a) 单块扭面组成网壳

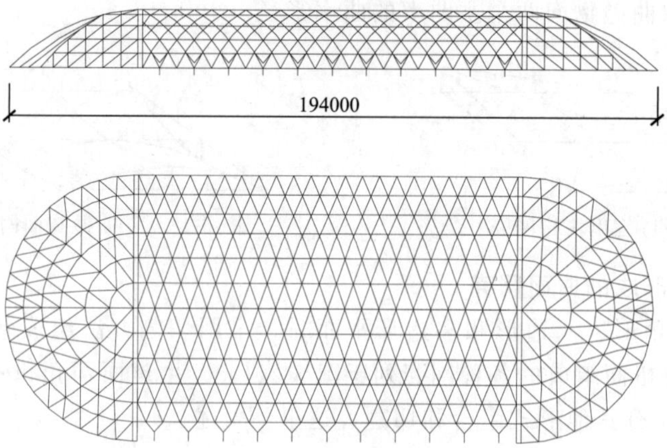

(b) 球面和柱面组成网壳

图 3-20　网壳各种组合形式

(a) 单层网壳

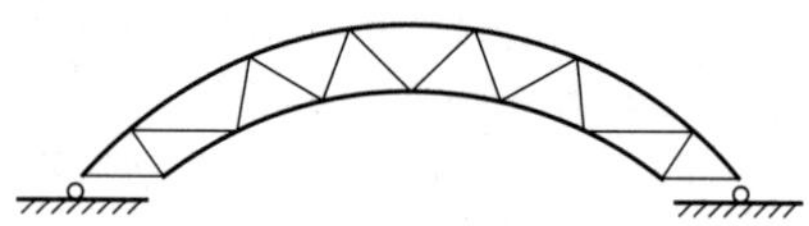

(b) 双层网壳

图 3-21　单层网壳和双层网壳

3.2.1.4　按网壳的材料分类

网壳按材料分类主要有钢网壳、木网壳、钢筋混凝土网壳以及钢网壳与钢筋混凝土板共同作用的组合网壳。

3.2.2　按网格形式划分的网壳结构

3.2.2.1　柱面网壳的形式

柱面网壳是目前常用的形式，通常分为单层网壳和双层网壳。

(1) 单层柱面网壳

单层柱面网壳按照网格的形式划分如下。

① 单斜杆柱面网壳，图 3-22(a)。首先沿曲线划分等弧长，通过曲线等分点作平行纵向直线，再将直线等分，作平行于曲面的横线，形成方格，对每个方格加斜杆，即形成单斜杆型柱面网壳。

② 费谱尔型柱面网壳，图 3-22(b)。与单斜杆型不同之处在于斜杆布置成人字形，亦称人字形柱面网壳。

③ 双斜杆型柱面网壳，图 3-22(c)。它是在方格内设置交叉斜杆，以提高网壳的刚度。

④ 联方网格型柱面网壳，图 3-22(d)。其杆件组成菱形网格，杆件夹角为 30°～50°。

⑤ 三向网格型柱面网壳，图 3-22(e)。三向网格可理解为联方网格上加纵向杆件，使菱形变为三角形。

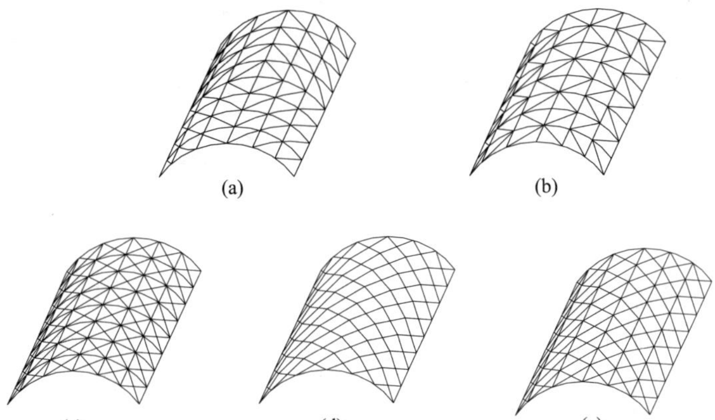

图 3-22　单层柱面网壳

单斜杆型与双斜杆型相比，前者杆件数量少，杆件连接易处理，但刚度差一些，适用于小跨度、小荷载屋面。联方网格杆件数量最少，杆件长度统一，节点上只连接 4 根杆件，节点构造简单，但刚度较差。三向网格型刚度最好，杆件品种也较少，是一种较经济合理的形式。单层柱面网壳，有时为了提高整体稳定性和刚度，部分区段设横向肋（变为双层网壳）。

(2) 双层柱面网壳

双层柱面网壳的形式主要有交叉桁架体系和四角锥体系、三角锥体系。

① 交叉桁架体系

单层柱面网壳形式都可以成为交叉桁架体系的双层柱面网壳，每个网片形式如图 3-23 所示。这里不再重复。

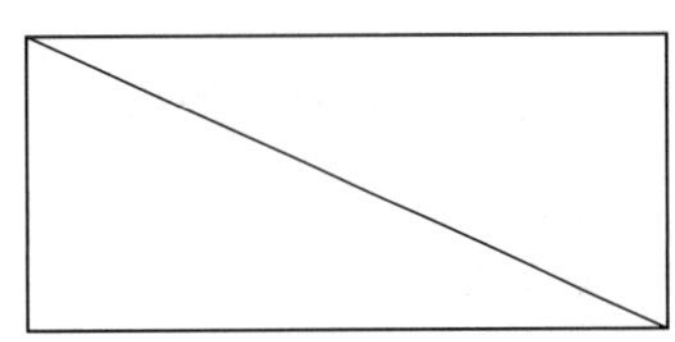

图 3-23　交叉桁架体系基本单元

② 四角锥体系

四角锥体系在网壳结构中共有六种，这几种类型是否可用于双层网壳中，应从受力合理性角度分析。网架结构受力比较明确，对周边支承网架，上弦杆总是受压，下弦杆总是受拉，而双层网壳的上层杆和下层杆都可能出现受压。因此，对于上弦杆短、下弦杆长的网架形式，在双层柱面网壳中，并不一定适用。

四角锥体系组成双层柱面网壳主要有以下几种。

a. 正放四角锥柱面网壳，如图 3-24 所示。它由正放四角锥体按一定规律组合而成。杆件种类少，节点构造简单，刚度大，是目前常用的形式之一。

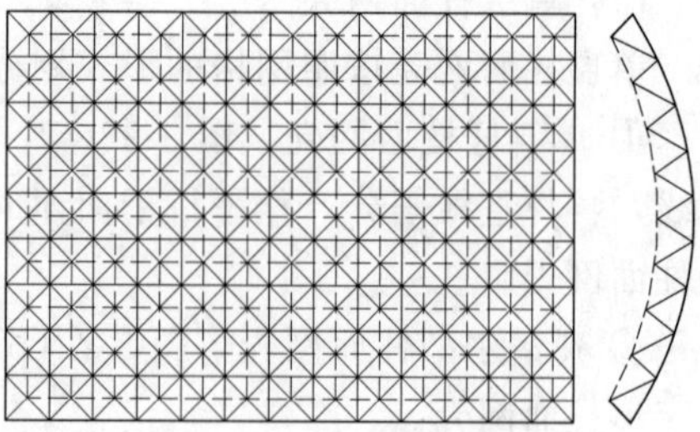
图 3-24　正放四角锥柱面网壳

b. 正放抽空四角锥柱面网壳，如图 3-25 所示。这类网壳是在正放四角锥柱面网壳基础上，适当抽掉一些四角锥单元中的腹杆和下层杆而形成的，适用于小跨度、轻屋面荷载。正放抽空四角锥柱面网壳，网格数应为奇数。

c. 斜置正放四角锥柱面网壳，如图 3-26 所示。

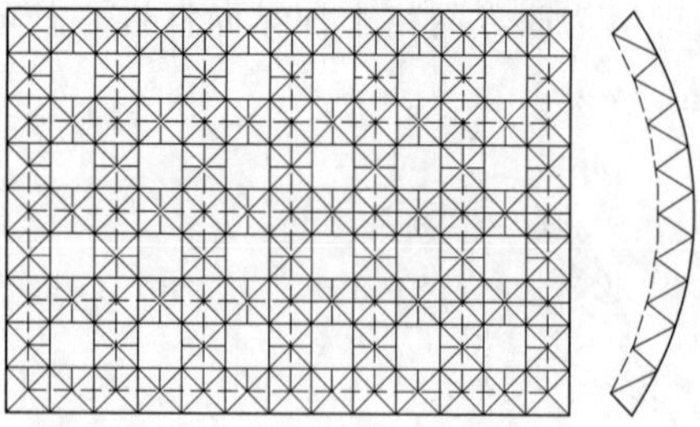
图 3-25　正放抽空四角锥柱面网壳

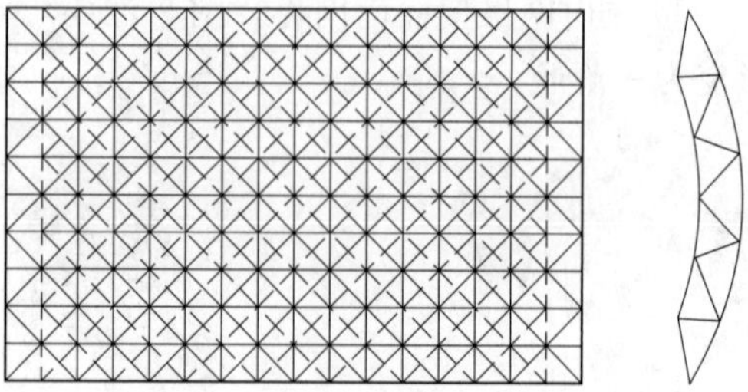
图 3-26　斜置正放四角锥柱面网壳

③ 三角锥体系

a. 三角锥柱面网壳，如图 3-27 所示。

b. 抽空三角锥柱面网壳，如图 3-28 所示。

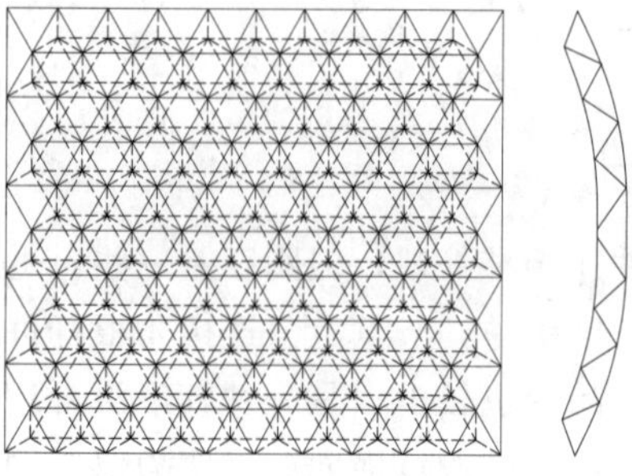
图 3-27　三角锥柱面网壳

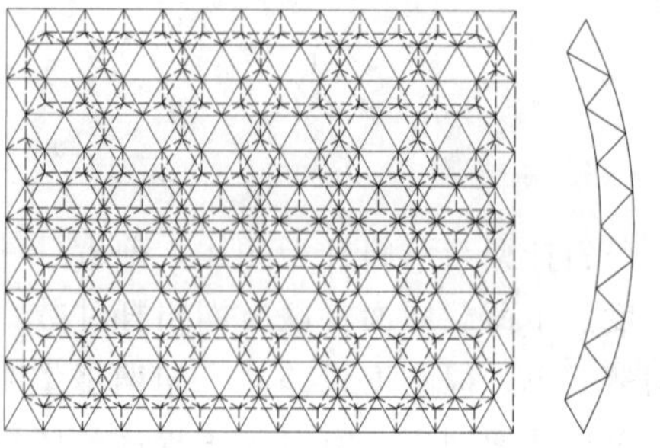
图 3-28　抽空三角锥柱面网壳

3.2.2.2　球面网壳的形式

球面网壳又称穹顶，是目前常用的形式之一。它可分为单层和双层两大类。现按网格划分方法分述它们的形式。

(1) 单层球面网壳的形式

单层球面网壳的形式，按网格划分主要有下列几种。

① 肋环型球面网壳

肋环型球面网壳是由径肋和环杆组成的，如图 3-29 所示。径肋汇交于球顶，使球顶节点构造复杂。环杆如能与檩条共同工作，可降低网壳整体用钢量。

肋环型球面网壳的大部分网格呈梯形，每个节点只交汇四根杆件，节点构造简单，整体刚度差，适用于中、小跨度。

② 施威德勒（Schwedler）型球面网壳

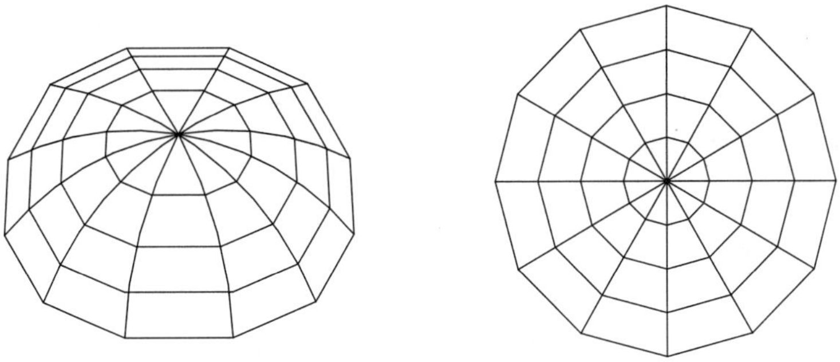

(a) 空间图形　　(b) 平面投影

图 3-29　肋环型球面网壳

这种网壳是在肋环型网壳基础上加斜杆而成的，它大大提高了网壳的刚度和抵抗非对称荷载的能力。根据斜杆布置的不同有：单斜杆［图 3-30(a)、(b)］、交叉斜杆［图 3-30(c)］和无环杆的交叉斜杆［图 3-30(d)］等，网格为三角形，刚度好，适用于大、中跨度。

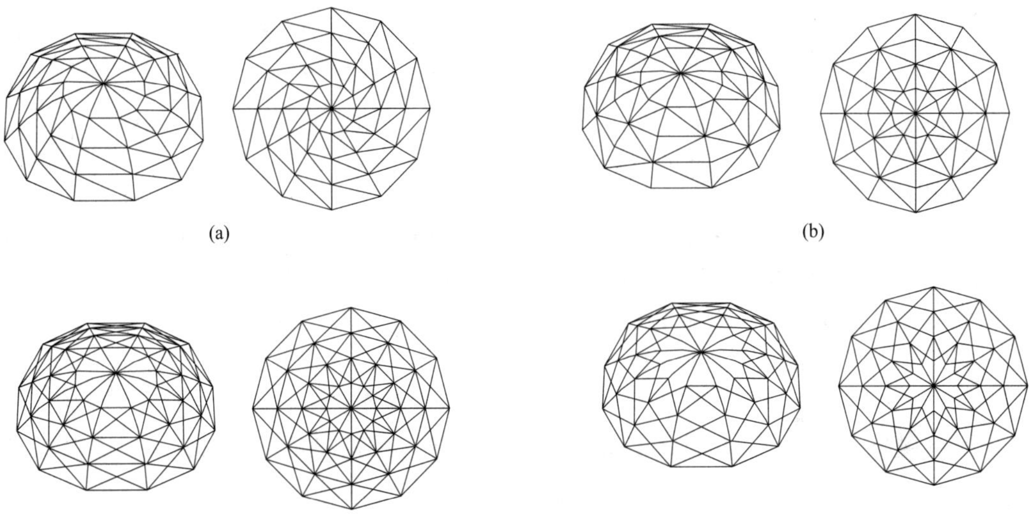

(a)　(b)　(c)　(d)

图 3-30　施威德勒型球面网壳

③ 联方型球面网壳

这种网壳由人字形斜杆组成菱形网格，两斜杆夹角为 30°～50°，构造美观，如图 3-31(a) 所示。为了增强网壳的刚度和稳定性，在环向加设杆件，使网格成为三角形，如图 3-31(b) 所示，适用于大、中跨度。

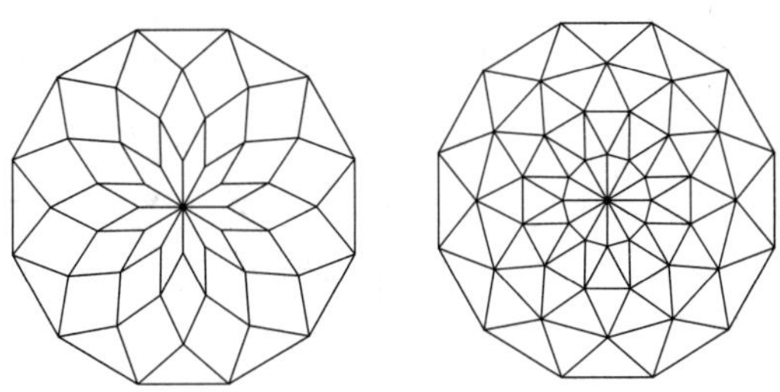

(a)　(b)

图 3-31　联方型球面网壳

④ 三向网格型球面网壳

这种网壳的网格在水平投影面上呈正三角形，即在水平投影面上，通过圆心作夹角为 ±60° 的三个轴，将轴 n 等分并连线，形成正三角形网格，再投影到球面上形成三向网格型网壳，如图 3-32 所示。这种类型的网壳受力性能好，外形美观，适用于中、小跨度。

网壳球面上任一节点 i 的坐标，可先由水平投影面上求出 x_i、y_i，再按下式求 z_i 坐标：

$$z_i=\sqrt{R^2-x_i^2-y_i^2}-(R-f) \tag{3-10}$$

式中 R——网壳的曲率半径；

f——网壳的矢高。

⑤ 凯威特型球面网壳

这种网壳是由 n（$n=6$，8，12，…）根径肋把球面分为 n 个对称扇形曲面。每个扇形面内，再由环杆和斜杆组成大小较匀称的三角形网格，如图 3-33 所示。这种网壳综合了旋转式划分法与均分三角形划分法的优点，因此，不但网格大小匀称，而且内力分布均匀，适用于大、中跨度。

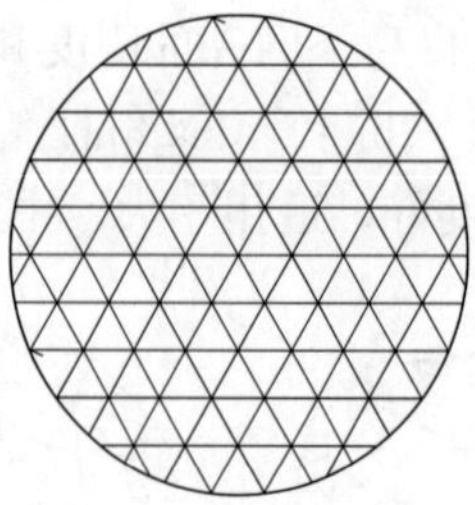

图 3-32 三向网格型球面网壳

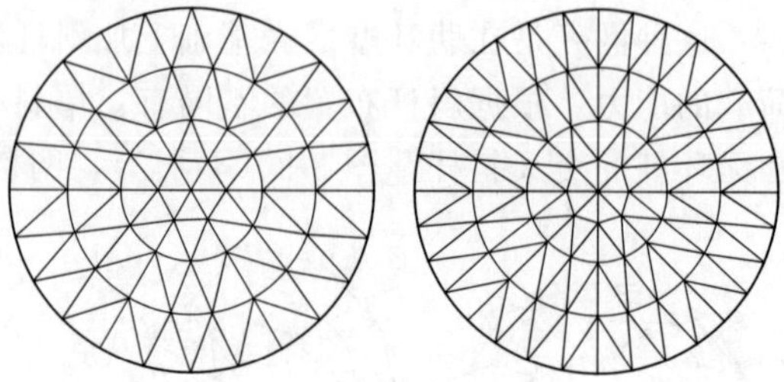

图 3-33 凯威特型球面网壳

⑥ 短程线球面网壳

如图 3-34(a) 所示，用过球心 O 的平面截球，在球面上所得截线称为大圆。在大圆上 A、B 两点连线为最短路线，称短程线。由短程线组成的平面组合成空间闭合体，称为多面体。如果短程线长度一样，称为正多面体。球面是多面体的外接圆。

短程线球面网壳是由正二十面体在球面上划分网格，每一个平面为正三角形，把球面划分为 20 个等边球面三角形，如图 3-34(b)、(c) 所示。在实际工程中，正二十面体的边长太大，需要再划分，再划分后杆件的长度都有微小差异。将正三角形再划分主要有以下三种方法。

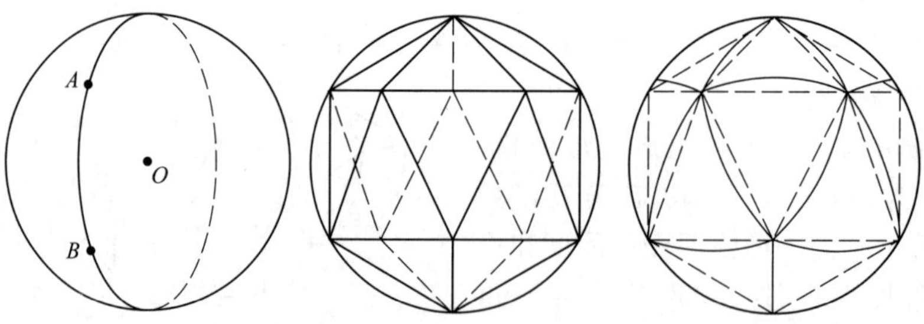

图 3-34 短程线球面网壳

a. 弦均分法。它是把正三角形三个边等分组成若干个小正三角形，然后从其外接球中心将这些等分点投射到外接球面上，形成短程线球面网格，如图 3-35 所示。

b. 等弧再分法。它是把二十面体的正三角形的边进行二等分，并从其外接球中心将等分点投影到球面上把投影点连线，形成新的多面体的弦，此时弦长缩小一半［如图 3-36

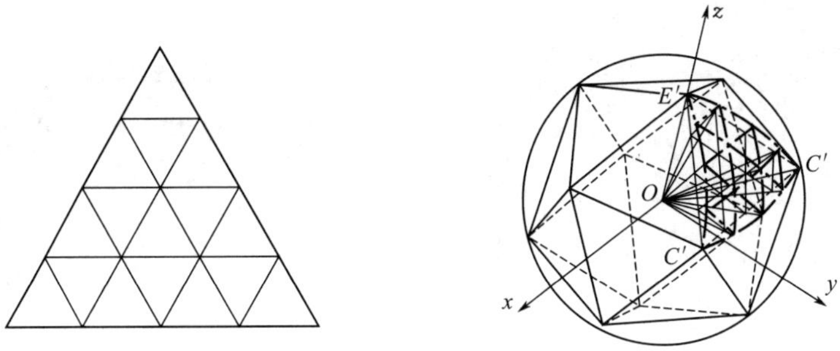

图 3-35　弦均分法形成球面网壳

(a)]，再将此新弦二等分，再投影到球面上［如图 3-36(b)]，如此循环进行直至划分结束。

c. 边弧等分法。它是将正三角形各边所对应的弧直接进行等分，连接球面上各划分点，即求得短程线球面网格，如图 3-37 所示。这种网壳杆件布置均匀，受力性能好，适用于矢高较大或超半球形的网壳。

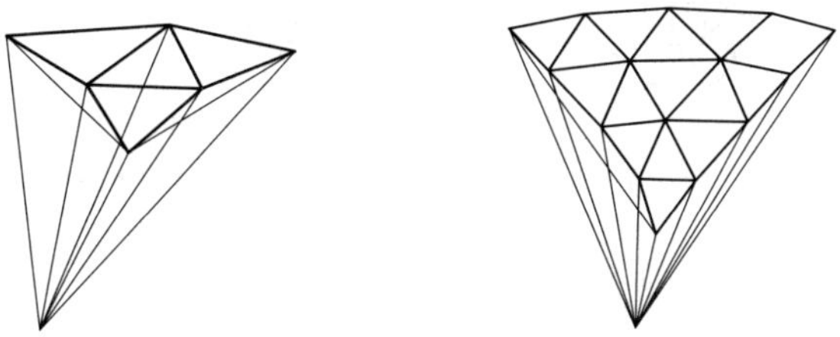

(a)　　(b)

图 3-36　等弧再分法形成球面网壳

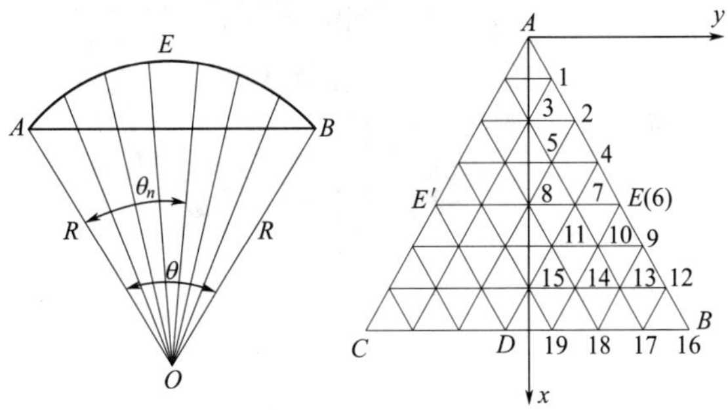

图 3-37　边弧等分法形成球面网壳

(2) 双层球面网壳的形式

双层球面网壳可由交叉桁架体系和角锥体系组成，主要形式有以下几种。

① 交叉桁架体系

单层网壳的各种网格划分形式都可用于交叉桁架体系，只要将单层网壳中每个杆件用平面网片（图 3-38）来代替，即可形成双层球面网壳，网片竖杆是各杆共用的，方向通过球心。

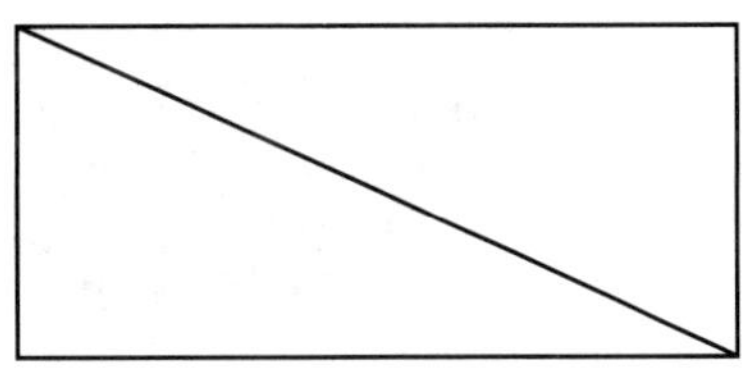

图 3-38　平面网片基本单元

② 角锥体系

由四角锥和三角锥组成的双层球面网壳主要有以下几种。

a. 肋环型四角锥球面网壳，如图 3-39。

b. 联方型四角锥球面网壳，如图 3-40。

c. 联方型三角锥球面网壳，如图 3-41。

d. 平板组合式球面网壳，如图 3-42。将球面变为多面体，每一面为一平板网架。

3.2.2.3　双曲抛物面网壳

双曲抛物面网壳沿直纹两个方向可以设置直线杆件，主要形式有以下两种。

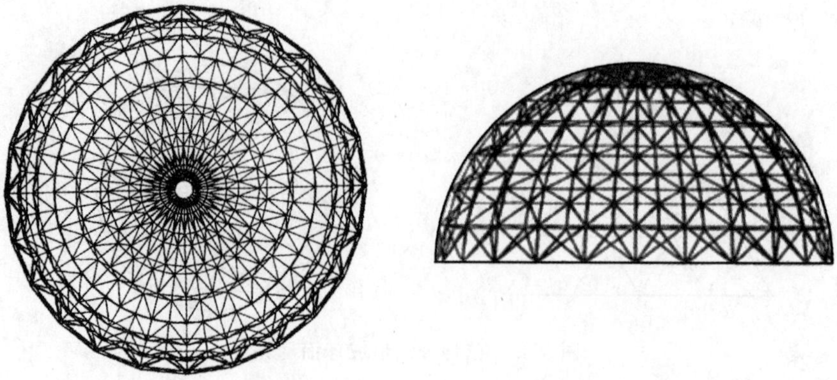

图 3-39 肋环型四角锥球面网壳

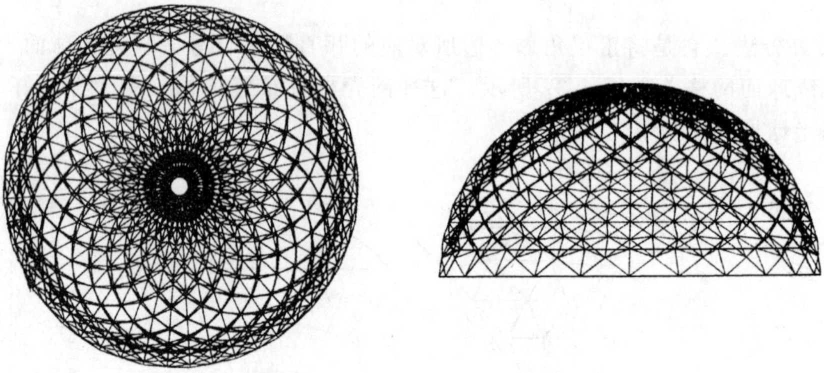

图 3-40 联方型四角锥球面网壳

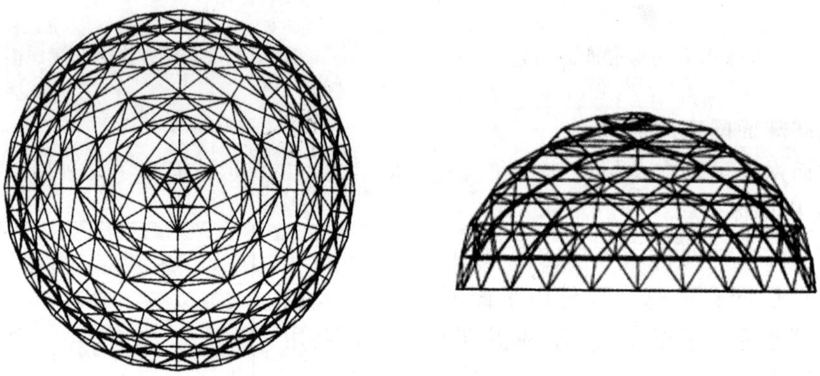

图 3-41 联方型三角锥球面网壳

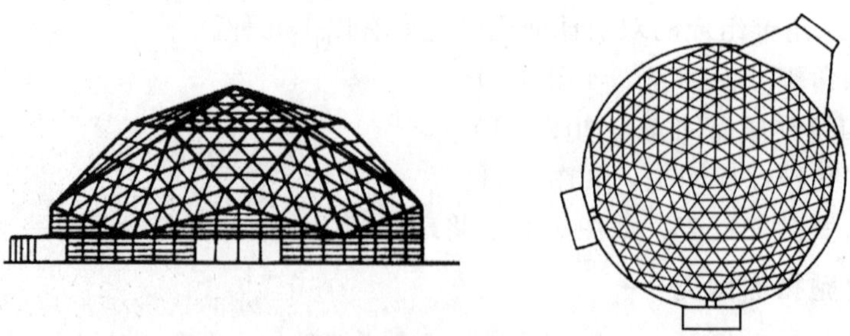

图 3-42 平板组合式球面网壳

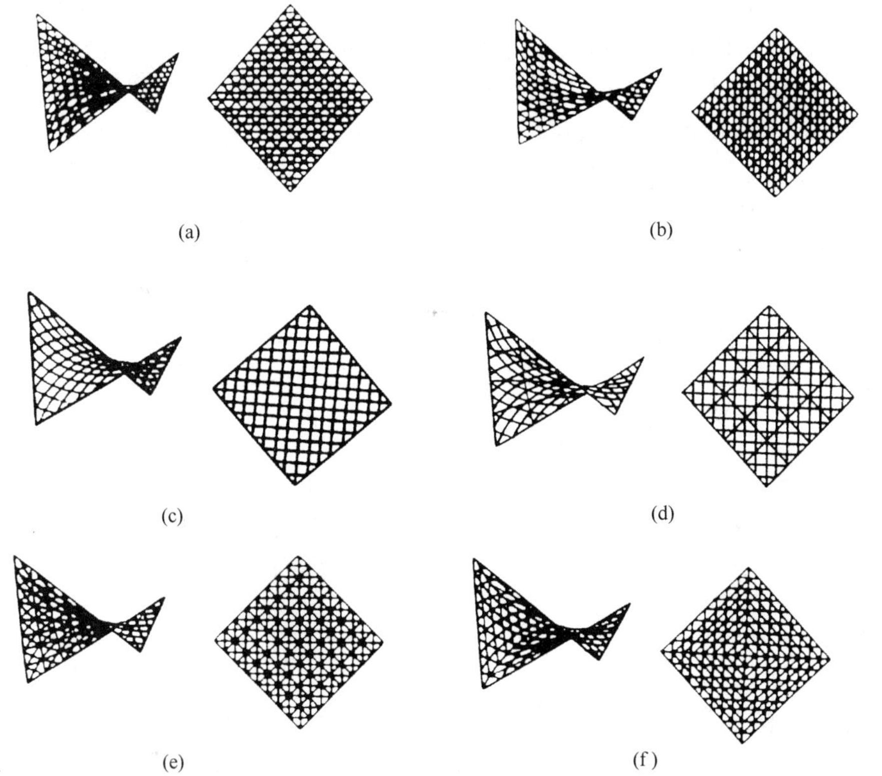

图 3-43　双曲抛物面网壳

(1) 正交正放类

如图 3-43(a)、(b) 所示。组成网格为正方形，采用单层形式时，在方格内设斜杆；采用双层形式时可组成四角锥体。

(2) 正交斜放类

如图 3-43(c) 所示。杆件沿曲面最大曲率方向设置，抗剪刚度较弱。如在第三方向全部或局部设置杆件，如图 3-43(d)～(f)，可提高它的抗剪刚度。

3.2.3　网壳结构的选型

网壳结构的种类和形式很多，在设计中选择的范围较广，选型影响因素很多，既要考虑使用功能、美学、空间的特点，又要考虑结构跨度大小、刚度要求、平面形状、支承条件、制作安装和技术经济指标等因素，因此，应根据工程的实际情况，通过技术经济比较，合理确定网壳的结构形式。

(1) 网壳设计，特别是高、大跨网壳设计，应与建筑师密切配合，在满足建筑使用功能的前提下，使网壳与周围环境相协调，整体比例适当。当要求建筑空间大时，可选用矢高较大的柱面或球面网壳；当要求建筑空间较小时，可选用矢高较小的双曲扁网壳或落地式的双曲抛物面网壳；如网壳的矢高受到限制又要求较大的空间，可将网壳支承于墙上或柱上。

(2) 网壳适用于各种形状的建筑平面。如为圆形平面，可选用球面网壳、组合柱面或组合双曲抛物面网壳等。如平面为方形或矩形，可选用柱面、双曲抛物面和双曲扁网壳。当平面狭长时，宜选用柱面网壳。如平面为菱形，可选用双曲抛物面网壳。如为三角形、多边形的平面，可对球面、柱面或双曲抛物面等做适当的切割或组合以实现要求的平面。欲使网壳呈现动态美或“跃动景观”，可在边界处或角隅部分进行处理，或采用非几何学曲面。

（3）单层网壳构造简单，重量轻，但由于稳定性差，只适用于中小跨度的屋盖。当跨度较大（一般在 40m 以上）时，往往采用双层网壳。双层网壳可采用铰接节点，单层网壳应采用刚接节点。一般来说大中跨度网壳宜采用双层网壳，中小跨度网壳可采用单层网壳。

（4）为使网壳结构的刚度选取恰当，受力比较合理，网壳的平面尺寸、矢高大小、双层网壳的厚度及单层网壳的跨度，根据国内外的工程实际经验，给出网壳结构几何尺寸选用范围，以供工程设计中参照应用，见表 3-1。

表 3-1 网壳结构几何尺寸选用范围

壳型	示意图	平面尺寸	矢高 f	双层壳厚度 h	单层壳跨度
圆柱面网壳	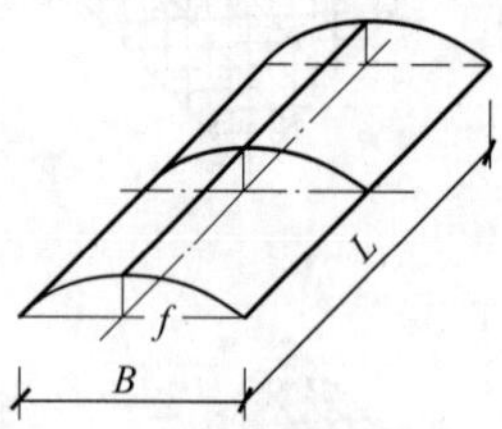	$\frac{B}{L}<1$	$\frac{f}{B}=\frac{1}{3}\sim\frac{1}{6}$ 纵边落地时可取 $\frac{f}{B}=\frac{1}{2}\sim\frac{1}{5}$	$\frac{h}{B}=\frac{1}{20}\sim\frac{1}{50}$	$L\leqslant30$m 纵边落地时 $B\leqslant25$m
球面网壳	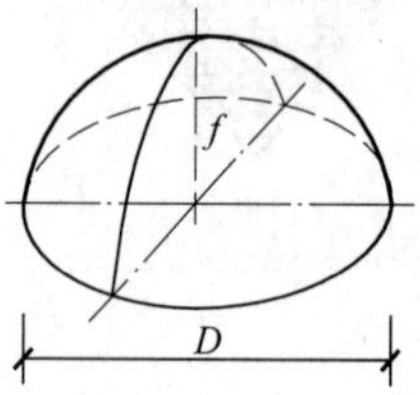		$\frac{f}{D}=\frac{1}{3}\sim\frac{1}{7}$ 周边落地时$\frac{f}{D}<\frac{3}{4}$	$\frac{h}{D}=\frac{1}{30}\sim\frac{1}{60}$	$D\leqslant60$m
双曲面网壳	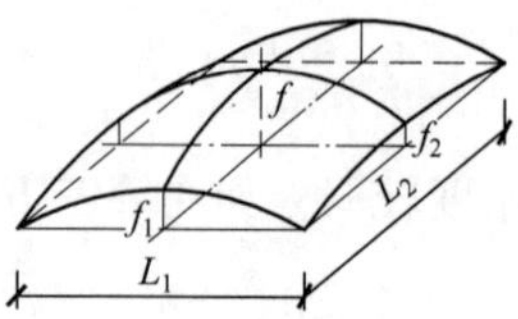	$\frac{L_1}{L_2}<1.5$	$\frac{f_1}{L_1}$、$\frac{f_2}{L_2}=\frac{1}{6}\sim\frac{1}{9}$	$\frac{h}{L_2}=\frac{1}{20}\sim\frac{1}{50}$	$L_2\leqslant40$m
单块扭网壳	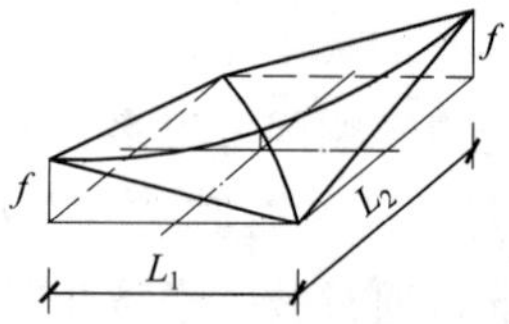	$\frac{L_1}{L_2}<1.5$ 常用 $L_1=L_2=L$	$\frac{f}{L_1}$、$\frac{f}{L_2}=\frac{1}{2}\sim\frac{1}{4}$	$\frac{h}{L_2}=\frac{1}{20}\sim\frac{1}{50}$	$L_2\leqslant50$m
四块组合型扭网壳	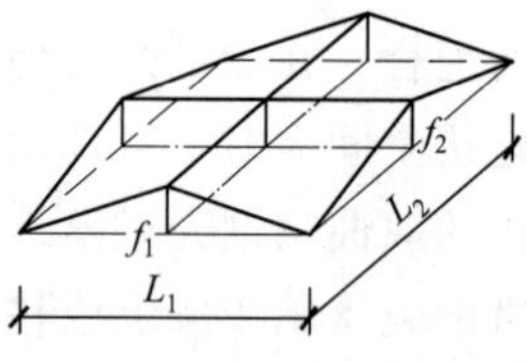	$\frac{L_1}{L_2}<1.5$ 常用 $L_1=L_2=L$	$\frac{f_1}{L_1}$、$\frac{f_2}{L_2}=\frac{1}{4}\sim\frac{1}{8}$	$\frac{h}{L_2}=\frac{1}{20}\sim\frac{1}{50}$	$L_2\leqslant50$m

（5）网壳结构除竖向反力外，通常有较大的水平反力，应在网壳边界设置边缘构件来承受这些反力，如在圆柱面网壳的两端、双曲扁网壳和四块组合型扭网壳的四侧应设置横隔（如桁架等），球面网壳应设置外环梁。这些边缘构件应有足够的刚度，并可作为网壳整体的

组成部分进行协调分析计算。

（6）小跨度的球面网壳的网格布置可采用肋环型，大跨度的球面网壳宜采用能形成三角形网格的各种网格类型。为不使球面网壳的顶部构件太密集，造成应力集中和制作安装的困难，宜采用三向网格型、扇形三向网格型及短程线型网壳；也可采用中部为扇形三向网格型、外围为葵花形三向网格型组合形式的网壳。小跨度圆柱面网壳的网格布置可采用联方网格型，大、中跨度圆柱面网壳可采用能形成三角形网格的各种网格类型。双曲扁网壳和扭网壳的网格选型可参照圆柱面网壳的网格选型。

3.3　网壳结构的一般设计原则

3.3.1　荷载和作用的类型

网壳结构的荷载和作用与网架结构的一样，主要有永久荷载、可变荷载和其他作用。

3.3.1.1　永久荷载

（1）网壳自重和节点自重

网壳自重可通过计算机自动计算出来。节点自重可按杆件总重的 20%～25%估算。

（2）屋面和吊顶自重

屋面和吊顶自重可根据构造按《建筑结构荷载规范》（GB 50009）采用。

（3）设备管道等自重

设备管道等自重按实际情况采用。

3.3.1.2　可变荷载

（1）屋面活荷载

网壳的屋面活荷载应按《建筑结构荷载规范》（GB 50009）采用，一般可取 $0.5kN/m^2$。

（2）雪荷载

雪荷载是网壳的重要荷载之一，在国外已发生多起由于大雪导致网壳倒塌的重大事故。网壳的雪荷载应按水平投影面计算，其雪荷载标准值按式(3-11）计算，即

$$S_k=\mu_r S_0 \tag{3-11}$$

式中　S_k——雪荷载标准值，kN/m^2；

S_0——基本雪压，kN/m^2；

μ_r——屋面积雪分布系数，按《建筑结构荷载规范》（GB 50009）选用。

对于球面网壳屋顶的积雪分布系数，因规范未规定，建议按以下方法采用。

球面网壳屋顶的积雪分布系数应分两种情况考虑，即积雪均匀分布情况和非均匀分布情况。积雪均匀分布情况的积雪分布系数可采用《建筑结构荷载规范》（GB 50009）给出的拱形屋顶的积雪分布系数［图 3-44(b)］。积雪非均匀分布情况的积雪分布系数可按图 3-44(c)取用。

（3）风荷载

风荷载也是网壳的重要荷载之一，常是设计的控制荷载，因此对于跨度较大的网壳，设计时应特别重视。

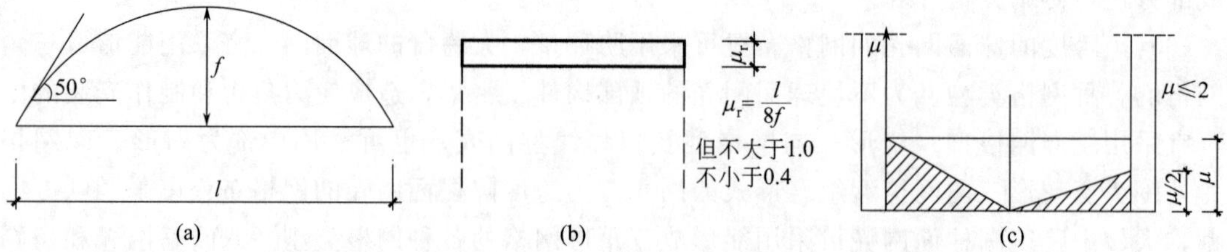

图 3-44　球面网壳屋顶的积雪分布系数

《建筑结构荷载规范》（GB 50009）规定，垂直于建筑物表面上的风荷载标准值应按下式计算：

$$w_k = \beta_z \mu_s \mu_z w_0 \tag{3-12}$$

式中　w_k——风荷载标准值，kN/m^2；

β_z——z 高度处的风振系数；

μ_s——风荷载体型系数；

μ_z——风压高度变化系数；

w_0——基本风压，kN/m^2。

对于网壳，β_z、μ_z 和 w_0 的计算，与其他结构一样，可按《建筑结构荷载规范》（GB 50009）的规定采用。μ_s 则应根据网壳的体型确定。在《建筑结构荷载规范》（GB 50009）中给出了封闭式落地拱形屋面、封闭式拱形屋面、封闭式双跨拱形屋面和旋转壳顶四种情况的风荷载体型系数 μ_s 的值，见表 3-2。对于完全符合表中所列情况的网壳，可按表中给出的体型系数采用。

表 3-2　网壳的风荷载体型系数

类型	体型	f/l	μ_s	说明
封闭式落地拱形屋顶	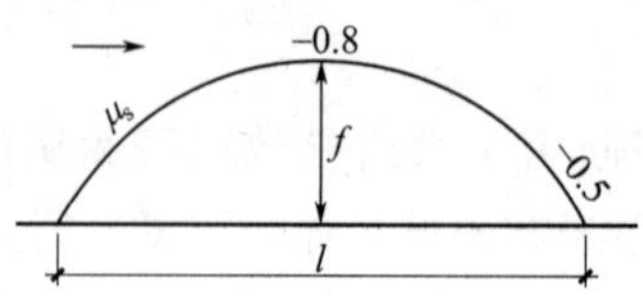	0.1	+0.1	中间值按插入法计算
		0.2	+0.2	
		0.5	+0.6	
封闭式拱形屋顶	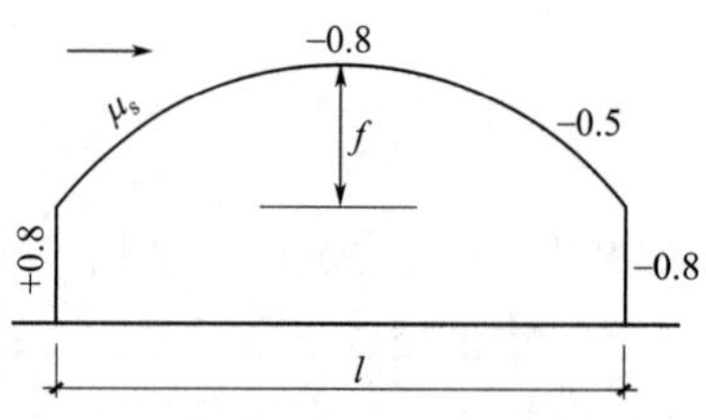	f/l	μ_s	中间值按插入法计算
		0.1	−0.8	
		0.2	0	
		0.5	+0.6	
封闭式双跨拱形屋顶	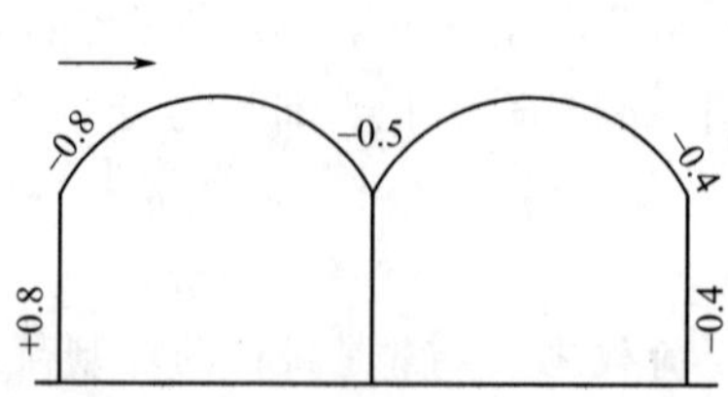			

续表

旋转壳顶	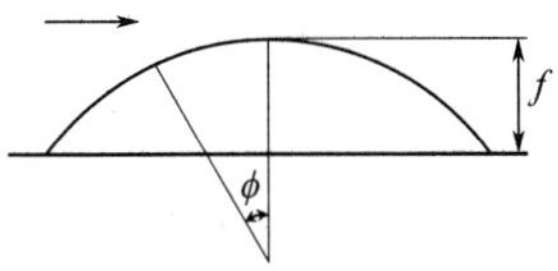	$f/l>4$	$f/l<4$
	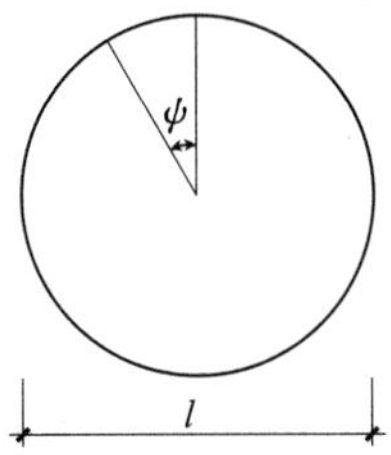	$\mu_s=0.5\sin^2\phi\sin\psi-\cos^2\phi$	$\mu_s=-\cos^2\phi$

对于所处地形复杂、跨度较大的网壳结构以及体型或某些局部不完全符合表 3-2 所示情况的网壳，应该通过风洞试验确定其风荷载体型系数，以确保结构的安全。

(4) 温度作用

网壳所处环境如有较大的温度差异将有可能在网壳中产生不可忽视的温度内力，在设计中应予考虑。

双层网壳如符合下列条件之一者，可不考虑气温变化的影响：①支座节点的构造允许网壳侧移（如橡胶支座）且侧移值等于或大于式(3-13）计算值；②周边支承于独立柱，且网壳在验算方向小于 40m；③支承网壳的柱，在单位水平力作用于柱顶时，柱顶位移大于或等于式(3-13）的计算值。

$$u\geqslant\frac{L}{2\xi EA_m}\left(\frac{\Delta tE\alpha}{0.038f}-1\right)\tag{3-13}$$

式中　f——钢材的强度设计值；

L——网壳在验算方向的跨度；

A_m——支撑平面弦杆截面面积的算术平均值；

E——钢材的弹性模量；

α——钢材的线膨胀系数。

当不符合上述条件时，网壳应考虑温度差的影响。温度差值应根据网壳所处的地区和网壳使用情况确定。

(5) 地震作用

在地震区的网壳需要考虑水平地震和竖向地震的作用。一般可采用反应谱法计算网壳在地震作用下的反应。根据我国《建筑抗震设计标准》(GB 50011）和《空间网格结构技术规程》(JGJ 7）的规定，当采用振型分解反应谱法计算地震效应时，地震影响系数的取用如下。

① 水平地震影响系数 α_j 按式(3-14）取用：

$$\alpha_j=\begin{cases}(5.5T_j+0.45)\alpha_{max} & (0\leqslant T_j\leqslant 0.1)\\ \alpha_{max} & (0.1\leqslant T_j\leqslant T_g)\\ \left(\dfrac{T_g}{T_j}\right)^{0.9}\alpha_{max} & (T_g\leqslant T_j\leqslant 3.0)\end{cases}\tag{3-14}$$

② 竖向地震影响系数 $\alpha_v=0.65\alpha_j$。

3.3.1.3 荷载效应组合

网壳应根据最不利的荷载效应组合进行设计。

对于非抗震设计，荷载效应组合应按《建筑结构荷载规范》（GB 50009）进行计算，即在杆件及节点设计中，应采用荷载效应的基本组合，计算公式为：

$$\gamma_G C_G G_k+\gamma_{Q1}C_{Q1}Q_{1k}+\sum_{i=2}^{n}\gamma_{Qi}C_{Qi}\psi_{ci}Q_{ik} \tag{3-15}$$

式中 γ_G——永久荷载的分项系数，当其效应对结构不利时，取 1.2；当其效应对结构有利时，取 1.0。

γ_{Q1}，γ_{Qi}——第 1 个和第 i 个可变荷载的分项系数，一般情况下取 1.4。

G_k——永久荷载的标准值。

Q_{1k}——第一个可变荷载的标准值，该荷载效应应大于其他任意一个可变荷载的效应。

Q_{ik}——其他第 i 个可变荷载的标准值。

C_G，C_{Q1}，C_{Qi}——永久荷载、第一个可变荷载和其他第 i 个可变荷载的荷载效应系数。

ψ_{ci}——第 i 个可变荷载的组合值系数，在一般情况下，当有风荷载参与组合时，取 0.6；当没有风荷载参与组合时，取 1.0。

在验算挠度时，按荷载的短期效应组合计算，即

$$C_G G_k+C_{Q1}Q_{1k}+\sum_{i=2}^{n}C_{Qi}\varphi_{ci}Q_{ik} \tag{3-16}$$

式中符号见式(3-15)。

对于抗震设计，荷载效应组合应按我国《建筑抗震设计标准》（GB 50011）计算，即在杆件和节点设计中，地震作用效应和其他荷载效应的基本组合计算为：

$$\gamma_G C_G G_E+\gamma_{Eh}C_{Eh}E_{hk}+\gamma_{Ev}C_{Ev}E_{vk} \tag{3-17}$$

式中 γ_{Eh}，γ_{Ev}——水平、竖向地震作用分项系数，按表 3-3 采用。

E_{hk}，E_{vk}——水平、竖向地震作用标准值。

C_{Eh}，C_{Ev}——水平、竖向地震作用的效应系数。

G_E——重力荷载代表值，取结构和构件自重标准值和可变荷载组合值之和，各可变荷载的组合值系数按表 3-4 取用。

表 3-3 地震作用分项系数

地震作用	γ_{Eh}	γ_{Ev}
仅考虑水平地震作用	1.3	不考虑
仅考虑竖向地震作用	不考虑	1.3
同时考虑水平、竖向地震作用	1.3	0.5

表 3-4 组合系数值

可变荷载种类	组合系数值
雪荷载	0.5
屋面积灰荷载	0.5
屋面活荷载	不考虑

在组合风荷载效应时，应计算多个风荷载方向，以便得到各杆件和节点的最不利效应组合。

3.3.2　一般设计原则

3.3.2.1　设计基本规定

网壳结构的设计应根据建筑物的功能与形状，综合考虑材料供应和施工条件以及制作安装方法，选择合理的网壳屋盖形式、边缘构件及支承结构，以取得良好的技术经济效果。

网壳结构可采用单层或双层网壳，单层网壳应采用刚接节点，而双层网壳可采用铰接节点。

网壳的支承构造除保证能传递竖向荷载反力外，尚应满足不同网壳结构形式必需的边缘约束条件。圆柱面网壳可采用以下支承方式：通过端部横隔支承于两端；沿两纵边支承；沿四边支承。端部支承横隔应具有足够的平面内刚度。沿两纵边支承的支承点应保证抵抗侧向水平位移的约束条件：

① 球面网壳的支承点应保证抵抗水平位移的约束条件。

② 椭圆抛物面网壳及四块组合双曲抛物面网壳应通过边缘构件沿周边支承，其支承边缘构件应具有足够的平面内刚度。

③ 双曲抛物面网壳应通过边缘构件将荷载传递给支座或下部结构，其边缘构件应具有足够的刚度，并作为网壳整体的组成部分共同计算。

网壳结构的最大位移计算值不应超过短向跨度的 1/400。悬挑网壳的最大位移计算值不应超过悬挑长度的 1/200。

网壳结构的支承条件，可根据支座节点的位置、数量和构造情况以及支承结构的刚度确定，对于双层网壳可分别假定为二向可侧移、一向可侧移、无侧移的铰接支座或弹性支承；对于单层网壳分别假定为二向或一向可侧移、无侧移的铰接支座、刚接支座或弹性支承。网壳结构的支承必须保证在任意竖向和水平荷载作用下结构的不变性和各种网壳计算模型对支承条件的要求。

网壳施工安装阶段与使用阶段支承情况不一致时，应区别不同支承条件来分析计算施工安装阶段和使用阶段在相应荷载作用下的网壳内力和变形。

3.3.2.2　一般计算原则

网壳结构主要应对使用阶段的外荷载（包括竖向和水平向）进行内力和位移计算，对单层网壳通常要进行稳定性计算，并据此进行杆件设计。此外，对地震、温度变化、支座沉降及施工安装荷载，应根据具体情况进行内力、位移计算。

(1) 强度、刚度分析

网壳结构的内力和位移可按弹性阶段进行计算。网壳结构根据网壳类型、节点构造，设计阶段可分别选用不同的方法进行内力、位移计算：

① 双层网壳宜采用空间杆系有限元法进行计算。

② 单层网壳宜采用空间梁系有限元法进行计算。

③ 对单、双层网壳进行方案选择和初步设计时可采用拟壳分析法估算。

网壳结构的外荷载可按静力等效的原则将节点所辖区域内的荷载集中作用在该节点上。分析双层网壳时可假定节点为铰接，杆件只承受轴向力；分析单层网壳时假定节点为刚接，杆件除承受轴向力外，还承受弯矩、剪力等。当杆件上作用有局部荷载时，必须另行考虑局部弯曲内力的影响。对于单个球面网壳、圆柱面网壳和双曲抛物面网壳的风荷载体型系数，可按《建筑结构荷载规范》（GB 50009）取值；对于多个连接的球面网壳、圆柱面网壳和双曲抛物面网壳以及各种复杂体形的网壳结构，应根据模型风洞试验确定风荷载体型系数。

(2) 稳定性分析

网壳的稳定性可按考虑几何非线性的有限元分析方法（荷载-位移全过程分析）进行计算，分析中可假定材料保持线弹性。用非线性理论分析网壳稳定性时，一般采用空间杆系非线性有限元法，关键是临界荷载的确定。单层网壳宜采用空间梁系有限元法进行计算。

球面网壳的全过程分析可按满跨均布荷载进行，圆柱面网壳和椭圆抛物面网壳宜补充考虑半跨活荷载分布。进行网壳全过程分析时应考虑初始曲面形状安装偏差的影响；可采用结构的最低屈曲模态作为初始缺陷分布模态，其最大计算值可按网壳跨度的1/300取值。

进行网壳结构全过程分析求得的第一个临界点处的荷载值，可作为该网壳的极限承载力。将极限承载力除以系数 K 后，即为按网壳稳定性确定的容许承载力（标准值）。

(3) 抗震分析

在设防烈度为7度的地区，网壳结构可不进行竖向抗震计算，但必须进行水平抗震计算。在设防烈度为8度、9度的地区必须进行网壳结构水平与竖向抗震计算。

对网壳结构进行地震效应计算时可采用振型分解反应谱法，按此法分析宜取前20阶振型进行网壳地震效应计算；对于体型复杂或具有重大意义的大跨度网壳结构，应采用时程分析法进行补充计算。

在抗震分析时，宜考虑支承结构对网壳结构的影响。当网壳结构支承在单排的独立柱、框架柱或承重墙上时，可把支承结构简化为弹性支座。网壳的支承结构应按有关标准进行抗震计算。

3.4 网壳结构的内力分析方法简述

3.4.1 概述

网壳的受力性能与一般结构相比，具有许多特点，因而它的计算也有许多特殊性。

(1) 网壳的计算和设计之间存在紧密的内在联系，往往需要经历设计-计算-再设计直至满足为止。这个特点是由以下原因造成的：网壳是一个高次超静定结构，只有在对其所有杆件的截面进行初步设计后才能进入计算环节，计算的结果又将对初步设计的截面进行修改，截面的修改又将引起结构内力的变化，需要重新计算；网壳的受力，特别是它的整体稳定性对结构几何形态的变动特别敏感，因此设计、计算、再设计、再计算过程中的一个重要任务就是确定一个较为合理的刚度分布。

(2) 网壳设计中优或劣的评定准则，除经济指标外，还必须考虑其他多种因素，如网壳是否对某种因素敏感，达到极限承载力安全储备的大小，网壳的延性指标，网壳是否便于施工安装等。以上这些必须通过计算才能确定。网壳计算中的这些特殊性使其计算远较其他结构复杂，必须由计算机计算才能较好地完成。因此，有限元法已成为目前网壳计算的主要方法。在此以前曾起过重要作用的各种简化计算方法，均已逐渐被淘汰。网壳计算除上述两项特殊性外，其几何非线性现象也较其他结构明显。因此，在计算网壳的内力和位移时，应采用能考虑几何非线性的有限单元法。

网壳杆件之间的连接，从计算图式的角度，可分为铰接连接和刚接连接两大类。在一般情况下，双层网壳多采用铰接连接，单层网壳应采用刚接连接。对于铰接连接网壳，采用空间铰支杆单元有限元法；对于刚接连接网壳，宜采用空间梁-柱有限单元法。

3.4.2　空间铰支杆单元非线性有限单元法——空间桁架位移法

空间铰支杆单元非线性有限单元法不考虑与考虑非线性的差别主要在于：前者（几何非线性）考虑网壳变形对网壳内力的影响，网壳的平衡方程建立在变形以后的基础上，而后者（线性）则忽略网壳变形对网壳内力的影响，网壳的平衡方程始终建立在初始不受力状态的位置上。因此，在推导空间铰支杆单元几何非线性有限单元法时，空间铰支杆单元的单元刚度矩阵应在变形以后的位置上建立。

网壳结构计算的步骤如下。

① 确定网壳的计算单元。

② 对计算单元的节点和杆件进行编号。

③ 建立各杆的单元切线刚度矩阵。

④ 建立网壳总刚矩阵。

⑤ 输入荷载，建立整体平衡方程的右端项。

⑥ 根据边界条件对整体平衡方程进行边界处理。

⑦ 求解非线性平衡方程。

⑧ 计算网壳各杆件内力。

以上计算过程中与网架结构不同之处主要在于建立单元刚度矩阵，此外，建立的总刚度矩阵为非线性方程组，要采用非线性方程的解法。下面简单说明单刚矩阵的表达式。

(1) 基本假定

在建空间铰支杆单元的非线性单元刚度矩阵时，采用如下基本假定：①网壳的节点为空间铰接节点，忽略节点刚度的影响，因此杆件只受轴力作用；②杆件处于弹性工作阶段；③网壳处于小应变。

(2) 单元平衡方程的建立

在非线性有限单元法中，单元的平衡方程可根据虚位移原理建立，即外力因虚位移所做的功等于结构因为虚应变所产生的应变能：

$$A\int_L \delta\{\varepsilon\}^{\mathrm{T}}\{\sigma\}\mathrm{d}s-\delta\{\Delta\}_{\mathrm{e}}^{\mathrm{T}}\{P\}_{\mathrm{e}}=0 \tag{3-18}$$

式中　A——单元截面面积；

$\{\sigma\}$——单元的应力列矩阵；

$\delta\{\varepsilon\}$——单元的虚应变列矩阵；

$\{P\}_{\mathrm{e}}$——单元两端点的荷载列矩阵；

$\delta\{\Delta\}_{\mathrm{e}}$——单元两端的虚位移列矩阵。

(3) 单元应变

单元应变可由单元两端的位移求得。如图 3-45，在三维整体坐标系 xyz 中，有一个截面面积为 A，弹性模量为 E 的铰支杆单元 ij，其原长为 L_0，变形以后长度为 L，端点位移为：

第3章

$$\{\Delta\}_e = [u_i \quad v_i \quad w_i \quad u_j \quad v_j \quad w_j]^T$$

端点坐标为：

$$\{x\}_e = [x_i \quad y_i \quad z_i \quad x_j \quad y_j \quad z_j]^T$$

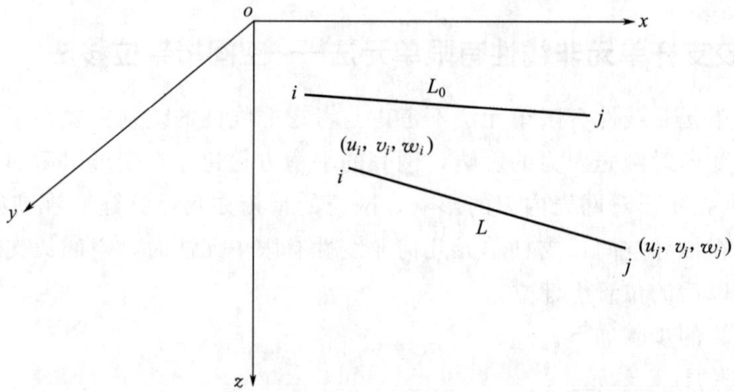

图 3-45　铰支杆单元

则有：

$$L_0 = \sqrt{(x_j - x_i)^2 + (y_j - y_i)^2 + (z_j - z_i)^2} \tag{3-19}$$

$$L = \sqrt{(x_j + u_j - x_i - u_i)^2 + (y_j + v_j - y_j - v_j)^2 + (z_j + w_j - z_i - w_i)^2} \tag{3-20}$$

根据应变的定义，可得：

$$\varepsilon = \frac{L - L_0}{L_0} = \frac{L}{L_0} - 1$$

将式(3-18) 和式(3-20) 代入，有：

$$\varepsilon = \sqrt{1 + 2a + b} - 1 \approx a + \frac{b}{2} \tag{3-21}$$

式中

$$a = 2 \times \frac{(x_j - x_i)(u_j - u_i) + (y_j - y_i)(v_j - v_i) + (z_j - z_i)(w_j - w_i)}{L_0^2} \tag{3-22}$$

$$b = \frac{(u_j - u_i)^2 + (v_j - v_i)^2 + (w_j - w_i)^2}{L_0^2} \tag{3-23}$$

设杆单元变形前的三个方向余弦分别为 l、m、n，则：

$$\left.\begin{aligned} l &= \frac{x_j - x_i}{L_0} \\ m &= \frac{y_j - y_i}{L_0} \\ n &= \frac{z_j - z_i}{L_0} \end{aligned}\right\} \tag{3-24}$$

将式(3-24) 代入式(3-22) 和式(3-23)，可得

$$a = \frac{1}{L_0}[-l \quad -m \quad -n \quad l \quad m \quad n]\{\Delta\}_e \tag{3-25}$$

$$b = \{\Delta\}_e^T [A] \{\Delta\}_e \tag{3-26}$$

式中

$$[A]=\frac{1}{L_0^2}\begin{bmatrix}1&0&0&-1&0&0\\0&1&0&0&-1&0\\0&0&1&0&0&-1\\-1&0&0&1&0&0\\0&-1&0&0&1&0\\0&0&-1&0&0&1\end{bmatrix} \tag{3-27}$$

将式(3-25) 和式(3-26) 代入式(3-21)，可得应变的表达式如下：

$$\varepsilon=\left(\frac{1}{L_0}[-l\quad -m\quad -n\quad l\quad m\quad n]+\frac{1}{2}\{\Delta\}_e^T[A]\right)\{\Delta\}_e \tag{3-28}$$

由此可得应变增量 dε 和虚应变 δε 的表达式如下：

$$d\varepsilon=\left(\frac{1}{L_0}[-l\quad -m\quad -n\quad l\quad m\quad n]+\{\Delta\}_e^T[A]\right)d\{\Delta\}_e \tag{3-29}$$

$$\delta\varepsilon=\left(\frac{1}{L_0}[-l\quad -m\quad -n\quad l\quad m\quad n]+\{\Delta\}_e^T[A]\right)\delta\{\Delta\}_e \tag{3-30}$$

式(3-29) 和式(3-30) 还可写成：

$$d\varepsilon=[B]d\{\Delta\}_e \tag{3-31}$$

$$\delta\varepsilon=[B]\delta\{\Delta\}_e \tag{3-32}$$

$$[B]=[B_L]+[B_{NL}] \tag{3-33}$$

$$[B_L]=\frac{1}{L_0}[-l\quad -m\quad -n\quad l\quad m\quad n] \tag{3-34}$$

式中　$[B_L]$ ——相应于线性部分；

$[B_{NL}]$ ——相应于非线性部分。

$$\begin{aligned}[B_{NL}]&=\{\Delta\}_e^T[A]\\&=\frac{1}{L_0^2}[u_i-u_j\quad v_i-v_j\quad w_i-w_j\quad u_j-u_i\quad v_j-v_i\quad w_j-w_i]\\&=\frac{1}{L_0}[-\alpha\quad -\beta\quad -\gamma\quad \alpha\quad \beta\quad \gamma]\end{aligned} \tag{3-35}$$

$$\left.\begin{aligned}\alpha&=\frac{u_j-u_i}{L_0}\\\beta&=\frac{v_j-v_i}{L_0}\\\gamma&=\frac{w_j-w_i}{L_0}\end{aligned}\right\} \tag{3-36}$$

(4) 单元应力

因单元处于弹性工作阶段，单元应力为：

$$\sigma=E\varepsilon+\sigma_0 \tag{3-37}$$

式中　σ_0——初应力。

由式(3-37) 可得单元的应力增量为：

$$d\sigma=E\,d\varepsilon=E[B]d\{\Delta\}_e=E([B_L]+[B_{NL}])d\{\Delta\}_e \tag{3-38}$$

(5) 单元的增量形式的平衡方程

对于铰支杆单元，杆件只受轴力作用，所以有：

$$\{\varepsilon\}=\varepsilon,\quad \{\sigma\}=\sigma$$

将式(3-32) 代入式(3-18)，得：

$$\delta\{\Delta\}_{\mathrm{e}}^{\mathrm{T}}\left(A\int_{L}[B]^{\mathrm{T}}\sigma\mathrm{d}s-\{P\}_{\mathrm{e}}\right)=0$$

因 $\delta\{\Delta\}_{\mathrm{e}}^{\mathrm{T}}$ 可独立选用，可得：

$$A\int_{L}[B]^{\mathrm{T}}\sigma\mathrm{d}s-\{P\}_{\mathrm{e}}=0 \tag{3-39}$$

为了得到增量形式的平衡方程，可对式(3-39) 微分：

$$A\int_{L}\mathrm{d}[B]^{\mathrm{T}}\sigma\mathrm{d}s+A\int_{L}[B]^{\mathrm{T}}\mathrm{d}\sigma\mathrm{d}s-\mathrm{d}\{P\}_{\mathrm{e}}=0$$

将式(3-38) 代入上式，得：

$$A\int_{L}\mathrm{d}[B]^{\mathrm{T}}\sigma\mathrm{d}s+A\int_{L}[B]^{\mathrm{T}}E[B]\mathrm{d}\sigma\mathrm{d}\{\Delta\}_{\mathrm{e}}-\mathrm{d}\{P\}_{\mathrm{e}}=0 \tag{3-40}$$

由式(3-33)、式(3-34) 和式(3-35)，可得：

$$\begin{aligned}\mathrm{d}[B]^{\mathrm{T}}&=\mathrm{d}([B_{\mathrm{L}}]^{\mathrm{T}}+[B_{\mathrm{NL}}]^{\mathrm{T}})=\mathrm{d}[B_{\mathrm{NL}}]^{\mathrm{T}}=\mathrm{d}(\{\Delta\}_{\mathrm{e}}^{\mathrm{T}}[A])^{\mathrm{T}}\\&=\mathrm{d}([A]^{\mathrm{T}}\{\Delta\}_{\mathrm{e}})=[A]^{\mathrm{T}}\mathrm{d}\{\Delta\}_{\mathrm{e}}\end{aligned} \tag{3-41}$$

将式(3-41) 代入式(3-40)，得：

$$\left(A\int_{L}[A]^{\mathrm{T}}\sigma\mathrm{d}s+A\int_{L}[B]^{\mathrm{T}}E[B]\mathrm{d}s\right)\mathrm{d}\{\Delta\}_{\mathrm{e}}-\mathrm{d}\{P\}_{\mathrm{e}}=0$$

将式(3-33) 代入上式并展开，得：

$$\left[A\int_{L}[A]^{\mathrm{T}}\sigma\mathrm{d}s+A\int_{L}([B_{\mathrm{L}}]^{\mathrm{T}}E[B_{\mathrm{L}}]+[B_{\mathrm{NL}}]^{\mathrm{T}}E[B_{\mathrm{L}}]+[B_{\mathrm{L}}]E[B_{\mathrm{NL}}]+[B_{\mathrm{NL}}]^{\mathrm{T}}E[B_{\mathrm{NL}}])\,\mathrm{d}s\right]$$
$$\mathrm{d}\{\Delta\}_{\mathrm{e}}-\mathrm{d}\{P\}_{\mathrm{e}}=0$$

最后可得：

$$[K_{\mathrm{T}}]_{\mathrm{e}}\mathrm{d}\{\Delta\}_{\mathrm{e}}-\mathrm{d}\{P\}_{\mathrm{e}}=0 \tag{3-42}$$

式中　$[K_{\mathrm{T}}]_{\mathrm{e}}$——单元的切线刚度矩阵。

$$[K_{\mathrm{T}}]_{\mathrm{e}}=[K_{0}]_{\mathrm{e}}+[K_{\mathrm{g}}]_{\mathrm{e}}+[K_{\mathrm{d}}]_{\mathrm{e}} \tag{3-43}$$

$[K_{0}]_{\mathrm{e}}$——单元的线弹性刚度矩阵。

$$[K_{0}]_{\mathrm{e}}=A\int_{L}(B_{\mathrm{L}})^{\mathrm{T}}E[B_{\mathrm{L}}]\mathrm{d}s \tag{3-44}$$

$[K_{\mathrm{g}}]_{\mathrm{e}}$——单元的几何刚度矩阵。

$$[K_{\mathrm{g}}]_{\mathrm{e}}=A\int_{L}[A]^{\mathrm{T}}\sigma\mathrm{d}s \tag{3-45}$$

$[K_{\mathrm{d}}]_{\mathrm{e}}$——单元的初位移矩阵。

$$[K_{\mathrm{d}}]_{\mathrm{e}}=A\int([B_{\mathrm{NL}}]^{\mathrm{T}}E[B_{\mathrm{L}}]+[B_{\mathrm{L}}]^{\mathrm{T}}E[B_{\mathrm{NL}}]+[B_{\mathrm{NL}}]^{\mathrm{T}}E[B_{\mathrm{NL}}])\mathrm{d}s \tag{3-46}$$

(6) 单元的切线刚度矩阵

将式(3-34) 代入式(3-44)，经积分后可得单元的线弹性刚度矩阵 $[K_{0}]_{\mathrm{e}}$ 的展开式：

$$[K_0]_e=\frac{EA}{L_0}\begin{bmatrix} l^2 & & & & & \\ ml & m^2 & & \text{对} & & \\ nl & nm & n^2 & & \text{称} & \\ -l^2 & -lm & -ln & l^2 & & \\ -ml & -m^2 & -mn & ml & m^2 & \\ -nl & -nm & -n^2 & nl & nm & n^2 \end{bmatrix} \tag{3-47}$$

将式(3-27) 代入式(3-45) 可得单元的几何刚度矩阵 $[K_g]_e$ 的展开式：

$$[K_g]_e=\frac{N}{L_0}\begin{bmatrix} 1 & & & & & \\ 0 & 1 & & \text{对} & & \\ 0 & 0 & 1 & & \text{称} & \\ -1 & 0 & 0 & 1 & & \\ 0 & -1 & 0 & 0 & 1 & \\ 0 & 0 & -1 & 0 & 0 & 1 \end{bmatrix} \tag{3-48}$$

将式(3-34) 和式(3-35) 代入式(3-46)，可得单元的初位移矩阵 $[K_d]_e$ 的展开式：

$$[K_d]_e=\frac{EA}{L_0^2}\int_0^L\begin{bmatrix} \alpha^2+2\alpha l & & & & & \\ \alpha\beta+\beta l+\alpha m & \beta^2+2\beta m & & & & \\ \alpha\gamma^2+\gamma l+\alpha n & \beta\gamma+\gamma m+\beta n & \gamma^2+2\gamma n & & & \\ -(\alpha^2+2\alpha l) & -(\alpha\beta+\beta l+\alpha m) & -(\alpha\gamma+\gamma l+\alpha n) & \alpha^2+2\alpha l & & \\ -(\alpha\beta+\beta l+\alpha m) & -(\beta^2+2\beta m) & -(\beta\gamma+\gamma m+\beta n) & \alpha\beta+\beta l+\alpha m & \beta^2+2\beta m & \\ -(\alpha\gamma+\gamma l+\alpha n) & -(\beta\gamma+\gamma m+\beta n) & -(\gamma^2+2\gamma n) & \alpha\gamma+\gamma l+\alpha n & \beta\gamma+\gamma m+\beta n & \gamma^2+2\gamma n \end{bmatrix}ds \tag{3-49}$$

将式(3-47) 和式(3-49) 代入式(3-43)，即得单元切线刚度矩阵的展开式。

网壳整体增量形式的平衡方程为一组非线性方程组。非线性方程组的求解方法众多，如牛顿-拉夫逊法、修正的牛顿-拉夫逊法、拟牛顿法、增量法以及增量与迭代混合法等。这些方法中增量法比较简便，但会产生累积误差，累积误差的大小与增量步长有关，但无法确定，也无法消除。牛顿-拉夫逊法、修正的牛顿-拉夫逊法以及拟牛顿法都是通过多次迭代使每一步的解能够较好地接近精确解，但需要耗费较多的计算时间。这些方法的差别主要体现在迭代过程中趋近精确解的处理方法上有所不同。关于非线性方程组的各种解法可参阅有关的数学书籍，这里不一一介绍。

3.4.3　空间梁-柱单元非线性有限单元法

刚接连接网壳采用非线性有限单元法计算时，最常用的有两种，即空间梁单元和空间梁-柱单元。许多研究表明，空间梁-柱单元能够较精确地考虑轴向力对结构变形和刚度的影响，而这对于网壳一类以受轴向力为主的结构是十分重要的，因此以选用空间梁-柱单元为宜。下面简单说明单刚矩阵的表达式。

(1) 基本假定

在建立空间梁-柱单元非线性单元刚度矩阵时，采用如下基本假定：①杆件材料为理想弹塑性材料；②截面的翘曲及剪切变形忽略不计；③外荷载为保守荷载且作用于网壳节点上；④网壳节点可经历任意大的位移及转动，但单元本身的变形仍然是小的并处于小应变状态；⑤杆件进入弹塑性工作阶段时，塑性变形集中在杆端。

(2) 弹性梁-柱单元在随动局部坐标系中的切线刚度矩阵

图 3-46 为一典型的空间梁-柱单元，xyz 为单元的局部坐标系，其中 x 轴为杆件初始状态的杆轴，y、z 轴分别为单元截面的两个主轴，XYZ 则为固定的结构整体坐标系。

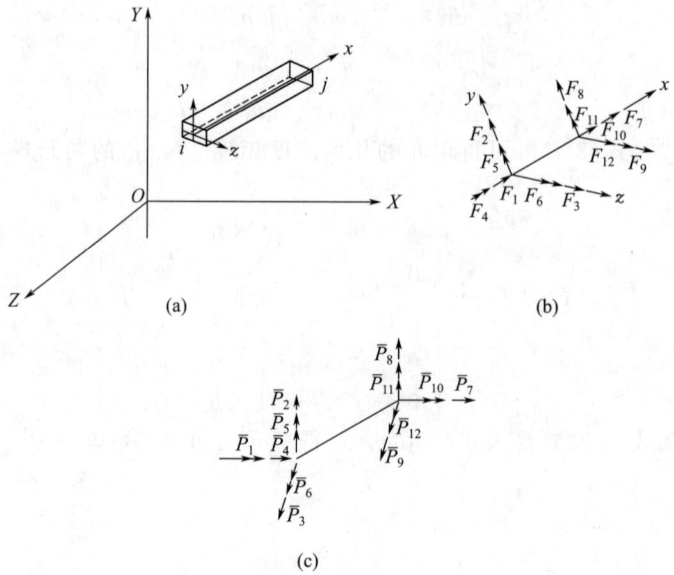

图 3-46　空间梁-柱单元

单元的杆端力在局部坐标系下的分量［图 3-46(b)］以及在整体坐标系下的分量［图 3-46(c)］分别为：

$$\left.\begin{aligned}\{F\}_e&=[F_1\quad F_2\quad F_3\quad F_4\quad F_5\quad F_6\quad F_7\quad F_8\quad F_9\quad F_{10}\quad F_{11}\quad F_{12}]^T\\\{\overline{P}\}_e&=[\overline{P}_1\quad \overline{P}_2\quad \overline{P}_3\quad \overline{P}_4\quad \overline{P}_5\quad \overline{P}_6\quad \overline{P}_7\quad \overline{P}_8\quad \overline{P}_9\quad \overline{P}_{10}\quad \overline{P}_{11}\quad \overline{P}_{12}]^T\end{aligned}\right\}\tag{3-50}$$

相应的位移分量分别为：

$$\left.\begin{aligned}\{q\}_e&=[q_1\quad q_2\quad q_3\quad q_4\quad q_5\quad q_6\quad q_7\quad q_8\quad q_9\quad q_{10}\quad q_{11}\quad q_{12}]^T\\\{v\}_e&=[v_1\quad v_2\quad v_3\quad v_4\quad v_5\quad v_6\quad v_7\quad v_8\quad v_9\quad v_{10}\quad v_{11}\quad v_{12}]^T\end{aligned}\right\}\tag{3-51}$$

单元受力产生位移后，根据基本假定之④，单元本身的受力应仍处于小位移状态，因此采用第三套坐标系，即单元的随动局部坐标系 $x_1x_2x_3$，如图 3-47 所示，其中 x_1 轴为从节点 i 到节点 j 的弦线方向，x_2、x_3 分别为单元截面的主轴。单元受力后，节点 i 与 j 的相对位移在 x_1 主轴上。

通过冗长的推导，可得到图 3-47 所示梁-柱单元两端的力与变形之间的关系：

$$\left.\begin{aligned}M_{in}&=\frac{EI_n}{L}(C_{1n}\theta_{in}+C_{2n}\theta_{jn})\quad(n=2,3)\\M_{jn}&=\frac{EI_n}{L}(C_{2n}\theta_{in}+C_{1n}\theta_{jn})\\M_t&=\frac{GJ}{L}\phi_t\\N&=EA\left(\frac{u}{L_0}-C_{b2}-C_{b3}\right)\end{aligned}\right\}\tag{3-52}$$

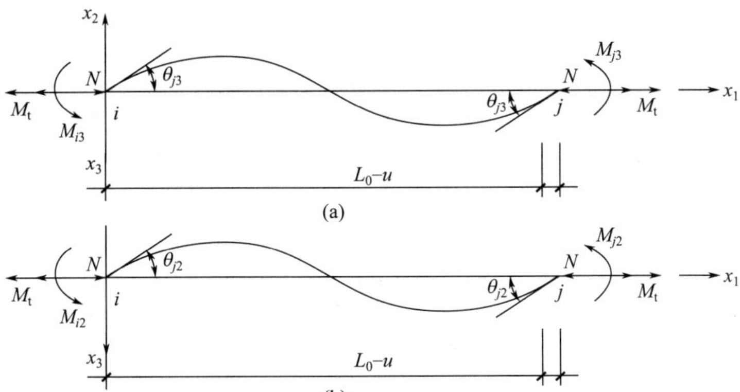

图 3-47 单元的随动局部坐标系

式中 θ_{in}，θ_{jn}——单元 i 端和 j 端绕 x_n 轴的转角；

E，G——材料的弹性模量和剪切模量；

I_n，J——单元截面绕 x_n 轴的惯性矩和扭转惯性矩；

L，L_0——单元的初始长度和变形后两端点间的弦长；

A——单元的截面面积；

ϕ_t——单元的扭转角；

u——单元的轴向缩短；

M_{in}，M_{jn}——单元 i 端和 j 端绕 x_n 轴的端弯矩；

M_t——扭矩；

N——轴向力，以压力为正；

C_{in}，C_{jn}——梁-柱的稳定函数；

C_{b2}，C_{b3}——单元由弯曲变形引起的轴向应变。

C_{in}，C_{jn} 可由下列公式确定：

$$\rho_n=\frac{NL^2}{\pi^2 EI_n}\quad (n=2,3) \tag{3-53}$$

① $\rho_n>0$，即杆件受压时，有：

$$\left.\begin{aligned}
C_{1n}&=\frac{\varphi_n(\sin\varphi_n-\varphi_n\cos\varphi_n)}{2(1-\cos\varphi_n)-\varphi_n\sin\varphi_n}\\
C_{2n}&=\frac{\varphi_n(\varphi_n-\sin\varphi_n)}{2(1-\cos\varphi_n)-\varphi_n\sin\varphi_n}\\
\varphi_n^2&=\pi^2\rho_n\quad (n=2,3)
\end{aligned}\right\} \tag{3-54}$$

② $\rho_n=0$，即杆件无轴力时，有：

$$\left.\begin{aligned}
C_{1n}&=4\\
C_{2n}&=2\quad (n=2,3)
\end{aligned}\right\} \tag{3-55}$$

③ $\rho_n<0$，即杆件受拉时，有：

$$\left.\begin{aligned}C_{1n}&=\frac{\varphi_n(\varphi_n\cosh\varphi_n-\sinh\varphi_n)}{2(1-\cosh\psi_n)+\psi_n\sinh\psi_n}\\C_{2n}&=\frac{\varphi_n(\sinh\varphi_n-\varphi_n)}{2(1-\cosh\psi_n)+\psi_n\sinh\psi_n}\\{\psi_n}^2&=-\pi^2\rho_n\quad(n=2,3)\end{aligned}\right\}\tag{3-56}$$

C_{b2}，C_{b3} 由下列公式确定：

$$\left.\begin{aligned}C_{bn}&=b_{1n}(\theta_{in}+\theta_{jn})^2+b_{2n}(\theta_{in}-\theta_{jn})^2\\b_{1n}&=\frac{(C_{1n}+C_{2n})(C_{2n}-2)}{8\pi^2\rho_n}\\b_{2n}&=\frac{C_{2n}}{8(C_{1n}+C_{2n})}\quad(n=2,3)\end{aligned}\right\}\tag{3-57}$$

由式(3-52) 可得：

$$\{S\}_e=[C]\{u\}_e\tag{3-58}$$

式中：

$$\{S\}_e=[M_{i3}\quad M_{j3}\quad M_{i2}\quad M_{j2}\quad M_t\quad NL_0]^T\tag{3-59}$$

$$\left.\begin{aligned}\{u\}_e&=[\theta_{i3}\quad\theta_{j3}\quad\theta_{i2}\quad\theta_{j2}\quad\phi_t\quad\mu]^T\\\mu&=\frac{u}{L_0}\end{aligned}\right\}\tag{3-60}$$

$$[C]=\begin{bmatrix}\frac{EI_3}{L}C_{13}&\frac{EI_3}{L}C_{23}&&&&\\\frac{EI_3}{L}C_{23}&\frac{EI_3}{L}C_{13}&&&0&\\&&\frac{EI_2}{L}C_{12}&\frac{EI_2}{L}C_{22}&&\\&&\frac{EI_2}{L}C_{22}&\frac{EI_2}{L}C_{12}&&\\&0&&&\frac{GJ}{L}&\\&&&&&EA\left(1-\frac{C_{b2}+C_{b3}}{\mu}\right)\end{bmatrix}\tag{3-61}$$

对式(3-58) 经过求导及其他繁杂的运算，最后可得：

$$\{\Delta S\}_e=[t]\{\Delta u\}_e\tag{3-62}$$

$$[t]=\frac{EI}{L}\begin{bmatrix}\xi_3C_{13}+\frac{G_{13}^2}{\pi^2H}&&&&&\\\xi_3C_{23}+\frac{G_{23}G_{13}}{\pi^2H}&\xi_3C_{13}+\frac{G_{23}^2}{\pi^2H}&&&\text{对称}&\\\frac{G_{12}G_{13}}{\pi^2H}&\frac{G_{12}G_{23}}{\pi^2H}&\xi_2C_{12}+\frac{G_{12}^2}{\pi^2H}&&&\\\frac{G_{22}G_{13}}{\pi^2H}&\frac{G_{22}G_{23}}{\pi^2H}&\xi_2C_{22}+\frac{G_{22}^2G_{12}}{\pi^2H}&\xi_2C_{12}+\frac{G_{22}^2}{\pi^2H}&&\\0&0&0&0&\eta&\\\frac{G_{13}}{HL}&\frac{G_{23}}{HL}&\frac{G_{12}}{HL}&\frac{G_{22}}{HL}&0&\frac{\pi^2}{HL^2}\end{bmatrix}\tag{3-63}$$

$$\left.\begin{aligned}\xi_n&=\frac{I_n}{I}\\ \eta&=\frac{GJ}{EI}\quad(n=2,3)\\ \lambda&=\frac{L_0}{\sqrt{I/A}}\end{aligned}\right\}\tag{3-64}$$

上式中的 I 为惯性矩。

$$\left.\begin{aligned}G_{1n}&=C'_{1n}\theta_{in}+C'_{2n}\theta_{jn}\\ G_{2n}&=C'_{2n}\theta_{in}+C'_{1n}\theta_{jn}\,(n=2,3)\end{aligned}\right\}\tag{3-65}$$

$$H=\frac{\pi^2}{\lambda^2}+\sum_{n=3,2}\frac{1}{\xi_n}[b'_{1n}(\theta_{in}+\theta_{jn})^2+b'_{2n}(\theta_{in}-\theta_{jn})^2]\tag{3-66}$$

上式中的 C'_{1n}、C'_{2n}、b'_{1n} 和 b'_{2n} 均为对 ρ_n 的导数。

(3) 弹性梁-柱单元在单元局部坐标系中的切线刚度矩阵

在图 3-47(b) 的局部坐标系中，杆端力及杆端位移的分量为 $\{F\}_e$ 及 $\{q\}_e$。根据单元的几何及平衡关系可得：

$$\{F\}=[B]\{S\}_e\tag{3-67}$$

$$\{\Delta u\}=[B]^T\{\Delta q\}_e\tag{3-68}$$

式中　$[B]$——局部静态矩阵。

$$[B]=\begin{bmatrix}0&0&0&0&0&\frac{1}{L_0}\\ \frac{1}{L}&\frac{1}{L}&0&0&0&0\\ 0&0&-\frac{1}{L}&-\frac{1}{L}&0&0\\ 0&0&0&0&-1&0\\ 0&0&0&0&0&0\\ 1&0&0&0&0&0\\ 0&0&0&0&0&-\frac{1}{L_0}\\ -\frac{1}{L}&-\frac{1}{L}&0&0&0&0\\ 0&0&\frac{1}{L}&\frac{1}{L}&0&0\\ 0&0&0&0&1&0\\ 0&0&0&1&0&0\\ 0&1&0&0&0&0\end{bmatrix}\tag{3-69}$$

将上两式代入式(3-62)，并注意到：

$$\{\Delta F\}_e=[B]\{\Delta S\}_e+[\Delta B]\{S\}_e$$

及

$$[\Delta B]\{S\}_e=[G]\{\Delta q\}_e$$

$$[G]=\begin{bmatrix} [g] & 0 & -[g] & 0 \\ 0 & 0 & 0 & 0 \\ -[g] & 0 & [g] & 0 \\ 0 & 0 & 0 & 0 \end{bmatrix} \tag{3-70}$$

$$[g]=\begin{bmatrix} 0 & M_{i3}+M_{j3} & -(M_{i2}+M_{j2}) \\ M_{i3}+M_{j3} & -QL_0 & 0 \\ -(M_{i3}+M_{j3}) & 0 & -QL_0 \end{bmatrix} \tag{3-71}$$

最后可得

$$\{\Delta F\}_{\rm e}=([B][t][B]^{\rm T}+[G])\{\Delta q\}_{\rm e}=[K_{\rm T}]_{\rm e}\{\Delta q\}_{\rm e} \tag{3-72}$$

及

$$[K_{\rm T}]_{\rm e}=[B][t][B]^{\rm T}+[G] \tag{3-73}$$

$[K_{\rm T}]_{\rm e}$ 即为弹性梁-柱单元局部坐标系中的切线刚度矩阵，为 12×12 阶的矩阵。

(4) 梁-柱单元在局部坐标系中的弹塑性切线刚度矩阵

当梁-柱单元的受力进入弹塑性阶段时，根据基本假定，其弹塑性区集中在杆端。因此可以用杆端截面的屈服函数 ν 和塑性影响系数 β 来描述杆端的受力情况。

梁-柱单元杆端 i 的杆端截面屈服条件写成一般形式可表达为：

$$\nu_i(F_1 \quad F_2 \quad \cdots \quad F_6 \quad \sigma_y)-1=0 \tag{3-74}$$

式中 F_1，F_2，…，F_6——作用在杆端的力；

σ_y——杆件材料的屈服应力。

当杆端截面的受力状态满足式(3-74) 时，杆端截面出现塑性铰。式中的 ν_i 称为屈服函数，它不仅与杆端力、材料屈服应力有关，还与截面几何特性有关。

应用屈服函数，可定义杆端截面的塑性影响系数为：

$$\beta_i=\begin{cases} 0 & \text{（弹性状态）} \\ \dfrac{\nu_i-\nu_{is}}{\nu_{ip}-\nu_{is}} & \text{（弹塑性状态）} \\ 1 & \text{（全部屈服状态）} \end{cases} \tag{3-75}$$

式中 ν_{is}——杆端截面边缘屈服时的屈服函数值；

ν_{ip}——杆端截面全部屈服时的屈服函数值，按式(3-74) 可知 $\nu_{ip}=1$；

ν_i——杆端截面处于弹塑性状态时的屈服函数值。

单元的塑性位移可由屈服函数表示。由式(3-74) 可得：

$$\mathrm{d}\nu_i=\{\phi_i\}^{\rm T}\{\mathrm{d}F\}=0 \tag{3-76}$$

式中 $\{\phi_i\}$——塑性势梯度。

$$\{\phi_i\}=\left[\frac{\partial\nu_i}{\partial F_1},\frac{\partial\nu_i}{\partial F_2},\cdots,\frac{\partial\nu_i}{\partial F_6}\right]^{\rm T} \tag{3-77}$$

由杆端 i 产生的塑性位移增量可表示为：

$$\{\mathrm{d}q_i^p\}=\mathrm{d}\lambda_i\{\phi_i\}$$

式中 $\mathrm{d}\lambda_i$——正标量因子。

由此可得单元的塑性位移增量为：

$$\{\mathrm{d}q^p\}_{\rm e}=[\Phi]\{\mathrm{d}\lambda\} \tag{3-78}$$

式中 $$\{dq^p\}_e=[dq_1^p,dq_2^p,\cdots,dq_{12}^p]^T \tag{3-79}$$

$$[\Phi]=\begin{bmatrix}\{\phi_i\} & 0\\ 0 & \{\phi_j\}\end{bmatrix} \tag{3-80}$$

$$\{d\lambda\}=\begin{Bmatrix}d\lambda_i\\ d\lambda_j\end{Bmatrix} \tag{3-81}$$

单元的弹塑性位移增量为弹性位移增量与塑性位移增量之和，即：

$$\{\Delta q\}_e=\{\Delta q^e\}_e+\{\Delta q^p\}_e \tag{3-82}$$

式中 $\{\Delta q^e\}_e$——单元的弹性位移增量，由式(3-82) 得：

$$\{\Delta F\}_e=[K_T]_e\{\Delta q^e\}_e \tag{3-83}$$

将式(3-82) 及式(3-78) 代入上式并注意到式(3-76) 的关系，经推导可得

$$\{\Delta F\}_e=[K_{epo}]_e\{\Delta q\}_e \tag{3-84}$$

式中 $[K_{epo}]_e$——单元弹塑性切线刚度矩阵。

$$[K_{epo}]_e=[K_T]_e-[K_{po}]_e \tag{3-85}$$

$$[K_{po}]_e=[K_T]_e[\Phi]([\Phi]^T[K_T]_e[\Phi])^{-1}[\Phi]^T[K_T]_e \tag{3-86}$$

需要注意，在上式推导过程中只考虑了杆端截面完全屈服这一状态，如果要反映杆端截面的弹塑性状态，则应采用塑性影响系数矩阵进行修正。塑性影响系数矩阵为：

$$[\eta]=\begin{bmatrix}[\eta_i] & 0\\ 0 & [\eta_j]\end{bmatrix} \tag{3-87}$$

式中 $[\eta_i]$，$[\eta_j]$——两杆端的塑性影响系数矩阵。

$$[\eta_k]=\mathrm{diag}[\beta_{k1},\beta_{k2},\cdots,\beta_{k6}]\quad (k=i,j) \tag{3-88}$$

$$\beta_{k1}=\beta_{k4}=\beta_k \tag{3-89}$$

$$\beta_{k2}=\frac{\dfrac{\partial\nu_k}{\partial f_2}}{\sqrt{\left(\dfrac{\partial\nu_k}{\partial f_2}\right)^2+\left(\dfrac{\partial\nu_k}{\partial f_3}\right)^2}}\beta_k \tag{3-90}$$

$$\beta_{k3}=\frac{\dfrac{\partial\nu_k}{\partial f_3}}{\sqrt{\left(\dfrac{\partial\nu_k}{\partial f_2}\right)^2+\left(\dfrac{\partial\nu_k}{\partial f_3}\right)^2}}\beta_k \tag{3-91}$$

$$\beta_{k5}=\frac{\dfrac{\partial\nu_k}{\partial f_5}}{\sqrt{\left(\dfrac{\partial\nu_k}{\partial f_5}\right)^2+\left(\dfrac{\partial\nu_k}{\partial f_6}\right)^2}}\beta_k \tag{3-92}$$

$$\beta_{k6}=\frac{\dfrac{\partial\nu_k}{\partial f_6}}{\sqrt{\left(\dfrac{\partial\nu_k}{\partial f_5}\right)^2+\left(\dfrac{\partial\nu_k}{\partial f_6}\right)^2}}\beta_k \tag{3-93}$$

其中：

$$f_n=\frac{F_n}{F_{n\mathrm{p}}}\quad (n=2,3,5,6) \tag{3-94}$$

$F_{n\mathrm{p}}$ 为只有 F_n 作用时，杆端截面的 F_n 为完全屈服值。

经修正后的梁-柱单元在局部坐标系中的弹塑性增量平衡方程和弹塑性切线刚度矩阵为：

$$\{\Delta F\}_\mathrm{e}=[K_\mathrm{ep}]_\mathrm{e}\{\Delta q\}_\mathrm{e} \tag{3-95}$$

$$[K_\mathrm{ep}]_\mathrm{e}=[K_\mathrm{T}]_\mathrm{e}-[K_\mathrm{p}]_\mathrm{e} \tag{3-96}$$

$$[K_\mathrm{p}]_\mathrm{e}=[\eta][K_\mathrm{po}]_\mathrm{e}[\eta] \tag{3-97}$$

在计算 $[K_\mathrm{po}]_\mathrm{e}$ 时，式(3-86) 中的 $[\Phi]$ 应分别考虑下列几种不同情况：

① 若节点 i 为塑性状态，而节点 j 为弹性状态，则 $[\Phi]$ 中的 $\{\phi_j\}=0$；

② 若节点 i 为弹性状态，而节点 j 为塑性状态，则 $[\Phi]$ 中的 $\{\phi_i\}=0$；

③ 若节点 i 及节点 j 均为弹性状态，则 $[\Phi]=0$，因此 $[K_\mathrm{po}]=0$。

(5) 梁-柱单元在整体坐标系中的弹塑性切线刚度矩阵

杆端力和杆端位移增量在整体坐标系与局部坐标系之间的转换可以表示为：

$$\{\Delta\overline{P}\}_\mathrm{e}=[R]\{\Delta F\}_\mathrm{e} \tag{3-98}$$

$$\{\Delta q\}_\mathrm{e}=[R]^\mathrm{T}\{\Delta\nu\}_\mathrm{e} \tag{3-99}$$

式中　$[R]$——转换矩阵。

$$[R]=\begin{bmatrix}[r] & 0 & 0 & 0\\ 0 & [r] & 0 & 0\\ 0 & 0 & [r] & 0\\ 0 & 0 & 0 & [r]\end{bmatrix} \tag{3-100}$$

其中 $[r]$ 是 3×3 矩阵，表示局部坐标轴对整体坐标轴的方向余弦，其计算将在下面推导。将式(3-98) 及式(3-99) 代入式(3-95) 可得：

$$\{\Delta\overline{P}\}_\mathrm{e}=[K]_\mathrm{e}\{\Delta\nu\}_\mathrm{e} \tag{3-101}$$

式中　$[K]_\mathrm{e}$——在整体坐标系中的单元弹塑性切线刚度矩阵。

$$[K]_\mathrm{e}=[R][K]_\mathrm{e}[R]^\mathrm{T} \tag{3-102}$$

(6) 采用大转角理论对节点角位移的修正

对于线位移和小位移分析状态下的转角位移可直接根据线性叠加原理进行叠加，然而对于大转角问题，转角位移则不能简单地进行叠加。

节点方向可以由和节点刚性相连的三条互相垂直的直线与坐标轴的方向余弦来表示，这三条直线的方向余弦构成一个 3×3 的正交矩阵，称为节点定向矩阵，用 $[a]$ 表示。在节点转动之前，可使这三条直线与坐标轴平行，这样有：

$$[a_0]=\begin{bmatrix}1 & 0 & 0\\ 0 & 1 & 0\\ 0 & 0 & 1\end{bmatrix} \tag{3-103}$$

当节点绕三个坐标轴的转角分别为 θ_x、θ_y 和 θ_z 时，根据球面三角学，此时的节点定向矩阵为：

$$[a]=\begin{bmatrix}1&0&0\\0&1&0\\0&0&1\end{bmatrix}\cos\theta+\begin{bmatrix}c_1^2&c_1c_2&c_1c_3\\c_2c_1&c_2^2&c_2c_3\\c_3c_1&c_3c_2&c_3^2\end{bmatrix}(1-\cos\theta)+\begin{bmatrix}0&-c_3&c_2\\c_3&0&-c_1\\-c_2&c_1&0\end{bmatrix}\sin\theta \tag{3-104}$$

式中

$$\left.\begin{aligned}&\theta=\sqrt{\theta_1^2+\theta_y^2+\theta_z^2}\\&c_1=\frac{\theta_x}{\theta}\quad c_2=\frac{\theta_y}{\theta}\quad c_3=\frac{\theta_z}{\theta}\end{aligned}\right\} \tag{3-105}$$

反之，当矩阵已知时，可求得三个角位移分量：

$$\left.\begin{aligned}&\theta_x=b(a_{32}-a_{23})/(2\sin b)\\&\theta_y=b(a_{13}-a_{31})/(2\sin b)\\&\theta_z=b(a_{21}-a_{12})/(2\sin b)\end{aligned}\right\} \tag{3-106}$$

式中　a_{12}，a_{13}，…——定向矩阵 $[a]$ 的元素。

$$b=\cos^{-1}\frac{a_{11}-c^2a_{22}}{1-c^2}<\pi \tag{3-107}$$

$$c=\frac{a_{32}-a_{23}}{a_{13}-a_{31}} \tag{3-108}$$

在增量计算中，第 n 步结束时的节点定向矩阵为 $[a_n]$。第 $n+1$ 步时求得角位移增量为 $\Delta\theta_x^{(n+1)}$，$\Delta\theta_y^{(n+1)}$，$\Delta\theta_z^{(n+1)}$，代入式(3-105) 求得定向矩阵增量 $[\Delta a_{n+1}]$，则 $n+1$ 步时的节点定向矩阵为：

$$[a_{n+1}]=[\Delta a_{n+1}][a_n] \tag{3-109}$$

将式(3-109) 的元素代入式(3-106) 就可以得到 $n+1$ 步结束时的节点角位移分量 $\theta_x^{(n+1)}$、$\theta_y^{(n+1)}$、$\theta_z^{(n+1)}$。

(7) 单元的转换矩阵

在转换矩阵 $[R]$ 的式(3-100) 中，$[r]$ 为单元定向矩阵。令 $[a_n]_i$、$[a_n]_j$ 分别表示在第 n 增量步时相对应于任一单元的 i、j 两端节点的节点定向矩阵，$[p_n]_i$、$[p_n]_j$ 分别表示该单元与 i、j 两节点相连的杆端截面定向矩阵。杆端截面定向矩阵与节点定向矩阵不同，它以单元端截面的法线及截面的两条主惯性轴作为其确定空间方位的定向线。杆端截面定向矩阵 $[p_n]$ 的第 1 列为该单元端截面法线的方向余弦，其余两列分别为该截面两条主惯性轴的方向余弦。在结构未变形的初始状态，单元的端截面定向矩阵即为单元的定向矩阵，即：

$$[p_n]=[r_0] \tag{3-110}$$

因为单元杆端与相应的节点刚性连接，因此有下列关系式：

$$\begin{aligned}&[p_n]_i=[a_n]_i[r_0]\\&[p_n]_i=[a_n]_j[r_0]\end{aligned} \tag{3-111}$$

式中的 $[a_n]_i$ 和 $[a_n]_j$ 即为第 n 增量步时节点 i 和节点 j 的节点定向矩阵，按式(3-104) 求出。

单元定向矩阵 $[r_n]$ 的第 1 列 $\{r_{1n}\}$ 可根据单元两端节点在该状态下的坐标来确定，

在确定 $[r_n]$ 的第 2、3 列时，需先按下式计算杆单元在该状态下的杆端转角：

$$[p_n]_i\{r_{1n}\}\approx[1-\theta_{13}\theta_{12}]^{\mathrm{T}}$$
$$[p_n]_j\{r_{1n}\}\approx[1-\theta_{23}\theta_{22}]^{\mathrm{T}} \tag{3-112}$$

然后按下式计算单元定向矩阵：

$$[r_n]=\frac{1}{2}([p_n]_i[e_n]_i+[p_n]_j[e_n]_j) \tag{3-113}$$

式中

$$[e_n]_i=\begin{bmatrix}1 & \theta_{13} & -\theta_{12}\\ -\theta_{13} & 1 & 0\\ \theta_{12} & 0 & 1\end{bmatrix}$$
$$[e_n]_j=\begin{bmatrix}1 & \theta_{13} & -\theta_{22}\\ -\theta_{23} & 1 & 0\\ \theta_{22} & 0 & 1\end{bmatrix} \tag{3-114}$$

结构总刚度矩阵的建立以及边界条件的处理与网架结构类似，此处不再赘述。

3.5 网壳结构的抗震概念设计

3.5.1 概述

网壳结构可适用于各种曲面造型，近年来在大跨度结构中得到了越来越多的采用，具有广阔的发展前景。对网壳这种复杂空间结构，当地震发生时由于强烈的地面运动而迫使结构产生振动，引起地震内力和位移，就有可能造成结构破坏和倒塌，因此在地震设防区必须对网壳结构进行抗震设计。需要注意的是，网壳的抗震性能与网架有较大的区别。

3.5.2 网壳结构的动力特性

网壳结构为多自由度体系，其无阻尼多自由度自由振动方程为：

$$[M]\{\ddot{\delta}\}+[K]\{\delta\}=0 \tag{3-115}$$

式中 $[M]$——总质量矩阵；

$[K]$——结构总刚度矩阵；

$\{\ddot{\delta}\}$——结构节点加速度向量；

$\{\delta\}$——结构节点位移向量。

采用子空间迭代法可以计算网壳的自振频率和对应振型。对于 $[K]$ 的计算，单层网壳一般简化为空间梁系计算，而双层网壳一般简化为空间铰接杆系计算。

(1) 单层球面网壳

通过对 K8 型单层球面网壳结构自振特性的研究，可知其具有如下一些规律：

① 单层球壳的自振频率相当密集，一些频率非常接近，甚至相等，故在计算中选择合适的截断频率格外重要。

② 网壳的振型分析不同于网架结构，应同时考虑水平振型和竖向振型。判断振型的主方向应看该振型的最大位移出现在什么方向，而判断该振型的地震反应的主方向则应看该振

型哪个方向的振型参与系数的绝对值最大。

③ 网壳周期随跨度的增加而增大，随结构质量的增大自振周期也增大。

④ 支座刚度对网壳的前几个周期影响较大，而且支座刚度越大，基本周期越小。

(2) 双层圆柱面网壳

通过研究，柱面网壳具有的自振特性如下：

① 频谱相当密集，随着结构质量的增大，结构的自振频率有所下降。随厚度的增大，频谱显著增大，说明增加网壳厚度可以大大提高结构刚度。

② 双层圆柱面网壳的振型可分为水平振型与竖向振型，并且两者交叉出现。当网壳矢跨比越小，越接近平板网架受力状态，振动以竖向地震为主；随矢跨比的增大，由于网壳结构的空间作用，水平刚度逐渐减小，竖向刚度有一定的增大，地震作用也随之转化为以水平为主。周边支承网壳结构，其矢跨比与振动形式关系密切。当矢跨比大于 1/6 时，以水平振动为主，矢跨比小于或等于 1/6 则以竖向振动为主。鉴于实际工程中矢跨比小于 1/6 的双层圆柱面网壳极少，故一般柱面网壳水平地震反应要大于竖向地震反应。

③ 结构对支承刚度较敏感，支承刚度增大，自振频率随之提高。

④ 对于常用的柱面网壳，其基频比相应的平板网架高，并且随矢跨比的增大而减小。

对常用的双层圆柱面网壳，基频可按下式计算：

$$f_0=1.381-0.101f-0.039B+0.554h+1.848e^{14.25/L} \tag{3-116}$$

式中　f_0——圆柱面网壳的基频，Hz；

f——圆柱面网壳的矢高，m；

B——圆柱面网壳的波宽，m；

h——圆柱面网壳的厚度，m；

L——圆柱面网壳的长度，m。

该实用公式较为简洁，且能满足实际工程的精度要求。

3.5.3 网壳结构的振动方程

3.5.3.1 基本假定

(1) 网壳的节点均为完全刚接的空间节点，每一个节点具有六个自由度。

(2) 质量集中在各节点上，只考虑线性位移加速度引起的惯性力，不考虑角加速度引起的惯性力。

(3) 作用在质点上的阻尼力与对地面的相对速度成正比，但不考虑由角速度引起的阻尼力。

(4) 支承网壳的基础按地面的地震动波运动。

3.5.3.2 振动方程

由结构动力学可知，地震作用下，网壳的振动方程为：

$$[m][\ddot{\delta}]+[C][\dot{\delta}]+[K][\delta]=-[m][\ddot{\delta}_0] \tag{3-117}$$

式中　$[m]$——质量矩阵，对于有 N 个节点的网壳，为一个 $3n\times3n$ 的对角矩阵；

$[C]$——阻尼系数矩阵，为一个 $3n\times3n$ 的矩阵；

$[K]$——网壳的总刚矩阵，由空间杆系非线性有限元求得；

$[\delta]$——相对于地面的相对位移列矩阵；

$[\dot{\delta}]$——相对速度列矩阵；

$[\ddot{\delta}]$——相对加速度列矩阵；

$[\ddot{\delta}_0]$——地面地震运动加速度列矩阵。

将线位移和角位移分开排列，则式(3-117) 可改写成：

$$\begin{bmatrix}[m_s] & 0 \\ 0 & [m_\theta]\end{bmatrix}\begin{bmatrix}\{\ddot{\delta}_s\} \\ \{\ddot{\delta}_\theta\}\end{bmatrix}+\begin{bmatrix}[C_s] & [C_{s\theta}] \\ [C_{\theta s}] & [C_{\theta\theta}]\end{bmatrix}\begin{bmatrix}\{\dot{\delta}_s\} \\ \{\dot{\delta}_\theta\}\end{bmatrix}+\begin{bmatrix}[K_{ss}] & [K_{s\theta}] \\ [K_{\theta s}] & [K_{\theta\theta}]\end{bmatrix}\begin{bmatrix}\{\delta_s\} \\ \{\delta_\theta\}\end{bmatrix}=-\begin{bmatrix}[m_s] & 0 \\ 0 & [m_\theta]\end{bmatrix}\begin{bmatrix}\{\ddot{\delta}_{0s}\} \\ \{\ddot{\delta}_{0\theta}\}\end{bmatrix} \tag{3-118}$$

式中 $\{\delta_s\}$，$\{\dot{\delta}_s\}$，$\{\ddot{\delta}_s\}$——线位移的位移、速度和加速度；

$\{\delta_\theta\}$，$\{\dot{\delta}_\theta\}$，$\{\ddot{\delta}_\theta\}$——角位移的位移、速度和加速度；

$\{\ddot{\delta}_{0s}\}$，$\{\ddot{\delta}_{0\theta}\}$——由地面地震运动带动的质点线加速度和角加速度。

由基本假定 (2)、(3)，式(3-118) 可写成：

$$[m_s]\{\ddot{\delta}_s\}+[C_s]\{\dot{\delta}_s\}+[K_{ss}]\{\delta_s\}+[K_{s\theta}]\{\delta_\theta\}=-[m_s]\{\ddot{\delta}_{0s}\} \tag{3-119}$$

$$[K_{\theta s}]\{\delta_s\}+[K_{\theta\theta}]\{\delta_\theta\}=0 \tag{3-120}$$

由式(3-119) 和式(3-120) 消去 $\{\delta_\theta\}$，并注意到 $[K_{\theta s}]=[K_{s\theta}]$，则有：

$$[m_s]\{\ddot{\delta}_s\}+[C_s]\{\dot{\delta}_s\}+[K_s]\{\delta_s\}=-[m_s]\{\ddot{\delta}_{0s}\} \tag{3-121}$$

式中

$$[K_s]=[K_{ss}]-[K_{s\theta}][K_{\theta\theta}]^{-1}[K_{s\theta}] \tag{3-122}$$

式(3-121) 可用直接积分法求解，不再赘述。

3.5.4 抗震分析

网壳的抗震分析宜分两阶段进行。

第一阶段为多遇地震作用下的分析。网壳在多遇地震作用时应处于弹性阶段，因此应做弹性时程分析，根据求得的内力，按荷载组合的规定进行杆件和节点设计。

第二阶段为罕遇地震作用下的分析。网壳在罕遇地震作用下处于弹塑性阶段，因此应做弹塑性时程分析，用以校核网壳的位移以及是否会发生倒塌。

对网壳进行抗震分析时，当采用振型分解反应谱法计算网壳结构地震效应时，宜取前20 阶振型进行地震效应计算；对于体型复杂或重要的大跨度网壳结构，应采用时程分析法进行补充验算。

(1) 振型分解反应谱法

采用振型分解反应谱法分析时，网壳结构 j 振型、i 质点的水平或竖向地震作用标准值按下式确定：

$$\left.\begin{aligned}F_{\mathrm{E}xji}&=\alpha_j\gamma_jX_{ji}G_i\\F_{\mathrm{E}yji}&=\alpha_j\gamma_jY_{ji}G_i\\F_{\mathrm{E}zji}&=\alpha_j\gamma_jZ_{ji}G_i\end{aligned}\right\} \tag{3-123}$$

式中 $F_{\mathrm{E}xji}$，$F_{\mathrm{E}yji}$，$F_{\mathrm{E}zji}$——j 振型、i 质点分别沿 x、y、z 方向的地震作用标准值；

α_j——相应于 j 振型自振周期的水平地震影响系数，按《建筑抗震设计标准》(GB 50011) 确定，竖向地震影响系数 α_{zj} 取 $0.65\alpha_j$；

X_{ji}，Y_{ji}，Z_{ji}——j 振型、i 质点的 x、y、z 方向的相对位移；

G_i——空间网格结构第 i 节点的重力荷载代表值，其中恒荷载取结构自重标准值；可变荷载取屋面雪荷载或积灰荷载标准值，组合值系数取 0.5；

γ_j——j 振型参与系数。

当计算水平抗震时，j 振型参与系数应按下列公式计算：

X 向

$$\gamma_j = \frac{\sum_{i=1}^{n} X_{ji} G_i}{\sum_{i=1}^{n} (X_{ji}^2 + Y_{ji}^2 + Z_{ji}^2) G_i} \tag{3-124}$$

Y 向

$$\gamma_j = \frac{\sum_{i=1}^{n} Y_{ji} G_i}{\sum_{i=1}^{n} (X_{ji}^2 + Y_{ji}^2 + Z_{ji}^2) G_i} \tag{3-125}$$

当计算竖向抗震时，j 振型参与系数应按下列公式计算：

$$\gamma_j = \frac{\sum_{i=1}^{n} Z_{ji} G_i}{\sum_{i=1}^{n} (X_{ji}^2 + Y_{ji}^2 + Z_{ji}^2) G_i} \tag{3-126}$$

式中　n——网壳节点数。

按振型分解反应谱法分析时，网壳结构杆件的水平或竖向地震作用效应应按下列公式确定：

$$S_{\mathrm{E}} = \sqrt{\sum_{j=1}^{m} \sum_{k=1}^{m} \rho_{jk} S_{\mathrm{E}j} S_{\mathrm{E}k}} \tag{3-127}$$

$$\rho_{jk} = \frac{8\xi_j \xi_k (1+\lambda_T)\lambda_T^{1.5}}{(1-\lambda_T^2)^2 + 4\xi_j \xi_k (1+\lambda_T)^2 \lambda_T} \tag{3-128}$$

式中　S_{E}——网壳杆件在地震作用标准值下的效应；

$S_{\mathrm{E}j}$，$S_{\mathrm{E}k}$——j、k 振型地震作用标准值下的效应，可取前 20 阶振型；

ρ_{jk}——j 振型与 k 振型的耦联系数；

ξ_j，ξ_k——j、k 振型的阻尼比；

λ_T——k 振型与 j 振型的自振周期比；

m——计算中考虑的振型数。

(2) 时程法

采用时程分析法时，应按建筑场地类别和设计地震分组选用不小于两组实际强震记录和一组人工模拟的加速度时程曲线。加速度曲线幅值应根据与抗震设防烈度相应的多遇地震的加速度幅值进行调整，加速度时程的最大值可按表 3-5 采用。

表 3-5　时程分析所用的地震加速度时程曲线最大值　　单位：$\mathrm{cm/s^2}$

地震影响	6 度	7 度	8 度	9 度
多遇地震	18	35(55)	70(110)	140

注：括号内的数值分别用于设计基本地震加速度为 $0.15g$ 和 $0.3g$ 的地区。

(3) 多维地震及虚拟激励法

网壳作为一种空间结构体系，呈现明显的空间受力和变形特点，在单维与多维地震作用下的反应是不同的，有时在抗震分析时只考虑单分量地震作用是不够的，还应考虑多分量对结构的影响。例如对于单层球面网壳，其三维地震反应要远大于单维地震反应，有些主肋杆地震内力要大 2 倍左右，环杆大 2/3 左右，斜杆大 1.5 倍左右，两维地震反应数值在三维和单维之间，且一般接近单维反应；当矢跨比由 1/6～1/3 变化，杆件三维与单维地震反应比 k 也越大，可增加 20%左右，而当荷载和跨度变化时，k 变化不大。

震害经验与理论研究表明，地震时的地面运动是一种复杂的多维运动，包括三个平动分量和三个转动分量。结构在单维与多维地震作用下的反应是不同的，特别是对一些复杂工程结构，如大跨度空间结构，在结构抗震分析时只考虑单分量地震作用是不够的，还应考虑多分量对结构的影响。近年来各国学者逐渐认识到对结构进行多维地震作用分析的必要性，开展了相应的研究，并取得了一些可喜成果。

结构在多维地震作用下的反应分析可分为三种方法：反应谱法、时程分析法和随机振动分析方法。在随机地震反应分析的领域，随机振动的功率谱法，即由给定的激励功率谱求出各种响应功率谱，在工程中占有很重要的地位。但是当结构复杂、自由度很多时，由传统的随机振动功率谱法推导的 CQC 表达式计算量巨大，很难用于工程计算。为解决上述问题，可用虚拟激励法。在单源平稳激励下，虚拟激励法可以描述为：若线性时不变系统受到平稳随机激励，其谱密度为 $S_{xx}(w)$。如将此随机激励代之以虚拟简谐激励 $x(t)=\sqrt{S_{xx}(w)}e^{iwt}$，并设 $\{y\}$ 与 $\{z\}$ 是由它激发的任意两种稳态简谐响应，则其功率谱矩阵可简单地按下式计算：

$$[S_{yy}(w)]=\{y\}\{y\}^{\mathrm{T}} \qquad [S_{yz}(w)]=\{y\}\{z\}^{\mathrm{T}} \tag{3-129}$$

用该方法可以计算单位地震作用下的多种随机问题，并可推广到多维随机地震反应分析，是一种有发展前途的分析方法。

3.5.5 几种网壳结构的动内力分布规律

(1) 单层球面网壳

采用扇形三向网格、肋环斜杆型及短程线型轻屋盖的单层球面网壳结构，当周边固定铰支承，按 7 度或 8 度设防、Ⅲ类场地、设计地震为第一组进行多遇地震效应计算时，其杆件地震轴向力标准值 N_{E} 可按以下方法计算。

当主肋、环杆、斜杆均取等截面设计时：

主肋 $$N_{\mathrm{E}}^{\mathrm{m}}=c\xi_{\mathrm{m}}N_{G\max}^{\mathrm{m}} \tag{3-130}$$

环杆 $$N_{\mathrm{E}}^{\mathrm{c}}=c\xi_{\mathrm{c}}N_{G\max}^{\mathrm{c}} \tag{3-131}$$

斜杆 $$N_{\mathrm{E}}^{\mathrm{d}}=c\xi_{\mathrm{d}}N_{G\max}^{\mathrm{d}} \tag{3-132}$$

式中 $N_{\mathrm{E}}^{\mathrm{m}}$，$N_{\mathrm{E}}^{\mathrm{c}}$，$N_{\mathrm{E}}^{\mathrm{d}}$——在地震作用下网壳的主肋、环杆、斜杆的轴向力标准值；

$N_{G\max}^{\mathrm{m}}$，$N_{G\max}^{\mathrm{c}}$，$N_{G\max}^{\mathrm{d}}$——重力荷载代表值作用下的网壳的主肋、环杆及斜杆的轴向力标准值的绝对最大值；

c——场地修正系数，按表 3-6 确定；

ξ_{m}，ξ_{c}，ξ_{d}——主肋、环杆及斜杆地震轴向力系数，设防烈度为 7 度时，按表 3-7 确定，8 度时取表中数值的 2 倍。

表 3-6　场地修正系数

场地类型	Ⅰ	Ⅱ	Ⅲ	Ⅳ
c	0.54	0.75	1.00	1.55

表 3-7　单层球面网壳杆件地震轴向力系数 ξ

f/L	0.167	0.200	0.250	0.300
ξ_m	0.16			
ξ_c	0.30	0.32	0.35	0.38
ξ_d	0.26	0.28	0.30	0.32

① K8 型单层球面网壳

在水平地震作用下，主肋的动内力较小，而环向杆和斜向杆的动内力较大。在竖向地震作用下，主肋、环向杆、斜向杆的动内力均较小。设防烈度为 8 度时，杆件竖向地震内力系数一般在 0.1 左右；而水平地震作用所产生的杆件内力可达静力值的 20%～50%（主肋除外时为 10%左右）。总的来说，水平地震作用下的动响应较竖向地震作用下的动响应强烈些，这与网架结构不同。

网壳环杆和斜杆水平地震内力系数随矢跨比增大而明显增大，对主肋影响不大。这表明随着网壳矢高的增大，其以水平地震反应为主的特性更加突出。

支座刚度的改变将改变网壳地震内力的分布，对于网壳这类大跨空间结构，其抗震设计特别是水平抗震设计宜与下部支承结构一起分析，并考虑网壳与支承结构共同作用。

② 短程线型球面网壳

对于短程线型球面网壳，由于其特殊的几何性质，矢跨比较大，其动内力的分布规律为：在水平地震作用下，环杆、主肋和斜杆的动内力在网壳顶点处最小，越向边缘越大；在竖向地震作用下，环杆的动内力在网壳顶点附近较大，随着向边缘靠近，其动内力先变小再变大。

周边铰支短程线半球壳水平地震内力系数取值可参考表 3-8。

表 3-8　周边铰支短程线半球壳水平地震内力系数取值

环杆			主肋	斜杆	
顶点	拉压交界处	边缘		顶点	边缘
0.20	0.90	0.50	0.20	0.30	1.00

注：表中数值适用于 9 度设防的情况，8 度和 7 度时应分别乘以系数 0.5 和 0.25。

地震内力的计算如下式：

$$N_E=\xi|N_S| \tag{3-133}$$

式中　ξ——地震内力系数；

N_E——杆件地震内力；

N_S——杆件静内力。

(2) 双层圆柱面网壳

双层圆柱面网壳沿纵向分布的杆件其地震内力一般中间最大，边缘及纵向 1/3 附近地震内力较小。而沿横向对称轴地震内力上下弦杆均属单波型，跨中内力最大。

水平地震作用系数随着矢跨比的增大而明显增大，竖向地震作用系数则随着矢跨比的增大而略有减小。

改变网壳的厚度，地震内力变化明显。网壳厚度从 0.5m 增加到 2.5m，其地震内力可相差两倍以上。说明随着网壳刚度的增大，地震内力也随之增大。

对于轻屋盖正放四角锥双层圆柱面网壳结构，沿两纵边固定铰支在上弦节点、两端竖向铰支在刚性横隔上，按 7 度或 8 度设防、Ⅲ类场地、设计地震第一组进行多遇地震效应计算时，其杆件地震轴向力标准值 N_E 可按以下方法计算：

横向弦杆 $$N_E^t=c\xi_t N_G^t \tag{3-134}$$

按等截面设计的纵向弦杆 $$N_E^l=c\xi_l N_{Gmax}^l \tag{3-135}$$

按等截面设计的腹杆 $$N_E^w=c\xi_w N_{Gmax}^w \tag{3-136}$$

式中 N_E^t，N_E^l，N_E^w——在地震作用下网壳横向弦杆、纵向弦杆与腹杆的轴向力标准值；

N_G^t——重力荷载代表值作用下的网壳横向弦杆的轴向力标准值；

N_{Gmax}^l，N_{Gmax}^w——重力荷载代表值作用下的网壳纵向弦杆与腹杆的轴向力标准值的绝对最大值；

c——场地修正系数，按表 3-6 确定；

ξ_t，ξ_l，ξ_w——横向弦杆、纵向弦杆、腹杆的地震轴向力系数，设防烈度为 7 度时，按表 3-9 确定，8 度时取表中数值的 2 倍。

表 3-9 双层圆柱面网壳水平地震轴向力系数 ξ

<table>
<tr><td colspan="4">矢跨比</td><td>0.167</td><td>0.200</td><td>0.250</td><td>0.300</td></tr>
<tr><td rowspan="4">横向弦杆 ξ_t</td><td rowspan="4">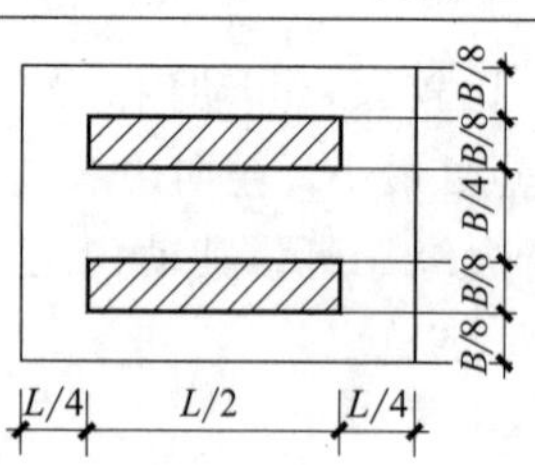
</td><td rowspan="2">阴影部分杆件</td><td>上弦</td><td>0.22</td><td>0.28</td><td>0.40</td><td>0.54</td></tr>
<tr><td>下弦</td><td>0.34</td><td>0.40</td><td>0.48</td><td>0.60</td></tr>
<tr><td rowspan="2">空白部分杆件</td><td>上弦</td><td>0.18</td><td>0.23</td><td>0.33</td><td>0.44</td></tr>
<tr><td>下弦</td><td>0.27</td><td>0.32</td><td>0.40</td><td>0.48</td></tr>
<tr><td colspan="2" rowspan="2">纵向弦杆 ξ_l</td><td colspan="2">上弦杆</td><td>0.18</td><td>0.32</td><td>0.56</td><td>0.78</td></tr>
<tr><td colspan="2">下弦杆</td><td>0.10</td><td>0.16</td><td>0.24</td><td>0.34</td></tr>
<tr><td colspan="4">腹杆 ξ_w</td><td colspan="4">0.5</td></tr>
</table>

3.6 网壳结构的稳定性及其概念设计

3.6.1 网壳的失稳现象

网壳结构的稳定性是网壳分析设计中的一个关键问题，单层网壳和厚度较小的双层网壳都存在失稳的可能性。随着网壳结构的发展，跨度不断增大，稳定问题显得更为突出。1963 年罗马尼亚布加勒斯特一个直径 93m 的单层穹顶网壳在一场大雪后就因为整体失稳而彻底坍塌，使人们进一步认识到网壳结构稳定问题的重要性。

网壳结构的稳定分析不仅包括临界荷载的确定，还应对其屈曲后性能进行考察，因为网壳的稳定承载能力与其后屈曲行为密切相关。因此，对网壳结构除分析其失稳模态和相应的临界荷载之外，有必要研究临界点周围的前后屈曲路径，即对网壳的整个平衡路径进行跟踪分析。这里说的结构平衡路径就是结构的荷载-位移响应曲线。从基于非线性有限元技术的荷载-位移全过程曲线可以完全地了解结构的稳定性能。

3.6.1.1　屈曲类型

结构的失稳或屈曲类型主要有两类，即极值点屈曲和分枝点屈曲。图 3-48(a) 所示为极值点屈曲的荷载-位移曲线，位移随着荷载的增加而增加（此时称为稳定的基本平衡路径），直至到达平衡路径上的一个顶点，即临界点，越过临界点之后结构具有唯一的平衡路径，且曲线呈下降趋势，即平衡路径是不稳定的。这一临界点就是极值点，结构发生的这类屈曲称为极值点屈曲，也称为极限屈曲。在极值点处，对应屈曲模态的结构刚度为零。结构到达极值点时，会突然发生跳跃失稳，一个典型的例子就是扁平的球面网壳，跳跃失稳的结果是使一部分结构出现翻转。

对于分枝点屈曲的情形［图 3-48(b)］，位移仍随荷载的增加而增加，直至到达平衡路径上的一个拐点，即临界点，随后出现与平衡路径相交的第二平衡路径。该临界点即分枝点，在该点结构失稳即为分枝点屈曲。分枝点以前结构沿初始位移形态变化的平衡路径称基本平衡路径，越过分枝点以后路径称第二平衡路径，也称分枝路径。与极值点屈曲的情形不同，分枝路径可能出现两条或两条以上。结构到达分枝以后，若继续沿基本平衡路径运动则平衡是不稳定的，将转移至分枝路径。分枝路径上，若荷载继续上升，称稳定的分枝屈曲；若荷载呈下降形式，则为不稳定的分枝屈曲。

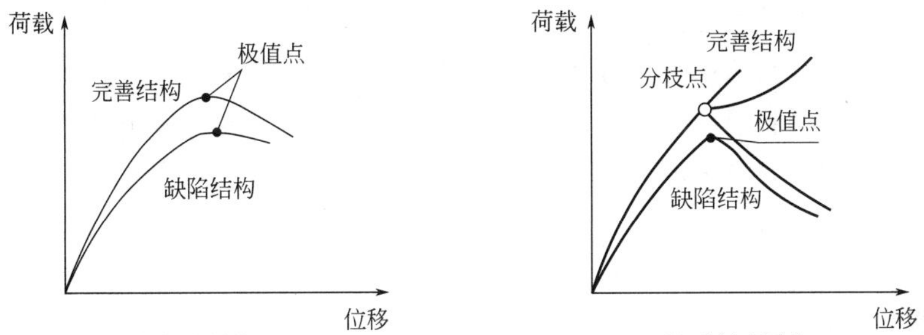

(a) 极值点屈曲　　(b) 分枝点屈曲

图 3-48　屈曲的类型

结构中的初始缺陷也对其稳定性有显著影响。初始缺陷的存在会显著降低结构的稳定承载力，同时，初始缺陷会使分枝屈曲问题转化为极限屈曲问题［图 3-48(b)］。只有理想的完善结构才可能发生分枝屈曲，实际结构总是存在初始缺陷的，其失稳就不再是分枝型的，而是表现为极值点失稳。另外值得指出的是，对于极值点屈曲，屈曲前后结构的变形形态是一致的，因此后屈曲路径的跟踪不需采取任何措施；而对于分枝点屈曲，屈曲前后的变形形态不一致，必须施加一定的扰动才能跟踪到分枝后的平衡路径。

3.6.1.2　失稳模态

网壳结构失稳后因产生大变形而形成的新的几何形状称为失稳模态。网壳结构的失稳模态与许多因素有关，如网壳类型、几何形状、荷载条件、边界条件、节点刚度等。常见的网壳失稳模态包括杆件失稳、点失稳、条状失稳和整体失稳（图 3-49），其中前两者属局部失稳，也有文献认为条状失稳属整体失稳的一种。

杆件失稳指网壳中只有单根杆件发生屈曲而结构的其余部分不受任何影响，这是网壳结构中常见，也是最简单的失稳形式。如果杆件屈曲后所有与失稳杆件直接相连的杆件仍能稳

(a) 杆件失稳　(b) 点失稳

(c) 条状失稳　(d) 整体失稳

图 3-49　网壳结构的失稳模态

定承载，则认为杆件的后屈曲行为是稳定的，柱子曲线可以直接应用。网壳的单根杆件失稳与杆件两端的约束条件有关，为简化设计，可近似以两端铰接的压杆进行分析。

点失稳是指网壳中的一个节点出现很大的几何变位、偏离平衡位置的失稳现象，这是网壳结构一种典型的局部失稳模态。点失稳往往在下述情况下出现：只有一个节点承受外荷载；某个节点比其相邻节点承受更大的外荷载；所有节点均匀加载，但某个节点存在明显的几何位置偏差（初始缺陷）。

条状失稳指沿网壳结构的某个方向出现一条失稳带，即该条上的节点出现很大几何变位的失稳现象。例如，圆柱面网壳中沿一条母线的所有节点及相连的杆件出现失稳，球面网壳中一圈环向节点及相应的杆件出现失稳。

整体失稳是指网壳结构的大部分发生很大的几何变位、偏离平衡位置的失稳现象。整体失稳前结构主要处于薄膜应力状态，失稳后整个结构由原来处于平衡状态的弹性变形转变为极大的几何变位，同时由薄膜应力状态转变为弯曲应力状态。这种形式的失稳与连续壳体的失稳比较类似。网壳的整体失稳往往呈波状，其波长则明显长于单根杆件的长度。值得指出的是，网壳结构的整体失稳往往是从某个节点或某根杆件的局部失稳开始的。

3.6.1.3　计算模型

与网壳结构的静力分析类似，网壳结构的稳定分析也可采用两类计算模型，即基于连续化假定的等代薄壳模型（拟壳法）和基于离散化假定的有限元模型。拟壳法将杆系组成的网壳结构等代为连续薄壳，然后借用连续薄壳稳定分析的经典方法和研究成果确定其稳定承载能力。在计算机分析技术广泛应用之前的很长时间里，拟壳法是网壳稳定分析的主要方法。但该方法具有明显的局限性。

(1) 拟壳法的关键在于结构的等代，即确定结构的等代刚度，但只有一些特定形式、特定拓扑的网壳才能确定其合理的等代刚度，对于无斜杆的肋环型网壳，这样两个方向上的网格不均匀的情形，将整个网壳等代成统一的等效刚度显然难以反映结构的实际情况。

(2) 等厚度的等代薄壳难以准确反映实际网壳在不同位置采用不同杆件的具体情况。

(3) 不能考虑网壳结构中单杆失稳或点失稳的情况。

(4) 薄壳结构的稳定承载力大多在均布荷载条件下求得，并不适用于承受非对称荷载和局部荷载的情况。

随着计算机的广泛应用和现代计算技术的不断发展，基于离散化假定的有限单元法成为结构稳定分析的有力工具。20 世纪 70 年代以来，各国学者针对网壳结构的稳定分析，在梁单元切线刚度矩阵、非线性平衡路径跟踪技术、初始缺陷的影响等诸多方面进行了卓有成效的研究工作。目前，利用计算机对大型网壳结构进行非线性稳定分析已经成为可能，许多大型通用有限元分析软件也提供了这样的功能。离散型的有限元模型比较符合网壳结构本身离散构造的特点，同时不受结构形式、结构拓扑、荷载条件、边界条件等的限制，因此具有更高的精度以及更好的适用性。

3.6.2　影响网壳结构稳定性的主要因素

导致网壳结构失稳的因素很多，了解影响网壳结构稳定性的因素，有助于在设计中采取有效措施避免失稳破坏的发生。研究表明，影响网壳结构稳定性的主要因素包括以下内容。

(1) 非线性效应

网壳结构主要通过薄膜内力承受外荷载，网壳在失稳前主要处于薄膜应力和薄膜变位状态，而失稳后失稳部位的网壳由原来的弹性变形转变为极大的几何变位，由薄膜应力状态转变为弯曲应力状态。因此，几何非线性效应的影响十分显著。同时，材料非线性也会影响网壳结构的稳定性。而两类非线性效应的影响程度与结构形式、结构跨度有关。从结构形式看，对单层网壳，几何非线性的影响非常大，材料非线性的影响则非常小。对双层平板网架，材料非线性的影响比几何非线性更为显著；而对于双层网壳，通常应同时考虑双重非线性的影响。从网壳结构的跨度看，几何非线性的影响随着跨度的增加而明显增大，材料非线性的影响则随跨度的减小而增大；对于中等跨度的网壳，两者的影响均应考虑，但通常认为几何非线性是主要因素，材料非线性则会进一步增加几何非线性的影响。

(2) 初始缺陷

网壳结构的初始缺陷包括：结构外形的几何偏差（即网壳安装完成后的节点位置与设计理想坐标的偏差）、杆件的初弯曲、杆件对节点的初偏心、由于残余应力等各种原因引起的初应力、杆件的材料不均匀性、外荷载作用点的偏心等。网壳结构对初始缺陷十分敏感，初始缺陷会明显降低结构的稳定承载能力。其中，结构外形的几何偏差是影响网壳结构整体稳定性的主要缺陷，因为在实际工程中，与杆件特性有关的如初弯曲、初应力、材料不均匀等初始缺陷在杆件截面设计中已有所考虑，并不会对结构的整体稳定性产生太大的影响。因此一般意义上讲，网壳结构的初始缺陷主要指节点的几何位置偏差。

(3) 曲面形状

网壳结构的曲面形状直接影响其稳定性，过于平坦的曲面容易引起失稳，双曲型的曲面优于单曲型的曲面，而具有负高斯曲率的双曲抛物面稳定性更好。《空间网格结构技术规程》要求对单层的球面网壳、圆柱面网壳和椭圆抛物面网壳（即双曲面扁壳）以及厚度较小的双层网壳进行稳定验算，而对双曲抛物面网壳（包括单层网壳）可不考虑稳定问题。

(4) 结构刚度

网壳的结构刚度与结构形状、结构拓扑、网格密度、杆件的截面特性和材料特性等多种因素有关。网壳的等效刚度可定义为$\sqrt{B_e D_e}$，其中 B_e 为等效薄膜刚度，D_e 为等效弯曲刚度。《空间网格结构技术规程》给出了常用网格形式网壳的等效刚度计算公式。结构刚度大的网壳对防止失稳是有利的。

(5) 节点刚度

节点刚度对网壳的结构性能影响很大，节点的嵌固作用对维持网壳的稳定性十分重要。节点通常假定为理想铰接或理想刚接两种情形，铰接节点假定通常是偏于安全的，结构分析中，在节点实际性质不明确的情况下可采用铰接假定。此外，网壳结构的加工制作均为工厂化，在节点设计中必须对节点刚度提出明确要求。《空间网格结构技术规程》规定，单层网壳应采用刚接节点，双层网壳可采用铰接节点。

(6) 荷载分布

大跨度网壳结构通常自重较轻，作用于结构的恒荷载相对较小，因此雪荷载、风荷载等非对称荷载显得尤为重要。但这类荷载的强度及其分布难以精确定义。非对称荷载是导致网壳结构失稳的因素之一，实际工程中几个网壳结构的倒塌均发生在不均匀的雪荷载下，前面提到的布加勒斯特展览大厅的坍塌就是一个典型的例子。

(7) 边界条件

网壳结构的边界支撑条件也是影响其稳定性的重要因素，研究表明边界条件不仅影响稳定承载力，也会影响失稳模态。边界条件包括支撑的数量（如周边支撑、点支撑），支撑的约束方向（如竖向、法向、切向等）以及支撑的约束刚度（如刚性、半刚性等）。例如，点支撑的网壳结构比周边支撑的网壳更容易失稳，而周边支撑的网壳通常比周边固支的网壳更容易失稳。

3.6.3 网壳结构稳定性分析的连续化方法

前面已经提到，在计算机广泛应用之前，基于连续化假定的拟壳法是网壳结构稳定分析的主要方法。即使在计算机分析技术不断完善的今天，采用计算机方法确定网壳结构的临界荷载仍然不那么容易，特别是从工程设计的实用角度来看远未普及。因此，采用连续化的等代薄壳模型从宏观上分析网壳的稳定性，仍具有相当的实用意义。

将杆系组成的网壳结构等代为连续薄壳以后，就可以应用连续薄壳的稳定分析理论来确定结构的临界荷载。下面先对壳体结构稳定理论的基本概念作简要介绍，然后给出已有的球面网壳的近似计算公式。

3.6.3.1 壳体稳定理论的基本概念

(1) 线性稳定理论

壳体结构的稳定分析理论包括线性理论（即小变形理论）和非线性理论（即大变形理论）。线性理论不考虑壳体在屈曲前的大变形，假定壳体变形远小于壳体厚度。采用线性理论确定壳体临界荷载的方法包括静力法和能量法。

壳体结构在失稳前主要处于薄膜状态，是稳定平衡的。而壳体失稳后失去原有形状，处于不稳定的平衡状态，同时由薄膜应力转变为弯曲应力状态。壳体从稳定的平衡状态转变为不稳定的平衡状态必然经过临界状态。壳体在荷载作用下有初始的薄膜应力、薄膜变位状态因屈曲而转入弯曲应力、弯曲变位状态，列出弯曲状态下壳体的平衡微分方程式，然后引入满足边界条件的位移表达式，可以求得不稳定荷载。在弯曲状态下求得的最小不稳定荷载就是临界荷载。这就是确定壳体临界荷载的静力法。

能量法求解壳体线性临界荷载的基本思路是：首先列出薄壳在不稳定平衡状态时的总势能表达式，包括壳体弯曲与扭转应变能、薄膜应变能以及外力势能等三部分，然后引入假设的满足边界条件的位移表达式并利用势能驻值原理，就可得到不稳定荷载的计算公式。其中最小的不稳定荷载就是临界荷载。应用线性理论求得的临界荷载为线性临界荷载。线性临界荷载往往会过高估计结构的承载能力，但经常被作为确定设计临界荷载的基础。

(2) 非线性稳定理论

静力法和能量法同样是利用非线性理论确定壳体临界荷载的两种方法。静力法求解壳体非线性临界荷载的基本概念与线性理论类似。当然非线性理论中考虑的几何条件应包括非线性项，即考虑高阶变形项，且应考虑壳体中面内初内力的影响。应用非线性理论的能量法也与线性理论类似，能量法的主要方法有伽辽金法和里兹法等。限于篇幅，这里对具体方法不作展开讨论，有兴趣的读者可参考薄壳稳定理论的有关专著。采用非线性稳定理论可求得壳体的下临界荷载。

3.6.3.2　基于拟壳法的球面网壳临界荷载计算公式

球面网壳的跳跃失稳是网壳结构失稳的典型例子，国内外学者利用连续球壳的非线性稳定理论分析了具有正三角形网格的球面网壳的稳定性，并分别给出了下列临界荷载的近似计算公式。国外学者提出的近似公式(3-137)～式(3-140) 均针对单层网壳，而式(3-141)、式(3-142) 是由我国学者提出的公式，分别考虑了单、双层网壳的情形。

(1) Wright 公式：

$$q_{cr}=0.377\frac{E}{R^2}t_m^{1/2}t_b^{3/2} \tag{3-137}$$

(2) Buchert 公式：

$$q_{cr}=0.365\frac{E}{R^2}t_m^{1/2}t_b^{3/2} \tag{3-138}$$

(3) DelPozo 公式：

$$q_{cr}=0.247\frac{E}{R^2}t_m^{1/2}t_b^{3/2} \tag{3-139}$$

(4) 半谷、坪井公式：

$$q_{cr}=0.294\frac{E}{R^2}t_m^{1/2}t_b^{3/2} \tag{3-140}$$

(5) 胡学仁公式：

$$q_{cr}=0.290\frac{E}{R^2}t_m^{1/2}t_b^{3/2}\text{（单层网壳）} \tag{3-141a}$$

$$q_{cr}=0.306\frac{E}{R^2}t_m^{1/2}t_b^{3/2}\text{（双层网壳）} \tag{3-141b}$$

(6) 董石麟、詹卫东公式：

$$q_{cr}=0.298\frac{E}{R^2}t_m^{1/2}t_b^{3/2}\text{（单层网壳）} \tag{3-142a}$$

$$q_{cr}=0.317\frac{E}{R^2}t_m^{1/2}t_b^{3/2}\text{（双层网壳）} \tag{3-142b}$$

以上各式中，E 为网壳材料的弹性模量；R 为球壳的曲率半径；t_m、t_b 分别为薄膜意义和弯曲意义上网壳的等代厚度。应当说明，上述公式在使用上有一定的局限性，它们适用于承受径向均布荷载，具有正三角形网格且网格比较密集、杆件截面比较均匀的球面网壳。尽管这些公式有相当的近似性，对于从宏观上估算球面网壳的临界荷载是十分有用的。

3.6.4　网壳结构稳定性分析的有限单元法

随着计算机的广泛应用和现代计算技术的不断发展，基于离散化假定的非线性有限单元法成为网壳结构稳定分析的主要方法。传统的线性特征根分析往往会过高估计结构的稳定承载能力，也无法了解结构的后屈曲性能。而结构的后屈曲性能与其初始缺陷敏感性密切相关，对于网壳这样对初始缺陷比较敏感的结构，其稳定承载能力往往由屈曲后性能决定。因此对网壳结构考虑非线性效应的全过程分析，即跟踪其非线性平衡路径是十分必要的。

(1) 非线性有限元基本方程

在非线性有限元分析中，任意时刻的平衡方程都可以写成如下形式：

$$F_{t+\Delta t}-N_{t+\Delta t}=0 \tag{3-143}$$

式中 $F_{t+\Delta t}$，$N_{t+\Delta t}$——$t+\Delta t$ 时刻外部所施加的节点荷载向量和相应的杆件节点内力向量。

假定荷载并不因为结构变形而影响其大小和方向，则可以根据能量原理，得到基本的非线性有限元增量迭代方程：

$$K_t\Delta U^{(i)}=F_{t+\Delta t}-N_{t+\Delta t}^{(i-1)} \tag{3-144}$$

$$\Delta U^{(i)}=U_{t+\Delta t}^{i}-U_{t+\Delta t}^{(i-1)}$$

式中 K_t——t 时刻结构的切线刚度矩阵；

$\Delta U^{(i)}$ ——当前位移的迭代增量。

分析中假定结构按比例加载，则式(3-144) 又可以写成：

$$K_t\Delta U^{(i)}=\lambda_{t+\Delta t}^{(i)}F-N_{t+\Delta t}^{(i-1)} \tag{3-145}$$

$$\lambda_{t+\Delta t}^{(i)}=\lambda_{t+\Delta t}^{(i-1)}+\Delta\lambda^{(i)}$$

式中 F——荷载分布向量；

$\lambda_{t+\Delta t}^{(i)}$——第 i 次迭代过程中的荷载比例系数；

$\Delta\lambda^{(i)}$ ——增量荷载系数。

(2) 单元切线刚度矩阵

① 基于有限元模型的非线性空间梁单元

在分析单层网壳结构时，网壳杆件总是用空间梁单元来模拟。考虑非线性等截面空间梁单元，单元应变由线性和非线性应变两部分组成，即：

$$\varepsilon=\varepsilon_{L}+\varepsilon_{NL} \tag{3-146}$$

考虑大位移情况下应变和位移的关系是非线性的，用单元应变的增量形式写出位移与应变的关系：

$$d\varepsilon=B\,du_{e}=(B_{L}+B_{NL})du_{e} \tag{3-147}$$

式中 B_{L}——线性应变的矩阵项；

B_{NL}——非线性应变项。

只考虑几何非线性，应力应变关系还是一般的线弹性关系，单元应力由存在于单元的初应力和当前增量过程中产生的应力增量两部分组成：

$$\sigma=D(\varepsilon-\varepsilon_{0})+\sigma_{0} \tag{3-148}$$

式中 D——材料的弹性矩阵；

ε_{0}——单元初应变向量；

σ_0——初应力向量。

由虚功原理可以得到增量形式的单元平稳方程：

$$d\Psi = \int dB^{T}\sigma dx + \int B^{T} d\sigma dx \tag{3-149}$$

利用式(3-148) 和式(3-149) 可得：

$$d\sigma = D d\varepsilon = DB du_{e} \tag{3-150}$$

并注意到 $dB = dB_{NL}$，所以：

$$d\Psi = \int dB_{NL}^{T}\sigma dx + \overline{K} du_{e} \tag{3-151}$$

这里

$$\overline{K} = \int B^{T} DB dx = K_{L} + K_{NL} \tag{3-152}$$

式中，K_L 表示通常的小变形刚度矩阵，即：

$$K_{L} = \int B_{L}^{T} DB_{L} dx \tag{3-153}$$

而 K_{NL} 则是由大变形所引起的，反映了由于大变形而产生的单元本身刚度矩阵的改变，称初位移矩阵或大位移矩阵，它可以写成：

$$K_{NL} = \int (B_{L}^{T} DB_{NL} + B_{NL}^{T} DB_{NL} + B_{NL}^{T} DB_{L}) dx \tag{3-154}$$

式(3-151) 中的第一项，一般可以写成：

$$\int dB_{NL}^{T}\sigma dx = K_{G} du_{e} \tag{3-155}$$

这里的 K_G 取决于当前的应力水平，反映了轴力对弯曲的影响，称为初应力矩阵或几何刚度矩阵。这样，式(3-151) 就可以写成：

$$d\Psi = K_{T} du_{e} = (K_{L} + K_{NL} + K_{G}) du_{e} \tag{3-156}$$

这里 K_T 就是单元的切线刚度矩阵，可以看出，它由单元的线性刚度矩阵、大位移矩阵和几何刚度矩阵组成，这三部分的矩阵均可通过积分得到显式表达式。限于篇幅，这里不具体给出，可参考有关文献。

② 非线性梁-柱单元

建立空间梁单元非线性基本方程时，对单元模式的选取除了基于非线性有限元理论的一般非线性空间梁元以外，还有一种是基于梁-柱理论的非线性梁-柱单元。用有限元法推导单元刚度矩阵时，为便于运算需要忽略应变函数中位移的一些高阶项，这样会使计算精度受到一定影响，同时位移模式中没有考虑弯曲变形使杆件长度发生微小改变的影响。而梁-柱理论直接通过平衡方程推导单元刚度矩阵，单元的内力、位移变量均为六个，力和位移的关系可用超越函数表示，推导中可以保留应变函数中位移的所有高阶项，精度较高。梁-柱理论最初用于平面框架的非线性分析，继而推广到空间框架。这方面的工作是由 Oran 开始的，他采用梁-柱理论并引入 Safan 的弯曲函数分别建立了平面、空间梁单元的切线刚度矩阵。Oran 的模型考虑了杆件弯曲对轴向作用的影响以及因弯曲变形而使杆件长度发生微小改变的因素，但它没有考虑杆件在两个主平面内弯曲变形的相互耦合，造成两个转角的不耦合，需要引入单元定向矩阵的概念说明非线性分析中转角不能采用线性叠加原理而带来的问题。Oran 模型梁-柱单元推导过程这里从略，下面给出切线刚度矩阵的具体形式：

$$k=\frac{EI}{l}\begin{bmatrix}\zeta_z C_{z1}+\dfrac{G_{z1}^2}{\pi^2 H} & \zeta_z C_{z1}+\dfrac{G_{z1}G_{z2}}{\pi^2 H} & 0 & 0 & 0 & \dfrac{G_{z1}}{Hl}\\ \zeta_z C_{z2}+\dfrac{G_{z1}G_{z2}}{\pi^2 H} & \zeta_z C_{z1}+\dfrac{G_{z2}^2}{\pi^2 H} & 0 & 0 & 0 & \dfrac{G_{z2}}{Hl}\\ 0 & 0 & \zeta_y C_{y1}+\dfrac{G_{y1}^2}{\pi^2 H} & \zeta_y C_{y2}+\dfrac{G_{y1}G_{y2}}{\pi^2 H} & 0 & \dfrac{G_{y1}}{Hl}\\ 0 & 0 & \zeta_y C_{y2}+\dfrac{G_{y1}G_{y2}}{\pi^2 H} & \zeta_y C_{y1}+\dfrac{G_{y2}^2}{\pi^2 H} & \ddots\ 0 & \dfrac{G_{y2}}{Hl}\\ 0 & 0 & 0 & 0 & \eta & 0\\ \dfrac{G_{z1}}{Hl} & \dfrac{G_{z2}}{Hl} & \dfrac{G_{y1}}{Hl} & \dfrac{G_{y2}}{Hl} & 0 & \dfrac{\pi^2}{Hl^2}\end{bmatrix} \tag{3-157}$$

其中

$$\zeta_n=\frac{I_n}{I}(n=y,z) \tag{3-158}$$

$$\eta=\frac{GJ}{EI} \tag{3-159}$$

$$G_{n1}=C'_{n1}\theta_{ni}+C'_{n2}\theta_{nj}(n=y,z) \tag{3-160}$$

$$G_{n2}=C'_{n2}\theta_{ni}+C'_{n2}\theta_{nj}(n=y,z) \tag{3-161}$$

$$H=\frac{\pi^2}{\lambda^2}+\sum_{n=y,z}\frac{1}{\zeta_n}[b'_{n1}(\theta_{ni}+\theta_{nj})^2+b'_{n2}(\theta_{ni}-\theta_{nj})^2] \tag{3-162}$$

式(3-157)～式(3-162) 中，C'_{n1}、C'_{n2}是稳定函数，b'_{n1}、b'_{n2}是弯曲函数。

需要指出的是，式(3-157) 给出的是相对位移的切线刚度矩阵，在结构分析时，常常要把单元的相对位移和节点力转化成单元的节点位移和节点力，经过转化后，得到单元在局部坐标系下的切线刚度矩阵，再经坐标变换得到整体坐标系下的单元刚度矩阵。

在上述 Oran 非线性梁-柱模型的基础上，国内外学者又相继进行了一些修正，如可考虑杆件在两个主平面内弯曲变形的相互耦合，并在网壳结构的非线性稳定分析中得到了成功的应用。

(3) 非线性平衡路径跟踪技术

对结构非线性平衡路径的跟踪具有相当的难度。在早期工作中，为计算平衡跟踪需要根据经验预先设置不同的荷载水平，而且临界点附近刚度矩阵病态或奇异会导致一般解法的失效，平衡跟踪只能跟踪到临界点之前。而目前所采用的自动增量/迭代过程主要涉及：荷载水平的确定，临界点判别准则与计算方法，越过临界点的方法以及后屈曲路径的跟踪方法。

在增量、迭代过程中，需要选择一个独立的参数作为控制参数，而荷载参数无疑是最广为选取的控制参数，并且在屈曲前的结构计算中十分有效。但由于临界点附近结构的刚度矩阵接近奇异，迭代收敛很慢，甚至根本就不收敛，因此荷载增量无法用于计算屈曲后的结构响应。关于结构屈曲后响应的跟踪方法，多年来各国学者进行了大量的研究工作，相继提出了一些很有价值的方法，如人工弹簧法、位移法、弧长法、能量平衡技术、功增量法、最小残余位移法等。应该说明的是，熟知的牛顿-拉弗逊法（Newton-Raphson Method，NRM）或修正的牛顿-拉弗逊法（mNRM）仍是一种基本的方法，各种不同的屈曲后跟踪方法都与之密切相关。

人工弹簧法是在结构中人为地加入一个线性弹簧，使处于突然失稳时的系统强化为正定系统，从而使奇异的刚度矩阵得以修正，这样就可以采用荷载增量法进行全过程分析。但该方法在应用上有许多局限性，特别是对于多自由度体系，在需要多个弹簧时这一方法就不适用了。

位移增量法选取 N 维位移向量中的某一分量作为已知量，而将荷载作为变量，用位移变化来控制荷载步长。Batoz 和 Dhatt 提出了采用两个位移向量的同时求解技术，可在迭代过程中保持刚度矩阵的对称性，这种方法可以非常有效地通过荷载极限点，但无法通过位移极限点。

弧长法是跟踪非线性平衡路径的一种有效方法。这一方法最初是由 Riks 和 Wempner 同时分别提出的，该方法将荷载系数和未知位移同时作为变量，引入一个包括荷载系数的约束方程，通过切面弧长来控制荷载步长。后来，Crisfield 和 Ramm 又对弧长法进行了修正和发展，用球面弧长替代切面弧长，并利用 Batoz 和 Dhatt 位移向量同时求解技术，得到了有效的柱面弧长法。Bathe 在他的自动求解技术中，在增量步自动选择时仍采用了球面弧长法，而在极限点附近引入了功的增量法，使极限点附近的求解更容易收敛。

下面结合非线性增量平衡的控制方程，对上述各种方法作进一步简要说明。在方程 (3-145) 中有未知量 $\Delta U^{(i)}$ 和 $\Delta\lambda^{(i)}$ 共 $N+1$ 个（N 为自由度数），但只有 N 个平稳平衡方程，因此尚需补充一个包含这些未知量的约束方程：

$$f[\Delta\lambda^{(i)},\Delta U^{(i)}]=0 \tag{3-163}$$

前面所介绍的各种不同的跟踪方法实际上都源于不同形式的约束方程，即式(3-163) 的不同演变形式。例如，只改变 λ 即为常见的荷载增量法，而只改变 U 的某个分量则是位移增量法。荷载增量法与位移增量法的约束方程可简单地分别写成：

$$\Delta\lambda F=\Delta P \tag{3-164}$$

$$\Delta U_q=\Delta D_q \tag{3-165}$$

式中 ΔP——每迭代的荷载增量；

ΔD_q——每迭代的某个位移增量。

反映在荷载-位移曲线［图 3-50(a)］上，这两种方法的物理意义非常简单，即分别通过控制纵坐标增量（荷载）和横坐标增量（位移）确定加载步长。

如果将 λ 和 U 的乘积作为变量则可以得到功增量法，此时的约束方程在第一次迭代时为：

$$\left[\lambda_t+\frac{1}{2}\Delta\lambda^{(1)}\right]F^{\mathrm{T}}\Delta U^{(1)}=\Delta W \tag{3-166a}$$

在以后的迭代过程中则为：

$$\left[\lambda_{t+\Delta t}^{(i-1)}+\frac{1}{2}\Delta\lambda^{(i)}\right]F^{\mathrm{T}}\Delta U^{(i)}=0 \quad (i=2,3) \tag{3-166b}$$

式中 ΔW——在迭代步中的功增量。

反映在荷载-位移曲线［图 3-50(b)］上，功增量法的物理意义就是用面积的增量确定加载步长。

如果将 λ 和 U 的平方和作为变量则可以得到各种类型的弧长法。式(3-167)、式(3-168) 分别为球面弧长法、柱面弧长法的约束方程：

$$[\Delta\lambda^{(i)}]^2+[U^{(i)}]^{\mathrm{T}}U^{(i)}=\Delta l^2 \tag{3-167}$$

$$[U^{(i)}]^{\mathrm{T}}U^{(i)}=\Delta l^2 \qquad (3\text{-}168)$$

$$U^{(i)}=U_{t+\Delta t}^{(i)}-U_t^{(i)}$$

式中　Δl——每次迭代的弧长增量。

如图 3-50(c) 所示，弧长法是通过曲线弧长的增量确定加载步长。由于弧长法的每步计算都沿曲线的弧线方向进行，通常比其他方法具有更强的适应性。

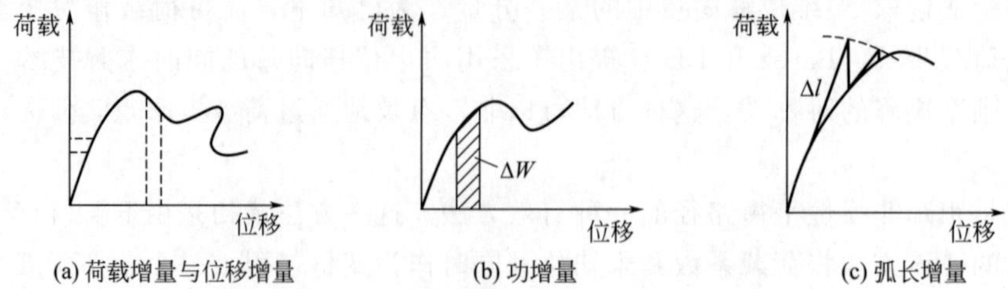

图 3-50　平衡路径跟踪中各种增量示意图

从实际应用角度讲，上述各种非线性平衡路径的跟踪方法均存在不同程度的局限性。一般说来，各种弧长法，特别是其中的柱面弧长法具有较强的适应性，是目前比较常用也是比较有效的方法，目前很多大型通用有限元软件也采用了这种方法。

3.6.5　网壳结构的稳定设计

《空间网格结构技术规程》(JGJ 7) 以强制性条文的形式明确规定，对单层的球面网壳、圆柱面网壳和椭圆抛物面网壳（即双曲扁壳）以及厚度较小的双层网壳均应进行稳定性计算。这里厚度较小的双层网壳指的是厚度小于以下范围：球面网壳的厚度为跨度（平面直径）的 1/60～1/30；圆柱面网壳的厚度为宽度的 1/50～1/20；椭圆抛物面网壳的厚度为短向跨度的 1/50～1/20。

3.6.5.1　《空间网格结构技术规程》(JGJ 7) 提供的实用计算公式

《空间网格结构技术规程》(JGJ 7) 给出了单层的球面网壳、圆柱面网壳和椭圆抛物面网壳的承载力实用计算公式。这些公式在形式上与拟壳法公式类似，以单层球面网壳为例，稳定承载力标准值 $[n_{ks}]$ 按下式计算：

$$[n_{ks}]=0.25\frac{\sqrt{B_{\mathrm{e}}D_{\mathrm{e}}}}{R^2} \qquad (3\text{-}169)$$

式中　B_{e}——网壳的等效薄膜刚度，kN/m；

D_{e}——网壳的等效抗弯刚度，kN・m；

R——球面的曲率半径，km。

《空间网格结构技术规程》(JGJ 7) 还给出了常用网壳形式的等效刚度 B_{e} 和 D_{e} 的计算公式。但应该说明的是，这些公式并不是连续化的理论公式，而是在较精确的有限元分析基础上对大规模参数分析结果进行回归得到的拟合公式，即结合不同类型的网壳结构，在其基本参数（几何参数、构造参数、荷载参数）的常规变化范围内，应用非线性有限单元法进行大规模的实际尺寸网壳的全过程分析，对所得结果进行统计分析与归纳，得出网壳结构稳定性的变化规律，最终用拟合方法提出网壳稳定性的实用计算公式。因此，尽管这些公式形式上十分简单，便于应用，却是建立在精确分析方法的基础上的。当然，鉴于网壳稳定问题的复杂性，简单的公式很难把实际现象完全概括进来，因而《空间网格结构技术规程》

(JGJ 7) 也对这些公式的应用范围做了一定的限制，如对球面网壳跨度应小于 45m。

3.6.5.2　特征根分析方法

在早期的结构分析中，常通过求解线性特征根问题得到结构的屈曲模态及相应的临界荷载。但线性分析方法与结构实际受力状况之间存在很大的差距。网壳结构表现出很强的几何非线性，又属缺陷敏感结构，线性分析方法往往会过高估计结构的稳定承载能力，结构设计中通过安全系数以保证结构的稳定承载。传统的薄壳结构设计（典型例子如轴压力作用下的钢圆柱薄壳）也采用了这样的途径，而其中安全系数的取值是建立在大量实验结果的基础之上的，但对于网壳结构，实验结果屈指可数，而其中安全系数的确定也就没有了依据，不得不加大安全系数以保证结构的安全。因此，采用特征根分析方法分析网壳结构的稳定性是不能令人满意的。当然，这一方法仍然具有实际意义，求得的临界荷载可作为确定设计临界荷载的基础，而屈曲模态往往作为初始缺陷的分布形式引入下一步的非线性全过程分析，见下面的具体讨论。

3.6.5.3　几何非线性全过程分析

采用考虑几何非线性的有限元方法进行荷载-位移全过程分析是网壳结构稳定分析的有效途径。通过跟踪网壳结构的非线性荷载-位移全过程响应，可以完整了解结构在整个加载过程中的强度、稳定性以至刚度的变化历程，从而合理确定其稳定承载能力。前面已经得到，对于网壳结构的稳定分析，在单元切线刚度矩阵、非线性平衡路径跟踪、几何初始缺陷影响等诸多方面的研究已比较成熟，完全有可能对实际的大型网壳结构进行考虑几何非线性的荷载-位移全过程分析。

(1) 初始缺陷

初始缺陷对网壳结构的稳定承载能力有较大的影响。网壳结构的初始缺陷主要指节点的几何位置偏差。对于一个已经建成的网壳结构，准确测量其各节点的空间几何位置并不十分困难，但显然只能用于已建网壳的稳定性评估。对于设计阶段的网壳结构，节点的实际位置是未知的，只能假定以一定形式分布、具有一定幅值的初始几何缺陷。网壳节点安装位置偏差沿壳面的分布是随机的，但研究表明，当初始几何缺陷按最低阶屈曲模态分布时，求得的稳定承载力是可能的最不利值。这也就是《空间网格结构技术规程》(JGJ 7) 推荐的方法。至于初始缺陷的幅值，理论上应采用施工中的容许最大安装偏差。但大量实例表明，当缺陷幅值达到跨度的 1/300 左右时，其影响往往才充分展现。从偏于安全的角度考虑，《空间网格结构技术规程》(JGJ 7) 规定按网壳跨度的 1/300 作为理论计算的缺陷幅值。

(2) 非对称荷载

非对称荷载是导致网壳结构失稳的因素之一，因此在分析中有必要考虑非对称荷载的影响。设网壳受恒载 g 和活载 q 作用，且其稳定性承载力以 $(g+q)$ 来衡量，大量实例分析表明，荷载的不对称分布（实际计算中取活载的半跨分布）对球面网壳的稳定性承载力并无不利影响；对四边支承的柱面网壳当其长度比不大于 1.2 时，活载的半跨分布对稳定承载力有一定影响；对椭圆抛物面网壳和两端支承的柱面网壳，这种影响则较大，应在计算中考虑。

(3) 安全系数

《空间网格结构技术规程》(JGJ 7) 规定，通过网壳结构的几何非线性全过程分析，并按上述方法考虑了初始缺陷、不利荷载分布等影响而求得的第一个临界点的荷载值，可作为该网壳的极限承载力。将极限承载力除以系数 K 后，即为按网壳稳定性确定的容许承载力(标准值)。《空间网格结构技术规程》(JGJ 7) 还规定了系数 K 可取为 5.0，该系数是一经验系数，确定时考虑以下因素：①荷载等外部作用和结构抗力的不确定性可能带来的不利影响；②计算中未考虑材料弹塑性可能带来的不利影响；③结构工作条件中的其他不利因素。

3.6.5.4 双重非线性全过程分析

在理论上，同时考虑几何、材料双重非线性的有限元分析方法无疑是完善的。目前也有一些研究进行了这方面的工作。但要在全过程分析中进一步考虑材料的塑性性能，方法就繁复得多，至少在目前，还不宜对大多数的实际工程提出这一要求。现有研究表明，材料弹塑性性能对网壳结构稳定承载力的影响随结构具体条件变化，尚无规律性的结果可循。因此，《空间网格结构技术规程》(JGJ 7) 把材料弹塑性的影响放在上面说明的安全系数 K 中考虑。当然，在有必要和可能时，应鼓励进行考虑双重非线性影响的全过程分析。

3.7 网壳结构的杆件设计与节点构造

3.7.1 网壳结构的杆件设计

3.7.1.1 杆件的截面形式、计算长度和容许长细比

网壳杆件的材料和截面形式与网架一样，主要有 Q235 钢和 Q355 钢，截面为圆管、由两个等肢角钢组成的 T 形、两个不等肢角钢组成的 T 形、单角钢、H 型钢，方管和矩形管等。网壳杆件的计算长度和容许长细比可按表 3-10～表 3-12 取用。

表 3-10 双层网壳杆件的计算长度 l_0

杆件	节点		
	螺栓球	焊接空心球	板节点
弦杆及支座腹杆	l	$0.9l$	l
腹杆	l	$0.9l$	$0.9l$

注：l 为杆件的几何长度（节点中心间距离）。

表 3-11 单层网壳杆件的计算长度 l_0

弯曲方向	节点	
	焊接空心球	毂节点
壳体平面内	$0.9l$	l
壳体平面外	$1.6l$	$1.9l$

注：l 为杆件的几何长度（节点中心间距离）。

表 3-12 网壳杆件的容许长细比 [λ]

网壳类别	受压杆件和压弯构件	受拉杆件和拉弯杆件	
		承受静力荷载	承受动力荷载
双层网壳	180	300	250
单层网壳	150	300	—

3.7.1.2　杆件设计

网壳的内力分析以后，可以根据杆件所受的最不利内力进行杆件截面设计。网壳杆件的受力一般有两种状态：一种为轴心受力；另一种为拉弯或压弯。

当网壳节点的力学模型为铰接且荷载都作用于节点时，杆件只承受轴向拉力或轴向压力。此时网壳结构的杆件截面设计同网架结构的杆件设计。

当网壳节点的力学模型为刚接时，网壳的杆件除承受轴力外，还承受弯矩作用。此时应按拉弯杆件或压弯杆件设计。

网壳一般不宜直接在杆件上加载，应将荷载直接作用在节点上，否则将使结构受力状态变得复杂，对网壳的稳定性十分不利。

(1) 拉弯与压弯杆件的强度验算

① 承受静力荷载或间接承受动力荷载时，按下式验算：

$$\frac{N}{A_{\mathrm{n}}}\pm\frac{M_x}{\gamma_x W_{\mathrm{n}x}}\pm\frac{M_y}{\gamma_y W_{\mathrm{n}y}}\leqslant f \tag{3-170}$$

式中　N，M_x，M_y——作用于杆件上的计算轴力和 x、y 主轴方向的弯矩；

A_{n}，$W_{\mathrm{n}x}$，$W_{\mathrm{n}y}$——杆件的截面净面积和 x、y 主轴方向的净截面抵抗矩；

γ_x，γ_y——x、y 主轴方向截面塑性发展系数，按表 3-13 取用。

② 直接承受动力荷载时，仍按上式计算，但取 $\gamma_x=\gamma_y=1.0$。

表 3-13　截面塑性发展系数 γ_x，γ_y

<table>
<tr><th>项次</th><th>截面形式</th><th>γ_x</th><th>γ_y</th></tr>
<tr><td>1</td><td>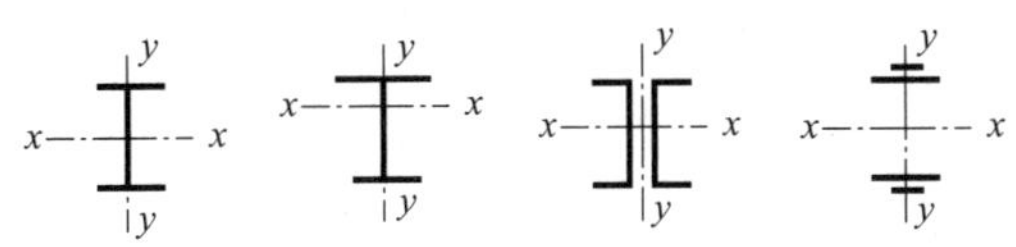</td><td rowspan="2">1.05</td><td>1.2</td></tr>
<tr><td>2</td><td>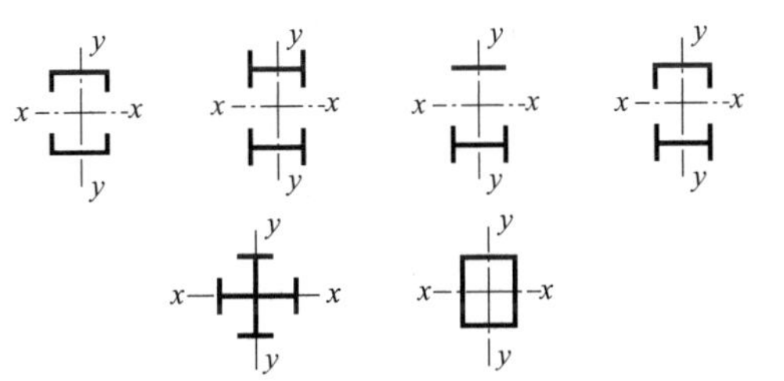</td><td>1.05</td></tr>
<tr><td>3</td><td>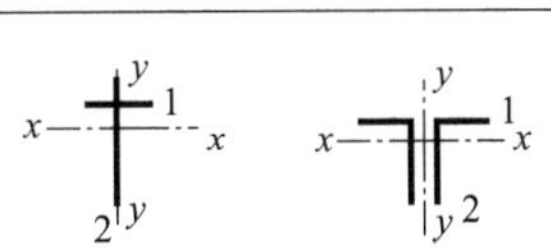</td><td rowspan="2">$\gamma_{x1}=1.05$
$\gamma_{x2}=1.2$</td><td>1.2</td></tr>
<tr><td>4</td><td>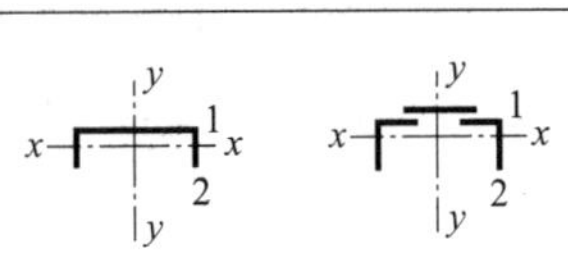</td><td>1.05</td></tr>
<tr><td>5</td><td>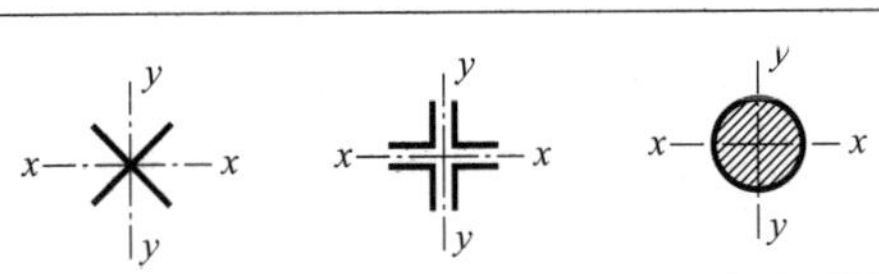</td><td>1.2</td><td>1.2</td></tr>
</table>

续表

项次	截面形式	γ_x	γ_y
6	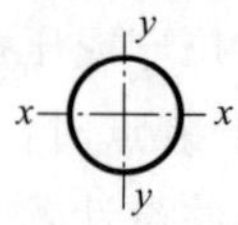	1.15	1.15
7	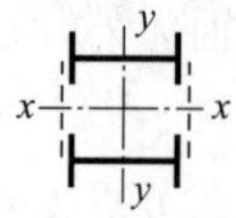 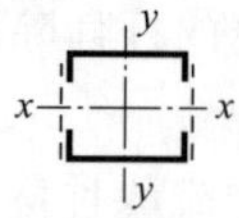	1.0	1.05
8	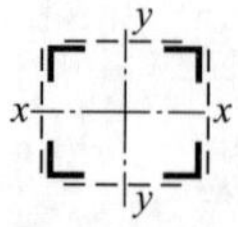 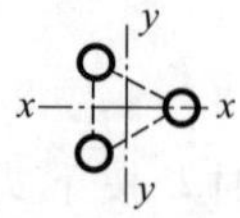		1.0

注：当压弯构件受压翼缘的自由外伸宽度与其厚度之比大于 13 $\sqrt{235/f_y}$ 而不超过《钢结构设计标准》（GB 50017）第 5.4.1 条的规定时，应取 $\gamma_x=1.0$。

(2) 压弯构件的稳定验算

双轴对称 I 字形和箱形截面的稳定验算按下式进行：

$$\frac{N}{\varphi_x A}+\frac{\beta_{mx}M_x}{\gamma_x W_{1x}\left(1-0.8\dfrac{N}{N_{Ex}}\right)}+\frac{\beta_{ty}M_y}{\varphi_{by}W_{1y}}\leqslant f \tag{3-171}$$

$$\frac{N}{\varphi_y A}+\frac{\beta_{tx}M_y}{\varphi_{bx}W_{1x}}+\frac{\beta_{my}M_y}{\gamma_y W_{1y}\left(1-0.8\dfrac{N}{N_{Ey}}\right)}\leqslant f \tag{3-172}$$

式中 φ_x，φ_y——对强轴 x—x 和弱轴 y—y 的轴心受压稳定系数。

φ_{bx}，φ_{by}——均匀弯曲的受弯构件整体稳定系数；对工字型截面，φ_{bx} 可按《钢结构设计标准》（GB 50017）确定，φ_{by} 可取 1.0；对箱型截面 $\varphi_{bx}=\varphi_{by}=1.4$。

N_{Ex}，N_{Ey}——欧拉临界力，$N_{Ex}=\dfrac{\pi^2EA}{\lambda_x^2}$，$N_{Ey}=\dfrac{\pi^2EA}{\lambda_y^2}$。

W_{1x}，W_{1y}——对强轴和弱轴的毛截面抵抗矩。

β_{mx}，β_{my}——等效弯矩系数，无横向荷载时，有 $\beta_{mx}=0.65+0.35\dfrac{M_{2x}}{M_{1x}}\geqslant 0.4$，$\beta_{my}=0.65+0.35\dfrac{M_{2y}}{M_{1y}}\geqslant 0.4$。

β_{tx}，β_{ty}——等效弯矩系数，取法同上，M_1 和 M_2 为端弯矩，使杆件产生同向曲率时取同号，使杆件产生反向曲率时，取异号，$|M_1|\geqslant|M_2|$。

3.7.2 网壳结构的节点构造与设计

当网壳的杆件采用圆管时，铰接节点一般采用螺栓球节点，刚接节点一般采用焊接空心球节点。当相交杆件不多时，刚接节点也可采用直接汇交节点。当杆件采用角钢组成的截面时，一般采用钢板节点。

3.7.2.1 内部节点

网壳结构的节点主要有焊接空心球节点、螺栓球节点和嵌入式节点等，其中用得最广泛的是前两种。网壳结构的螺栓球节点设计与网架结构完全相同。焊接空心球当直径为 120～900mm 时，其受压和受拉承载力设计值 N_R 可统一按式(3-173) 计算：

$$N_R=\left(0.32+0.6\frac{d}{D}\right)\eta_d \pi t d f \tag{3-173}$$

式中 D——空心球的外径，mm；

d——与空心球相连的圆管杆件的外径，mm；

t——空心球壁厚，mm；

f——钢材抗拉设计强度，N/mm^2；

η_d——加肋承载力提高系数，受压空心球加肋采用 1.4，受拉空心球加肋采用 1.1。

对于单层网壳结构，空心球承受压弯或拉弯的承载力设计值 N_m 可按式(3-174) 计算：

$$N_m=\eta_m N_R \tag{3-174}$$

式中 η_m——考虑空心球受压弯或拉弯作用的影响系数，可取 0.8。

当网壳结构内力分析采用空间梁单元时，对于焊接空心球的设计，作用在空心球上的杆件最大压力或拉力不得大于 N_m；当网壳结构内力分析采用空间杆单元时，对于焊接空心球的设计，作用在空心球上杆件的最大压力或拉力不得大于 N_R。

3.7.2.2 支座节点

网壳结构的支座节点设计应保证传力可靠、连接简单，并应符合计算假定。通常支座节点的形式有固定铰支座、弹性支座、刚性支座以及可以沿指定方向产生线位移的滚轴铰支座等。固定铰支座如图 3-51 所示，适用于仅要求传递轴向力与剪力的单层或双层网壳的支座节点。对于大跨度或点支承网壳可采用球铰支座［图 3-51(a)］；对于较大跨度、落地的网壳结构可采用双向弧形铰支座［图 3-51(c)］或双向板式橡胶支座［图 3-51(d)］。

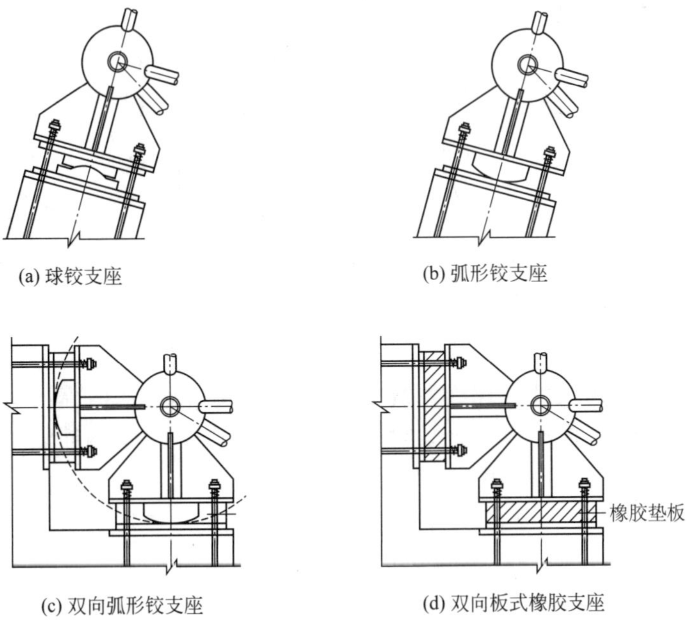

(a) 球铰支座　(b) 弧形铰支座

(c) 双向弧形铰支座　(d) 双向板式橡胶支座

图 3-51 固定铰支座

弹性支座如图 3-52 所示，可用于节点需在水平方向产生一定弹性变形且能转动的网壳支座节点。刚性支座如图 3-53 所示，可用于既能传递轴向力又要求传递弯矩和剪力的网壳支座节点。滚轴支座如图 3-54 所示，可用于能产生一定水平线位移的网壳支座节点。网壳支座节点的节点板、支承垫板和锚栓的设计计算和构造等可以参考网架结构的支座节点。

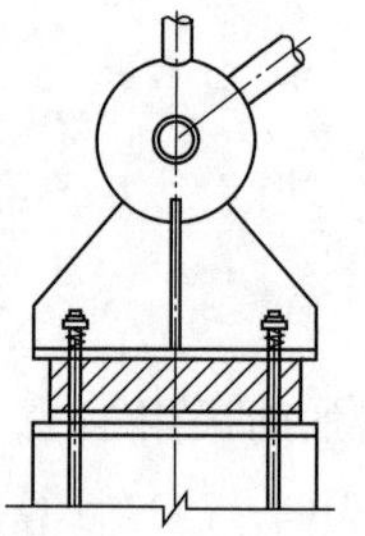

图 3-52 弹性支座

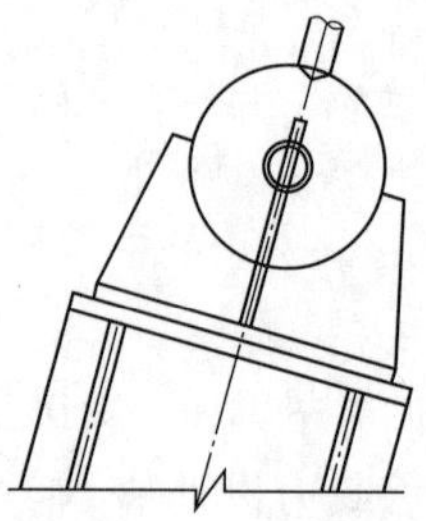

图 3-53 刚性支座

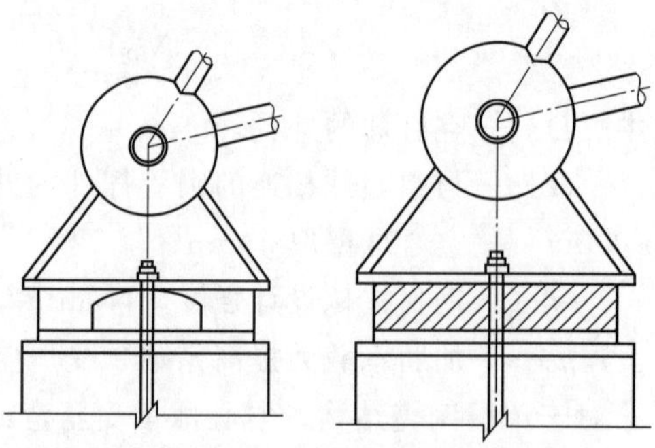

(a) 平板弧形铰支座　　(b) 橡胶垫板滑动支座

图 3-54 滚轴支座

3.8 网壳结构工程实例与点评

3.8.1 单层球面网壳工程实例

(1) 工程概况和设计资料

本工程为山西省某洗煤厂的原煤溢流贮煤场屋盖网壳结构。根据工艺及环保的要求，贮煤场建筑的平面为圆形，直径 47.2m，圆心处布置一个直径为 6.20m 的钢筋混凝土圆柱形落煤筒。工程的几何尺寸及布置情况，见平面、剖面简图（图 3-55）。

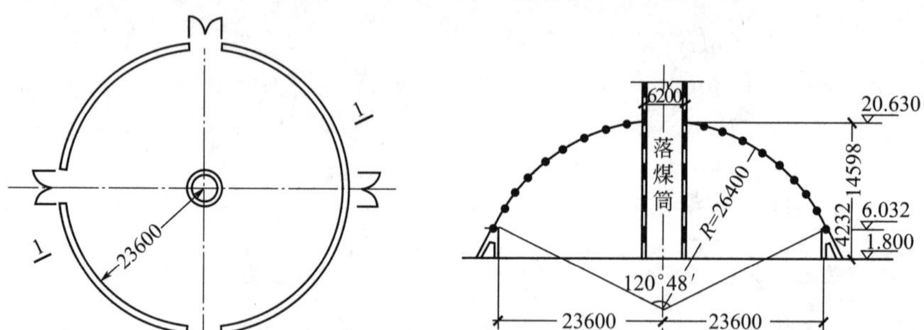

图 3-55 贮煤场平面、剖面简图

球面网壳结构的几何尺寸：球面网壳底平面直径 47.20m；网壳的球面直径 52.80m；矢高 14.598m；球面的中心角 120°48′。网壳的下部支承结构采用钢筋混凝土 A 字形柱，柱顶布置钢筋混凝土环梁；柱下采用钢筋混凝土单独基础。

(2) 设计荷载

永久荷载（标准值）：网壳自重 0.20kN/m^2，屋面板重 0.20kN/m^2；可变荷载：屋面均布活荷载 0.30kN/m^2；本地区基本雪压 0.15kN/m^2；基本风压 0.35kN/m^2；地震设防烈度为 6 度。

(3) 材料选用

结构杆件采用高频焊接钢管，钢材为 Q235。节点采用嵌入式节点，钢材为 35 号铸钢。屋面覆盖材料采用透光性能较好的环氧树脂玻璃钢屋面板，厚度 1mm。玻璃钢固定在用角钢焊成的骨架上，自重较轻，包括网壳自重在内，永久荷载标准值仅 $0.4kN/m^2$。

(4) 球面网壳的型式及网格划分

网壳的曲面形式及几何尺寸是在建筑方案时确定的。网壳的结构设计就是在此基础上进行网格类型的选择和网格几何尺寸的确定。

进行网格类型选择及网格大小的划分时，主要考虑网壳受力合理，充分发挥结构材料的力学性能，还有网格造型的美观。作为一个较好的结构形式，除考虑上述原则外，尚须考虑制作安装条件、与屋面覆盖材料的协调，以求得较好的技术经济效果。

球面网壳的网格类型很多，本工程结合贮煤场的具体情况确定选用联方型网格。其网格布置如图 3-56 所示。

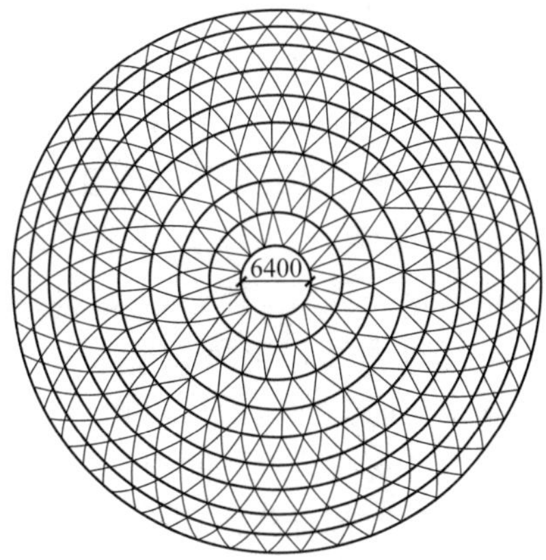

图 3-56　球面网壳网格布置

本工程选用联方型网格的理由如下。

① 贮煤场生产工艺要求在球面冠顶处留一个直径为 6.40m 的圆孔，以便穿过直径 6.20m 的钢筋混凝土落煤筒。从图中可以看出联方型网格的球面由数道纬向杆所分割，这样球面冠顶部的圆孔可以用一道完整的纬向杆封闭和加强。

② 联方型网格系由纬向杆和斜向杆组成，两道纬向杆之间斜向杆的长度一般是相等的。同一纬度上纬向杆长度也相等，因而杆件种类少，杆件分布简明清晰。

③ 节点种类较少，基本上是有几道纬向杆便有几种节点，便于制作与安装。

④ 网格规律性较强，造型美观。

网格的划分工作是在网格类型确定后，根据球面的几何尺寸、屋面材料等来决定网格的尺寸。确定网格尺寸主要考虑下述方面。首先，网格不宜过大，要考虑用直杆组成的球面仍不失球面的主要力学特征。不适当地增大网格尺寸，有可能完全丧失球面的力学特征。另一方面，网格的大小要与选用的屋面材料相适应。采用重屋面时，网格应小些，采用轻质屋面时，网格尺寸可适当增大。此外，还应考虑施工方案、吊装设备和工具的起重能力。网格的大小对网壳结构的力学性能和技术指标都有较大的影响。

除上述原则外，划分网格时尚应注意使网壳的网格大小尽量相等或接近，使网壳的杆件及节点的种类尽可能少。这不但有利于结构的制作和安装，且使结构的刚度比较均匀，对球面网壳的内力分布有利。联方型球面网壳网格尺寸的确定，一般是先大致确定两道纬向杆间斜向杆长度，再依次将球面划分出几道纬向杆，也就是先确定球面上要设置几道纬向杆。本工程依照上述原则共设置 10 道纬向杆（见图 3-57）。

第二步是要确定球面底边支座处第一道纬向杆的数量和长度。本工程将球面网壳底边的周长分为 48 等分，每根杆件的长度为 3087mm。此时，周边的支座节点数量也就可以确定；本网壳共设 48 个支座节点。

(5) 球面网壳节点空间坐标计算

（略）

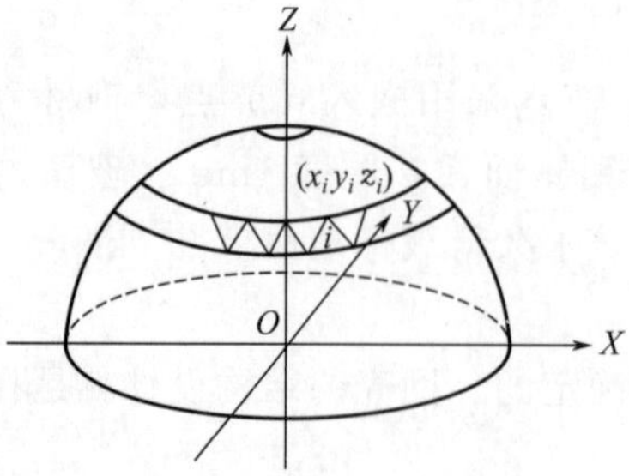

图 3-57　球面网壳上节点坐标

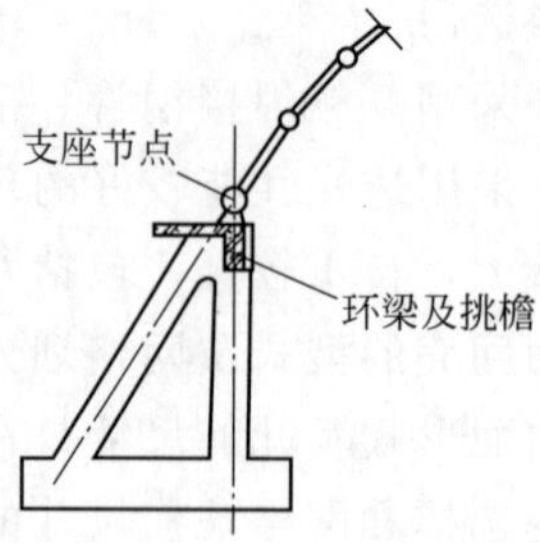

图 3-58　A 字形双肢柱

(6) 球面网壳的内力分析

本工程是采用有限单元法进行静力分析的。网壳节点的力学模型假定为刚性节点，网壳的杆件除承受轴向力外，尚承受弯矩、扭矩和剪力。除了实现支座节点本身的刚性外，对网壳的下部支承结构还采取了如下措施。

① 将直接支承网壳支座节点的钢筋混凝土梁，设计成断面较大的闭合钢筋混凝土环梁，并与挑檐板浇筑成整体，以提高闭合环梁的法向刚度。

② 支承环梁的钢筋混凝土柱，设计成带斜腿的 A 字形双肢柱，并使 A 字形柱的一肢斜腿的轴线与网壳支座的反力相重合，以便将支座反力直接传递给基础，如图 3-58 所示。将网壳周边各支座节点之间钢管相连，使支座节点与其下边的支承环梁形成一个刚度较大的环箍体系。在均布荷载作用下的内力如图 3-59。杆件截面设计、网壳稳定验算、节点设计、施工图（略）。

图 3-59　网壳内力图（轴力，单位：kN）

3.8.2　双层球面网壳实例

(1) 工程概况

本工程为某家具市场核心交易厅屋顶结构，该工程根据建筑功能要求采用钢结构体系房屋，周边环形空间采用钢结构屋架体系，中间 50m 直径的核心交易厅采用半球形双层球面网壳，既满足了平面功能的要求，也极大地丰富了建筑立面效果。从受力的角度分析，周边的环形结构体系恰好为球面网壳的可靠支撑，使得网壳结构的水平支座反力得以平衡，各构件能够均衡地承受各种类型的荷载。根据以上情况，本实例对中间 50m 直径的双层球面网壳进行了综合优化设计，选择合理的结构形式、网壳厚度、网格数、矢跨比及杆件截面面积等，满足了工程要求，在规范规定的条件下使结构最轻，降低了工程造价。结构杆件采用高频焊接钢管，钢材为 Q235。屋面覆盖材料采用透光性能较好的环氧树脂玻璃钢屋面板，厚度 1mm。玻璃钢固定在用角钢焊成的骨架上。

(2) 球面网壳的型式及网格划分

本工程直径为 50m，跨度较大，且有安装照明设备及空调设备等要求，因此，采用双层球面网壳。考虑到本工程不设置建筑吊顶，且总体上形成同心圆的辐射效果，采用了等厚度肋环型四角锥双层球面网壳。同时，根据建筑造型要求，该球面网壳取为半球，即矢高为球半径。网壳结构的平面如图 3-60 所示，剖面如图 3-61 所示。

(3) 内力分析

本工程网壳结构在特定的跨度及荷载作用下，选取网壳厚度、网格数、矢跨比及杆件截面面积等作为设计变量，以网壳造价最低为目标函数，以强度、刚度、稳定性作为约束条件，对网壳结构进行了综合优化设计，对网壳的分格采用整数循环的方法，截面设计采用满应力设计法，并编制了相应的计算程序。在程序设计中考虑到杆件选型，采用整体迭代的方法，使得内力与杆件截面相协调。计算结果表明，采用本方法可以在同样安全储备下节约钢材，或采用相同的用钢量的前提下，提高结构的可靠度。这主要是合理布置杆件，使其内力均匀合理，从而实现优化设计。

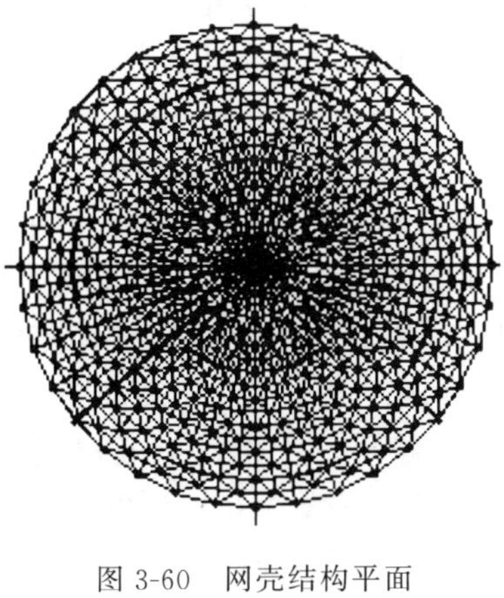

图 3-60　网壳结构平面

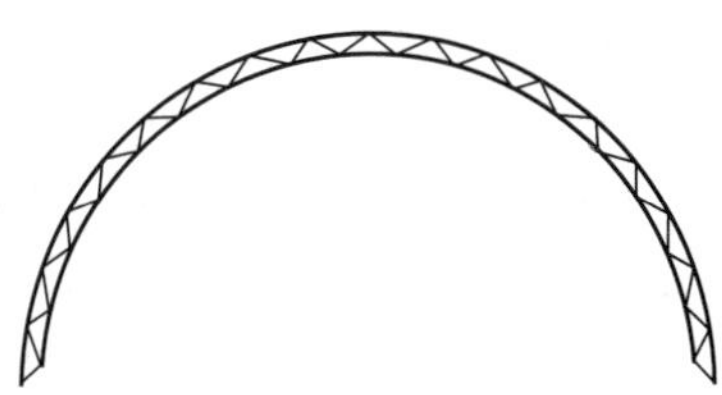

图 3-61　网壳结构剖面

(4) 节点设计与构造

本工程网壳结构一般节点采用焊接球节点，节点设计参照《空间网格结构技术规程》(JGJ 7) 的要求。考虑顶部会交的杆件过多，采用环板节点。参见图 3-62。

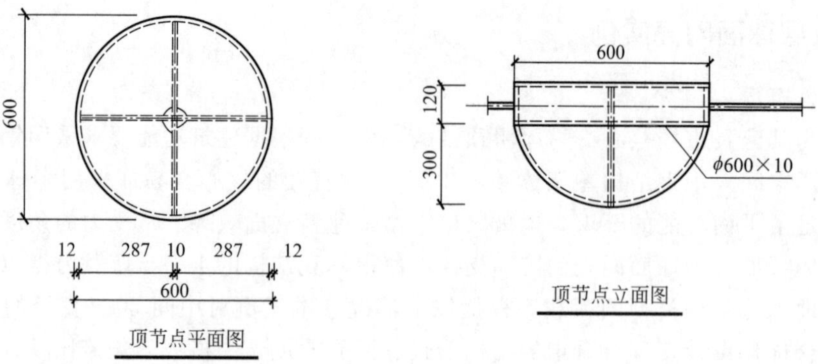

图 3-62 球面网壳顶部环形空心节点构造

(5) 工程点评

本工程根据建筑外形上形成同心圆的辐射效果，采用了等厚度肋环型四角锥双层球面网壳，故在顶点处形成了一个多杆相交的特殊节点，若按常规设计，该处的球节点体积过大，该节点便不能按常规公式计算，构造上也难以实现。本次设计采用环形空心节点解决了这一问题。按计算模型充分考虑本节点与相邻杆件的连接作用，同时，为了增加钢环的平面内刚度，在钢环的上下边缘加设钢板，基本上控制了节点钢环的变形，实现了实际构造尽量与计算模型一致。

3.8.3 异型网壳工程实例

人们对建筑欣赏品位的日渐提高，建筑功能和建筑造型日趋多样化，这使得仿生学与建筑结合得越来越紧密，这又对网壳等空间结构的发展起了良好的促进作用。本工程为混凝土筒体与一个异形网壳的结合，目前设计单位所用结构计算软件（如 PKPM）能够实现对筒体结构的计算，用空间结构计算软件能够实现对网壳的计算，但整体分析网壳与筒体间的相互作用就显得很困难，对这种复杂的组合结构进行整体分析十分有必要。本项目根据甘肃省建筑科学研究院提供的原始数据，以及对造型的基本要求，依据现行规范，利用通用有限元软件 ANSYS 对结构进行了整体建模并进行了静力分析和抗震性能分析，得出了结构的自振频率、基底剪力以及筒体与网壳间的相互作用力，为分项工程设计提供了有价值的数据并实现了多软件校核。

(1) 工程概况

嘉峪关气象塔是由中国气象局和嘉峪关市建设局联合兴建的气象雷达站，位于嘉峪关东湖景区内。气象塔总建筑面积为 5278.75m^2，由裙楼和塔楼组成。气象塔地下共两层（含箱基），其中地下一层层高 5.20m，主要为设备配套用房，地下二层为箱形基础兼戊类库房，层高 3.2m。地上一、二层裙楼部分为科普展览大厅、休闲及办公区，层高均为 5.20m；三层局部裙房为休闲区，层高 3.20m；四～十三层为检修层，十四、十五层塔楼（标高 65.60m、70.80m）为层高 5.20m 的观光层；十六层（标高 76.00m）为电梯机房，层高 3.30m；标高 79.30m 以上为雷达工作站机房及雷达天线平台，雷达平台标高 85.90m，天线罩底座标高为 87.10m。塔身为现浇钢筋混凝土筒体，裙楼为框架结构，裙楼顶塔身外部为钢管网壳“海豚”造型（标高 14.400m 以上）。通过海豚造型巧妙地将雷达罩球体融入建筑造型之中，象征茫茫戈壁之中冉冉升起一颗明珠［见图 3-7(a)］。该工程外部造型为单层海豚形网壳，建模复杂，体形极不规则；异形网壳高度大，胸鳍和背鳍悬挑长度大；网壳通过拉杆与核心筒体相连，并保证平面外稳定，自重落在14.4m处的转换层上。整体结构体系复杂，属于体形复杂超限结构。

(2) 计算模型及构件截面选择

海豚形网壳是该工程模型建立的难点，既要满足建筑上美观大方，又要结构上传力合理。ANSYS自身具有强大的建模功能和丰富的单元库，本工程模型全部在ANSYS中建立，涉及杆单元、梁单元、面单元，利用ANSYS自带的APDL语言编写的命令流文件能够方便地实现对构件截面尺寸的控制。该工程的体型复杂，在ANSYS中，将钢筋混凝土部分与钢结构部分一并建模、计算分析，网壳底部固结在裙楼三层顶部的环梁之上，同时网壳部分与主体塔楼由设在不同位置的拉杆相连，以此保证网壳的平面外稳定，拉杆仅约束网壳与塔楼之间的水平相对位移和转动，不承担竖向荷载及竖向相对位移的传递，网壳的竖向荷载完全由底座环梁承担。计算过程假设：①模型从±0建起，未考虑地下室部分，认为±0处为刚接；②筒体顶部雷达罩不再进行建模，考虑它的高度影响，按照等效质量的方法将其质量分布到承台板上，并使其重心位置只发生竖直方向的变化。

(3) 结构固有特性分析

应用ANSYS提取了整体结构的前20阶频率，该结构刚度较大，结构基本周期为1.13s，如表3-14所示。图3-63为结构前4阶振型图，第1阶振型为x向平动，第2阶振型为y向平动，作为结构主体部分的筒体形状趋于圆柱形，所以第一周期与第二周期比较接近，第3阶振型为绕z轴的扭转振型，以转动为主的第3自振周期T_3与以平动为主的第1自振周期T_1的比值$T_3/T_1=0.301/1.126=0.267<0.85$，说明该结构具有足够的抗扭刚度。第4阶振型为$x$方向的整体平动，第5阶振型后以网壳胸鳍的摆动为主，在设计时对胸鳍部位进行了刚度弱化，使其即使遭到破坏，也不至于影响主体网壳结构。

表3-14 整体结构前20阶周期 单位：s

阶数	1	2	3	4	5	6	7	8	9	10
周期	1.126	0.935	0.301	0.250	0.215	0.213	0.210	0.208	0.194	0.191
阶数	11	12	13	14	15	16	17	18	19	20
周期	0.191	0.174	0.165	0.149	0.147	0.138	0.137	0.134	0.130	0.125

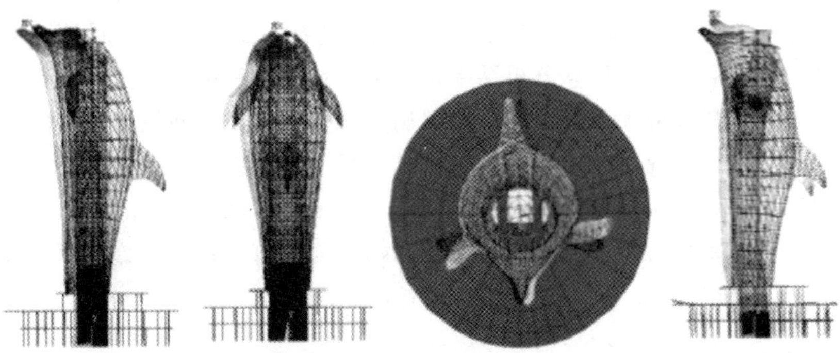

第1阶 第2阶 第3阶 第4阶

图3-63 整体结构前4阶振型

从图3-64周期对比和频率对比可以看出，整体结构与单筒结构的自振周期基本一致，这说明结构的整体工作性能比较好，在第5周期之后整体结构的周期偏小，这在一定程度上表现出了网壳结构频率密集的特点，在实际设计中应该增加网壳与筒体间的拉杆以保证网壳的平面外稳定，以及网壳与主结构的整体工作性能。

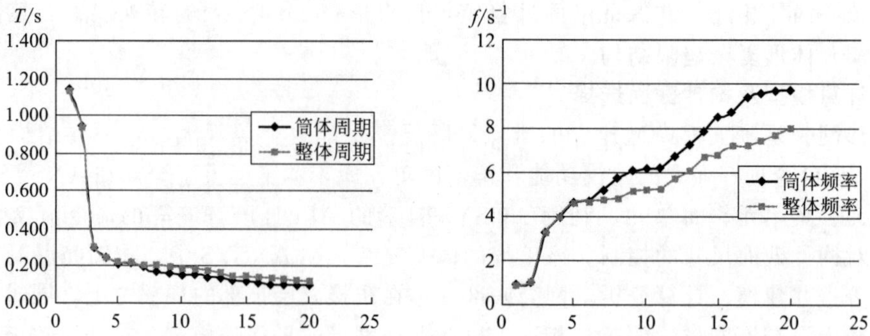

(a) 周期对比图　(b) 频率对比图

图 3-64　周期、频率对比图

(4) 整体结构计算结果

本结构高度 $H<100\text{m}$，7 度Ⅰ类场地，抗震设计规范要求应采用振型分解反应谱法进行地震作用计算，由于结构复杂，提取了前 20 阶振型并考虑扭转耦联进行地震作用验算，根据抗震规范选用 $\alpha_{\max}=0.12$，特征周期 $T_g=0.25\text{s}$。ANSYS 计算过程中加速度激励方向分别为 X 向、Z 向以及 45°方向和 Y 向，考虑各种荷载组合。通过计算，海豚网壳的腹部杆件以受压为主，背部杆件以受拉为主，最大值均发生在支座处，顶部位移为整体高度的 1/1340，筒体顶部侧移为整体高度的 1/1450。该工程受风荷载影响大，网壳自重由于靠自身向下传递使得底部杆件压力很大，同时也承受很大的剪力，连接网壳和塔身并使其协同工作的钢拉杆所受压力很大，要特别重视受压构件稳定性以及整体结构的稳定性，胸鳍与主体网壳连接处有应力集中现象，应做好加强措施。网壳最大轴拉力为 45kN，最大轴力－219kN，顶位移 67.3mm，背鳍位移－12mm，胸鳍位移 8mm。筒体基底反力 $F_x=-1.34\times10^3\text{kN}$，$F_y=1.11\times10^8\text{kN}$，$F_z=6.33\times10^6\text{kN}$，$M_x=7.68\times10^6\text{kN}\cdot\text{m}$，$M_y=8.43\times10^3\text{kN}\cdot\text{m}$，$M_z=1.07\times10^5\text{kN}\cdot\text{m}$。

(5) 点评

本文利用 ANSYS 强大的参数化建模功能对嘉峪关气象塔复杂结构进行了整体建模，并结合自编软件以及 MST 对网壳杆件截面进行了优化选择，最后针对不同的荷载工况进行了整体结构计算分析。通过以上计算分析结果，基本周期在合理范围内，同时也满足雷达设备的要求；楼层剪力系数及最大弹性层间位移角满足规范要求，竖向抗侧力构件连续，主要结构构件基本无超筋超限，说明采用裙房及筒体结构体系合理，主要结构构件截面选择合适；钢梁应力控制以及稳定性均满足规范要求。同时通过采用多软件复核分析，整体结构的位移与内力均满足要求。异形网壳自重轻，对整体结构的周期贡献较小，整体结构周期与单筒结构的前 6 阶周期相差不到 2%。

思考题

1. 简述网壳结构的受力特点。
2. 比较网壳结构与网架结构的简化计算模型与计算方法的区别？
3. 简述网壳结构的矢跨比对结构受力的影响。
4. 简述网壳结构与网架结构杆件设计的区别。

第 4 章
悬索结构与膜结构

4.1 悬索结构的概念

悬索结构由受拉索、边缘构件和下部支承构件组成，如图 4-1 所示。拉索按一定的规律布置可形成各种不同的体系，边缘构件和下部支承构件的布置必须与拉索的形式相协调，以有效地承受或传递拉索的拉力。拉索一般采用由高强钢丝组成的钢绞线、钢丝绳或钢丝束，边缘构件和下部支承构件则常常为钢筋混凝土结构。

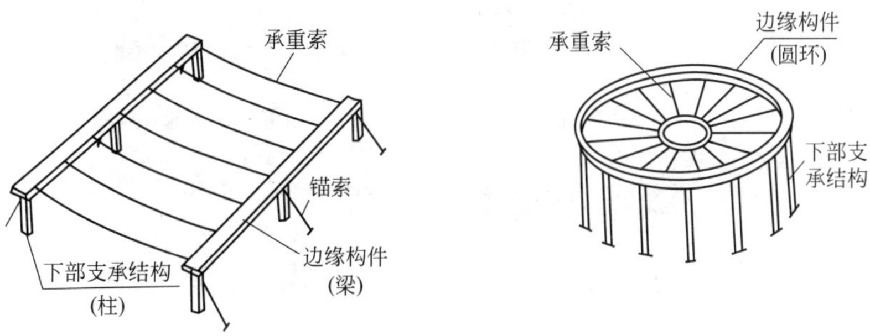

图 4-1　悬索结构的组成

悬索结构有着悠久的历史。它最早应用于桥梁工程中，我国人民早在 1000 年以前已经用竹索或铁链建造悬索桥。如建于 1696—1705 年的四川泸定桥，为跨越大渡河的铁索桥，单孔净跨 100m，宽 2.8m，由 13 根索链组成，是一座历史悠久的古桥。近代的悬索桥采用钢丝作缆索，如 1937 年美国加利福尼亚州的金门大桥，主跨达 1280m。我国的江阴长江公路大桥，跨度 1385m，也采用悬索结构。在房屋建筑中，蒙古包、游牧民族的帐篷等可以看成是悬索结构的雏形。而现代大跨度悬索屋盖结构的广泛应用，只有半个世纪的历史。世界上第一座现代悬索屋盖是美国于 1953 年建成的雷里竞技馆（Raleigh Arena），采用以两个斜置的抛物线拱为边缘构件的马鞍形正交索网。目前，在美国、欧洲、日本、俄罗斯等国家和地区已建造了不少有代表性的悬索屋盖，主要用于飞机库、体育馆、展览馆、杂技场等大跨度公共建筑和某些大跨度工业厂房中，跨度最大达 160m。日本建于 20 世纪 60 年代的代代木体育馆采用柔性悬索结构，它脱离了传统的结构和造型，被认为是技术进步的象征（图 4-2）。1983 年建成的加拿大卡尔加里体育馆采用双曲抛物面索网屋盖，其圆形平面直径 135m，它是 1988 年冬季奥运会修建的，外形极为美观，如图 4-3 所示。我国在 1961 年建成的北京工人体育馆和 1967 年建成的浙江人民体育馆，代表了我国 20 世纪 60 年代在悬索结构方面的成就，达到了当时国际上较先进的水平。在以后的几十年间，相继建成了成都城北体育馆、吉林滑冰场、安徽省体育馆、丹东体育馆、亚运会朝阳体育馆等建筑，采用了各种形式的悬索屋盖结构，积累了一定的经验。

(a) 近景图　　(b) 远景图

图 4-2　日本代代木体育馆

图 4-3　加拿大卡尔加里体育馆

悬索结构具有以下特点。

(1) 悬索结构通过索的轴向受拉来抵抗外荷载的作用，可以充分地利用钢材的强度。索一般采用高强度材料制成，可大大减少材料用量并减轻结构自重。因而，悬索结构适用于大跨度的建筑物，如体育馆、展览馆等。

(2) 悬索结构便于建筑造型，容易适应各种建筑平面，因而能较自由地满足各种建筑功能和表达形式的要求。钢索线条柔和，便于协调，有利于创作各种新颖的富有动感的建筑体型。

(3) 悬索结构施工快捷。钢索自重很小，屋面构件一般也较轻，安装屋盖时不需要大型起重设备。施工时不需要大量脚手架，也不需要模板。因而，与其他结构形式相比较，施工费用相对较低。

(4) 可以创造具有良好物理性能的建筑空间。双曲下凹碟形悬索屋盖具有极好的声学效果，因而可以用于对声学要求较高的公共建筑。悬索屋盖对室内采光也极易处理，故也可用于对采光要求高的建筑物。

(5) 悬索屋盖结构的稳定性较差。单根的悬索是一种几何可变结构，其平衡形式随荷载分布方式而变，特别是当荷载作用方向与垂度方向相反时，悬索就丧失了承载能力。因此，常常需要附加布置一些索系或结构来提高屋盖结构的稳定性。

(6) 悬索结构的边缘构件和下部支承必须具有一定的刚度和合理的形式，以承受索端巨大的水平拉力。因此悬索体系的支承结构往往需要耗费较多的材料，无论是设计成钢筋混凝土结构还是钢结构，其用钢量均超过钢索部分。当跨度小时，由于钢索锚固构造和支座结构的处理与跨度大时一样复杂，往往并不经济。

4.2　悬索结构的受力与变形特点

单根悬索的受力与拱的受力有相似之处，都是属于轴心受力构件，但拱属于轴心受压构件，对于抗压性能较好的砖、石和混凝土来讲，拱是一种合理的结构形式。悬索则是轴心受拉构件，对于抗拉性能好的钢材来讲，悬索是一种理想的结构形式。

4.2.1　索的支座反力

单跨悬索结构的计算简图如图 4-4(a) 所示。由于钢拉索是柔性的，不能受弯，因此，索端可认为是不动铰支座。在竖向均布荷载作用下，悬索呈抛物线形，跨中的下垂度为 f，计算跨度为 l。

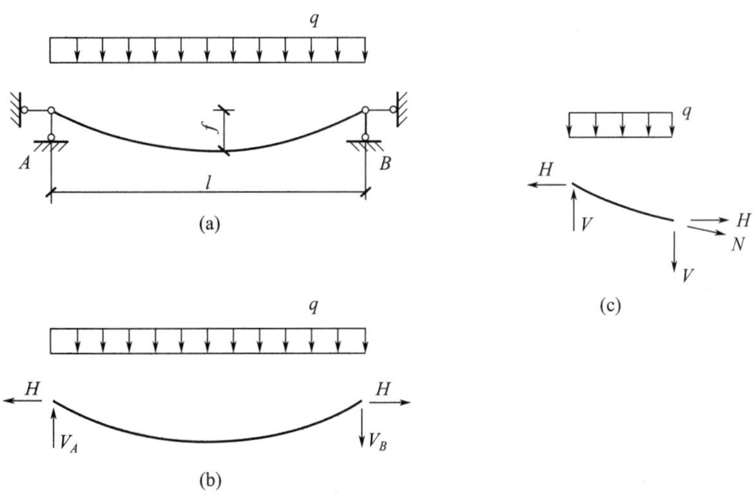

图 4-4　悬索结构的受力分析

如图 4-4(b) 所示，在沿跨度方向分布的竖向均布荷载 q 作用下，根据力的平衡法则，$\Sigma Y=0$，支座的竖向反力为：

$$V_A=V_B=\frac{1}{2}ql \tag{4-1}$$

由于索中任一截面的弯矩均为零，以跨中（$\frac{1}{2}l$ 处）截面为矩心，则有：

$$\frac{1}{8}ql^2-Hf=0 \tag{4-2a}$$

$$H=\frac{ql^2}{8f}=\frac{M_0}{f} \tag{4-2b}$$

或

$$f=\frac{M_0}{H} \tag{4-3}$$

$$M_0=\frac{1}{8}ql^2$$

式中 M_0——与悬索结构跨度和荷载均相同的简支梁的跨中弯矩。

由式(4-3) 可知，在竖向荷载作用下，悬索支座受到水平拉力的作用，该水平拉力的大小等于相同跨度简支梁在相同荷载作用下的跨中弯矩除以悬索的垂度。亦即当荷载及跨度一定时（即 M_0 一定时），H 值的大小与索的下垂度 f 成反比。f 越小，H 越大；f 接近 0 时，H 趋于无穷大。因此找出合理的垂度，处理好拉索水平力的传递和平衡是结构设计中要解决的重要问题，在结构布置中应予足够的重视。由式(4-2b) 还可以看出，悬索支座水平拉力 H 与跨度 l 的平方成正比。

4.2.2 索的拉力

将索在计算截面处切断，代之以索的拉力 N，N 沿索的切线方向，与水平线夹角为 α，如图 4-4(c) 所示，根据力的平衡条件 $\sum X=0$，可得

$$N\cos\alpha=H$$

$$N=\frac{H}{\cos\alpha} \tag{4-4}$$

当索的方程确定以后，按式(4-4) 即可求出索的各个截面内的轴力。由上式可以看出，索内的轴力在支座截面处（此时 α 值最大）为最大，在跨中截面（$\alpha=0°$）处为最小，最小轴力为

$$N=\frac{ql^2}{8f} \tag{4-5}$$

由此可知，索的拉力与跨度 l 的平方成正比，与垂度 f 成反比。

4.2.3 悬索的变形

悬索是一个轴心受拉构件，既无弯矩也无剪力。由于索本身是柔性构件，其抗弯刚度可以忽略不计，因此索的形状会随荷载的不同而改变。悬索结构在外荷载条件下，尽管应变很小，但结构会产生较大的位移。

悬索在各种不同外力作用下的形状如图 4-5 所示。当悬索承受单个集中荷载作用时，就形成三角形［图 4-5(a)］；当承受多个集中荷载作用时，就形成索多边形［图 4-5(c)］；当索仅承受自重作用时，处于自然悬垂状态，为悬链线［图 4-5(d)］，而当索承受均布竖向荷载时，则形成抛物线［图 4-5(e)］；当竖向荷载自跨中向两侧增加时，则形成椭圆［图 4-5(f)］。

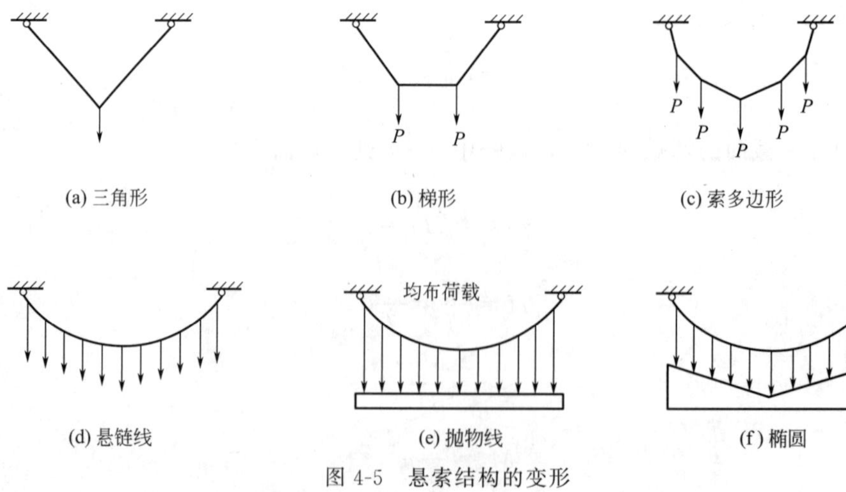

(a) 三角形　(b) 梯形　(c) 索多边形

(d) 悬链线　(e) 抛物线　(f) 椭圆

图 4-5　悬索结构的变形

4.3　悬索结构的形式

悬索屋盖结构按屋面几何形式的不同，可分为单曲面和双曲面两类；根据拉索布置方式的不同，可分为单层悬索体系、双层悬索体系和交叉索网体系三类。

4.3.1　单层悬索体系

单层悬索体系的优点是传力明确，构造简单；缺点是屋面稳定性差，抗风（上吸力）能力弱。为此，常采用重屋面用于中小跨度建筑的屋盖。单层悬索体系有单曲面单层拉索体系和双曲面单层拉索体系。

4.3.1.1　单曲面单层拉索体系

单曲面单层拉索体系也称单层平行索系。它由许多平行的单根拉索组成。当平面为矩形或多边形时，可将拉索平行布置成单曲下凹屋面（如图 4-6 所示）。拉索两端的支点可以是等高的，也可以是不等高的；拉索可以是单跨的，也可以是多跨连续的。单曲面单层拉索体系的优点是传力明确，构造简单；缺点是屋面稳定性差，抗风（上吸力）能力小，索的水平拉力不能在上部结构实现自平衡，必须通过适当的形式传至基础。拉索水平力的传递，一般有以下三种方式。

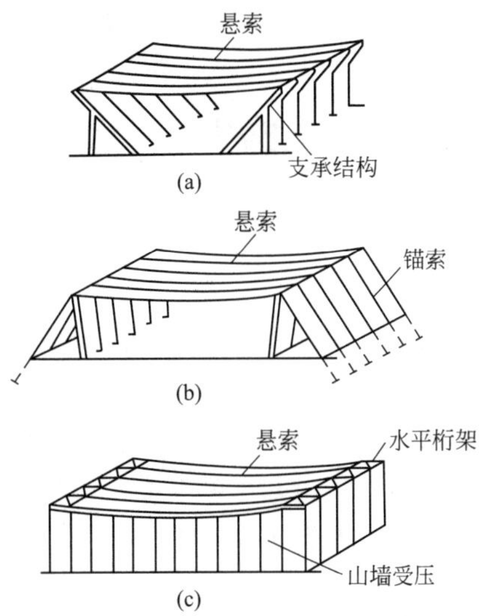

图 4-6　单曲面单层拉索体系

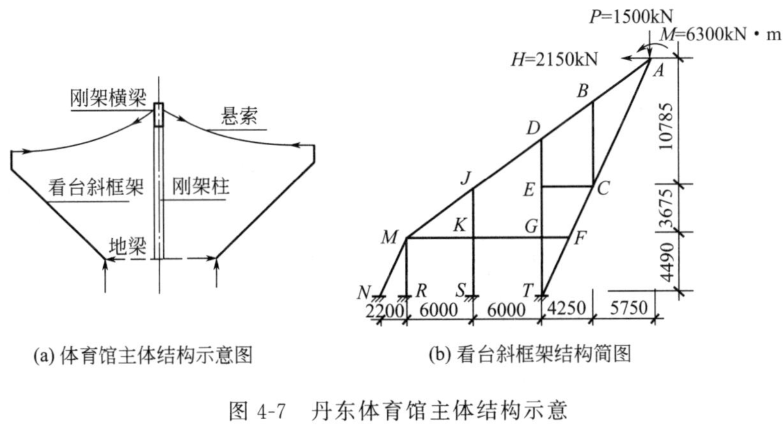

图 4-7　丹东体育馆主体结构示意

(1) 拉索水平力通过竖向承重结构传至基础

拉索的两端可锚固在具有足够抗侧刚度的竖向承重结构上［图 4-6(a)］。竖向承重结构可为斜柱墩、侧边的框架结构等。图 4-7 为丹东体育馆主体结构示意图。该体育馆为两跨悬索结构，悬索一端锚固在中间的刚架横梁上，另一端锚固在看台斜框架的柱顶。

(2) 拉索水平力通过拉锚传至基础

索的拉力也可在柱顶改变方向后通过拉锚传至基础［图 4-6(b)］。拉锚可用下列方法锚固于地基：①锚固在足够重的大体积混凝土中［图 4-8(a)］；②利用底板及回填土自重抵抗拉力［图 4-8(b)］；③锚固于受拉摩擦桩或受弯摩擦桩上［图 4-8(c)］；④锚固在岩石层的钻孔中。

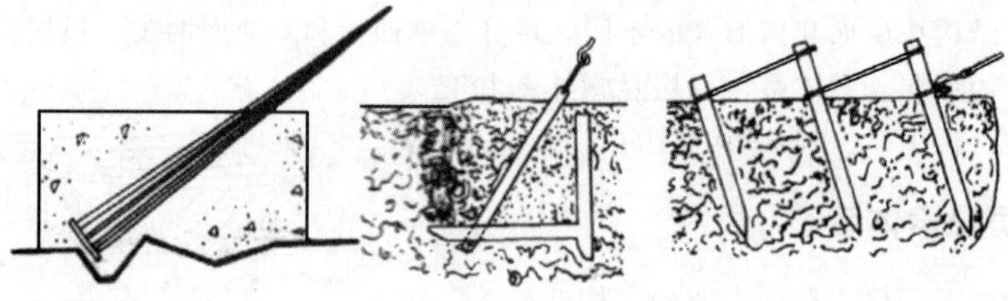

(a)　(b)　(c)

图 4-8　拉锚的锚固

(3) 拉索水平力通过刚性水平构件集中传至抗侧力墙

如图 4-6(c) 所示，拉索锚固于端部水平结构（水平梁或桁架）上，该水平结构具有较大的刚度，可将各根悬索的拉力传至建筑物两端的山墙，利用山墙受压实现力的平衡。也可在建筑的外部设置抗侧力墙或扶壁，通过特设的抗压构件取得力的平衡。

4.3.1.2　双曲面单层拉索体系

双曲面单层拉索体系也称单层辐射索系。这种索系常见于圆形的建筑平面，其各拉索按辐射状布置，整个屋面形成一个旋转曲面（图 4-9）。双曲面单层拉索体系有碟形和伞形两种。碟形悬索结构的拉索一端支承在周边柱顶环梁上，另一端支承在中心内环梁上，见图 4-9(b)，其特点是雨水集中于屋盖中部，屋面排水处理较为复杂。伞形悬索结构的拉索一端支承在周边柱顶环梁上，另一端支承在中心立柱上，见图 4-9(c)，其圆锥状屋顶排水通畅，但中间有立柱限制了建筑的使用功能。图 4-10 为乌拉圭蒙特维多体育馆碟形悬索结构，图 4-11 为淄博长途汽车站伞形悬索结构，均采用钢筋混凝土屋面板。

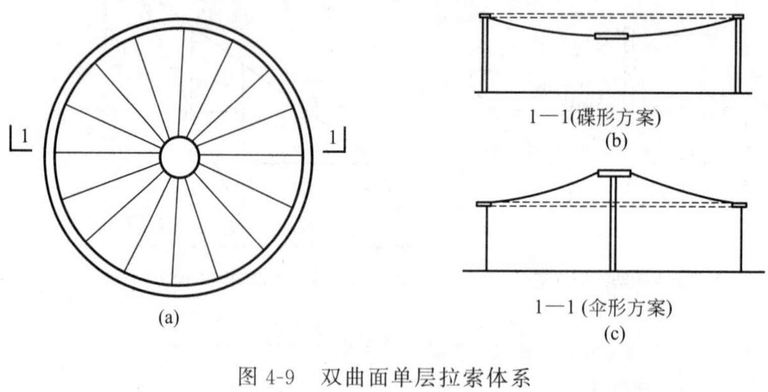

(a)

1—1(碟形方案)
(b)

1—1 (伞形方案)
(c)

图 4-9　双曲面单层拉索体系

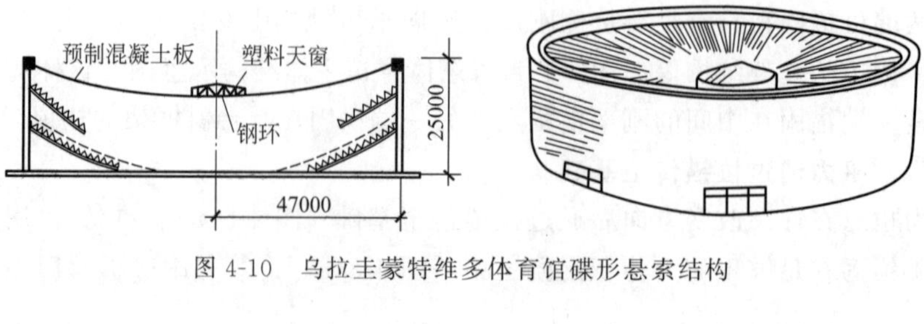

图 4-10　乌拉圭蒙特维多体育馆碟形悬索结构

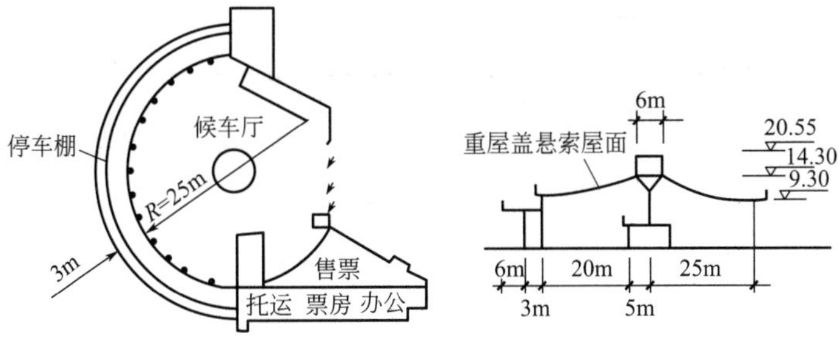

图 4-11　淄博长途汽车站伞形悬索结构

单层辐射索体系也可用于椭圆形建筑平面。其缺点是在竖向均布荷载作用下，各拉索的内力都不相同，从而会在受压外环梁中产生弯矩。在圆形平面中，在竖向均布荷载作用下，各拉索的内力相等，且与垂度成反比。

4.3.2　双层悬索体系

双层悬索体系是由一系列承重索和相反曲率的稳定索组成（图 4-12）。每对承重索和稳定索一般位于同一竖向平面内，二者之间通过受拉钢索或受压撑杆联系，联系杆可以斜向布置，构成犹如屋架的结构体系，故常称为索桁架；联系杆也可以布置成竖腹杆的形式，这时常称为索梁。根据承重索与稳定索位置关系的不同，联系腹杆可能受拉，也可能受压。当建筑平面为圆形时，常设中心内环梁。

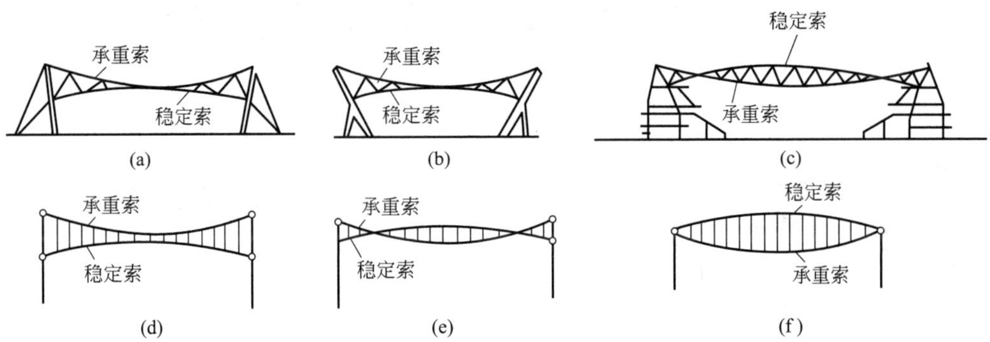

图 4-12　双层悬索体系

双层悬索体系的特点是稳定性好，整体刚度大，反向曲率的索系可以承受不同方向的荷载作用，通过调整承重索、稳定索或腹杆的长度，可以对整个屋盖体系施加预应力，增强屋盖的整体性。因此，双层悬索体系适宜采用轻屋面，如铁皮、铝板等屋面材料和轻质高效的保温材料，以减轻屋盖自重、节约材料、降低造价。

双层悬索体系按屋面几何形状分为单曲面双层拉索体系和双曲面双层拉索体系两类。

4.3.2.1　单曲面双层拉索体系

单曲面双层拉索体系也称双层平行索系，常用于矩形平面的单跨或多跨建筑，如图 4-13 所示。承重索的垂度一般取跨度的 1/20～1/15，稳定索的拱度则取 1/25～1/20。与单层悬索体系一样，双层索系两端也必须锚固在侧边构件上，或通过锚索固定在基础上。

单曲面双层拉索体系中的承重索和稳定索也可以不在同一竖向平面内，而是相互错开布置，构成波形屋面，如图 4-14 所示。这样可有效地解决屋面排水问题。承重索与稳定索之

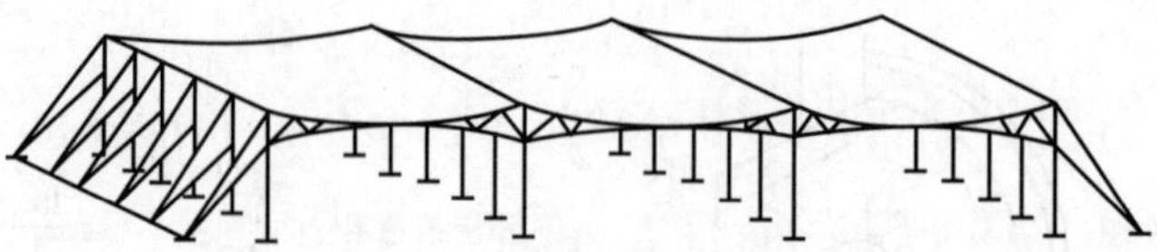

图 4-13　单曲面双层拉索体系

间靠波形的系杆连接（图 4-14 剖面 2—2），并借以施加预应力。吉林滑冰馆即采用了类似的结构形式，见图 4-15。

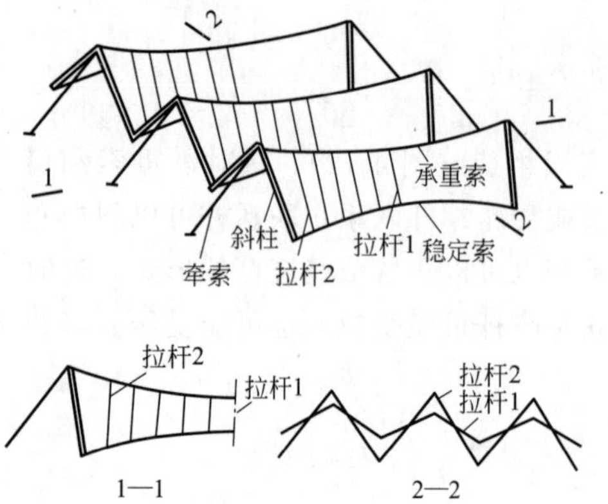

图 4-14　单曲面双层拉索体系中承重索和稳定索

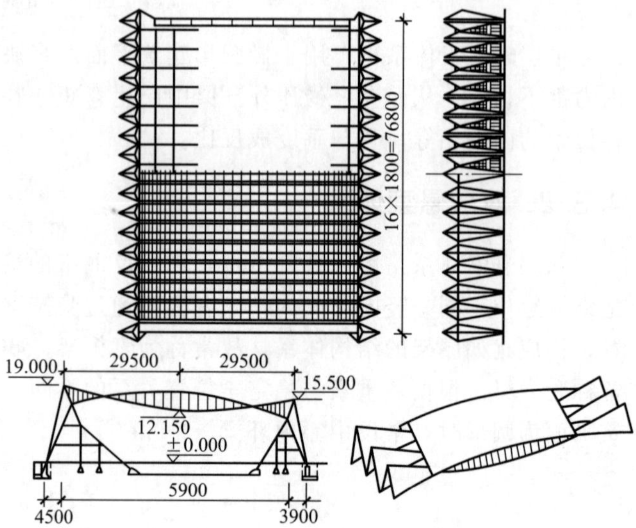

图 4-15　吉林滑冰馆屋盖结构形式

4.3.2.2　双曲面双层拉索体系

双曲面双层拉索体系也称为双层辐射体系。承重索和稳定索均沿辐射方向布置，周围支承在周边柱顶的受压环梁上，中心则设置受拉内环梁。整个屋盖支承于外墙或周边的柱上。根据承重索和稳定索的关系所形成的屋面可为上凸、下凹或交叉形，相应地在周边柱顶应设置一道或两道受压环梁，如图 4-16 所示。通过调整承重索、稳定索或腹杆的长度并利用中心环受拉或受压，也可以对拉索体系施加预应力。

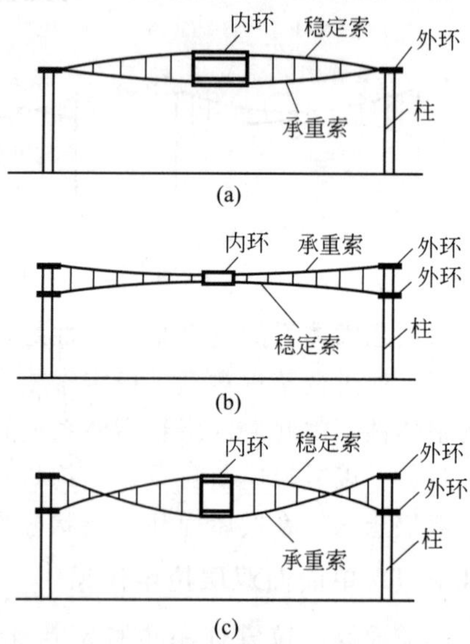

图 4-16　双曲面双层拉索体系

双曲面双层悬索结构在中心常设有一内环梁，这种内环梁不仅受力复杂，而且需要较多的钢材受力构件和扣件。成都市城北体育馆采用了无拉环的圆形双层悬索结构，将上述中心环由受拉环改为构造环，它不是将钢索锚固在中心环上，而是将钢索绕过中心环，从而避免了使中心环受拉。钢索的布置如图 4-17 所示。双层辐射索系经常用于圆形建筑平面，也可采用椭圆形、正多边形或扁多边形平面。

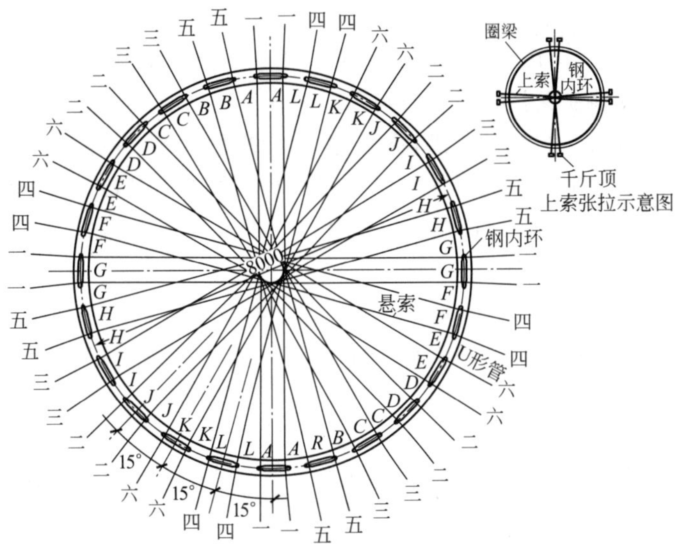

图 4-17　成都市城北体育馆钢索布置

4.3.3　交叉索网体系

交叉索网体系也称为鞍形索网，是由两组相互正交的、曲率相反的拉索直接交叠组成，形成负高斯曲率的双曲抛物面，如图 4-18 所示。两组拉索中，下凹者为承重索，上凸者为稳定索，稳定索应在承重索之上。交叉索网结构通常施加预应力，以增强屋盖结构的稳定性和刚度。由于存在曲率相反的两组索，对其中任意一组或同时对两组进行张拉，均可实现预应力。交叉索网体系需设置强大的边缘构件，以锚固不同方向的两组拉索。由于交叉索网中每根索的拉力大小、方向均不一样，使得边缘构件受力大而复杂，常产生相当大的弯矩、扭矩，因此边缘构件需要有强大的截面，常需耗费较多的材料。边缘构件过于纤细，对索网的刚度影响较大。交叉索网体系中边缘构件的形式很多，根据建筑造型的要求一般有以下几种布置方式（图 4-18）。

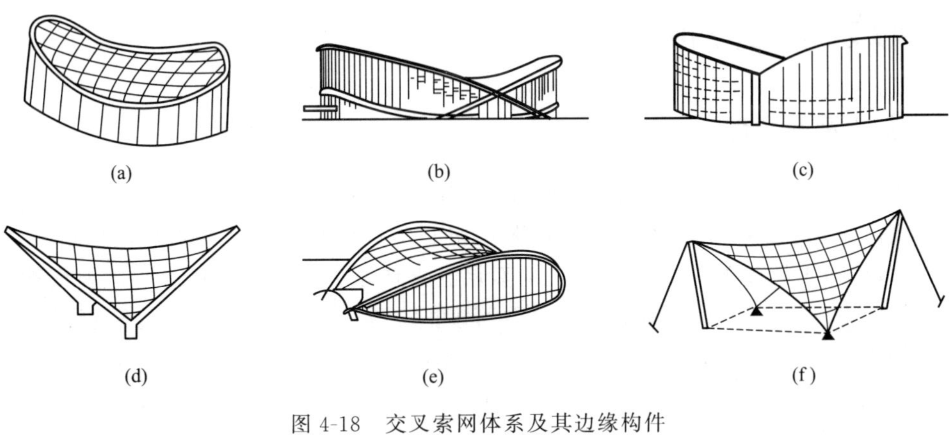

图 4-18　交叉索网体系及其边缘构件

(1) 边缘构件为闭合曲线形环梁［图 4-18(a)］

边缘构件可以做成闭合曲线形环梁的形式，环梁呈马鞍形，搁置在下部的柱或承重墙上。建于杭州的浙江人民体育馆即采用这一形式。体育馆平面呈椭圆形，长短轴长度各为

80m、60m，鞍形屋面最高点与最低点相差 7m，边缘构件采用一个截面为 2000mm×800mm 的钢筋混凝土环梁，在索拉力的作用下，环梁不仅受压，还产生很大的弯矩。

(2) 边缘构件为落地交叉拱［图 4-18(b)］

边缘构件做成倾斜的抛物线拱，拱在一定高度相交后落地，拱的水平推力可通过在地下设拉杆来平衡。交叉索网中的承重索在锚固点与拱平面相切，其传力路线清楚合理。美国雷里竞技馆即采用这一形式，拱的自重由位于周边的钢柱支承，钢柱间距 2.4m，兼作门窗竖框。

(3) 边缘构件为不落地交叉拱［图 4-18(c)、图 4-18(d)］

边缘构件为倾斜的抛物线拱，两拱在屋面相交，拱的水平推力在一个方向相互抵消，在另一个方向则必须设置拉索或刚劲的竖向构件，如扶壁或斜柱等，以平衡其向外的水平合力。建于柏林的瑞士展览馆即采用这一形式［图 4-18(c)］。必须指出，对于图 4-18(d) 所示的结构方案，如果拱下没有柱子支承，则拱身为一悬挑结构，在非对称荷载作用下是不够安全的。

(4) 边缘构件为一对不相交的落地拱［图 4-18(e)］

作为边缘构件的一对落地拱可以不相交，各自独立，以满足建筑造型上的要求。这时落地拱的平衡与稳定有两个问题必须引起重视，一个是拱身平面内拱脚水平推力的平衡问题，一般需在地下设拉杆平衡；另一个是拱身平面外拱的稳定问题，必要时应设置墙或柱支承。

(5) 边缘构件为拉索结构［图 4-18(f)］

鞍形交叉索网结构也可用拉索作为边缘构件，如图 4-18(f) 所示。这种索网结构可以根据需要设置立柱，并可做成任意高度，覆盖任意空间，造型活泼，布置灵活。这种结构方案常被用于薄膜帐篷式结构中。

交叉索网体系刚度大、变形小、具有反向受力能力，结构稳定性好，适用于大跨度建筑的屋盖。交叉索网体系适用于圆形、椭圆形、菱形等建筑平面，边缘构件形式丰富多变，造型优美，屋面排水容易处理，因而应用广泛。屋面材料一般采用轻屋面，如卷材、铝板、拉力薄膜，以减轻自重、节省造价。

4.4 悬索结构分析

4.4.1 设计基本规定

(1) 对单层悬索体系，当平面为矩形时，悬索两端支点可设计为等高或不等高，索的垂度可取跨度的 1/20～1/10；当平面为圆形时，中心受拉环与结构外环直径之比可取 1/17～1/8，索的垂度可取跨度的 1/20～1/10。对双层悬索体系，当平面为矩形时，承重索的垂度可取跨度的 1/20～1/15，稳定索的拱度可取跨度的 1/25～1/15；当平面为圆形时，中心受拉环与结构外环直径之比可取 1/12～1/5，承重索的垂度可取跨度的 1/22～1/17，稳定索的拱度可取跨度的 1/26～1/16。对索网结构，承重索的垂度可取跨度的 1/20～1/10，稳定索的拱度可取跨度的 1/30～1/15。

(2) 悬索结构的承重索挠度与其跨度之比及承重索跨中竖向位移与其跨度之比不应大于下列数值：单层悬索体系，1/200（自初始几何态算起）；双层悬索体系、索网结构，1/250（自预应力态算起）。

(3) 钢索宜采用钢丝、钢绞线、热处理钢棒，质量要求应分别符合国家现行有关标准，即《预应力混凝土用钢丝》(GB/T 5223)、《预应力混凝土用钢绞线》(GB/T 5224)、《预应力混凝土用钢棒》(GB/T 5223.3)。钢丝、钢绞线、热处理钢棒的强度标准值、设计值及弹性模量应按表 4-1 采用。

表 4-1 钢索的抗拉强度标准值、设计值和弹性模量

项次	种类	公称直径/mm	抗拉强度标准值/(N/mm²)	抗拉强度设计值/(N/mm²)	弹性模量/(N/mm²)
1	钢丝	4	1470	610	2.0×10^{5}
		5	1670	696	
		6	1570	654	
		7、8、9	1470	610	
2	钢绞线	9.5、11.1、12.7(1×7)	1860	775	1.95×10^{5}
		15.2(1×7)	1720	717	
		10.0、12.0(1×2)	1720	717	
		10.8、12.9(1×3)	1720	717	
3	热处理钢棒	6、8.2、10	1470	610	2.0×10^{5}

(4) 悬索结构的计算应按初始几何状态、预应力状态和荷载状态进行，并充分考虑几何非线性的影响。

(5) 在确定预应力状态后，应计算悬索结构在永久荷载与可变荷载作用下的内力、位移；并根据具体情况，分别对施工安装荷载、地震和温度变化等作用下的内力、位移进行验算。在计算各个阶段各种荷载情况的效应时应考虑加载次序的影响。悬索结构内力和位移可按弹性阶段进行计算。

(6) 作为悬索结构主要受力构件的柔性索只能承受拉力，设计时应防止各种情况下引起的索松弛而导致不能保持受拉情况的发生。

(7) 设计悬索结构时应采取措施防止支承结构产生过大的变形，计算时应考虑支承结构变形的影响。

(8) 当悬索结构的跨度超过 100m 且基本风压超过 0.7kN/m² 时，应进行风的动力响应分析，分析方法宜采用时程分析法或随机振动法。

(9) 对位于抗震设防烈度为 8 度或 8 度以上地区的悬索结构，应进行地震反应验算。

4.4.2 荷载

悬索结构设计时除索中预应力外，所考虑的荷载与一般结构相同，主要有以下内容。

(1) 恒荷载：包括覆盖层、保温层、吊顶、索等自重。按现行国家标准《建筑结构荷载规范》(GB 50009)，进行计算。

(2) 活荷载：包括保养、维修时的施工荷载。按《建筑结构荷载规范》(GB 50009) 取用。对于悬索结构，一般取 0.3kN/mm²，不与雪荷载同时考虑。

(3) 雪荷载：基本雪压值按《建筑结构荷载规范》(GB 50009) 取用，在悬索结构中应根据屋盖的外形轮廓考虑雪荷载不均匀分布所产生的不利影响，并应按多种荷载情况进行静力

分析。当平面为矩形、圆形或椭圆形时，不同形状屋面上需考虑的雪荷载情况及积雪分布系数可参考图 4-19 采用。复杂形状的悬索结构屋面上的雪荷载分布情况应按当地实际情况确定。

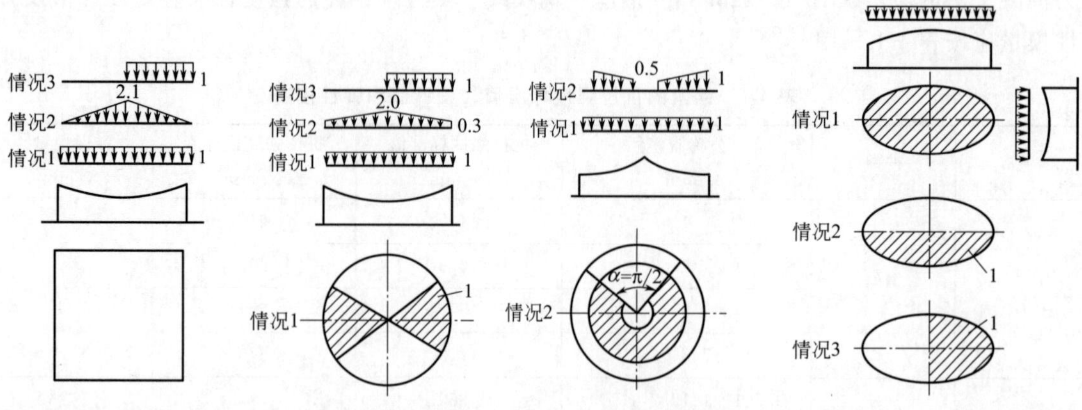

图 4-19 悬索屋盖的雪荷载情况及积雪分布系数 μ_r

1—雪荷载分布位置

（4）风荷载：基本风压值按《建筑结构荷载规范》（GB 50009）取用，不规则结构的风荷载体型系数宜进行风洞试验确定，对矩形、菱形、圆形及椭圆形等规则曲面的风荷载体型系数可参考表 4-2 采用。对轻型屋面应考虑风压脉动影响。

表 4-2 悬索屋面的风荷载体型系数 μ_s

序号	平面形式	风荷载体型系数
1	矩形平面单曲下凹屋面	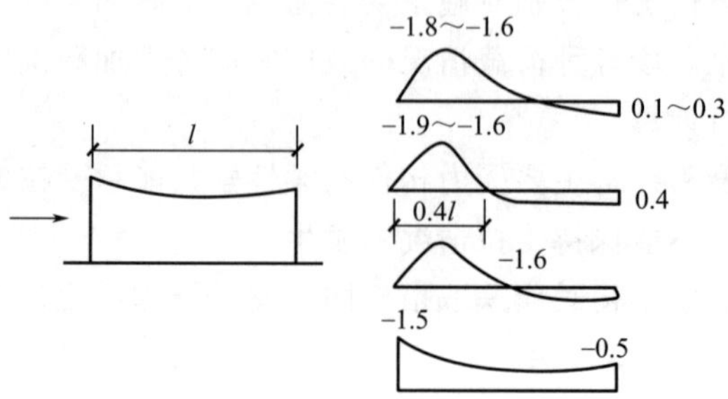
2	圆形平面碟形屋面	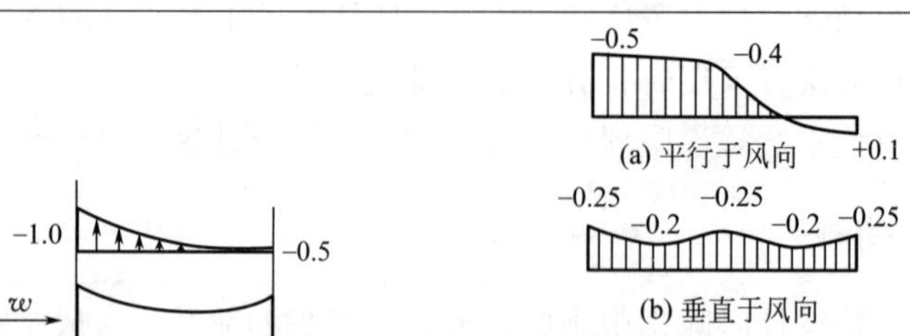

续表

序号	平面形式	风荷载体型系数	
3	圆形平面 伞形屋面	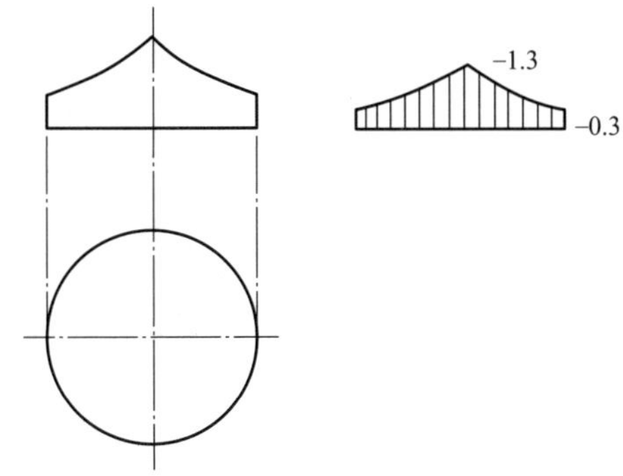	
4	圆形平面 鞍形屋面	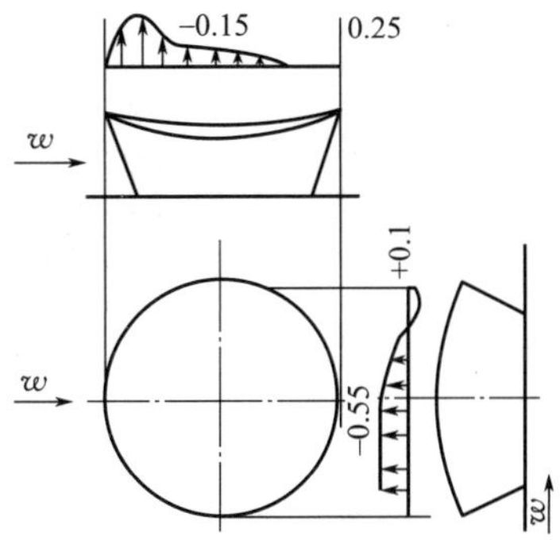	
5	椭圆平面 鞍形屋面	$a/b=\frac{1.56}{1.00}$ $f_s/L_x=\frac{1}{14.3}$ $f_r/L_y=\frac{1}{22.5}$	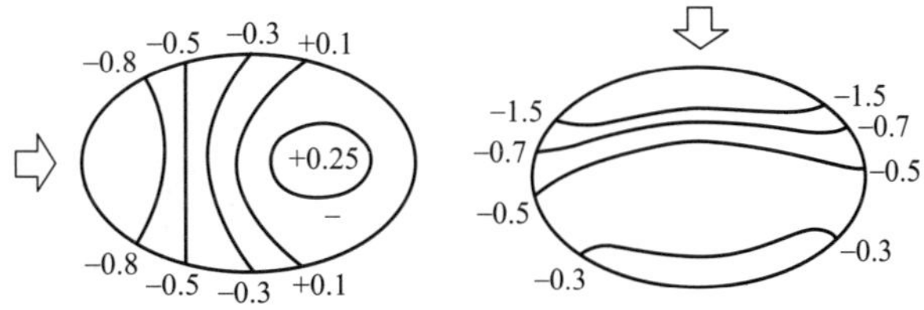
		$a/b=\frac{1.56}{1.00}$ $f_s/L_x=\frac{1}{12.5}$ $f_r/L_y=\frac{1}{26.5}$	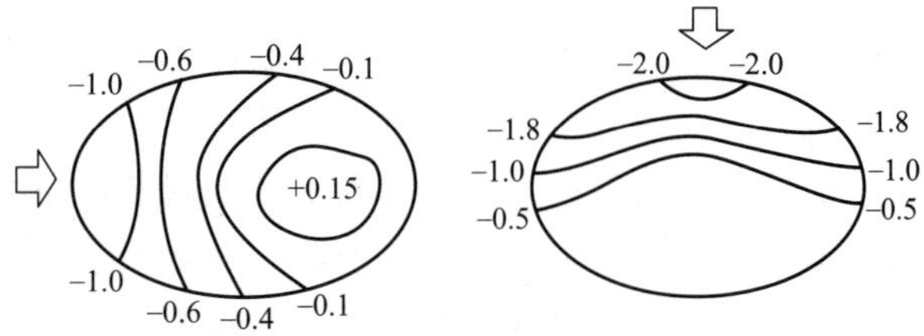
		$a/b=\frac{1.56}{1.00}$ $f_s/L_x=\frac{1}{28}$ $f_r/L_y=\frac{1}{45}$	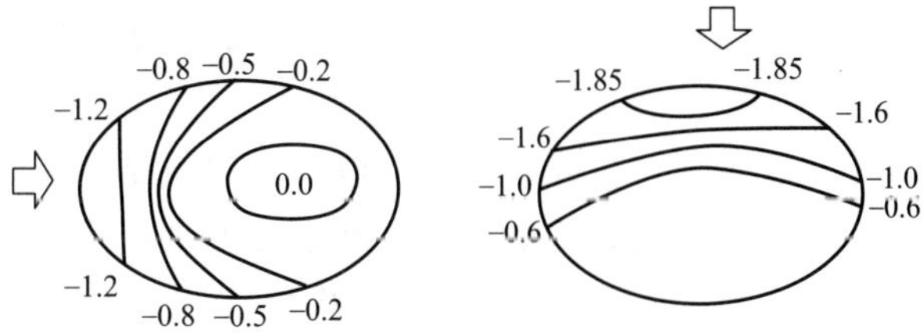

续表

<table>
<tr><th>序号</th><th>平面形式</th><th colspan="3">风荷载体型系数</th></tr>
<tr><td rowspan="3">6</td><td rowspan="3">菱形平面
鞍形屋面</td><td>$f/L=\frac{1}{10}$</td><td>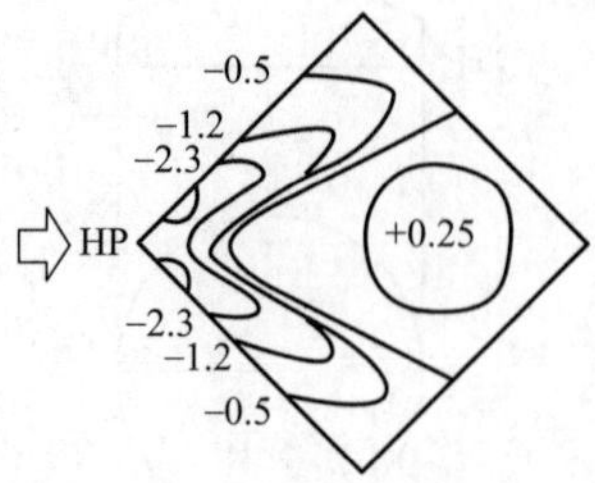
</td><td>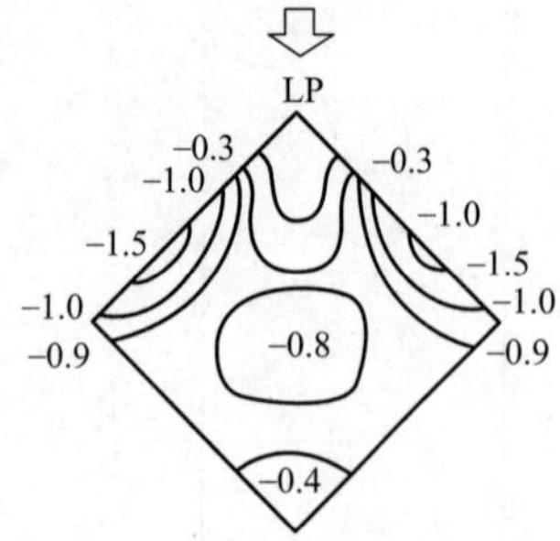
</td></tr>
<tr><td>$f/L=\frac{1}{12}$</td><td>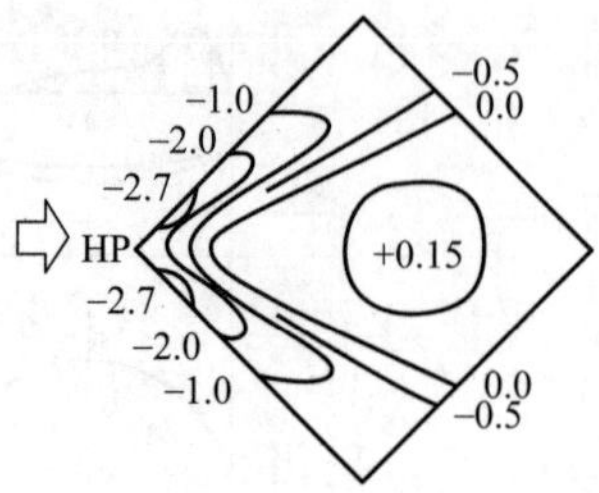
</td><td>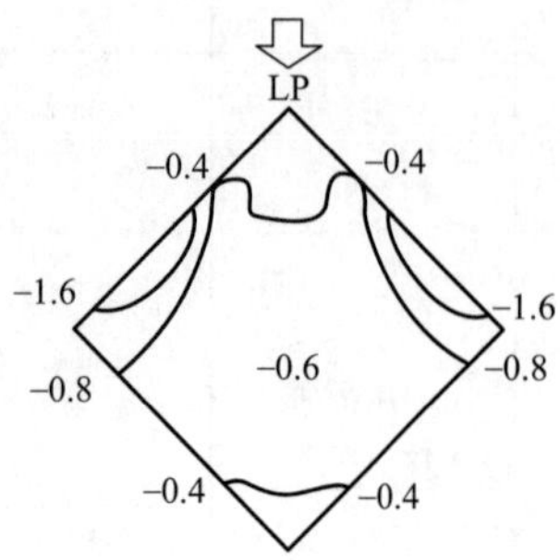
</td></tr>
<tr><td>$f/L=\frac{1}{16}$</td><td>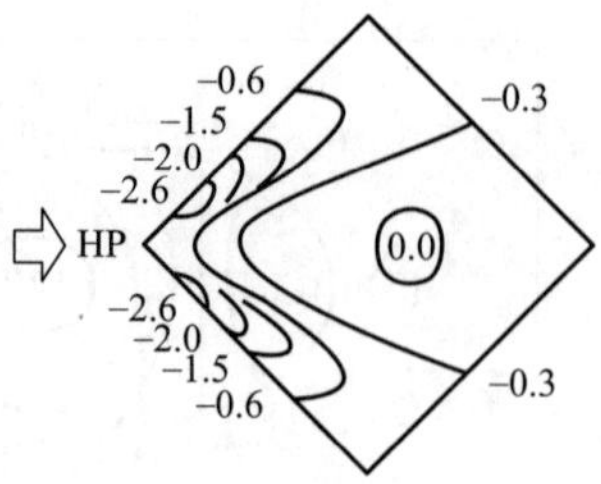
</td><td>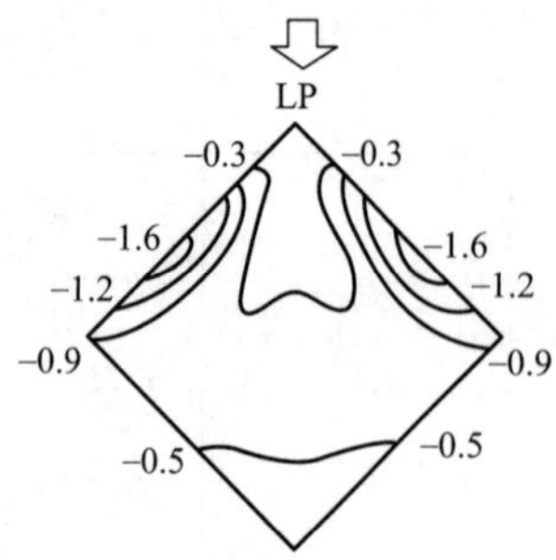
</td></tr>
</table>

（5）动荷载：考虑风力、地震作用等对屋盖的动力影响。

（6）预应力：为了在荷载作用下不使钢索发生松弛和产生过大的变形，需将钢索的变形控制在一定的范围之内；为了避免发生共振现象，需将体系的固有频率控制在一定的范围之内。这要求屋盖具有一定的刚度，因此，必须在索中施加预应力，预应力的取值一般应根据结构形式、活荷载与恒荷载比值以及结构最大位移的控制值等因素通过多次试算确定。

（7）安装荷载：应分别考虑每一安装过程中安装荷载对结构的影响，在边缘构件和支承结构中常常会出现较大的安装应力。结构的蠕变和温度变化将导致钢索和结构刚度减小，在结构设计中还应考虑它们的影响。

对非抗震设计，荷载效应组合应按《建筑结构荷载规范》（GB 50009）计算。在截面及节点设计中，应按荷载的基本组合确定内力设计值，在位移计算中应按荷载短期效应组合确定其挠度。对抗震设计，应按《建筑抗震设计标准》（GB 50011）确定屋盖重力荷载代表值。

4.4.3　钢索设计

悬索结构中的钢索可根据结构跨度、荷载、施工方法和使用条件等因素，分别采用由高强钢丝组成的钢绞线、钢丝绳或平行钢丝束，其中钢绞线和平行钢丝束最为常用。但也可采用圆钢筋或带状薄钢板。平行钢丝束中各钢丝不能缠绕，受力均匀，能充分发挥钢材的力学性能，其承载能力和弹性模量均较钢绞线或钢丝绳为高，造价也较低，应用广泛，在悬索拉力较大时宜优先采用；在相同直径下，钢绞线的强度和弹性模量高于钢丝绳，但由于钢丝绳比较柔软，在需要弯曲且曲率较大的悬索结构中宜采用。

单索截面根据承载力按下式验算：

$$\gamma_0 N_{\mathrm{d}} \leqslant f_{\mathrm{td}} A \tag{4-6}$$

式中　γ_0——结构重要性系数，取 $\gamma_0=1.1$ 或 1.2；

N_{d}——单索最大轴向拉力设计值；

f_{td}——单索材料抗拉强度设计值，由表 4-1 查得；

A——单索截面面积。

4.5　悬索结构的稳定分析与构造

悬索屋盖结构稳定性差，主要表现在两个方面：一是适应荷载变化的能力差；二是抗风吸、风振能力差。如图 4-20(a) 所示，在索的自重荷载作用下，悬索呈悬链线形式，这时如再施加某种不对称的活荷载或局部荷载，则原来的悬链线形式即不能再保持平衡，悬索将产生相当大的位移，形成与新的荷载分布相适应的新的平衡形式。这就会造成屋面防水层的损坏。这种位移是由平衡形式的改变引起的，称为机构性位移，它与一般的由弹性变形引起的位移不同。悬索抵抗机构性位移的能力就是索的稳定性，它与索的张紧程度（即索内初始拉力的大小）有关。索内拉力愈大，其抵抗局部荷载引起的机构性位移的能力也愈大，即稳定性愈好。图 4-20(b) 说明了悬索屋盖的抗风能力。作用在悬索屋盖上的风力，主要是吸力，而且分布不均匀，会引起较大的机构性位移。当风吸力超过屋盖结构自重时，屋盖将被风力掀起而破坏。此外，竖向地震作用产生向上的惯性力也会引起屋盖的失稳，柔性的悬索结构还可能因风力或地震的动力作用而产生共振现象，使结构遭到破坏。

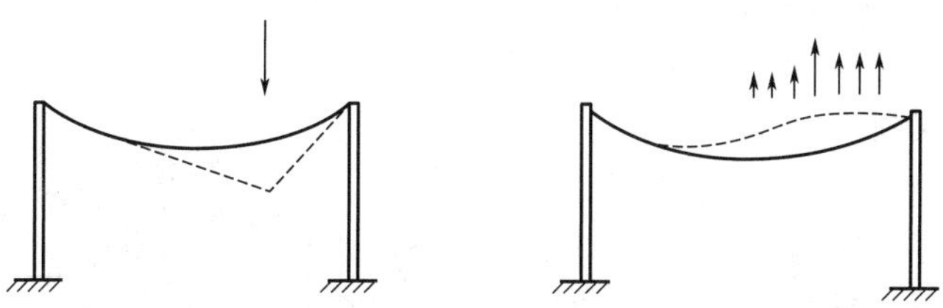

(a) 集中荷载的影响　　(b) 风荷载的影响

图 4-20　悬索屋盖结构稳定性

值得注意的是，单根索是一个不稳定结构，如同杂技演员走钢丝，钢丝可以左右晃动。为使单层悬索屋盖结构具有必要的稳定性，一般可采取以下几种措施。

(1) 增加悬索结构上的荷载

如图 4-21 所示，可通过在索上加重荷载（如采用钢筋混凝土屋面板），或在索下吊挂重荷载（如增加吊顶重量）等方法，增加屋盖自重。一般认为，当屋盖自重超过最大风吸力的1.1～1.3倍时，即可认为是安全的。同时，较大的分布恒荷载使悬索始终保持较大的张紧力，可加强其维持原始形状的能力，即提高了抵抗机构性变形的能力。采用重屋面的缺点是使悬索的截面增大，支承结构的受力也相应增大，从而影响经济效果。

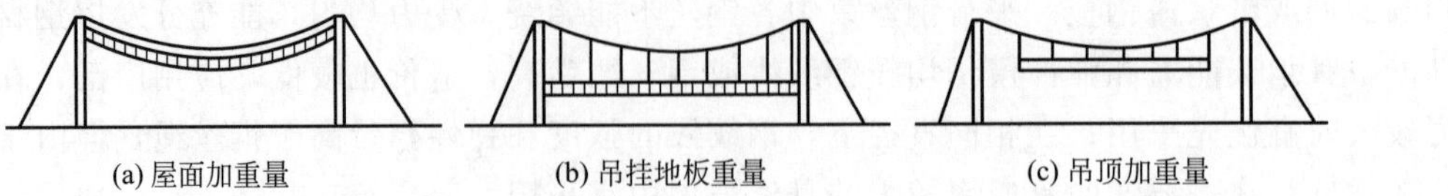

图 4-21　增加悬索结构上的荷载

(2) 形成预应力索-壳组合结构

对上述钢筋混凝土屋面施加预应力，使之形成一倒挂的薄壳与悬索共同受力、整体工作。通常采用的施工方法为：在悬索上铺好预制屋面板后，再在板上加上额外的临时荷载，使索进一步伸长，板缝增大；然后在板缝中浇灌混凝土。待灌缝混凝土达到足够强度后，卸去临时荷载，悬索缩短，屋面回弹，从而在屋面板内产生了预应力，使整个屋面形成一个预应力混凝土薄壳，如图4-22所示。

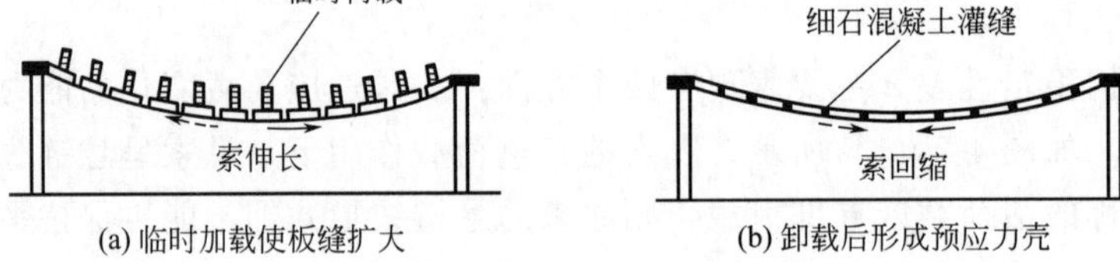

图 4-22　预应力索-壳组合结构

淄博市曾在体育馆、餐厅、俱乐部、汽车站等中小型建筑中采用了这种索-壳组合结构。这种结构在施工时把屋面板挂在索上，使索正好位于板缝中，在板缝中浇灌混凝土，这种方法同时也解决了索的防锈问题。根据分析，在中小跨度（30～60m）采用这种结构形式，构造和施工不需要复杂的技术和设备，造价低廉，经久耐用。采用索-壳组合结构的好处是：①在雪荷载等活荷载或风力作用下，整个屋面如同壳体一样工作，稳定性大为提高；②由于存在预应力，索和混凝土共同抵抗外荷载，提高了屋盖的刚度，弹性变形引起的屋面挠度也大为减小；③在使用期间屋面产生裂缝的可能性大为减少。

(3) 形成索-梁或索-桁架组合结构

对于单曲面单层拉索结构体系可在索上搁置横向加劲梁或横向加劲桁架，形成所谓的索-梁或索-桁架组合结构体系，如图4-23所示。横向加劲梁（桁架）具有一定的抗弯刚度，在两端与山墙处的结构相连，并与各悬索在相交处互相连接，这些梁使原来单独工作的悬索连成整体，共同抵抗外荷载。尤其是在集中力和不均匀荷载作用下，梁能对局部荷载起分配作用，让更多的索参与工作，从而改善整个屋面的受力和变形性能。同时，

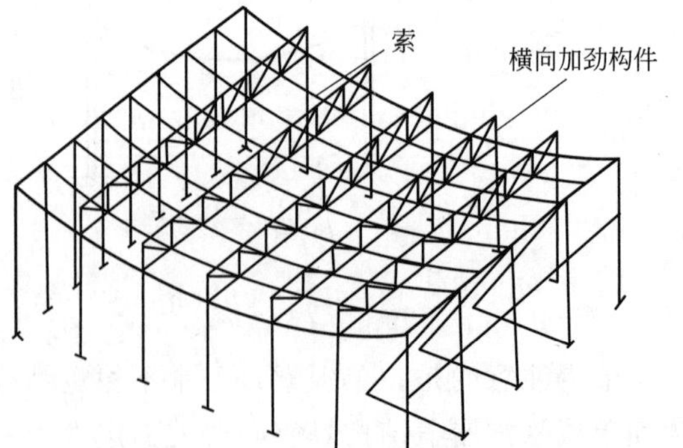

图 4-23　单层平行索系与横向加劲桁架

将横向加劲梁（桁架）适当地下压，还可在索-梁（索-桁架）体系中建立预应力，进一步提高屋盖结构的刚度，也解决了悬索结构的稳定问题。索-桁架组合结构屋盖的防水保温层建在桁架的上弦格构式轻钢檩条上，在桁架下弦悬索上做吊顶，桁架的空间高度可作为顶棚的设备层。

(4) 增设相反曲率的稳定索

双层拉索体系或交叉索网体系可使用本方法。通过调整受拉钢索或受压撑杆的长度，可对悬索体系施加预应力，使承重索和稳定索内始终保持足够大的拉力，提高了整个体系的稳定性和抗震能力。此外，由于存在预张力，稳定索能同承重索一起抵抗竖向荷载的作用，从而提高整个体系的刚度。

4.6 悬索结构的动力特性及抗震抗风分析

4.6.1 自振特性与阻尼

了解悬索结构自振频率与振型特性是掌握该类结构动力性能的基本途径之一，同时也是应用振型分解法等求解结构动力反应的基础。

(1) 自振特性

对菱形平面、椭圆平面的双曲抛物面索网的自振特性进行研究的结果表明，悬索结构的自振频率与振型具有如下一些特点。

① 自振频率呈密集分布，多数情况下前若干阶振型为单轴或双轴反对称形式。

② 索网的矢跨比对自振频率有一定影响，但不十分显著。随矢跨比的增大，整个结构的刚度提高，自振频率也相应有所提高。但振型随矢跨比由小到大却发生较明显变化。当矢跨比较小时，结构的第一振型可能为双轴对称形式，而当矢跨比较大时一般为双轴反对称形式。

③ 索网的预张力对自振频率影响较大，随着预张力增加，结构刚度提高，频率也明显提高。振型虽有所变化，但不明显。

④ 索的截面积大小在通常范围内对索网的自振频率（特别是基频）几乎无影响。这是因为索网的第一阶振型通常是反对称的，此时索的弹性伸长较小。

⑤ 索网的自振频率随荷载强度（即体系的质量）的增加而呈非线性下降趋势。

(2) 阻尼

阻尼是结构的另外一个动力特性参数，一般用阻尼比或阻尼系数来表示。它随着材料、结构形式和规模、构造做法、结构参数等多种因素的变化而变化，一般难以从理论上进行研究，而需通过实验予以确定。对一矩形平面双曲抛物面索网的动力特性进行模型实验表明，悬索结构阻尼有如下特点。

① 悬索结构的阻尼比远小于常见的刚性结构，一般在 0.15%～2.0%范围内。

② 无屋面覆盖层的索网，横向加劲单曲悬索结构的阻尼比约在 0.15%～0.5%之间。

③ 有屋面覆盖层的索网结构的阻尼比约在 0.8%～2.0%之间，比无覆盖层的明显提高。

④ 随着屋面荷载的增加，阻尼比略有降低趋势，但总的变化不大。

⑤ 随着索内张力减小，阻尼比略有增大。

第4章

⑥ 同一悬索结构中，其高振型对应的阻尼比低振型小。这在选择阻尼计算理论时应给予注意。但如果对各种振型采用不同阻尼比，计算较为复杂。为简化，工程设计中往往仍用一个统一的阻尼比。

4.6.2 悬索结构的地震反应分析

(1) 反应谱法

地震是影响重屋面悬索结构的重要作用之一，因此建造在地震区的悬索屋盖结构必须进行抗震设计。我国《索结构技术规程》（JGJ 257）规定，当设防烈度为 8 度或 8 度以下时，一般跨度的单层索系、双层索系及横向加劲索系悬索结构可采用振型分解反应谱法进行地震反应分析。

(2) 时程分析法

悬索结构属频谱密集型结构，且前若干阶振型往往呈单轴或双轴对称形式，其振型参与系数为零，因此在应用反应谱法进行大型悬索结构抗震计算时所需要叠加的振型很多，一般为十几个，甚至几十个，计算量大，计算结果也不十分准确。因此，对跨度较大的悬索屋盖结构宜采用时程分析方法进行地震反应分析计算。

对菱形平面、椭圆平面的双曲抛物面索网的地震反应进行的研究表明，与一般结构相比，悬索结构的竖向地震反应比较显著，与水平地震反应在一个量级上，甚至更大。另外，结构参数对地震反应的影响随着构件位置、地震波选取的不同而不同，不易得到普遍性结论。因此，对重要的悬索结构进行动力时程分析以了解结构反应的细节是十分必要的。

4.6.3 悬索结构的风振反应分析

风荷载是悬索结构承受的重要荷载之一，它包括平均风荷载和脉动风荷载两部分。平均风荷载的效应可用静力方法求解，而脉动风荷载的反应需考虑其动力特性。虽然从理论上脉动风荷载与地震作用均属动力作用，但其特性仍有一些差异，需区别对待。

(1) 风荷载

低速理想气流产生的压力 ω（称为风压）与气流速度的关系为：

$$\omega=\frac{1}{2}\rho v^2 \tag{4-7}$$

式中 ρ——空气密度。

由于在流动过程中受到各种障碍物的干扰，靠近地面的风并非理想流体，而是呈现随机脉动特性，故可将实际风速分成平均风速 $\overline{v}$ 和脉动风速 v_ρ 两部分，那么风压可写成：

$$\omega=\frac{1}{2}\rho(\overline{v}+v_\rho)^2=\frac{1}{2}\rho\overline{v}^2+\rho\overline{v}v_\rho+\frac{1}{2}\rho v_\rho^2 \tag{4-8}$$

一般 v_ρ 远小于 $\overline{v}$，故上式的第三项可以忽略，而将其写成：

$$\omega=\frac{1}{2}\rho\overline{v}^2+\rho\overline{v}v_\rho \tag{4-9}$$

当风遇到障碍物的阻挡时，将对障碍产生力的作用，作用力的大小除与无阻碍物时的速度有关外，还与结构的形状有关。作用于障碍物上的风压与速度之比为体型系数 μ_s。当障碍物（结构）的形状为钝体（即非流线型）时，μ_s 与速度无关，但一般需由实测或风洞试验测得，常见屋面结构的体型系数可参见《建筑结构荷载规范》（GB 50009）及有关资料。

可将作用于结构上的风压写成：

$$p_w = \mu_s \frac{1}{2}\rho \bar{v}^2 + \mu_s \rho \bar{v} v_\rho \tag{4-10}$$

在同一阵风中，平均风速 $\bar{v}$ 会随着平均时距、测点高度的不同而不同。而且作为设计风速还需根据结构的重要性确定其重现期。一般将当地比较空旷平坦地面上 10m 高度统计所得的 50 年一遇 10min 平均最大风速作为标准风速 v_0，而将由 $\frac{1}{2}\rho v_0^2$ 计算得到的风速压作为基本风压。不同高度处的风速压与基本风速度的比值称为风压高度系数 μ_z，不同高度处的风速与标准风速间的比值为$\sqrt{\mu_z}$，则式(4-10) 又可写成：

$$p = \mu_z \mu_s \frac{1}{2}\rho v_0^2 + \sqrt{\mu_z}\mu_s \rho v_0 v_\rho \tag{4-11}$$

基本风压 $\omega_0 = \frac{1}{2}\rho v_0^2$，风速的高度变化系数除与高度有关外，还与地面粗糙度有关，其值及各地的基本风压参见《建筑结构荷载规范》(GB 50009)。

平均风压 $\overline{w} = \mu_s \mu_z w_0$ 引起的结构反应属于静力反应，可按有限单元法求解。《建筑结构荷载规范》(GB 50009) 规定，对于基本自振周期大于 0.25s 的工程结构，如房屋、屋盖及各种高层结构应考虑脉动风压对结构的影响。悬索屋盖结构的自振周期一般可长达 1s，故需考虑脉动风压 $w_\rho = \sqrt{\mu_z}\mu_s \rho v_0 v_\rho$ 的影响。

由式(4-11) 可以看出，脉动风压的特性是由脉动风速决定的。脉动风速作为均值为零的随机过程，其最主要的统计特征是功率谱密度函数，它与基本风速和地面粗糙度有关。几十年来很多学者根据实测资料给出了许多经验表达式，其中应用最广的是 Davenport 根据不同高度、不同地点 90 多种强风记录谱于 20 世纪 60 年代提出的脉动风速谱，一般称为 Davenport 风速谱：

$$s_v = \frac{4Kv_0^2}{n}\frac{x^2}{(1+x^2)^{4/3}} \tag{4-12}$$

$$x = \frac{1200n}{v_0}$$

式中　n——脉动风频率，$n \geqslant 0$；

　　K——地面粗糙度的系数，对于普通地貌可取 $K=0.03$。

由于结构具有一定尺度，结构上各点的风速、风向并不完全相同，而只具有一定的相关性，即结构上一点的风压达到最大值时，离该点愈远处的风荷载同时达到最大值的可能性就愈小，这种性质称为脉动风的空间相关性，可用相关函数、相干函数或互谱函数表示。对于高层建筑、高耸结构，风荷载的相关性可只考虑侧向的左右相关和竖向的上下相关。而对于索网等空间结构，除考虑上下相关、左右相关外，还应考虑前后相关，i、j 两点脉动风的三维相干函数可表示成：

$$\gamma(i,j,n) = \exp\left(\frac{-n[C_x^2(x_j-x_i)^2 + C_y^2(y_j-y_i)^2 + C_z^2(z_j-z_i)^2]}{\bar{v}_i + \bar{v}_j}\right) \tag{4-13}$$

式中　C_x——常数，由观测统计得到，$C_x=16$；

　　C_y——常数，由观测统计得到，$C_y=8$；

　　C_z——常数，由观测统计得到，$C_z=10$。

（2）风振效应与风振系数

《建筑结构荷载规范》（GB 50009）对于第一振型振动为主的高耸结构以振型分解法为基础，根据随机振动理论的频域分析方法，确定了风荷载的风振系数，即通过将平均风压乘以风振系数（即动力放大系数）来考虑风荷载的脉动效应。其中风振系数由结构的自振频率和高度决定。在确定风荷载的风振系数中利用了高层、高耸结构自振频率分布稀疏的特点，忽略了各振型的相关项。这对于自振频率分布密集的悬索屋盖结构是不适用的，而若计及各振型间的相关关系，则会使振型分解法变得十分复杂。另外，由于悬索结构具有一定的几何非线性，采用荷载风振系数来考虑脉动特性亦不十分合理，故悬索屋盖的风振反应分析一般与《建筑结构荷载规范》（GB 50009）中分析高层、高耸结构的方法不同。除薄膜材料覆盖外，对于自重较大的悬索屋盖结构可以自重作用下的受力状态为基准，采用考虑振型相关性的振型叠加法计算结构的均方响应。其求解过程与高层、高耸结构风振分析反应方法相类似，只是在振型叠加时应考虑相关项的影响。亦可像上面所述的地震反应分析一样利用时程反应分析方法，其求解过程与之相同，只是此时使用的脉动风压（速）时程是根据风速功率谱和相关函数由计算生成的随机风场，其生成方法与地震波的生成类似，有很多方法可供选择。一种随机振动离散分析方法是利用脉动风速（压）谱及其相关函数，在时域内直接求解结构的均方响应和相关函数。利用该方法对菱形平面、椭圆平面的双曲抛物面索网的风振反应进行参数分析，给出了两种典型索网的内力、位移风振系数。

a. 菱形平面双曲抛物面索网：

位移最大风振系数 $\beta_{D,\max}=2.2$

位移最小风振系数 $\beta_{D,\min}=-0.2$

稳定副索内力最大风振系数 $\beta_{T,\max}=2.3$

稳定副索内力最小风振系数 $\beta_{T,\min}=-0.4$

承重主索内力最大风振系数 $\beta_{T,\max}=2.8$

承重主索内力最小风振系数 $\beta_{T,\min}=-1.6$

b. 椭圆平面双曲抛物面索网：

位移最大风振系数 $\beta_{D,\max}=2.3$

位移最小风振系数 $\beta_{D,\min}=-0.3$

内力最大风振系数 $\beta_{T,\max}=2.2+\frac{0.4}{400}(\mu_z w_0-300)$

内力最小风振系数 $\beta_{T,\min}=-0.4-\frac{1.0}{400}(\mu_z w_0-300)$

若记静荷载（永久荷载及除风荷载以外的活荷载）作用下，在预应力状态（索的预拉力为 T_0）基础上产生的位移和内力增量为 U_1、T_1（位移增量以向下为正，索内力增量以受拉为正），平均风荷载在静荷载平衡态基础上产生的位移、内力增量分别记为 U_2、T_2，则考虑脉动风荷载作用后，结构某点或某单元的最大、最小位移和内力可用风振系数表示为：

$$U_{i,\max}=\begin{cases}U_{1i}+\beta_{D,\max}U_{2i} & (U_{2i}>0)\\ U_{1i}+\beta_{D,\min}U_{2i} & (U_{2i}<0)\end{cases}$$

$$U_{i,\min}=\begin{cases}U_{1i}+\beta_{D,\max}U_{2i} & (U_{2i}<0)\\ U_{1i}+\beta_{D,\min}U_{2i} & (U_{2i}>0)\end{cases}$$

$$T_{i,\max}=\begin{cases}T_{0i}+T_{1i}+\beta_{T,\max}T_{2i} & (T_{2i}>0)\\ T_{0i}+T_{1i}+\beta_{T,\min}T_{2i} & (T_{2i}<0)\end{cases}$$

$$T_{i,\min}=\begin{cases}T_{0i}+T_{1i}+\beta_{T,\max}T_{2i} & (T_{2i}<0)\\ T_{0i}+T_{1i}+\beta_{T,\min}T_{2i} & (T_{2i}>0)\end{cases}$$

4.7　悬索结构强度和刚度的校核

对于钢索的强度校核，目前国内均采用容许应力法，即：

$$\frac{N_{\mathrm{k,max}}}{A}\leqslant\frac{f_{\mathrm{k}}}{K} \tag{4-14}$$

式中　$N_{\mathrm{k,max}}$——按恒荷载（标准值）、活荷载（标准值）、预应力、地震和温度作用等各种组合工况下计算所得的钢索最大拉应力的标准值；

A——钢索的有效截面积；

f_{k}——钢索材料的强度标准值，可由表 4-1 查取；

K——安全系数，宜为 2.5～3.0。

由于我国各类建筑结构，如钢结构、钢筋混凝土结构等均已采用以概率理论为基础的极限状态设计法；对结构构件采用以分项系数表达的极限设计表达式进行计算。悬索结构的设计计算必然涉及屋面承重构件（如屋面板、檩条等）、悬索的支撑结构（如边梁、框架等）、地基基础等钢筋混凝土的结构构件。所以，考虑到计算的统一、方便，我国《索结构技术规程》(JGJ 257) 对钢索强度计算采用了和其他结构设计规范统一的设计表达式，即按式(4-15) 对钢索进行强度校核：

$$\frac{N_{\max}}{A}\leqslant f \tag{4-15}$$

式中　$N_{\max}$——按 1.3 倍恒荷载、1.5 倍活荷载、预应力、地震和温度作用等各种组合工况下计算所得的钢索最大拉力设计值，1.3、1.5 分别为恒荷载、活荷载的荷载分项系数；

f——钢索材料强度的设计值，可由表 4-1 查取。

根据极限状态的设计方法的理论，式(4-15) 中的 $f=f_{\mathrm{k}}/\gamma_{\mathrm{R}}$，$\gamma_{\mathrm{R}}$ 称为结构构件的抗力分项系数，应根据大量统计数据经概率分析确定，对于悬索结构目前还难以做到，表 4-1 给出的材料强度设计值是根据已建悬索结构的经验安全系数 $K=3$ 的水平反算得出的，因而悬索强度计算只是在形式上采用了分项系数的表达式，在实际上仍为容许应力方法。

美国土木工程师协会标准《美国建筑荷载规范》(ASCE7-10) 规定，钢索的极限承载力 (即承载力标准值 $N_{\mathrm{k}}=Af_{\mathrm{k}}$) 不得小于下列各值：

① $2.2(D+P)$；

② $2.2(D+P+L)$；

③ $2.0(D+P+W$ 或 $E)$；

④ $2.0(D+P+L+W$ 或 $E)$；

⑤ $2.0C$。

式中，D、P、L、W、E 分别表示恒荷载、活荷载（包括雪荷载）、预应力、风荷载和地震作用在钢索内引起的拉力，C 表示结构安装过程中可能产生的最大拉力。在大多数情况下，索的截面尺寸是由组合②和③来控制的，这也就意味着在风荷载作用下结构的安全系数为 2.0，在活荷载作用下索的安全系数为 2.2。其根据不同荷载工况采用不同的组合系数比较科学，可资借鉴。

悬索结构的变形必须满足结构的正常使用要求，如不能因悬索屋盖的变形过大而引起屋面材料的开裂或渗透等。《索结构技术规程》(JGJ 257) 根据已建悬索结构的使用经验对悬索结构的变形作了规定，悬索结构的承重索跨中竖向位移不应大于表 4-3 的数值。

表 4-3　允许的承重索跨中最大竖向位移

结构类型	最大竖向位移
单层结构体系	$L/200$(自初始几何态算起)
双层结构体系、索网及横向加劲索系	$L/250$(自预应力态算起)

注：L 为承重索跨度。

上述规定是考虑到悬索结构属于柔性结构，只有在对其施加一定数值的预应力后，体系才具有必要的形状稳定性和刚度，因此除单层索系外，悬索结构的竖向位移均由预应力态算起。对单层悬索体系，考虑到一般均通过对悬索屋盖施加临时荷载后灌缝施加预应力。上述规定的竖向位移自初始几何状态算起，即由屋面承重构件（如屋面板、索等）作用之后算起，可与双层索统一。此外，设计时还需要特别注意不均匀的局部荷载往往使悬索屋盖产生显著变形，温度升高和边缘构件的徐变也会使悬索体系的挠度明显变大。

4.8 悬索结构的节点构造

节点的构造应符合结构分析中的计算假定。其所选用的钢材及节点连接的材料应按国家标准《钢结构设计标准》(GB 50017)、《混凝土结构设计标准》(GB 50010) 及《碳素结构钢》(GB 700) 的规定。节点采用铸造、锻压或其他加工方法制作时，尚应符合国家的有关规定。

节点及连接应进行承载力、刚度验算以确保节点的传力可靠。节点和钢索连接件的承载力应大于钢索的承载力设计值。节点构造尚需考虑与钢索的连接相吻合，以消除可能出现的构造间隙和钢索的应力损失。

4.8.1 钢索与钢索连接

钢索与钢索之间应采用夹具连接，夹具的构造及连接方式可选用：①U 形夹连接（图 4-24)；②夹板连接（图 4-25)。

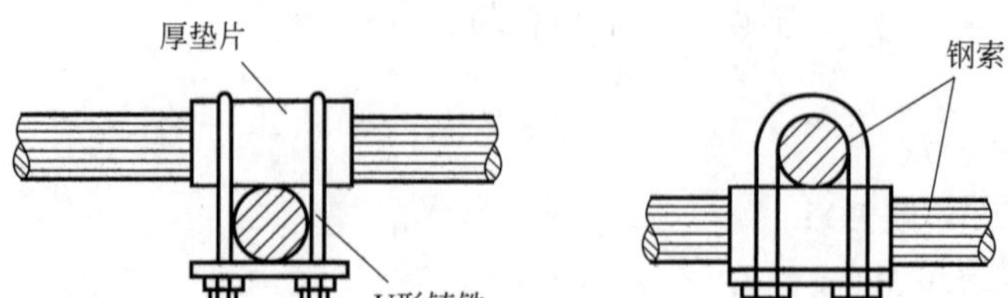

图 4-24　U 形夹连接

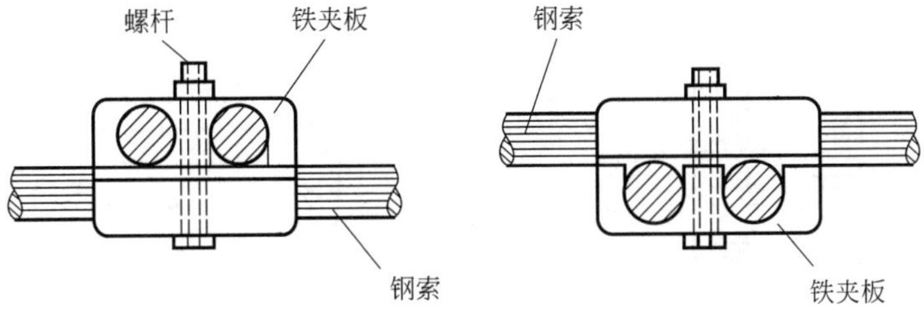

图 4-25　夹板连接

4.8.2　钢索连接件

钢索的连接件可选用下列几种形式：①挤压螺杆（图 4-26）；②挤压式连接环（图 4-27）；③冷铸式连接环（图 4-28）；④冷铸螺杆（图 4-29）。

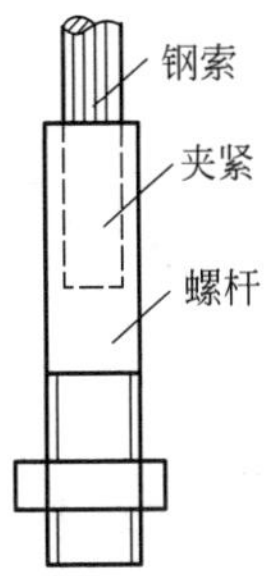

图 4-26　挤压螺杆

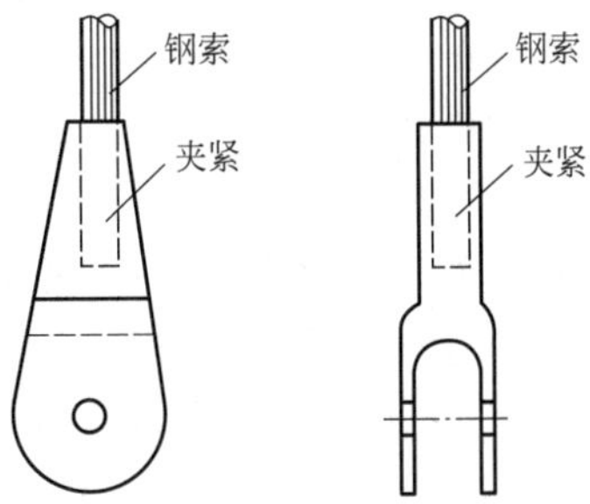

图 4-27　挤压式连接环

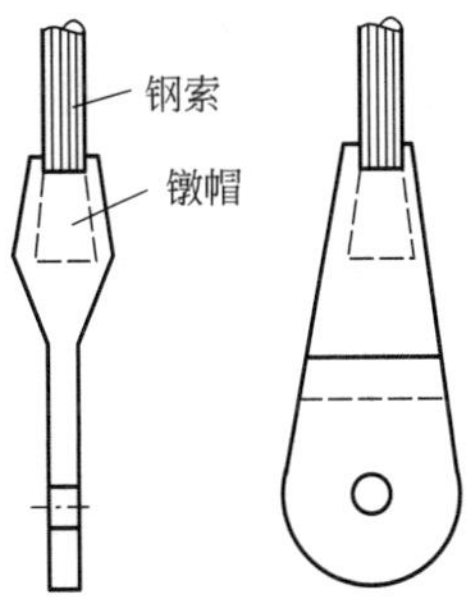

图 4-28　冷铸式连接环

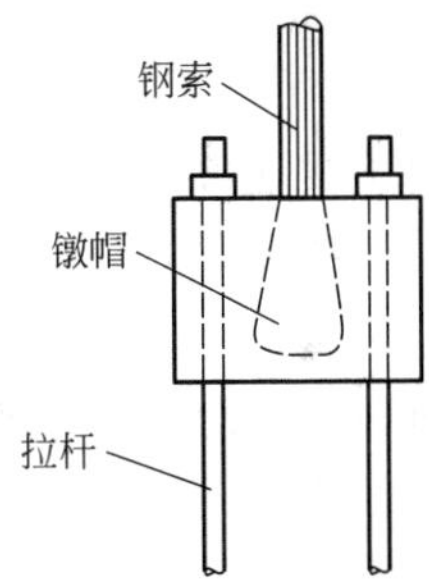

图 4-29　冷铸螺杆

4.8.3　钢索与预制屋面板连接

钢索与钢筋混凝土屋面板的连接构造可用连接板连接（图 4-30）或混凝土板内伸出钢筋连接（图 4-31）。

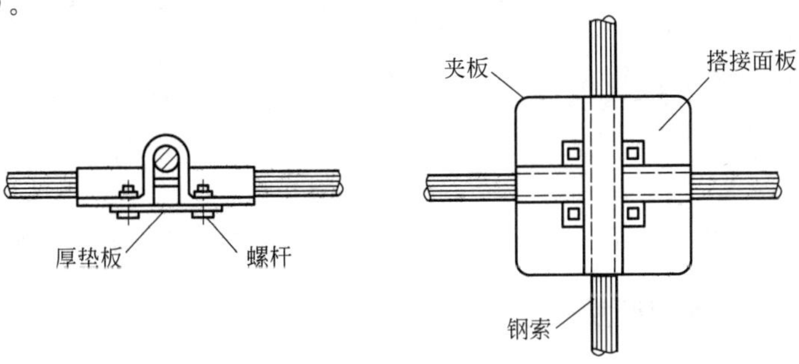

图 4-30　连接板连接

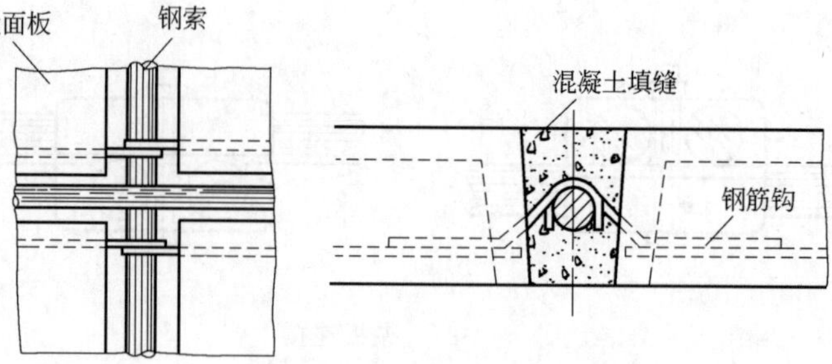

图 4-31　混凝土板内伸出钢筋连接

4.8.4　钢索支承节点

（1）锚具

钢索的锚具必须满足国家标准《预应力筋用锚具、夹具和连接器》(GB/T 14370) 中的Ⅰ类锚具标准，并按国家建设行业标准《预应力筋锚具、夹具和连接器应力技术规程》(JGJ 85) 的设计要求进行制作、张拉和验收。

锚具选用的主要原则是与钢索的品种、规格及张拉设备相配套。钢丝束最常用的锚具是钢丝束墩头锚具，又叫 BBRV 体系。这种锚具具有张拉方便、锚固可靠、抗疲劳性能优异、成本较低等特点，还可节约两端伸出的预应力钢丝，但对钢丝等长下料要求较严，对工人的技术要求高，从而导致人工费用也高。另一种比较常用的是锥形螺杆锚具，用于锚固 ϕ5mm 的高强钢丝束。钢绞线通常为夹片式锚具，夹片有两片式、三片式和多片式，其数量一般为 1～12 个，依据夹持的钢绞线的数量而定。目前国内有 JM 型系列锚具、OVM 型系列锚具、XM 型锚具等。

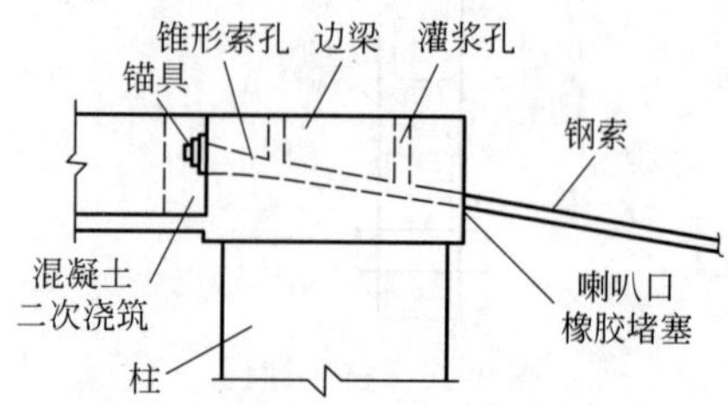

图 4-32　钢索与钢筋混凝土支承结构及构件的连接

（2）钢索与钢筋混凝土支承结构及构件的连接（图 4-32）

在构件上预留索孔和灌浆孔，索孔截面积一般为索截面积的 2～3 倍，以便于穿索，并保证张拉后灌浆密实。

（3）钢索与钢支承结构及构件连接（图 4-33）

（4）钢索与柔性边索连接（图 4-34）

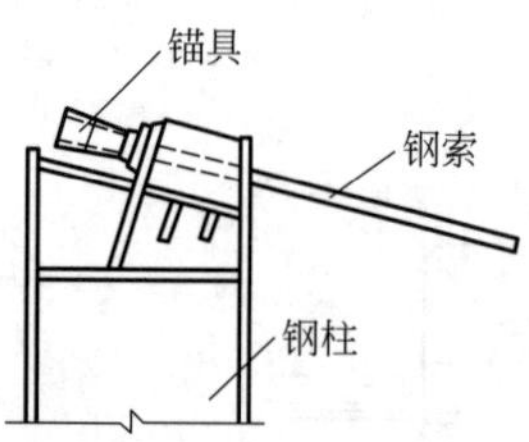

图 4-33　钢索与钢支承结构和构件连接

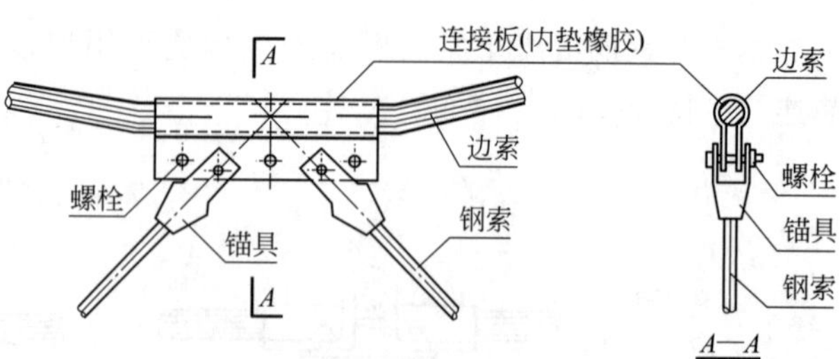

图 4-34　钢索与柔性边索连接

4.8.5　钢索与中心环的连接

圆形平面的悬索屋盖中，若钢索采用辐射式布置，钢索要与中心环相连接。图 4-35(a)、

（b）表示钢索在中心环处断开并与中心环连接。图 4-35（a）所示在中心环梁上设置钢销，钢索端部绕过钢销，用钢板夹具卡紧，将钢索固定在中心环上。图 4-35（b）表示在钢索端部采用螺杆式锚具将钢索锚定在中心环上。亦可采用钢索在中心环直通的节点构造［见图 4-35（c）］，这种连接不但改善了中心环的受力，而且简化了节点构造。

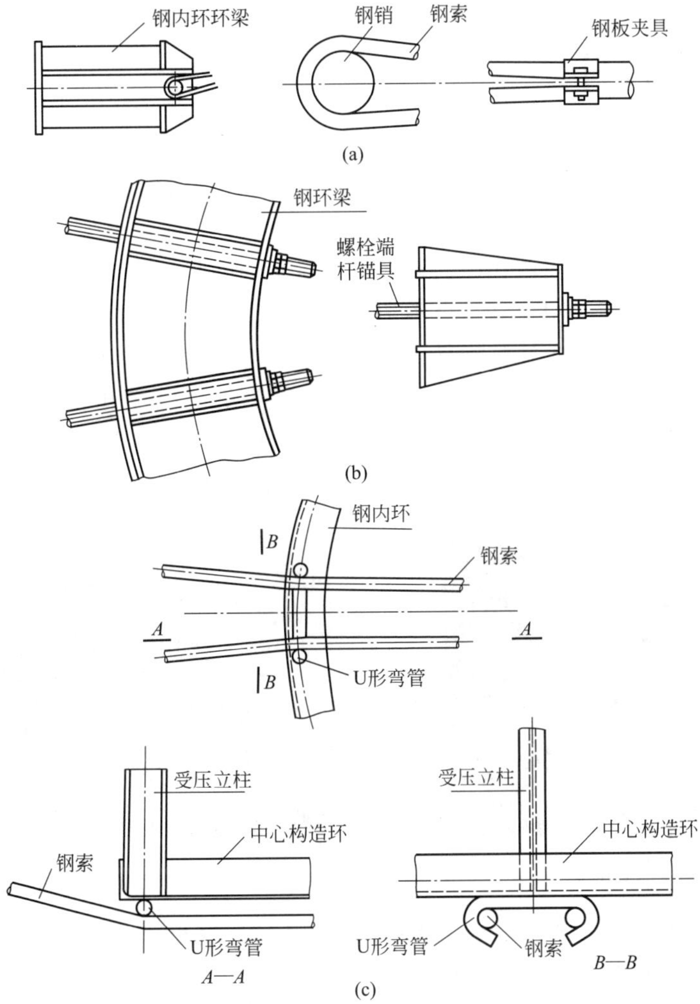

图 4-35　钢索与中心环连接

4.8.6　钢索与钢檩条的连接

钢索与钢檩条的连接见图 4-36。

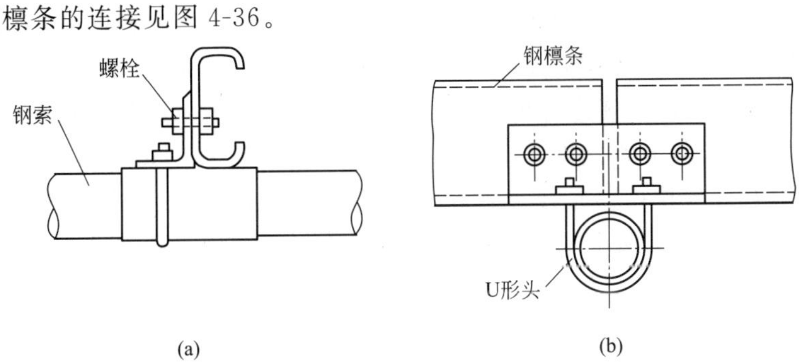

图 4-36　钢索与钢檩条连接

4.8.7 拉索的锚固

拉索的锚固可根据拉力的大小、倾角和地基土等条件用下列方法：①重力式；②板式；③挡土墙式；④桩式。

4.9 膜结构简介

膜结构泛指所有采用膜材及其支承构件（如拉索、钢骨架等）所组成的建筑物和构筑物。膜结构是近几十年突飞猛进发展起来的一种新型材料的全新建筑结构形式，目前已被广泛应用于体育设施、交通设施、商业设施、娱乐设施等各类建筑中。

开发有一定强度可传递荷载作用的轻型覆盖材料，必将对降低结构自重做出很大贡献。20 世纪中期开发的建筑膜材正好适应了这种需求。20 世纪 60 年代，德国斯图加特大学的井赖·奥托，先后于 1962 年和 1965 年发表了研究膜结构的成果，并同帐篷制造厂商合作，做了一些帐篷式膜结构和钢索结构，其中最受人注目的是 1967 年在蒙特利尔博览会的西德馆。膜结构的第一次集中展示并引起社会广泛重视是在 1970 年日本大阪万国博览会上。图 4-37 为大阪万国博览会的美国馆，图 4-38 为日本富士馆。

图 4-37　美国馆

图 4-38　日本富士馆

膜结构的突出特点就是它形状的多样性，曲面存在着无限的可能性。以索或骨架支承的膜结构，其曲面就可以随着建筑师的想象力而任意变化。与世界先进水平相比，我国在膜结构方面还是有一定的差距。近年来，中国在理论研究方面做了很多工作，应该说已建立起一定的理论储备，而在膜结构应用方面也开始呈现比较活跃的势头。我国膜结构的开发与研究，经国内外专家大力推广，目前已在北京、上海、武汉、义乌、青岛、广州等城市体育场建设项目中使用了膜结构建筑，如图 4-39 为中国 2008 年奥运会修建的国家游泳中心——水立方，它是国内首次采用膜结构建设的、国际上面积最大、功能要求最复杂的膜结构系统。国家游泳中心采用了乙烯-四氟乙烯共聚物（ETFE）的膜材料，具有质量轻、韧性好、拉伸强度高和耐候性强的特点。水立方采用双层 ETFE 充气膜结构，共 1437 块气枕，每一块都好像一个“水泡泡”，气枕可以通过控制充气量的多少，对遮光度和透光性进行调节，有效地利用自然光，节省能源，并且具有良好的保温隔热、消除回声的作用，为运动员和观众提供适宜的环境。如图 4-40(a) 为上海八万人体育场，图 4-40(b) 为深圳欢乐谷张拉膜结构。

与传统结构相比，膜结构具有如下优点。

(1) 自重轻，跨度大。例如充气结构的重量仅为其他屋盖结构的 1/10，因而容易构成

图 4-39 国家游泳中心（水立方）

(a) 上海八万人体育场　　(b) 深圳欢乐谷

图 4-40 膜结构案例

大跨度结构，且单位面积的自重不会随着跨度的增加而明显增加。

（2）建筑造型自由、丰富，富有时代气息。不仅可以用于大型公共建筑，也可以用于景观小品，为建筑师提供了更多的创作空间。

（3）透光性好。阳光透过薄膜可在室内形成漫射光，白天大部分时间无需人工采光，节约了照明费用，而晚上的室内灯光透过膜面给夜空增添梦幻般的夜景。

（4）易于施工。膜材的裁剪、粘合等工作主要在工厂完成，现场主要是将膜成品张拉就位的过程，装配方便，施工速度快。

（5）安全性好。膜结构属柔性结构，自重轻，具有优良的抗震性能，同时，膜材料通常是阻燃材料或不可燃材料，因此具有较高的安全度。

（6）自洁性好。膜材料表面涂层，特别是聚四氟乙烯（PTFE）涂层，具有良好的非黏着性，大气中灰尘不易附着渗透，而且其表面的灰尘会被雨水冲刷干净，使得建筑保持洁净与美观。

膜结构存在如下缺点和问题。

（1）耐久性差。一般的膜材使用寿命为 15～25 年，与传统的混凝土及钢材相比有较大的差距，与“百年大计”的设计理念不同。

（2）隔热性差。如果强调透光性，只能用单层膜，隔热性就差，因而冬天冷、夏天热，需要空调。

（3）隔声效果较差。单层膜结构只能用于隔声要求不高的建筑。

（4）抵抗局部荷载能力差。屋面会在局部荷载作用下形成局部凹陷，造成雨水和雪的淤积，这就使屋盖在这地方的荷载增加，可能导致屋盖的撕裂（帐篷结构）或翻转（充气结构）。

（5）维护和管理要求高。充气结构还需要不停地送风，因此维护和管理就特别重要。另外，气承式充气结构必须是密闭的空间，不宜开窗。

（6）环保问题。在环保改进策略与创新方向方面，可采取以下措施：开发生物基 ETFE（如甘蔗乙醇衍生的乙烯）；采用天然油脂衍生物替代部分石油基增塑剂（如将环氧大豆油用于 PVC）；研发水性/无溶剂聚氨酯（PU）及硅酮涂层，以降低 PFAS 污染风险。

4.9.1 膜结构的分类

膜结构建筑造型丰富多彩，千变万化，按照支承方式分为充气式膜结构、张拉式膜结构和骨架支承膜结构。

4.9.1.1 充气式膜结构

充气式膜结构是利用薄膜内外空气压差来稳定薄膜以承受外荷载的一种结构。充气式膜结构按照膜结构内外压差大小分为低压体系和高压体系两类。低压体系膜内外空气压差为10～100mm 水柱。正常情况下一般用 20～30mm 水柱，强风时 50～60mm 水柱，积雪时可达 80mm 水柱。图 4-41 所示为各种低压体系的充气膜结构示意图。

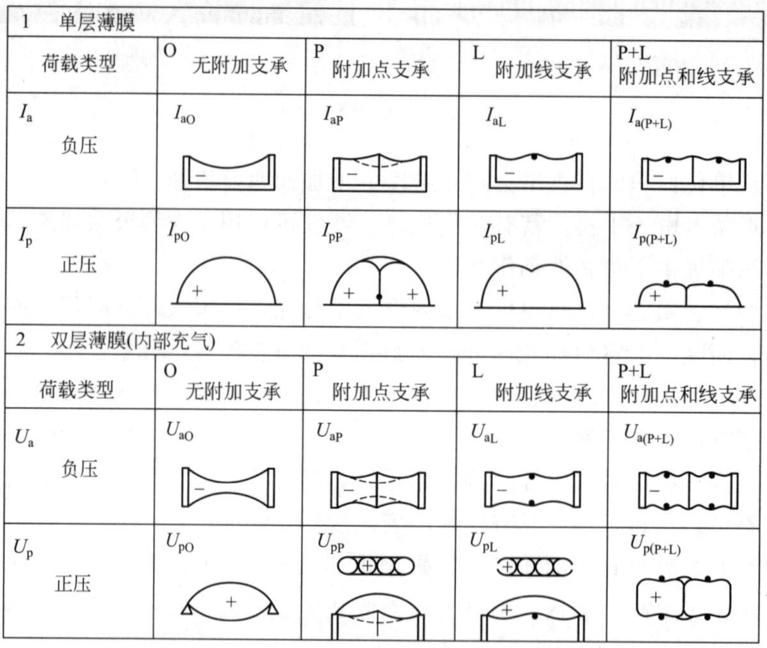

图 4-41 低压体系充气膜结构示意图

高压体系通常是气肋式薄膜充气结构（见图 4-42），薄膜压差为 2000～7000mm 水柱，这种体系一般由管状构件组成，所以也称管状结构，特殊情况也制成球形。管状构件可传递一定的横向力，其作用如同梁、拱、空间构架等。由于薄膜只能承受拉力，由荷载引起的压力必须由较大的膜内力抵消，所以需应用高压体系。它的压力比低压体系要高出 100～1000倍。这种结构可用于快速装拆，需要重量轻、运输体积小的场合，特别适宜于作为索网和薄

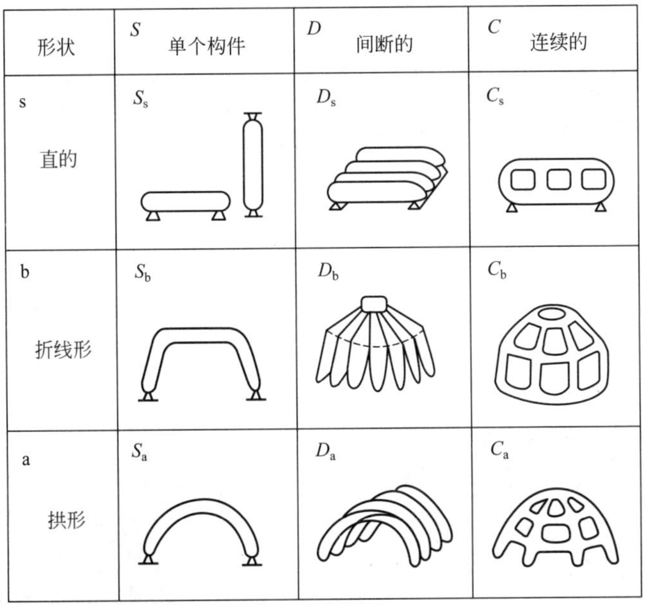

图 4-42　高压体系充气膜结构示意图

膜结构的支承构件。

气压估计方法：1 个大气压相当于 10360mm 水柱高，如薄膜结构内压为 10370mm 水柱，则差为 10mm 水柱，就产生相当于 $100N/m^2$ 的支持荷载的能力。

常用的低压体系充气膜结构有如下几类。

(1) 单层薄膜充气结构（气承式膜结构）

为了不易漏气，需用双道门，人们生活在此室内犹如置身于高气压环境中，无不适之感。

(2) 双层薄膜充气结构

这种结构是在两层薄膜间充气（正压体系）或抽气（负压体系）。这种结构开门窗较自由，也称“气垫结构”。

(3) 附加支承体系

为了分担薄膜的拉力，减少薄膜内力，可用各种附加支承结构，如附加点式、附加线式(用薄膜肋、钢索、梁、拱等)。点式支承的支承点必须具有足够大的面积，例如可用圆环或圆鼓状的面，不致使薄膜在这些点处破裂。点式支承区的大小可通过试验确定。附加线式支承可以比较有效地增加膜表面曲率和减少膜内力，并使薄膜应力均匀。

所谓薄膜肋是一层平整的薄膜，像一根索的作用一样。用薄膜肋可使屋面没有明显凹槽，使膜内力更均匀。薄膜肋还可以把膜内力传递到索网中去。

4.9.1.2　张拉式膜结构

张拉式膜结构（也称帐篷结构）又称预应力薄膜结构，其受力与索网结构很相似。由于薄膜很轻，为了保证结构的稳定，必须在薄膜内施加较大的预应力。因此，薄膜曲面总有负高斯曲率。图 4-43 所示为张拉式膜结构示意图。其边界可用刚性边缘构件［图 4-43(a)］；也可以是柔性索［图 4-43(b)］，这时由于拉力作用，边索曲线总是向薄膜内部弯曲。

张拉式膜结构中，薄膜材料既起到了结构承载作用，又具有围护功能，充分发挥了膜材

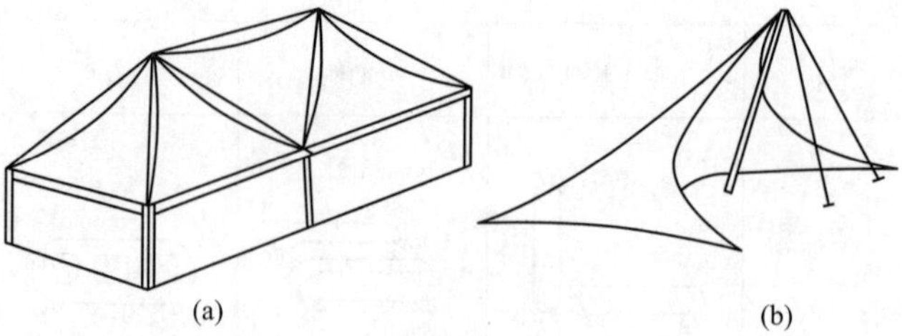

图 4-43　张拉式膜结构示意图

的结构功能。此外，根据建筑平面的形状、建筑造型、建筑功能等多因素确定合理的结构形式，结构造型丰富，富于表现力，是最具创意的结构形式，因此在大量的体育场馆中应用，参见图 4-44。但这种结构施工精度要求高，工程造价相对较高。

图 4-44　张拉式膜结构局部

图 4-45　骨架支承膜结构示意图

4.9.1.3　骨架支承膜结构

骨架支承膜结构是指以刚性结构（通常为钢结构）为承重骨架，并在骨架上敷设张紧膜材的结构形式。常见的骨架结构包括桁架、网架、网壳、拱等。在这种结构体系的计算分析中通常不考虑膜材对支承结构的影响，因此，骨架支承膜结构与常规结构比较接近，工程造价相对较低，便于被工程界采用，参见图 4-45。但这类结构中，膜材料自身承载作用没有得到发挥，跨度主要受到支承骨架的限制。

4.9.2　膜结构的材料

4.9.2.1　膜材的种类

在薄膜结构中，薄膜既是结构材料，又是建筑材料。作为结构材料，薄膜必须具有足够的强度，以承受自重、内压或预应力、风、雪等作用产生的拉力；作为建筑材料，它又必须具有防水、隔热、透光或阻光等建筑功能。膜材料作为膜结构的灵魂，它的发展也是与膜结构的技术密切相关、互相促进的。

膜的材料分为织物膜材和箔片两类。高强度箔片近几年才开始应用于结构。织物是由纤维平织或曲织而成的，已有较长的应用历史。根据涂层情况，织物膜材可以分为涂层膜材和非涂层膜材两种；根据材料类型，织物膜材可以分为聚酯织物和玻璃纤维织物两种。通过单边或双边涂层可以保护织物免受机械损伤、大气影响以及动植物作用等的损伤，所以，目前涂层膜材是膜结构中的主流材料。

结构工程中的箔片都是由氟塑料制造的，它的优点在于有很高的透光性和出色的防老化性。单色的箔片可同膜材一样施加预拉力，但它常常被做成夹层，内部充有永久空气压力以稳定箔面。跨度较大时，箔片常被压制成正交膜片。由于有较高的自洁性能，氟塑料不仅被制成箔片，还常常被直接用作涂层，如玻璃织物上的聚四氟乙烯（PTFE）涂层；以及用于涂层织物的表面细化，如在聚酯织物加聚氯乙烯（PVC）涂层外，再加一层面层，面层常以聚氟化合物为主，主要有聚氟乙烯（PVDF）和聚偏二氟乙烯（PVF）。织物膜材通过裁剪连接后由预拉力形成稳定的曲面形状。在张拉式膜结构中，预拉力通过在膜边界处张拉生成。织物纤维中的拉力与外荷载作用相互平衡。

工程中广泛应用的织物膜材的构造及基材结构见图 4-46。

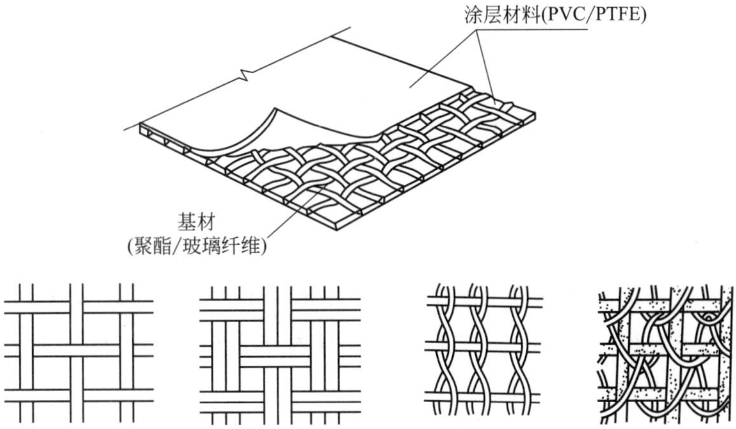

图 4-46　织物膜材的构造及基材结构

4.9.2.2　膜材的应力-应变关系

张拉膜结构曲面的稳定性是依靠经向和纬向两个主轴方向反向的曲率来保障的。其中一个方向的曲率如果是下凹的，另一个方向就是上凸的。膜材纤维的排列应该与这两个主轴方向一致，所以，膜材的基材一般为平织，因而可假定膜材为正交异性材料。图 4-47 是具有两个相反曲率的张拉曲面的示意图。

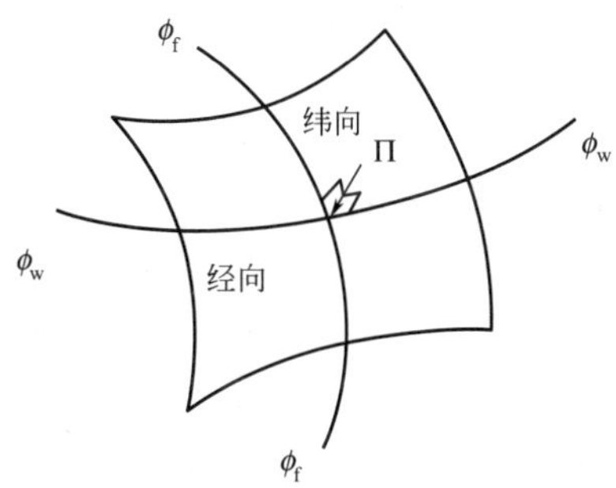

图 4-47　具有两个相反曲率的张拉曲面

张拉曲面中两个主轴方向的内力可以抵抗垂直于曲面的外荷载，如图 4-47 所示。其平衡条件可以表示为：

$$P=\frac{f_w}{R_w}-\frac{f_f}{R_f} \tag{4-16}$$

式中　P——单位面积上的外力；

f_w，f_f——经向和纬向单位长度的内力；

R_w，R_f——经向和纬向的曲率半径。

随着外荷载的增加，膜面形状改变，其中一个主轴方向的应力将抵抗外荷载，另一个主轴方向的应力将对曲面起到平衡作用。但是，实际上随着膜形态的变化，膜材的正交性会被破坏，材料主轴方向也将发生变化。但考虑到膜结构的变化是大位移小应变，结构分析时可以假定受力后膜材仍保持正交异性且主轴方向不变。根据胡克定律，膜材在经、纬两个主轴方向的本构关系如下：

$$\begin{Bmatrix} \varepsilon_w \\ \varepsilon_f \\ \varepsilon_{wf} \end{Bmatrix} = \begin{bmatrix} \dfrac{1}{E_w} & -\dfrac{\gamma_w}{E_f} & 0 \\ -\dfrac{\gamma_f}{E_w} & \dfrac{1}{E_f} & 0 \\ 0 & 0 & \dfrac{1}{G_{wf}} \end{bmatrix} \begin{Bmatrix} \sigma_w \\ \sigma_f \\ \tau_{wf} \end{Bmatrix} \tag{4-17}$$

式中　E_w，σ_w，ε_w——经向弹性模量、应力和应变；

E_f，σ_f，ε_f——纬向弹性模量、应力和应变；

G_{wf}，τ_{wf}，ε_{wf}——剪切模量、剪应力和剪应变；

γ_w，γ_f——经、纬向的泊松比。

式(4-17) 是对称矩阵，即有：

$$\frac{\gamma_w}{E_f} = \frac{\gamma_f}{E_w} \tag{4-18}$$

由于曲面和外荷载的关系取决于膜材两个主轴方向的物理关系，所以，膜材的双轴拉伸特性，包括弹性模量、泊松比等，对于膜材的设计是至关重要的。式(4-17) 中的材料弹性参数必须根据试验测定得到。

4.9.2.3 膜材的性能指标和设计取值

依据《膜结构技术规程》(CECS 158)，膜材应根据建筑功能、膜结构所处环境和使用年限、膜结构承受的荷载以及建筑物防火要求选用以下不同类别的膜材：

G 类，在玻璃纤维织物基材表面涂覆聚合物连续层的涂层织物；

P 类，在聚酯纤维织物基材表面涂覆聚合物连续层并附加面层的涂层织物；

E 类，由乙烯和四氟乙烯共聚物制成的 ETFE 薄膜。

对于 G 类和 P 类膜材，设计时应根据结构承载力要求采用不同级别和代号。G 类膜材可根据其经/纬向极限抗拉强度标准值、丝径、厚度和重量按表 4-4 选用，P 类膜材可根据其经/纬向极限抗拉强度标准值、厚度和重量按表 4-5 选用。

表 4-4　常用 G 类膜材等级

代号	经/纬向极限抗拉强度标准值/(N/5cm)	丝径/μm	厚度/mm	重量/(g/m²)
G3	3200/2500	3、4 或 6	0.25～0.45	≥400
G4	4200/4000	3、4 或 6	0.40～0.60	≥800
G5	6000/5000	3、4 或 6	0.50～0.95	≥1000
G6	6800/6000	3、4	0.65～1.0	≥1100
G7	8000/7000	3、4	0.75～1.15	≥1200
G8	9000/8000	3、4	0.85～1.25	≥1300

表 4-5　常用 P 类膜材等级

代号	经/纬向极限抗拉强度标准值/(N/5cm)	厚度/mm	重量/(g/m²)
P2	2200/2000	0.45～0.65	≥500
P3	3200/3000	0.55～0.85	≥750

续表

代号	经/纬向极限抗拉强度标准值/(N/5cm)	厚度/mm	重量/(g/m^2)
P4	4200/4000	0.65～0.95	≥900
P5	5300/5000	0.75～1.05	≥1000
P6	6400/6000	1.00～1.15	≥1100
P7	7500/7000	1.05～1.25	≥1300

4.9.3　膜结构的荷载、作用及其组合

4.9.3.1　荷载

膜结构中钢结构部分的荷载及荷载效应组合应按《建筑结构荷载规范》(GB 50009) 进行计算，下面主要对作用于膜结构的荷载及荷载效应组合进行介绍。

作用于膜结构的荷载应考虑永久荷载、活荷载、风荷载、雪荷载、初始预张力和内部压力等。

(1) 永久荷载。包括膜的自重、增强材料及连接系统的自重，若有固定设备（如照明设备、吊顶材料等）由膜材或增强材料支承，则应考虑这些设备的自重。

(2) 活荷载。屋面活荷载常被考虑为施工荷载，但《建筑结构荷载规范》(GB 50009) 并没有对膜结构活荷载作出规定，通常取活荷载标准值 0.3kN/m^2。应考虑活荷载的不均匀分布对膜结构的不利影响。

(3) 风荷载。风荷载是膜结构设计中的主要荷载，膜材应具有一定的曲率及预张力以抵抗风荷载。风荷载的取值可按《建筑结构荷载规范》(GB 50009) 进行，但膜结构的外形变化十分丰富，风荷载体型系数等参数往往没有现成的结果，因此对体型复杂或重要的膜结构建筑，其风荷载体型系数应通过风洞试验确定。

另一方面，膜结构自重轻，属风敏感结构，在风荷载作用下容易产生较大的变形和振动，应考虑风荷载的动力效应。但目前对薄膜结构风振问题的研究尚处于起步阶段，研究成果尚不成熟。利用风振系数描述结构在风荷载作用下的最大可能响应与平均风响应之比，方法简单，便于工程设计应用，但对于形状各异的膜结构，很难确定统一的风振系数。对于体型复杂、跨度较大或重要的膜结构建筑，风荷载动力效应可通过风洞试验进行评估，或由专业人员通过随机动力分析方法计算确定。

(4) 雪荷载。雪荷载的计算可按《建筑结构荷载规范》(GB 50009) 进行，但由于膜结构的外形比较复杂，雪荷载分布往往不太均匀，如低凹处雪的分布会比其他地方多，设计中应考虑雪荷载的不均匀分布对膜结构的不利影响。在满足建筑功能要求的前提下，可采用较大的屋面坡度以防止膜面积雪。而对于雪荷载较大的地区，最好采取一定的融雪措施。

(5) 初始预张力。对张拉式膜结构和骨架支承膜结构，应考虑膜材中引入的初始应力值。初始预张力值的设定应保证膜材在正常使用状态下不会因温度变化、徐变、荷载作用等原因发生松弛而出现褶皱，同时保证膜材在短期荷载（如强风作用）作用下的最大应力小于容许应力。初始预张力值的选取与膜材种类、曲面形状等因素有关，设计中通常由工程师凭经验确定，对常用建筑膜材，初始预张力值不低于 1kN/m。预张力值选取是否合适需要由荷载分析结果来衡量，往往需要几次调整才能得到合理的取值。

(6) 内部压力。对于空气支承膜结构，应考虑结构内部的气压。内压在空气支承膜结构

中起到维持结构形状并抵抗外荷载的作用，同时它也是作用在结构上的荷载。空气支承膜结构内压的确定应保证结构在各种工况下满足强度和稳定性的要求。通常情况下内压不低于 $0.20kN/m^2$，并应根据外荷载的情况进行调整。表 4-6 列出了日本膜结构技术标准的风荷载作用下空气支承膜结构的内压取值，表中 q 为风压。对雪荷载作用的情况，日本标准给出的内压值为大于 $(s+0.2)kN/m^2$ 且小于 $1.2kN/m^2$，其中 s 为雪压。

表 4-6　风荷载下空气支承膜结构的内压取值（日本膜结构技术标准）

	矢跨比	内压/(kN/m^2)		矢跨比	内压/(kN/m^2)
球面	0.75	$\geqslant q$	圆柱面	0.75	$\geqslant 0.8q$
	0.50	$\geqslant 0.7q$		0.50	$\geqslant 0.6q$
	0.375 以下	$\geqslant 0.6q$		0.375 以下	$\geqslant 0.5q$

4.9.3.2　作用

结构上的作用包括温度作用和地震作用。温度作用是指由于温度变化使膜结构产生附加温度应力，应在计算及构造措施中加以考虑。膜结构温度应力的计算中，年温度变化值 ΔT 应按实际情况采用，若无可靠资料，可参照玻璃幕墙的有关规程，取 80℃。由于膜结构自重轻，地震对结构的影响较小，因此可不考虑地震作用的影响。但对支承结构应根据相关规范进行抗震计算。

4.9.3.3　荷载效应组合

膜结构的计算应考虑荷载的长期效应组合和短期效应组合，可按表 4-7 采用。表中 S 代表荷载效应（如荷载产生的应力），其下标 G、Q、S、W 分别表示永久荷载、活荷载、雪荷载及风荷载，T_i 表示张拉式膜结构及骨架支承膜结构中的初始预张力，P_i 表示空气支承膜结构中的内压。实际计算中，长期荷载条件下只需计算活荷载、雪荷载中的较大者与永久荷载的组合。

表 4-7　荷载效应组合

结构类型	荷载类型	可能情况	荷载效应组合
张拉式膜结构 骨架支承膜结构	长期荷载	一般情况	$S_G+S_Q+S_{T_i}$
		雪	$S_G+S_S+S_{T_i}$
	短期荷载	风	$S_G+S_Q+S_W+S_{T_i}$
空气支承膜结构	长期荷载	一般情况	$S_G+S_Q+S_{P_i}$
		雪	$S_G+S_S+S_{P_i}$
	短期荷载	风	$S_G+S_Q+S_W+S_{P_i}$

4.9.4　一般设计计算原则

(1) 计算内容

膜结构的设计计算与传统结构有明显区别。膜结构属于柔性张拉结构，必须通过施加初始预张力才能获得结构刚度，不同的初始预张力分布将导致不同的结构初始形状，通常意义上的结构受力分析正是基于一定的初始形状而进行的。另一方面，膜结构的表面形状为空间曲面，且通常形状比较复杂，属不可展曲面，因此存在将平面膜材通过裁剪构成空间曲面的问题。

膜结构的设计计算应包括初始形态分析、荷载效应分析与裁剪分析三大部分。初始形态分析指确定结构的初始曲面形状及与该曲面相应的初始预应力分布；荷载效应分析指对结构在荷载作用下的内力、位移进行计算；裁剪分析指将薄膜曲面划分为裁剪膜片并展开为平面裁剪下料图的过程。这三部分的计算分析过程是相互联系、相互制约的，需要从全过程的角度进行分析，反复调整，才能最终得到满足建筑、结构要求的膜结构。例如，当膜结构在荷载作用下产生过大的内力或变形、或膜单元受压出现褶皱时，应返回初始形态分析阶段，通过调整初始预张力分布、结构外形及边界条件等使其满足要求。此外，必要时应进行膜结构施工过程的验算，设计中还应考虑施工过程的实现，如施工工艺、初始预张力引入等问题。

(2) 计算方法

膜结构的初始形态分析、荷载效应分析在本质上是一致的，可以采用相同的分析方法。各国学者对膜结构的分析计算提出了多种方法，经过不断完善和发展，目前得到公认并广为应用的三大计算机分析方法为：力密度法、动力松弛法和非线性有限元法。

力密度法将薄膜结构离散为由节点和杆件组成的索网结构，在给定的几何拓扑、支座位置及力密度值（即索力与索长之比）下，通过求解节点坐标的线性方程组求得结构的变形。动力松弛法将薄膜结构离散为节点与节点之间的连接单元，对各节点施加激励力产生振动，然后逐步跟踪各节点的振动过程直至最终求得结构的平衡状态。非线性有限元法将薄膜结构进行有限元离散，通过求解大位移小应变几何非线性有限元方程，求得膜结构的内力和变形。

(3) 容许应力法和安全系数

膜结构是一种新型的建筑结构形式，它在荷载作用下的内力、变形情况比较复杂，设计计算中应避免膜材出现较大的应力而导致过大的变形。参照国外标准，膜结构的设计一般采用容许应力法对膜材的应力进行控制，即荷载作用下的膜材应力不大于材料的容许应力，容许应力则由膜材的抗拉强度除以安全系数求得。基本验算条件为：

$$\sigma<\frac{f_u}{K} \tag{4-19}$$

式中　σ——膜材中的应力；

f_u——膜材的抗拉强度；

K——安全系数。

由于膜材强度受材料类型、生产过程、气候条件、安装技术等因素的影响，同时，膜材对缺陷比较敏感，因此通常对膜构件采用较高的安全系数。参照国外经验，长期荷载作用下取 $K=8$，短期荷载作用下取 $K=4$。

(4) 几何非线性与材料非线性

膜结构中的膜材和索均属柔性材料，只能承受拉力而不能承受压力、弯矩等作用，因此膜结构主要通过变形（曲率变化）来平衡外荷载，在外荷载作用下往往产生较大的变形。结构计算分析时必须考虑变形对平衡的影响，即考虑结构的几何非线性。

薄膜材料的应力-应变关系表现出明显的非线性，特别是在应力较大时，应力-应变曲线变化较大。但由于实际工程中的膜材往往处于较低的应力水平，设计应力远低于材料的破坏强度，因此在膜结构计算中可以不考虑材料的非线性效应，近似按线弹性材料考虑，这在很大程度上简化了膜结构的设计。

(5) 边界条件

膜结构计算模型的边界支承条件，可根据膜材与边缘构件（柔性索或刚性构件）的实际连接构造情况，假定为固定支承或弹性支承。对于骨架支承膜结构，若支承结构的刚度很大，可将膜材与刚性骨架的连接处视为固定支承边界。而一般情况下，可将膜材与支承骨架的连接处考虑为弹性支承，在膜的计算分析中考虑支承骨架刚度的影响，再根据连接处的支座反力进行支承骨架的计算。膜结构设计中应防止支承结构产生过大的变形，对可能出现较大位移的情形，计算时应充分考虑支承结构变形的影响，最好将膜结构与支承结构一起进行整体分析。

(6) 膜材的松弛与褶皱

膜结构中若膜材出现松弛，会导致结构刚度的降低，在风荷载作用下容易出现剧烈振动，导致整体结构受力的无谓增加，甚至可能导致膜材撕裂。膜材的松弛还会引起褶皱，从而影响膜结构的美观及排水性能。因此在正常使用状态下，膜材不应出现松弛与褶皱现象。如果在荷载效应分析中发现膜结构出现褶皱，说明形态分析得到的初始预张力分布不能满足膜结构的正常使用要求，需重新进行初始形态分析。

4.9.5 索膜结构的基本理论与分析方法

4.9.5.1 索膜结构分析基本原理

索膜结构是由拉索、压杆和膜材整体张拉组成的空间结构体系，它与传统结构有很大差别。作为一种柔性结构，索膜结构材料本身不具有刚度，由这些材料组成的结构体系初始时只是一种机构，只有对其施加了一定的预张力后，结构体系才具有了抵抗外荷载的刚度。

因此，索膜结构设计与传统结构的设计也有很大差别，它打破了传统的“先建筑，后结构”的设计过程，要求建筑设计与结构设计紧密结合以确定建筑物的形状。

索膜结构设计分析主要包括三方面：形态分析、荷载分析和裁剪分析。即首先求得一个所需的几何外形，在此基础上进行荷载分析，在分析过程中，对出现压应力的单元采取暂时剔除其对刚度矩阵的贡献，直至其重新受拉的处理方法，最后通过裁剪分析，求出裁剪线。膜结构的形状判定、荷载分析和裁剪分析是相互联系、相互制约的，必须从全过程、一体化的角度来考虑。

4.9.5.2 形态分析

形态分析即找形分析，是膜结构分析的第一步，主要完成膜结构初始形状的判别以及初始预应力分布情况的分析，为后续的分析提供必要的条件。

同传统结构形式的荷载分析一样，膜结构的荷载分析必须在已知形状的基础上进行，但是对柔性薄膜结构这一复杂的曲面形式，由于膜材料不能承受弯矩、压力，膜材本身又是高度柔性的，故在引进预拉应力之前，其构造的几何图形随着边界和荷载的变化而具有不确定性，并且很难用一显式 $z=f(x,\ y)$ 给出形状的表达式。所以为使膜结构在荷载分析之前的几何图形成为结构，承受外荷载，这个形状必须符合合理的、自平衡的应力体系要求，这就需要一个找形过程，即膜结构的形态分析。

形态分析包括结构初始形体的确定和结构初始形状判定分析，其中对膜结构几何形体的表达贯穿了形态分析的全过程。结构初始几何形体的确定是指在满足一定几何边界条件和曲面形成法则的条件下，采用数学上的曲面理论或其他方法构造结构曲面；结构初始形状判定分析则是指在结构初始几何形态确定的基础上，求得一个满足力学平衡的结构初始形状和特定的预应力分布。为了使结构具备足够的刚度，以确保结构在各种荷载作用下及边界条件约束下，结构中的任一部分都满足强度要求，且保证不出现压应力从而出现褶皱退出工作，除了使结构的初始曲面具备一定的刚度外，还须施加预应力以进一步获得刚度。张力膜结构的几何外形与其预应力分布及大小有着密切的依赖和制约关系，不同的预应力分布、预应力值可以导致不同的几何外形；反过来，确定的一种几何外形必然有唯一一组相应的预应力分布。因此，形态分析的目的就是找到一个满足建筑和结构要求的初始自平衡力学体系。

形态分析方法包括：动力松弛法、力密度法和非线性有限元法。动力松弛法、力密度法专门适用于膜结构的形态分析，在本节中简单介绍，而非线性有限元法的原理及方法与其他有限元教材基本相同，这里不再重复。

(1) 动力松弛法

动力松弛法是一种有效求解非线性系统平衡的数值方法。其最大的优点在于能够由非平衡的初始态得到平衡态，特别对于柔性结构的成形是卓有成效的。它的基本原理是将结构体系离散为节点和节点之间的连接单元，对各节点施加激振力使之围绕其平衡点产生振动，然后动态跟踪各节点的每一步振动过程，直至各节点因为阻尼的影响最终达到静止平衡态。

动力松弛法在对膜结构进行形态分析时，先将整个结构按一定规律划分为三角形单元，并认为各三角形单元只能沿三个边长方向产生伸缩变形，这样结构被离散为由节点和各直杆连接单元构成的网状结构。然后，虚设节点的质量和阻尼。虚设的阻尼一般采用“运动阻尼”，即把结构视为无阻尼的自由振动。结构从初始态开始运动，跟踪结构在动荷载下的动能变化。当体系的动能达到极大值时，所有的速度分量置为零。运动过程从当前几何状态重新开始并将继续经历更多的极值点（其值通常是递减的），直到结构的动能逐步减小并趋于零，此时体系到达静力平衡点。

动力松弛法的稳定性好，收敛速度较快，不需要解大型非线性方程，适用于大型结构计算。但是动力松弛法进行结构的形状确定时，首先需要对各次迭代的时间间隔 Δt 进行设定，由于没有明显的规律性，需要进行多次试算；同时考虑到对计算结果准确性的要求，计算的总迭代次数比较多，即将总动能峰值和节点残余应力值的收敛设得足够小。因此应用动力松弛法的计算结果较为繁琐，同时也大大增加了程序计算时间。若是在足够多的迭代次数条件下，动力松弛法的计算精度是可以保证的。

(2) 力密度法

力密度法的基本原理是将膜结构离散为由节点和杆元构成的索网结构模型，在给出了离散后结构各杆件的几何拓扑关系、设定的力密度值和边界节点坐标后，即可建立每一节点的静力平衡方程，将几何非线性问题转换为线性问题，联立求解一组线性方程组得到索网各节点坐标。它的理论依据是最小势能原理，成形过程中通过调整杆内力和长度的比例达到最终期望的要求，这种方法在运用最小势能的同时加入了力密度的限制条件。

力密度法进行薄膜结构形态分析的过程是一个离散等代的过程，它能立刻求出预应力态时任意外形的空间坐标，前提条件是对所计算膜结构的经、纬向力密度值（杆内力与杆长之比）进行设定。这个方法可以避免初始坐标问题和非线性的收敛问题。但是，力密度值的设定对计算结果的准确性影响相当大。另外，因为它将非线性问题用线性的方法来解决，导致不能精确反映结构的真实形态。因此该方法算得的初始位形误差较大。

膜结构形态分析的三种方法在弹性力学理论本质上是相同的，相对而言，力密度法计算速度快，便于结构方案的调整，但误差较大，适合于初始确定阶段。

4.9.5.3 荷载分析

在经过形状判定、确定了结构几何和相应的预应力分布及预应力数值之后，就可以进行膜结构的荷载分析。荷载分析包括静力分析和动力分析两个方面，主要分析结构在风荷载、雪荷载、自重等作用下的反应。

膜结构荷载分析的基础是非线性有限元法，考虑结构的几何非线性，可忽略材料非线性，当然也有一些研究同时考虑薄膜材料的物理非线性，将材料模型假设成黏弹性体，并顾及预应力损失的影响，用 Newton-Raphon 法求解，对膜中的索采用二节点直线空间铰接杆单元，而对膜采用三角形或曲边形膜单元。膜结构的荷载分析相对其他膜结构设计关键技术来说，应该是最成熟的，也是国内外学者过去研究最多的领域。随着计算机性能的提高、有限元方法的不断完善和各种数值计算方法的改进，采用大位移小应变的正交异性膜单元对膜结构进行荷载分析应该不是困难的事情，但是应该注意到膜结构的有限元分析与其他结构有限元分析的区别。由于膜材高度的非线性，使用稠密网格划分的低精度单元，比采用稀疏网格的高精度单元进行有限元计算具有更高的精度。另外还应该注意非线性方程组迭代收敛的条件和判断准则及褶皱区的判断和处理。分析过程中的每一步均须对单元的受力状态进行判别，若单元出现压力，基本方法是忽略该单元在结构分析时的作用，即令受压单元退出工作，剔除其对刚度矩阵的贡献，直至其重新受拉。具体措施各有不同，但所有的方法必须保证刚度矩阵不奇异，以便求解顺利进行。运用非线性有限元法进行荷载分析，结构的单元计算模型、坐标转换、矩阵的形成、迭代方法以及收敛准则都基本与形态分析一致。

4.9.5.4 裁剪分析

膜结构全分析的最后一步为裁剪分析，其实质是膜结构施工前的下料分析。膜片裁剪的过程就是根据建筑要求和幅宽限制将膜曲面划分成若干个部分，然后将其近似地展开为零应力状态的平面。

(1) 裁剪分析的基本问题

由于几何外形的复杂性及膜材本身宽度的限制，膜结构的表面要由不同几何形状的单片膜材通过高频焊接或缝合而成，即由二维的膜材通过拼接、张拉来构成三维空间曲面。由于单片膜材的裁剪和连接是在无应力状态下进行的，而结构张成后膜材必须处于全张拉状态。为保证结构表面不出现褶皱而退出工作，必须选定合适的裁剪式样并确定精确的连接坐标，这就需要进行裁剪分析。现有的裁剪分析是基于形状和荷载态分析之后的特定几何外形进行的，即在此特定几何上考虑膜材的幅宽并控制裁剪线最短来寻求一个适宜的裁剪式样，事实上就是一个施工下料的过程。由于裁剪分析与整个膜结构的形状、大小、曲率以及材料性质（幅宽、松弛情况）等诸多因素有关，同时，一个既定的形状未必就有合适的裁剪式样，而裁剪式样及裁剪线的改变又将导致曲面的几何外形、材料的主轴方向及单元划分的相应改变（膜材并非各向同性，材料的弹性主轴方向应与主轴应力方向尽量一致；裁剪线应作为单元划分的公共边），从而直接影响形状判定和荷载态的分析。因此，膜结构的裁剪分析不能视同一般的施工下料，而应作为全过程分析的一部分。

(2) 裁剪分析的基本模型

裁剪分析的计算模型总的来说分为三类，即物理模型方法、几何模型方法和平衡模型方法。物理模型方法和几何模型方法都是传统的裁剪方法，并且都有一定的局限性。物理模型对于设计张拉结构工程是不可缺少的一部分，而几何模型基本上适用于充气屋和充气船。平衡模型方法以其灵活、迅速和准确的特点，已成为膜结构裁剪分析发展和应用的主要领域。

(3) 膜结构的下料原则

膜结构的找形分析往往采用离散化有限元分析得到的自平衡曲面形状，但这种有限元网格同裁剪下料用的膜片完全不同，因为这种有限元网格的划分仅仅是为了寻找膜结构的初始平衡形状，并没有考虑网格与原曲面的近似程度以及美观等诸方面的因素。膜结构的外形可以千变万化，而且充气膜与张拉膜由于结构上的某些差异，它们的裁剪方法本身就有差异，因此要对所有形式的膜结构建立一套统一的裁剪方法是不现实的。有学者应用了拓扑学和几何学原理建立曲面剖分准则，然后考虑膜结构的收缩量（包括受初应力影响产生的弹性变形和膜在长期应力作用下产生的徐变）来完成对膜材的加工，得出一种实用的裁剪方法；另外有以控制变形能最小这一方法，它一般将空间曲面强行展开成平面，但很难计算误差，而且要经过复杂的数学运算，这种方法不利于实际工程的应用。

在膜结构的实际工程中，应考虑膜材的布料幅宽及膜结构的整体美观两个基本问题。由于膜材是一匹一匹生产的，具有一定的幅宽。实际结构中必须用平面膜片，经过裁剪下料、粘合或焊接，才能形成设计的形状，因此，实际剖分的膜片应考虑工程造价，要充分利用所提供的膜材的宽度。膜片的大小要充分考虑膜材幅宽的影响，以避免浪费。由于薄膜材料具有透光性，实际结构中可以清楚地看到裁剪缝，也即膜片的裁剪分割线，因此膜片的分割缝布置一定要规则、合理，甚至可以形成一些简单的图案以增加结构的美感。

(4) 裁剪分析的主要方法

裁剪分析的方法有测地线法、无约束极值法、动态规划法、平面热应力法、增量杆单元有限元法、板单元有限元法等。

4.9.5.5　膜结构分析的计算机技术

有限元法分析薄膜结构时，自身也存在一些不足之处，需要大量初始数据描述结构，且在数据生成时极易出错，要想从中发现结构的受力、变形规律是一件困难的事，特别是对膜结构的形状确定分析。此后人们认识到将有限单元法和图形交互技术结合起来，几乎可以克服所有膜结构形状确定分析和荷载分析所遇到的困难，借助于这一媒介，可以充分体现设计人员的设计意图，向人们展示未来结构的风貌。

一般情况下，运用于膜结构的很多技术都不依赖于特定的计算机辅助系统，但是离开了计算机，也就无从谈起利用计算模型进行膜结构的各类分析。在过去的 20 多年中，计算机在膜结构领域得到了广泛的应用，并取得了许多成果。因为所有的计算机模型都包括一定的近似，裁剪分析与张力结构的找形分析有着相对应的近似，总的来说可以控制到可接受的程度。随着研究的深入和计算机硬件技术的提高，各种计算模型的近似误差可望越来越小。目前已开发出多种计算机程序以辅助工程师进行膜结构的设计，尤其涉及找形分析、荷载分析、裁剪分析这几个关键过程。膜结构的整个设计过程是建筑、结构方案的选择与结构分析计算的交叉反复，如果没有专用的计算机辅助设计系统作为设计工具，很难想象在短时间内能够得出最优方案。计算机辅助设计系统的应用，是膜结构设计方法发展的必然趋势。膜结构是一种特殊的结构形式，相应的计算机辅助设计系统必有其特殊性。现就膜结构的全过程分析简要总结膜结构计算机辅助设计系统的基本组成，图 4-48 给出了膜结构计算机辅助设计系统框图。

现代膜建筑的设计过程把建筑功能、内外环境的协调、找形和结构传力体系分析、材料

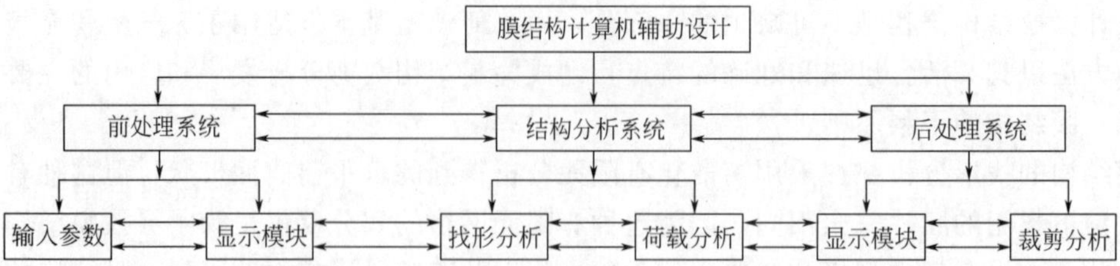

图 4-48　膜结构计算机辅助设计系统框图

的选择与裁剪集于一体。借助于计算机的图形和多媒体技术进行统筹规划与方案设计，再用结构找形、体系内力分析与裁剪的软件，完成索与膜的下料与零件的加工图纸。

(1) 前处理系统

主要定义膜结构的几何模型、材料特性、外荷载，并能从各个角度显示出结构的外形以验证几何形状的正确性，同时产生系统进行找形分析、荷载分析所需要的数据。目前可视化设计软件多采用图形输入法输入结构的几何外形。图形输入法是以人机交互方式工作的，可以边输入边显示，有错就改，有漏就补，十分方便灵活。材料的特性主要包括膜材的经、纬两方向的弹性模量、最大允许应力、索的弹性模量，外荷载主要包括风荷载、雪荷载、自重等，另外还包括初始预应力值、受压构件的截面面积等。图 4-49 所示为设计系统前处理的大致操作步骤。

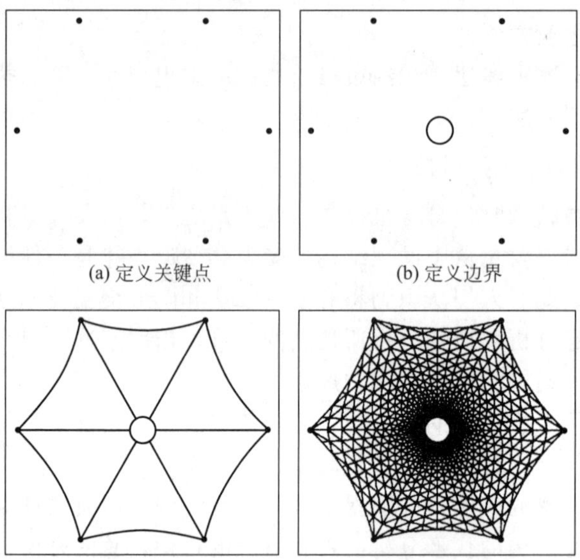

(a) 定义关键点　(b) 定义边界

(c) 完成建筑外形的建模　(d) 划分有限元网格

图 4-49　设计系统前处理过程示意图

(2) 结构分析系统

主要包括膜结构的找形分析和荷载分析两个模块，完成膜结构的找形、形状判定和内力分析，输出位移、应力和后处理系统所需要的数据文件。

膜结构是纤维织物构成的。虽然膜材在平面内承受很大的拉力，但它不能承受平面内的压力和平面外的弯矩，不然膜面会松弛，继而失去刚度，出现褶皱。判断结构是否会出现褶皱是判断索膜结构预应力大小选取是否合适、索膜结构建筑外形是否合理的一个关键因素。找形和荷载分析的最主要目的也在于此。图 4-50 所示为在脊索、边索和膜面共同作用下形成的一个伞状膜结构。

(3) 后处理系统

主要包括显示模块和裁剪模块。显示模块应能从各个方向显示膜结构的线框图和位移，并且能显示其实体模型。此外显示模块还应具有另一重要功能，即应力的可视化，如采用应力彩色图和应力数值相结合的方式显示膜结构的应力，这样就非常容易找到应力异常区和褶皱区。

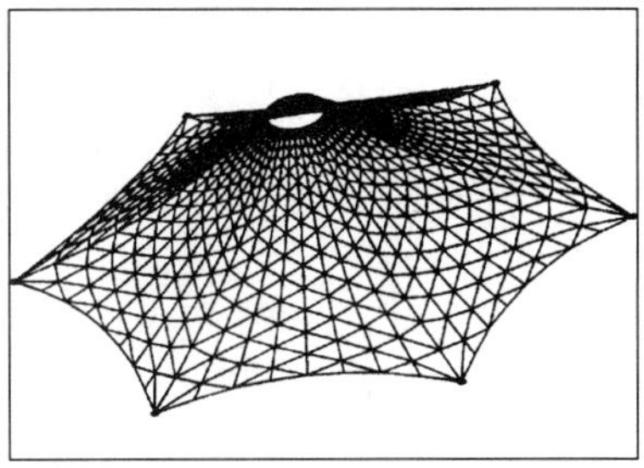

图 4-50　找形分析后的曲面形状

裁剪模块的主要功能是生成考虑由初始预应力引起的经、纬方向伸长和连接影响的裁剪下料图以及诸如 DXF、HPGL、LGES 等格式能被普通计算机辅助制造系统接收的数据文件，以便据此利用人工和计算机辅助制造系统进行膜材的裁剪制作。图 4-51 所示的膜片是图 4-50 所示结构的裁剪图。

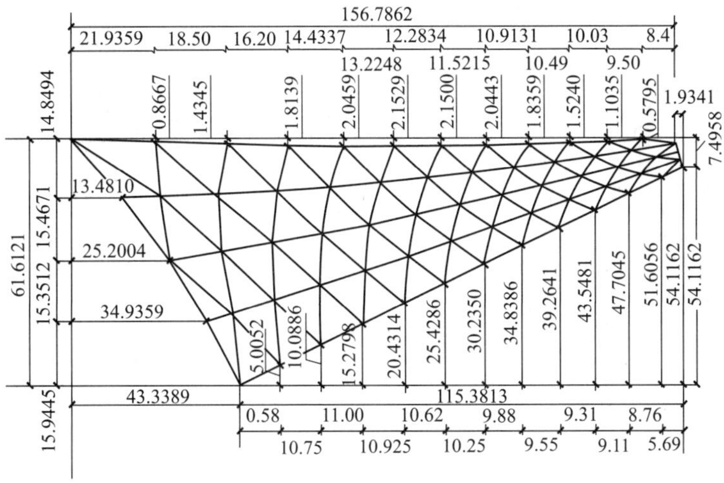

图 4-51　裁剪分析后生成的膜片加工图

4.9.6 膜结构的节点构造

由于气承式膜结构对密闭性有很高的要求，因此在施工设计过程中需要采用一些特定的节点形式，该类索膜连接节点不仅要保证结构正常安全使用，而且要施工简便、受力合理。对于膜材连接应使接缝满足 20℃条件下，连接处应能承受的值为最大荷载标准值的 2 倍，且持续时间最少为 4h 的持续荷载作用；在 70℃条件下，连接处应能承受的值为与最大荷载标准值相等，且持续时间最少为 4h 的持续荷载作用。

(1) 索膜连接节点形式

下面给出了一些在实际工程中比较常用的索膜连接节点形式（图 4-52～图 4-60）。

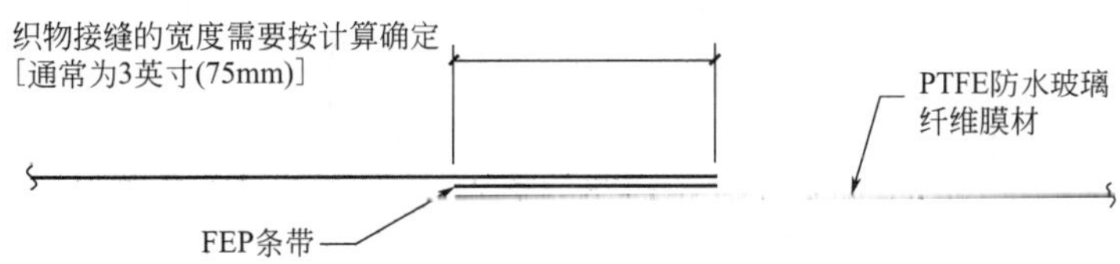

图 4-52　典型接缝

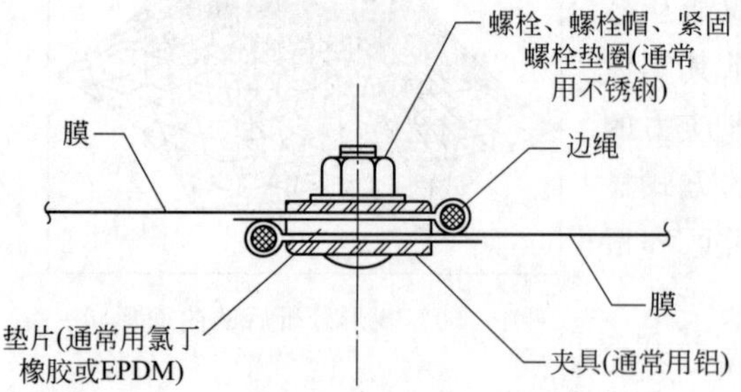

图 4-53 典型的机械式节点连接

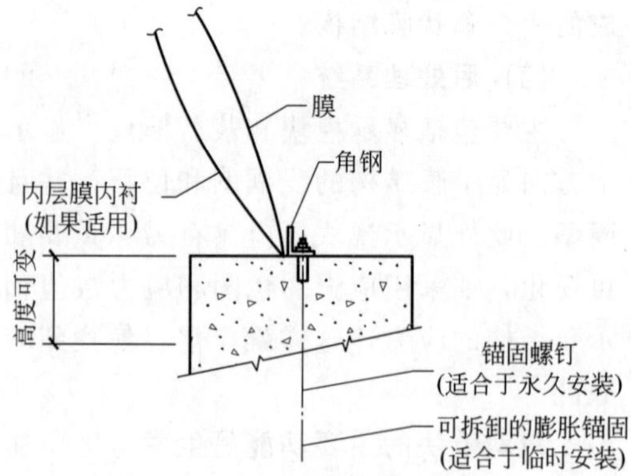

图 4-54 典型的膜周边连接

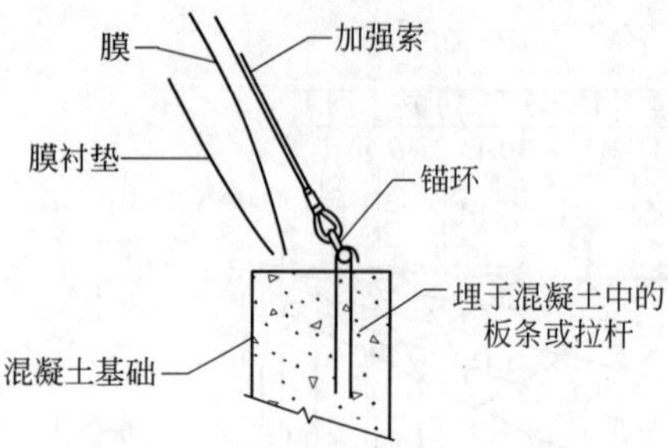

图 4-55 永久加强连接件

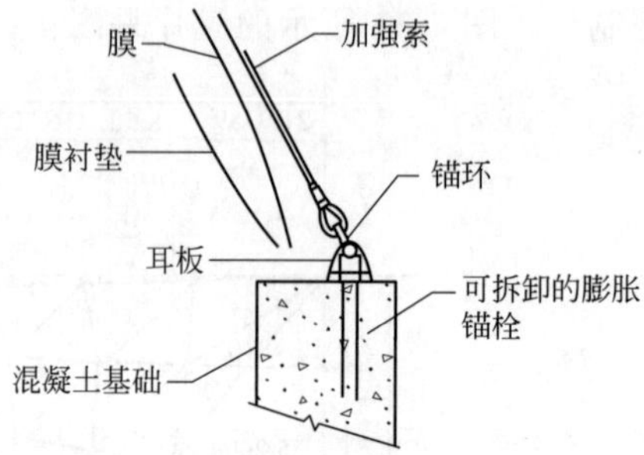

图 4-56 临时性的加强连接件

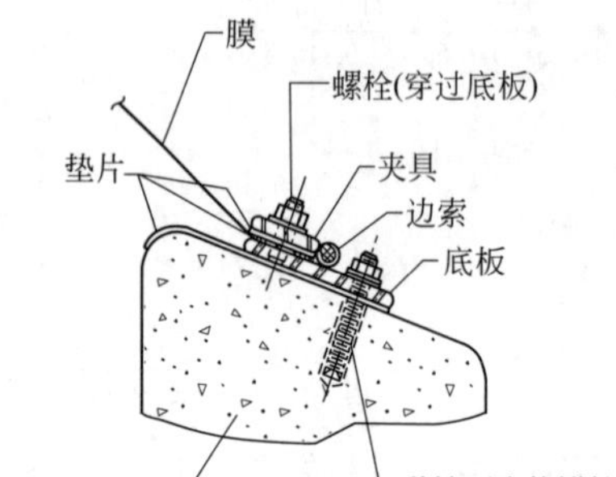

图 4-57 典型膜边界连接

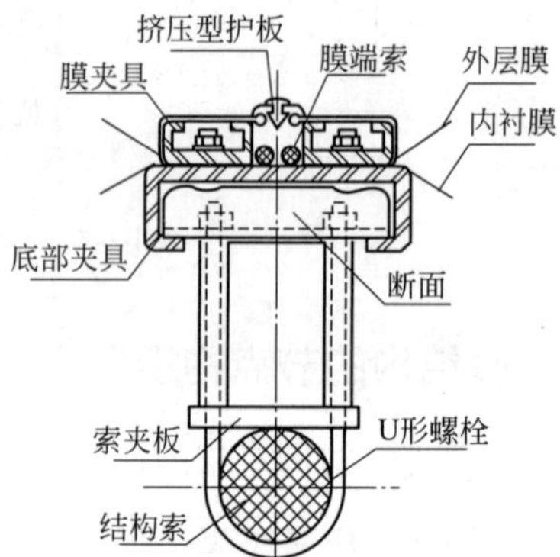

图 4-58 索膜断面

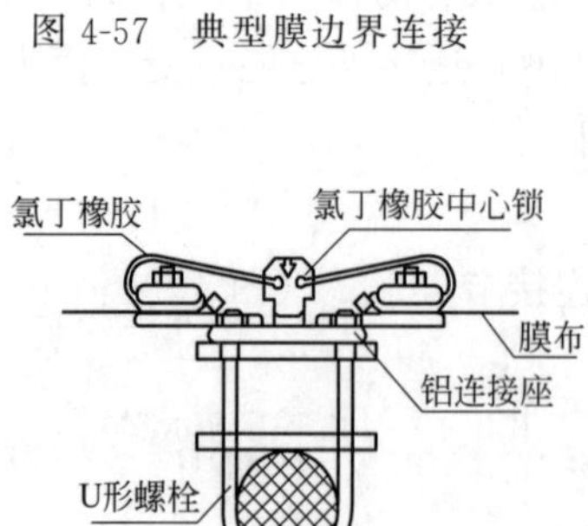

图 4-59 索膜连接详图

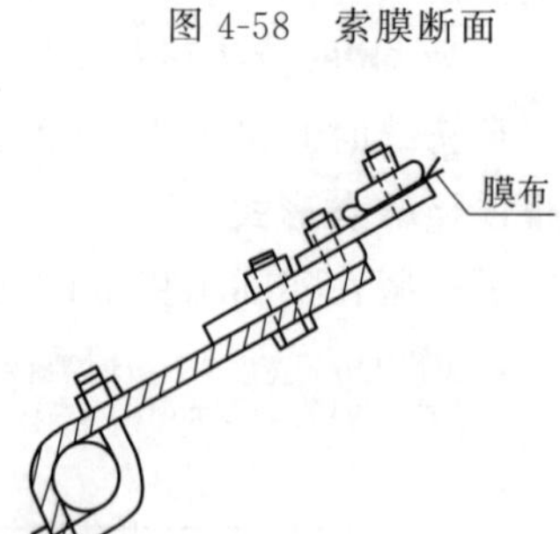

图 4-60 边缘索膜连接详图

(2) 锚固类型

建造气承式结构较经济，它们的寿命一般 8～15 年，要扩建、改建或搬迁至新的场地都很容易，薄膜锚具应该使用同样方便和经济。薄膜锚固时，要求有很多低强度的锚固点，可采用重力锚固或压土锚固，一般压土锚固更容易放置和搬移，如图 4-61 所示。压土锚固的承载力取决于土壤的物理性能，尤其是抗剪强度，地面附近区域变干、受潮或冰冻会改变地面的强度。为了尽可能地使锚固能力受季节变化微小，锚具的基角至少应当在变化区域下面 70～100cm。

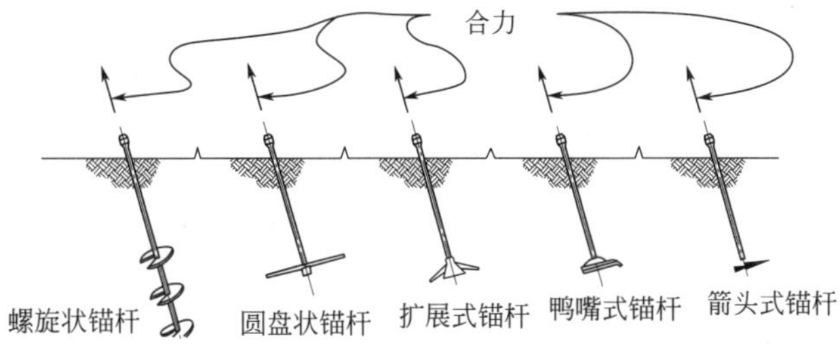

图 4-61 各种形式的锚杆

4.10 工程实例简介

4.10.1 美国雷里竞技馆

1953 年建成，平面尺寸 92m×97m，屋盖采用马鞍形正交索网体系（图 4-62）。索网支承在两个相对倾斜的平面抛物线拱上，拱与地面成 21.8°角。两抛物线拱脚由倒置的 V 形架提供支承，支架两腿与拱连接形成两个拱的延伸部分，在 V 形架两腿之间设置预应力钢筋混凝土拉杆［图 4-62(d)、(g)］。斜拱的周边以 2.4m 间距的钢柱支承，立柱兼作门窗的竖框，形成了以竖向分隔为主、节奏感很强的建筑造型。中央承重索垂度 10.3m，垂跨比约 1/9，中央稳定索拱度 9.04m，拱跨比约 1/10。承重索直径 19～22mm，稳定索直径 12～19mm，索网网格 1.83m×1.83m。屋面由 22mm 的波形石棉防护金属板组成，上覆 38mm 厚隔热层。这种以一对平面拱作为边缘构件的鞍形曲面，其特点是在靠近高端部分比较平坦，曲面刚度较小。屋面自重不到 30kg/m^2，而最大风吸力可达 0.77kN/m^2。为了解决由此带来的风振问题，在屋面与周边构件之间设置了钢牵索作为阻尼器，以增强屋面稳定性［图 4-62(f)］。除基础外，整个建筑造价仅为 141.5 美元/m^2。该结构的特点在于形式简洁、受力明确。在拱脚设置预应力拉杆大大减小了推力，基础较小、施工方便。此索网结构被公认为第一个具有现代意义的大跨度索网屋盖结构，对其后的悬索结构发展起到了重要的推动作用。

4.10.2 北京工人体育馆

北京工人体育馆建成于 1961 年，建筑面积 42000m^2，容纳观众 15000 席，是当时国内最大的室内体育建筑，也是国内第一座悬索结构屋盖建筑。其屋盖为圆形平面，直径 94m，采用辐射式双层悬索体系，主要由双层索、中心钢环和周边混凝土环梁三部分组成（图 4-63）。下索采用 72ϕ5mm 平行钢丝束，共 144 根，垂跨比 1/15.7；上索采用 40ϕ5mm 平行钢丝

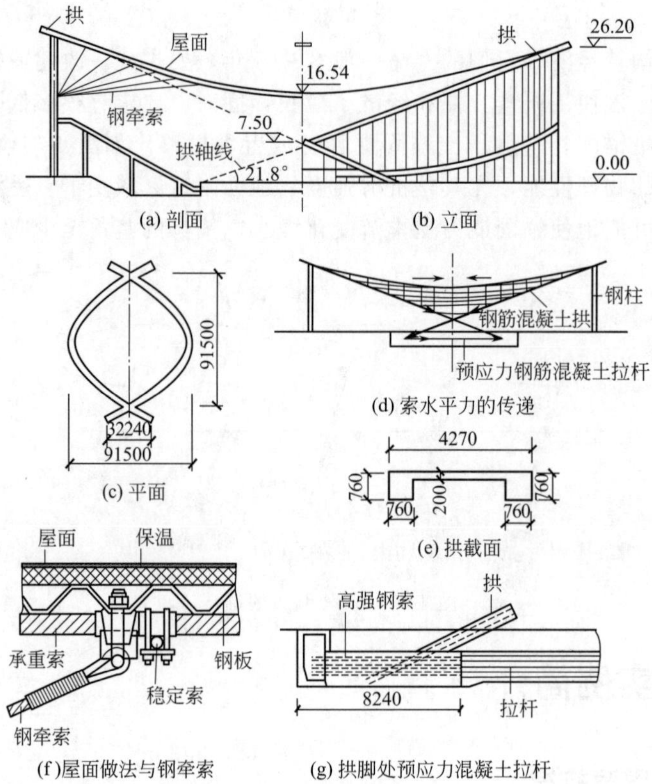

图 4-62　美国雷里竞技馆

束，共 144 根，拱跨比 1/19。为尽量减小对环梁截面的削弱，上下索在平面上相间布置。在确定索的根数时，考虑了屋面檩条的经济跨度、便于预张拉以及尽量使环梁均匀受力等因素。中心钢环直径 16m，高 11m，由钢板和型钢焊成，承受由于索作用而产生的环向拉力，并在上、下索之间起撑杆的作用。周边混凝土环梁截面 2m×2m，主要受轴压力（达 23000kN）。上下索之间设有两道系杆，主要用来防止下索由于自重引起的下垂，并非受力构件。屋盖结构全部耗钢量指标为 $54kg/m^2$，其中索、锚夹具及钢内环占 $40kg/m^2$，外环梁配筋、埋件占 $14kg/m^2$；混凝土折算厚度 $16.7cm/m^2$。这一屋盖结构设计在当时达到了很好的技术经济指标，受到国内外工程界的好评。

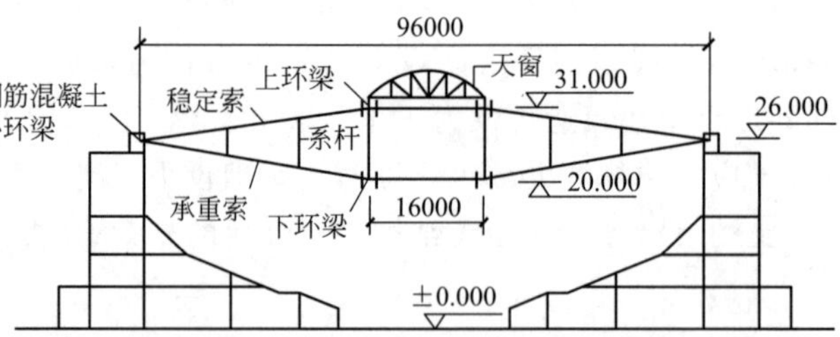

图 4-63　北京工人体育馆结构简图

4.10.3　加拿大卡尔加里滑冰馆

另一个典型的索网工程是加拿大卡尔加里滑冰馆的鞍形索网结构［图 4-64(a)］，该工程的几何形体设计理念来自球体的切割，见图 4-64(b)，屋面采用圆形投影平面，见图 4-64

(c)，双向正交索网外挂屋面板体系。空间观感十分轻巧。边缘构件采用弧线形混凝土结构形成巨大的环梁，见图 4-64(d)。

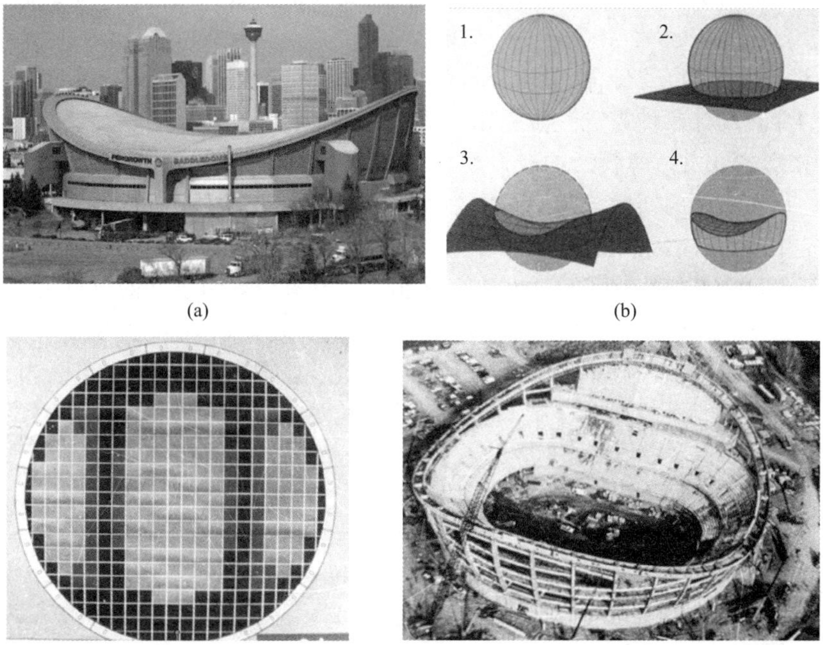

(a)　(b)

(c)　(d)

图 4-64　加拿大卡尔加里滑冰馆

4.11　索膜结构研究的发展趋势

我国对悬索结构的研究与工程实践起步较早，基本与国际同步。薄膜结构是一种既古老又年轻的建筑形式，我国在这方面虽起步较晚，但近年发展迅猛。随着人们对预应力技术的认识更加深入，悬索结构正以索穹顶、索-膜结构、索承（弦支）网壳、张弦梁、索拱体系、索支玻璃幕墙（屋顶）等新型组合体系的形式得到日益广泛的应用。我们既应看到索膜结构良好的发展前景，也应该看到在结构技术方面有待加强，许多理论问题有待深入研究，而且索膜结构建筑形式及适用范围有待拓展和提高。在这些应用中，以下问题需要进一步研究探讨：

① 索的防腐防锈。与桥梁用索不同，悬索屋盖的索是不应考虑更换的，因为换索相当于拆除屋盖重建。目前通常采用与桥梁相同的防腐方法，即加装 PE 套管，但这可能仍显不足，还需从索体材料选用及加工工艺等方面进行深入研究。

② 索与刚性杆件的连接节点。新型组合体系往往设计成内力自平衡体系，以便充分发挥各单独体系的优势，以减少对支座的依赖。这样做的同时，对连接节点设计提出了新要求。当索力较大时，如何确保与刚性杆件连接节点的受力安全，同时便于预应力的施加。一些工程如广州会展中心、哈尔滨国际会展体育中心皆采用了铸钢节点。

③ 索的张拉施工过程控制。像索穹顶这类新型结构体系，其施工的关键在于张拉成型工艺，需重点研究张拉过程中的索力控制与测量、分批张拉时的索力相互影响，以及便于多次张拉的可调节节点设计等问题。

④ 薄膜结构分析的深入研究。目前对薄膜结构在静荷载作用下的受力性能开展了较多的研究工作。但主要集中于薄膜单元的两主应力均大于零时的弱非线性状态，对薄膜结构承受极限荷载、局部荷载及强不均匀荷载时可能产生的局部褶皱、松弛的强非线性状态的研究相对较少。

⑤ 结构设计软件的开发。在结构分析与设计方面，功能强大齐全、界面方便又好、节点形式多样的专业设计软件需进一步完善和提升。

⑥ 新结构形式开发。薄膜结构轻盈飘逸，刚柔相济，曲线优美柔和，为建筑造型提供无限可能性。但在我国的实际应用中目前多应用于对使用功能要求较低的建筑小品、开敞式半永久性建筑中，而且多采用骨架支承体系，膜材用作覆盖材料，未能充分利用薄膜结构的造型优势。开发可开启式或将张拉式和充气式结合的具有较好耐候性的建筑是另外一个有待重视的问题。

⑦ 新型膜材的开发与应用。随着材料科学的进步，各类新型膜材不断出现（ETFE、THV 等），国产膜材性能也进一步提高，为薄膜结构的进一步发展提供机遇。

思考题

1. 简述悬索结构和膜结构的特点。
2. 按照受力特点和组成方式的不同将悬索结构分为哪几类？
3. 什么是单层悬索体系的形状稳定性？为了保证其形状稳定性需采取哪些措施？
4. 什么是悬索结构的初始形态分析？有何意义？
5. 按照支承方式，膜结构分为哪几种结构形式？各自的特点是什么？
6. 常用的建筑膜材有哪些？各自的优缺点是什么？
7. 简要说明国家游泳中心结构的创新之处。

第 5 章 管桁架结构

5.1 管桁架结构的概念

顾名思义，管桁架结构是指由钢管制成的桁架结构体系，因此又称为管桁架或管结构。主要是利用钢管优越的受力性能和美观的外部造型形成独特的结构体系，满足钢结构的最新设计观念，即集中使用材料、承重与稳定作用的构件合并、发挥结构空间作用。

钢管截面具有各向等强，抗扭刚度大，受弯无弱轴，承载能力高，圆形截面绕流条件和视觉效果好，端头封闭后抗腐蚀性能好等特点。另外钢管组成的结构轻巧美观，而且用钢量比型钢组成的结构省。钢管外表面面积往往比同样承载性能的开口截面钢构件要小，这样可以减少涂漆与防火保护的费用。在清洁要求较高的场合，像化工厂或食品加工厂，钢管结构较容易除尘，且没有凸缘和容易积聚灰尘的地方。因此钢管结构不仅在海洋工程、桥梁工程、塔桅工程中得到了广泛的应用，在工业及民用建筑中的应用也日益广泛。

世界上第一个现代化的海洋平台于 1947 年在墨西哥海湾建成，当时工程师对焊接钢管节点的性能几乎一无所知，然而正是第一个海洋平台的建成，人们才开始认识到钢管作为结构构件的优越性。1962 年国际钢管结构开发委员会成立，该组织的成立促进了世界各国对钢管结构的研究，1972 年美国焊接协会将钢管结构设计纳入它的结构焊接规范中。从 20 世纪 70 年代起，钢管结构的研究发展较快，很多研究成果已经成功用于指导工程实践，并相继纳入国际技术文件或规范中，在更大范围内推广了钢管结构的应用。

近年来，钢管结构在我国建筑结构中的应用越来越多，如宝钢三期工程中采用的方钢管桁架、吉林滑冰练习场、哈尔滨冰雪展览馆、上海“东方明珠”电视塔（图 5-1）和长春南岭万人体育馆（图 5-2）均采用了方钢管和圆钢管，上海虹口足球场采用圆钢管作为屋面承力体系，成都双流机场、广州国际会展中心（图 5-3）采用圆钢管作为主要受力构件。

图 5-4 为三亚美丽之冠管桁架与钢框架体系。该工程由同济大学分析与设计，分析中有限元模型共有 5047 个节点，13330 个单元（包括梁、杆和索单元），结构总重量为 916t（仅含杆件自重，长度按轴线考虑），屋盖部分 439t，框架部分 477t。屋盖体系所有弦杆贯通刚接，所有腹杆采用铰接框架，梁柱节点刚接，次梁铰接，半椭圆部分幕墙柱的联系梁与幕墙柱铰接。屋盖系统采用 20 号优质钢，设计强度 215MPa；框架部分采用 Q345B 钢，设计强度 315MPa。

随着管结构的应用与发展，各类钢管结构不断发展，近年国内兴建的大型体育场馆，很多都采用了管结构，使得其利用与发展的空间更加广泛。2008 年北京奥运工程中的“鸟巢”工程——国家体育场结构，其杆件采用的就是矩形钢管结构（图 5-5），只是其构成是复杂的空间体系，相应的节点构造（图 5-6）也极为复杂。

图 5-1 上海“东方明珠”电视塔

图 5-2 长春南岭万人体育馆

图 5-3 广州国际会展中心

图 5-4 三亚美丽之冠

图 5-5 国家体育场局部

图 5-6 节点构造照片

管桁架结构的概念设计主要包括：①合理结构形式的选择；②结构基本尺寸的确定，包括网格数和桁架高度；③内力分析方法；④合理的节点构造。本章对以上一般形式的管桁架结构的主要概念设计问题进行阐述。

5.2 管桁架结构选型

5.2.1 管桁架结构的基本形式

管桁架结构是基于桁架结构的，因此管桁架结构形式与桁架的形式基本相同，其外形与它的用途有关。就屋架来说，外形一般分为三角形［图 5-7(a)、(b)、(c)］、梯形［图 5-7(d)、(e)］、平行弦［图 5-7(f)、(g)］及拱形桁架［图 5-7(h)］。桁架的腹杆形式常用的有人字形［图 5-7(b)、(d)、(f)］、芬克式［图 5-7(e)］、交叉式［图 5-7(g)］。其中前四种为单系腹杆，第五种即交叉腹杆又称复系腹杆。

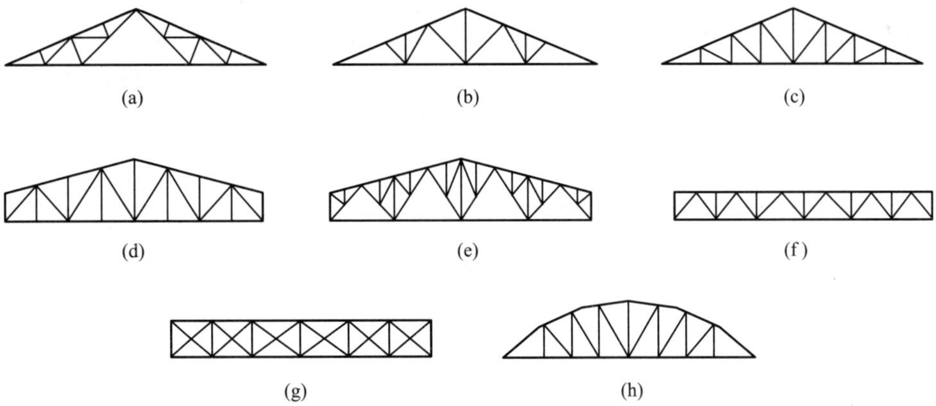

图 5-7　桁架形式

5.2.2　管桁架结构的分类

5.2.2.1　按受力特性分类

管桁架结构根据受力特性和杆件布置不同，分为平面管桁架结构和空间管桁架结构。

(1) 平面管桁架结构

平面管桁架结构的上弦、下弦和腹杆都在同一平面内，结构平面外刚度较差，一般需要通过侧向支撑保证结构的侧向稳定。普拉特桁架［图 5-7(a)］、华伦式桁架［图 5-7(b)］、芬克式桁架［图 5-7(e)］和拱形桁架［图 5-7(h)］，及各种演变形式，都可以用作平面管桁架结构。在现有管桁架结构的工程中，多采用华伦式桁架和普拉特桁架形式，华伦式桁架一般是最经济的布置，与普拉特桁架相比华伦式桁架腹杆下料长度统一、节点数少，这样可节约材料与加工工时。如果弦杆上所有的加载点都需要支撑（例如为降低无支撑长度），可采用图 5-8(a) 中增加竖杆的修正华伦式桁架，而不采用普拉特式桁架。此外华伦式桁架较容易使用有间隙的接头、这种接头容易布置。形状规则的华伦式桁架具有更大的空间去满足放置机械、电气及其他设备的需要。

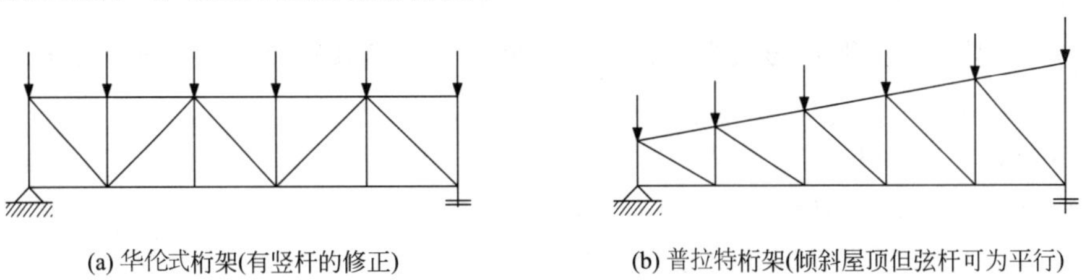

图 5-8　平面华伦式桁架和普拉特桁架形式

(2) 空间管桁架结构

空间管桁架结构通常为三角形截面，又称三角形立体桁架。与平面管桁架结构相比，空间管桁架结构提高了侧向稳定性和扭转刚度。可以减少侧向支撑构件，对于小跨度结构，可以不布置侧向支撑。

三角形截面分正三角形和倒三角形两种（图 5-9），两种截面形式的桁架各有优缺点。

倒三角形截面（B—B）中，上弦有两根杆件，而通常上弦是受压杆件，从杆件的稳定性考虑，上弦受压容易失稳，下弦受拉不存在稳定问题，因而倒三角的截面形式比较合理。这种截面形式，由两根上弦杆通过腹杆与下弦杆连接后，再加上在节点处设置水平连杆，而且支座支点多在上弦处，从而构成上弦侧向刚度较大的屋架；另外，这种屋架上弦贴靠屋面，下弦只有一根杆件，使人感觉这种形式的屋架更轻巧。除此之外，这种倒三角截面形式会减少檩条的跨度。因此，实际工程中大量采用的是倒三角截面形式的桁架。

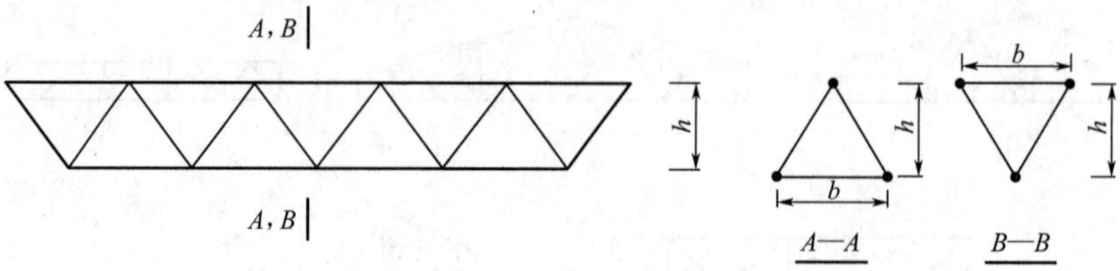

图 5-9 立体桁架形式

正三角截面，主要优点就是上弦是一根杆件，檩条和天窗支架与上弦的连接比较简单，多用于屋架及输管栈道。

5.2.2.2 按连接构件的截面形式分类

管桁架结构常用的杆件截面形式有：圆形、矩形、方形等，按连接构件截面的不同可分为以下几种桁架形式。

(1) C—C 型桁架：即主管和支管均为圆管相贯的桁架结构

C—C 型桁架是目前国内运用最为广泛的一种。一方面因为圆管出现及其研究比较早，运用比较成熟；另一方面除了具有空心管材普遍的优点外，圆钢管与其他截面管材相比具有较高的惯性半径及有效的抗扭截面。圆管相交的节点相贯线为空间的马鞍形曲线，设计、加工、放样比较复杂，但是钢管相贯自动切割机的发明和使用，促进了管桁架结构的发展应用。

(2) R—R 型桁架：即主管和支管均为方钢管或矩形管相贯的桁架结构

方钢管和矩形钢管用作抗压、抗扭构件有突出的优点，用其直接焊接组成的方管桁架具有节点形式简单、外形美观的优点，在国外得以广泛应用。近年在国内也开始使用，如吉林滑冰练习馆、哈尔滨冰雪艺术展览馆、上海东方明珠电视塔等。

(3) R—C 型桁架：即矩形截面主管与圆形截面支管直接相贯焊接的桁架结构

由圆管与矩形管的杂交形管节点构成的桁架形式新颖，能充分利用圆形截面管作轴心的受力构件，矩形截面管作压弯和拉压构件。矩形管与圆管相交的节点相贯线均为椭圆曲线，比圆管相贯的空间曲线易于设计和施工。连接构件的截面组合形式如图 5-10 所示。

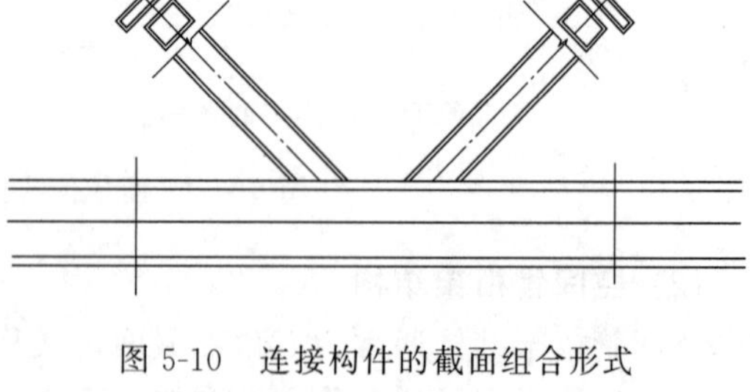

图 5-10 连接构件的截面组合形式

5.2.2.3 按外形分类

管桁架结构按桁架的外形可分为直线形与曲线形管桁架结构。直线形桁架多用在一般的平板型屋架上。然而随着社会对美学要求的不断提高，为了满足空间造型的多样性，管桁架结构多做成各种曲线形状，丰富了结构的立体效果。设计曲线形管桁架结构时，有时为了降低加工成本，杆件仍然加工成直杆，由折线近似代替曲线。如果要求较高，可以采用弯管机将钢管弯成曲管，这样建筑效果更好。

5.3　基本尺寸的确定

管桁架结构常用断面形式主要有正三角形和倒三角形两种，如图 5-11 所示，b/h 和 c/d 在 1/3～1/2 之间，一般取 1/2.5。这两种断面形式各有优缺点，正三角形上小下大，重心偏低，自身稳定性更好，且上弦压杆仅为一根，和倒三角形（上弦压杆为两根）相比较，对上弦相同的截面面积，用一根比分为两根可以承受较大的压力，也就是说上弦用一根比用两根要经济。

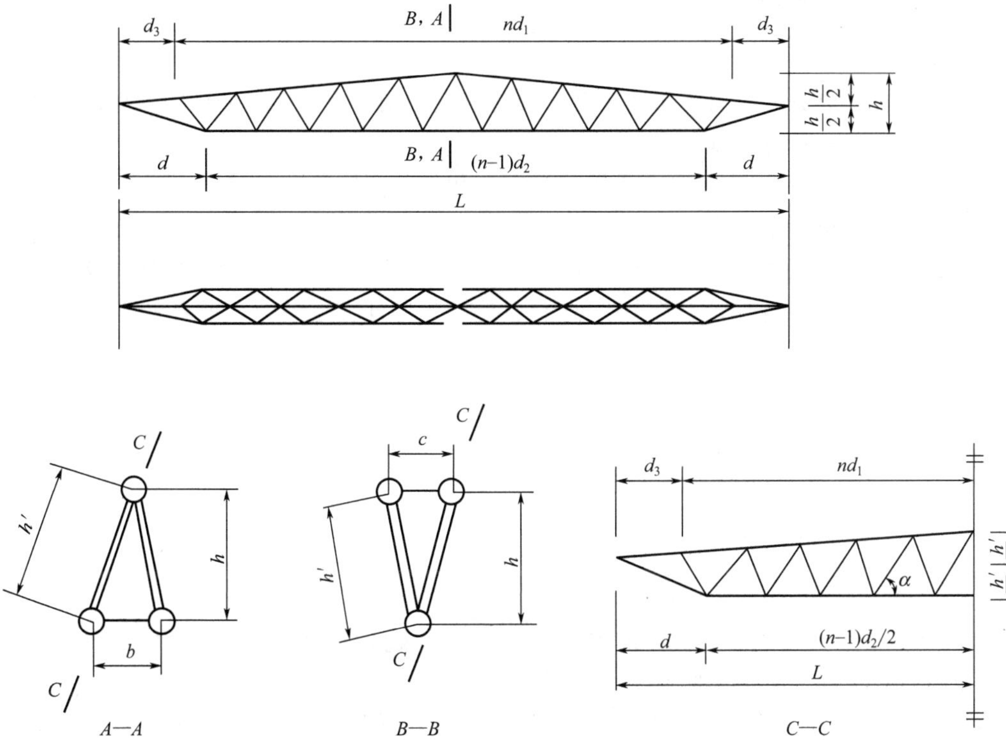

图 5-11　梭形屋架构造图

对于倒三角形，上弦为两根，除斜腹杆与上弦相连接外，上弦之间还设有水平连杆，因此上弦的支撑条件比正三角形要好。同时，上弦在平面外可做成矩形（非梭形），其抗扭刚度大于正三角形，但要增大支座宽度，如果在平面外做成梭形，施工较麻烦。上弦为两根经济性较差。当屋盖山墙处需要较大的挑檐（例如无围护墙的厂房）时，用檩条作悬挑构件，采用倒三角形断面，下弦只有一根拉杆，使人感觉杆件更少而轻巧。

对梭形屋架，它的主要外形尺寸及其比例主要是针对压型钢板作为屋顶材料的轻型屋面，其他轻型板材的屋面也同样适用；跨度大于或等于 15.0m 的屋架，对于荷载较大的屋盖也可参照使用。如图 5-11 所示，梭形屋架的高度 h 要根据荷载大小和使用要求等综合考虑而定，通常取 $h/L=1/13\sim1/20$。对于夹筋波形石棉瓦、压型钢板等屋顶，屋顶荷载设计值（包括屋架自重）多数不超过 3.0kN/m^2，取高跨比 1/15 左右比较经济；而对于屋面荷载设计值小于或等于 1.0kN/m^2 时，高跨比可取 1/15～1/20。图 5-11 C—C 图为屋架的实际尺寸。

根据所选用的屋面材料、屋面坡度、檩条间距以及腹杆与弦杆的夹角 α 等确定 d_1 和 d_3 的尺寸，一般 d_1 和 d_2 比较接近，甚至 $d_1=d_2$，通常 d_1 是檩条的间距，d_3 接近 d_1，有时 $d_3=d_1$。d 等于 $1.2d_1$～$1.5d_1$。α 值最好在 30°～50°之间，不过所有的腹杆与弦杆夹角都在这个范围之内时很难实现，个别的夹角不在这个范围内也是允许的，但是尽量接近这些角度为好。

5.4 管桁架结构内力分析

5.4.1 管桁架的一般设计原理

(1) 分析模型

管桁架结构在计算分析时所采用的模型主要与节点的刚度有关，根据杆端弯矩情况及节点刚度的大小不同有三种分析模型。

① 假如所有杆件均为铰接。在大多数结构中，相贯节点仅作为铰接节点处理，原因在于细长杆件的端部约束弯矩不大，有些情况下则由于弦杆的端部约束弯矩不大，有些情况下则由于弦杆管壁抗弯刚度较小，忽略了杆件弯矩的影响，各杆件受力均为二力杆。铰接模型的前提是在设计施工时尽量保证各个杆件的中心线在节点处交于一点，或者偏心保持在图 5-12 所示的范围内。

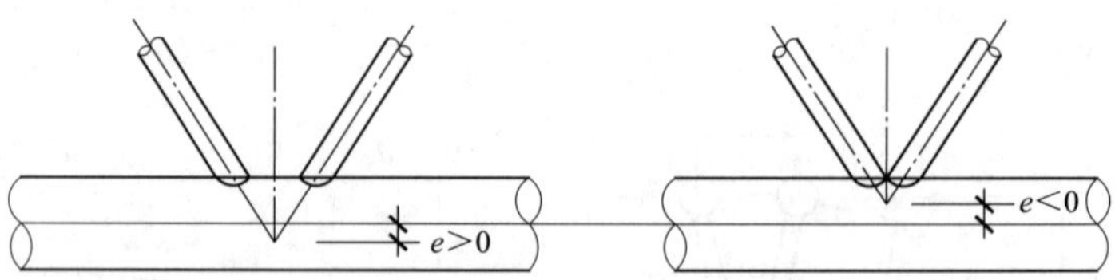

图 5-12　节点偏心示意图

② 假设所有杆件均为刚接，杆件都按梁单元考虑。该模型能够同时反映由于节点刚性、偏心 e 以及杆件上横向荷载引起的弯矩影响。

③ 假设主管为刚接梁单元，支管与主管间为铰接，支管只承受轴力。该模型可将主管看作连续杆件而腹杆铰接在距弦杆中心线的 $+e$ 或 $-e$ 处（为主管中心线到支管相交线的距离），主管到铰接的连接刚度取得很大（如图 5-13 所示）。这一模型的优点是：如果需要在主管设计中计入弯矩时，整个桁架的弯矩分布可通过对此模型进行分析而得出。

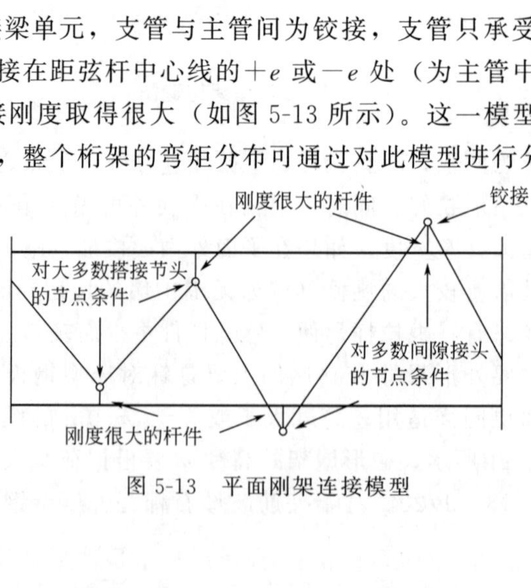

图 5-13　平面刚架连接模型

(2) 杆件的计算长度

杆件在平面内、外的计算长度 l_{ox}、l_{oy} 见表 5-1。

表 5-1　管桁架弦杆与腹杆的计算长度

项次	弯曲方向	弦杆	腹杆	
			支座斜杆和支座腹杆	其他
受压杆件计算长度 μl	桁架平面内	l	l	$0.8l$
	桁架平面外	l_1	l	$1l$
	斜平面	—	l	$0.9l$

注：l 为构件的几何长度（节点中心间距离），l_1 为桁架弦杆侧向支撑点之间的距离。

确定桁架在一根受压杆件的计算长度 μl 时，系数 μ 总可以保守地取为 1.0。因为管桁架中受压杆件一般都有相当大的端点约束，所以一般情况下 μ 小于 1.0。

管桁架侧向支撑示意见图 5-14，当弦杆侧向支撑点之间的距离为节间长度的两倍且两节点的弦杆轴心压力有变化时，该弦杆在屋架平面外的计算长度，按式(5-1) 确定。

$$l_{oy}=l_1(0.75+0.25N_2/N_1) \tag{5-1}$$

且

$$l_{oy}\geqslant 0.5l_1 \tag{5-2}$$

式中　N_1——较大的压力，计算时取正值；

N_2——较小的压力或拉力，计算时压力取正值，拉力取负值。

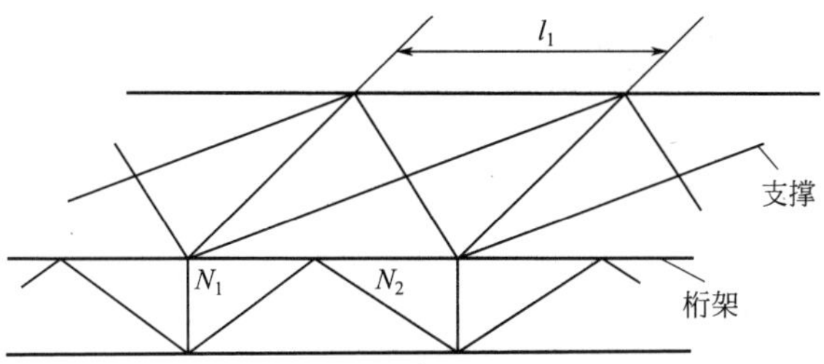

图 5-14　管桁架侧向支撑示意图

5.4.2　管桁架的杆件设计

对结构正常使用和极限状态下的安全而言，节点的重要性毋庸置疑。而管桁架结构设计的一个重要问题是必须合理选择钢管几何尺寸，使得杆件设计和节点设计之间达到某种平衡。从桁架杆件设计的角度出发，在同等面积之下，选择径厚比或宽厚比较大的钢管以获得尽可能大的截面回转半径，有利于提高杆件稳定承载力；但是，板壁较薄的弦杆可能无法在不加劲条件下保证节点有足够的刚度和强度，而填设加劲板则造成制作成本增加和工期延长，其综合结果往往抵消了杆件钢材节约带来的全部好处。

5.4.2.1　管桁架的杆件构造设计

《钢结构设计标准》(GB 50017) 对钢管杆件设计提出了下列构造要求。

(1) 圆钢管的外径与壁厚之比不应超过 $40\sqrt{235/f_y}$。

(2) 热加工管材和冷成型管材不应采用屈服强度超过 $345N/mm^2$ 以及屈强比 $f_y/f_u>0.8$

的钢材，且钢管壁厚不宜大于 25mm。

5.4.2.2 管桁架的概念设计

基于结构分析的杆件设计可参照以下过程。

（1）确定桁架几何尺寸时应使节点数目最小化。

（2）计算杆件轴力时按铰接杆系结构考虑。

（3）选择弦杆截面时综合考虑承受轴力、防锈蚀（外表面不应太大）、节点几何及强度等要求，通常可选径厚比 20～30，受压弦杆平面内外计算长度系数可按 0.9 考虑，在可能情况下采用强度较高的钢材。

（4）选择腹杆截面时，其厚度最好小于相连弦杆的厚度，宽度（直径）不应大于弦杆的宽度（直径），计算长度系数可取 0.75；腹杆截面的种类不宜取太多，最好取外径（截面宽度或高度）相同而壁厚变化的钢管以使外观协调。

（5）调整节点部位的几何尺寸，便于制作，又能控制在前述的允许偏心范围内。

（6）校核节点强度，若不能满足要求，则调整弦杆和腹杆的截面尺寸（当少量节点不能满足要求时，也可采用在弦杆外部贴板的方式予以局部增强）。

（7）在节点有偏心时，应计算弦杆中的弯矩，并校核弦杆在轴力和弯矩共同作用下的强度。

（8）若需计算荷载标准值作用下的挠度，对腹杆无叠合的结构，可按铰接体系计算；对腹杆叠合的结构，则可采用图 5-15 所示简图，即弦杆为连续杆件，腹杆为铰接杆件的模型。

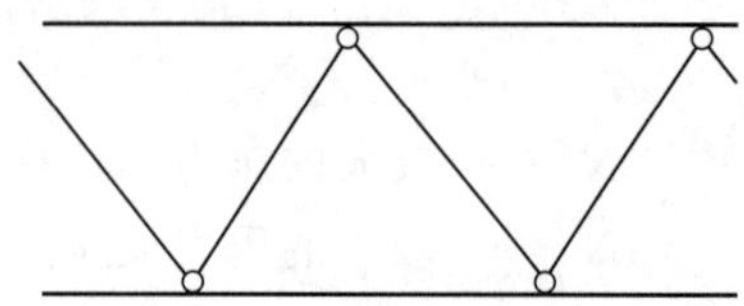

图 5-15 钢管桁架计算简图

5.5 管桁架节点构造

5.5.1 管桁架节点分类

桁架节点按构造特征可以分为弦杆内加劲节点、相贯节点和腹杆端部压扁式节点。

（1）弦杆内加劲节点

弦杆内加劲节点是在弦杆钢管内部设置加劲板，以防止在集中外力和相连腹杆内力作用下弦杆管壁发生破坏的节点。但这种连接需要在弦杆钢管上开槽、填板、焊接，工作量大，材料耗费也大。

（2）相贯节点

当经计算可以不设加劲板时，可采用相贯节点。相贯节点又称直接交会节点，腹板端部直接焊接在贯通的弦杆表面。通常相贯节点在杆件相交处完全不设加劲肋，但当弦杆局部承载强度不够时，也可局部加厚弦杆，而腹杆与弦杆直接焊接连接的基本方式不变。相贯节点的主要特征就是不设加劲板，这将给结构制作带来极大便利。

桁架节点按几何关系，有平面节点与空间节点之别。不仅图 5-16 所示空间桁架中有空间节点，平面桁架在与面外钢管支撑、正交或斜交桁架的连接处，也有空间节点。空间节点又称多平面节点。平面节点

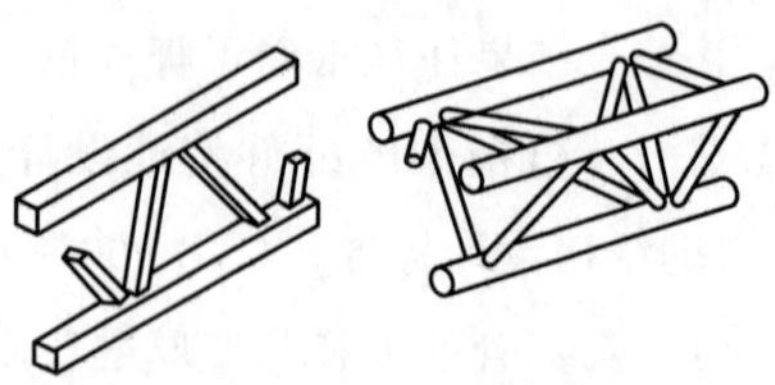

图 5-16 平面桁架与空间桁架

中，一根腹杆与弦杆相交的节点形式有 T 形和 Y 形，两根腹杆与弦杆相交的节点形式有 K、N、X 等形式（图 5-17、图 5-19），还有三根腹杆与弦杆相交的节点形式。空间节点的组合方式则更多样，如 TT 形、XX 形、KK 形、KT 形、KX 形等（图 5-18）。根据支管和支管间的相对关系（不搭接或搭接），又可分为搭接的 K 形、N 形等节点［图 5-21(c)、(d)］不搭接的 K 形、N 形和 K、N 形节点（图 5-20）。

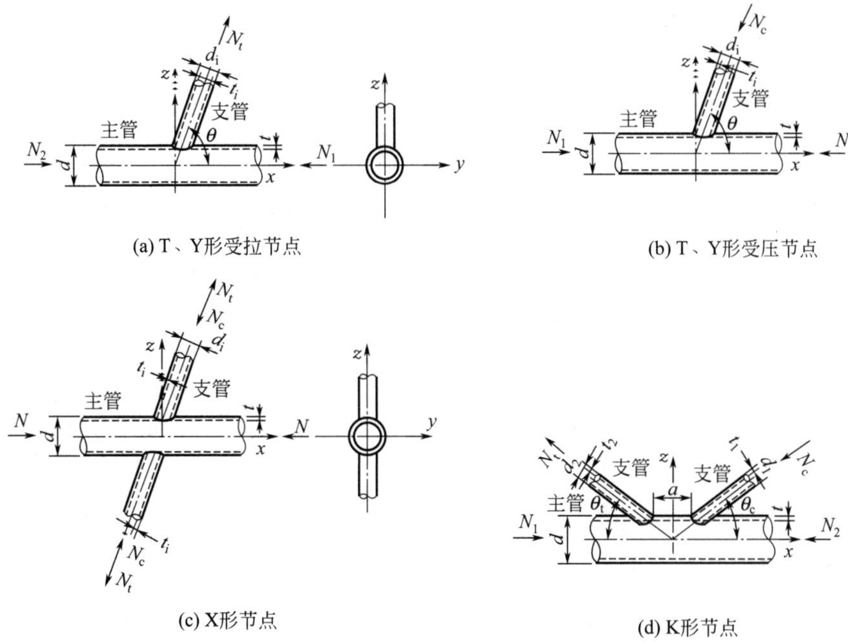

图 5-17　直接焊接平面圆管结构的节点形式

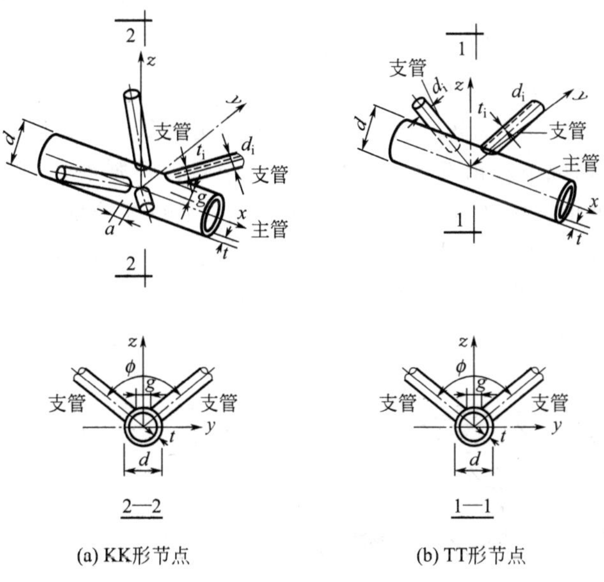

图 5-18　直接焊接空间圆管结构的节点形式

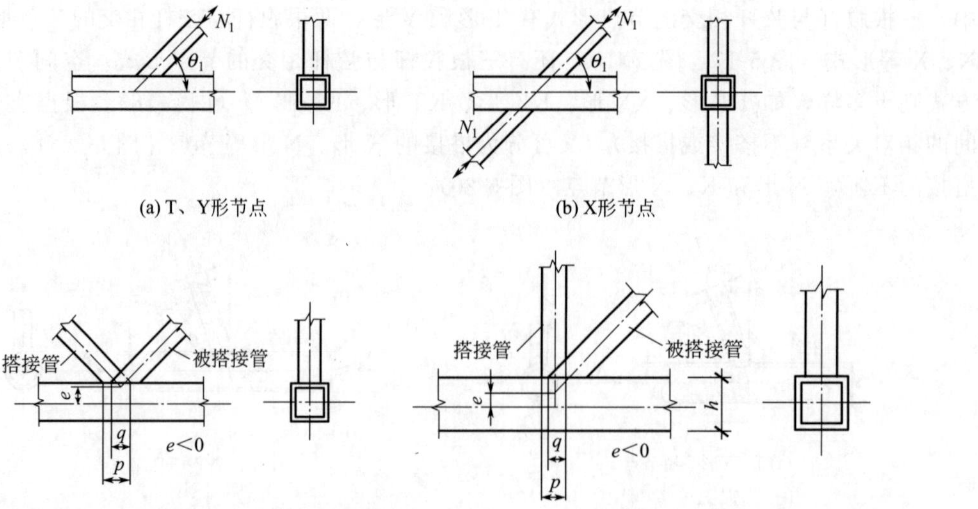

(a) T、Y形节点　　(b) X形节点

(c) 搭接的K形节点　　(d) 搭接的K、N形节点

图 5-19　直接焊接平面矩形管结构的节点形式

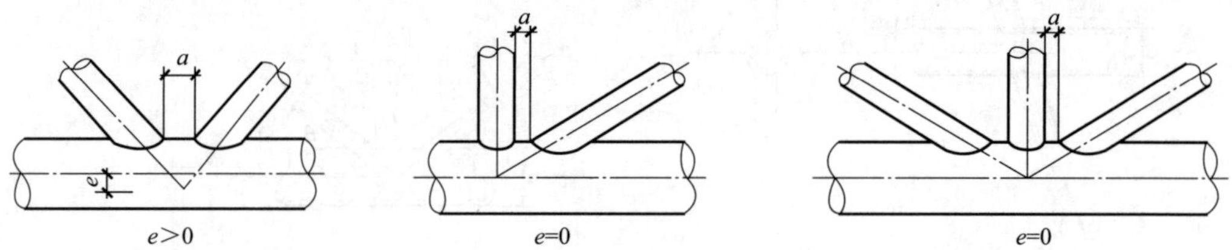

(a) K形节点　　(b) N形节点　　(c) K、N形节点

图 5-20　有间隙的管结构节点形式

(3) 腹杆端部压扁式节点

将圆管腹杆的端部压扁成图 5-21 所示的形式，通过螺栓或焊缝与弦杆相连接（图 5-22），弦杆可以是圆管或者方管。关于压扁端部的构造要求，有学者建议，端部压扁的长度尽可能短，扁平部分到圆管的过渡斜率应大于 1.4。

此外，按传力特性，钢管结构中的节点也可分为刚接节点、铰接节点和介于这两者之间的半刚性节点。一般情况下管桁架节点还是按铰接节点计算强度，《钢结构设计标准》（GB 50017）规定满足下列情况可视节点为铰接：符合各类节点相应的几何参数的使用范围；在桁架平面内杆件的节间长度或杆件长度与截面高度（或直径）之比不小于 12（主管）和 24（支管）时。但当考虑腹杆杆件的计算长度以及对结构内力、位移等作精确分析时，确定节点的刚度就显得非常重要。

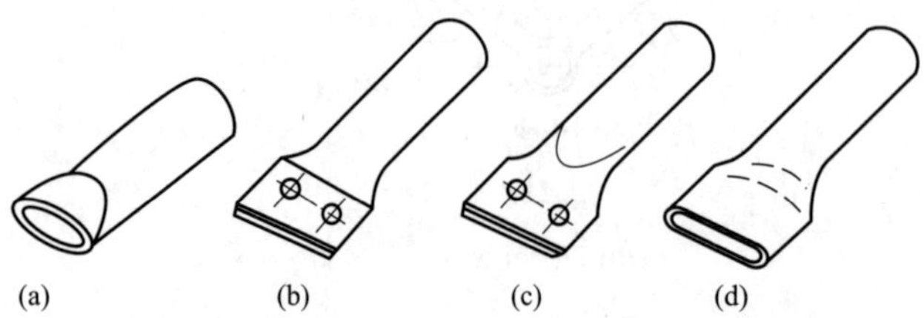

图 5-21　圆管腹杆端部压扁的几种形式

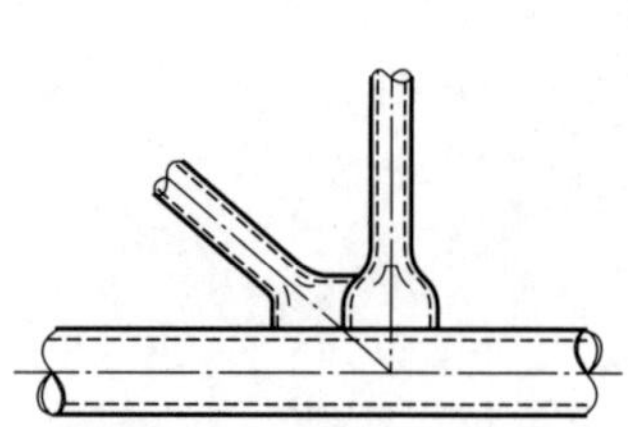

图 5-22　端部压扁的圆管连接

5.5.2　钢管节点的构造要求

5.5.2.1　一般规定

为了保证钢管节点连接的可靠性，参考国外规范的规定并结合我国的实际情况，《钢结构设计标准》（GB 50017）对管节点设计提出了下列构造要求。

（1）在节点处主管应连续。圆管支管的端部应加工成马鞍形，直接焊于主管外壁上，而不得将支管插入主管内。为了连接方便和保证焊接质量，主管的外部尺寸应大于支管的外部尺寸，且主管的壁厚不得小于支管的壁厚。

（2）主管与支管之间的夹角 θ 以及两支管间的夹角，不得小于 30°，否则支管端部焊缝不易施焊，焊缝熔深也不易保证，并且支管的受力性能也欠佳。

（3）除搭接型节点外，管节点处各杆件的轴线应尽可能交于一点，避免偏心，这是对一般桁架节点的共同规定。但是，对于直接焊接的管节点，杆件轴线不易对准，很难避免连接的偏心。根据有关研究及分析，只要支管与主管连接节点偏心不超过式(5-3)的限制，在计算节点和受拉主管的承载力时，可忽略因偏心引起的弯矩的影响。但对于受压主管，由节点两侧主管轴力之差值 ΔN 产生的偏心弯矩则必须加以考虑，此偏心弯矩应为 $M=\Delta N\times e$。

$$-0.55\leqslant\frac{e}{h}\left(\text{或}\frac{e}{d}\right)\leqslant 0.25 \tag{5-3}$$

式中　e——偏心距；

d——圆主管的外径；

h——连接平面内矩形主管的截面高度。

（4）支管端部应平滑并与主管接触良好，不得有大的局部空隙。一般来说，管结构的支管端部加工应尽量使用自动切管机。它可以按输入的夹角以及支管、主管的直径和壁厚，直接切成所需的空间形状，并可按需要在支管壁厚上切成坡口，如用手工切割就很难保证切口质量。

（5）支管与主管的连接焊缝，应沿全周连续焊并平滑过渡，可全部采用角焊缝或部分采用对接焊缝、部分采用角焊缝。一般支管壁厚不大，其与主管的连接宜采用全周角焊缝。当支管壁厚较大时（例如 $t_s\geqslant$6mm），则宜沿支管周边部分采用角焊缝、部分采用对接焊缝。具体来说，凡支管外壁与主管外壁之间的夹角 $\alpha\geqslant120°$ 的区域宜采用对接焊缝，其余区域可采用角焊缝。角焊缝的尺寸 h_f 不宜大于支管壁厚的 2 倍。

（6）对有间隙的 K 形或 N 形节点（图 5-20），支管间隙 a 应不小于两支管壁厚之和。

（7）对搭接的 K 形或 N 形节点［图 5-19(c)、(d)］，当支管壁厚不同时，薄壁管应搭在厚壁管上；当支管钢材强度等级不同时，低强度管应搭在高强度管上。其搭接率 $O_v=q/p\times100\%$，应满足 $25\%\leqslant O_v\leqslant100\%$，且应确保在搭接部分的支管之间的连接焊缝能很好地传递内力。

（8）钢管构件在承受较大的横向荷载部位应采取适当的加强措施，防止产生过大的局部变形。构件的主受力部位应避免开孔，如必须开孔时，应采取适当的补救措施。

第5章

5.5.2.2 节点加强措施

钢管构件在承受较大横向荷载的部位，其工作情况较为不利，应采取适当的加强措施，防止产生过大的局部变形。钢管构件的主要受力部位应尽量避免开孔，不得已要开孔时，应采取适当的补强措施，例如在孔的周围加焊补强板等。

节点具体的破坏模式有很多，如主管壁拉坏、焊缝拉脱、主管壁屈曲及变形主管壁压溃冲剪、支管间主管壁剪切、支管拉坏、主管壁层状撕裂等。因此节点加强有：主管壁加厚、主管上加套管、加垫板、加节点板及主管加肋板或内隔板等多种方法，如图 5-23。

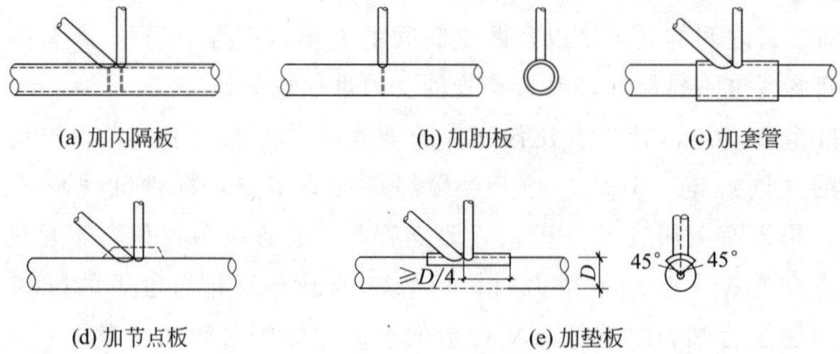

图 5-23　节点加强

（1）主管节点处加厚，这是设计最为简单的方法，即在节点处换一个壁厚加厚的节点管，这种方案比较可靠但施工较麻烦。

（2）主管加套管，这种方法可靠、方便，但影响外观。

（3）主管加垫板，主要用于海洋平台以避免应力集中，可按主管壁厚相当于垫板厚度计算。

（4）加内隔板与加肋板，目前还没计算公式。如果支管力仅是垂直于主管应该没有问题，但加内隔板施工比较困难。

（5）加节点板，该方法目前比较可行，使用的也较多。加节点板的优点是增加管上的焊缝长度，支管力又经节点板互相平衡后再传到主管上，尤其是主管壁厚与直径之比太小需要增加刚度时更有效。

5.5.2.3 杆件连接构造

管构件的接长或连接接头宜采用对接焊缝连接［见图 5-24(a)］。当两管径不同时，宜加锥形过渡段［见图 5-24(b)］。大直径或重要的拼接，宜在管内加短衬管［见图 5-24(c)］。轴心受压构件或受力较小的压弯构件也可采用通过隔板传递内力的形式［见图 5-24(d)］。工地连接的拼接，也可采用法兰板的螺栓连接［见图 5-24(e)、(f)］。

管桁架结构变径连接最常用的连接方法为法兰板连接和变管径连接。具体来讲，对两个不同直径的钢管连接，当两直径之差小于 50mm 时，可用法兰板［图 5-25(a)］，板厚 t 一般大于 16mm 及 t_1 的两倍，t_1 为小管壁厚。计算时则按圆板受两个环向力的弯矩确定板厚 t。为了防止焊接时法兰盘开裂，应保证 $a \geqslant 20\text{mm}$，特别要注意受拉拼接时法兰盘绝不允许分层。当两管径之差大于 50mm 时，应采用加锥形过渡段的变管径连接［图 5-25(b)］。

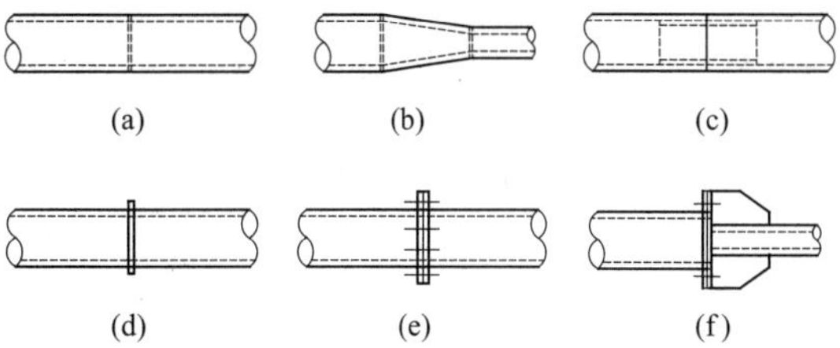

图 5-24　钢管的拼接

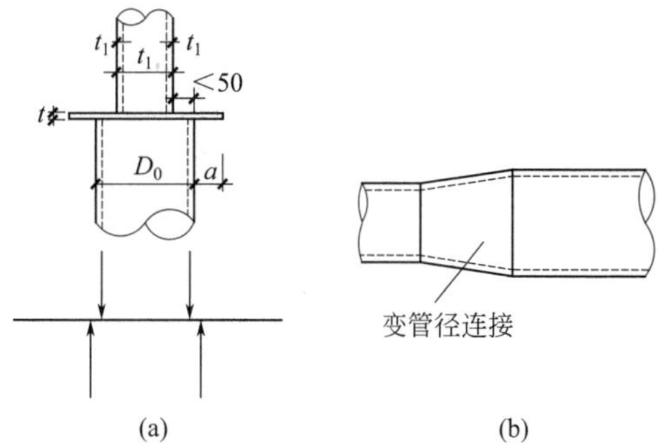

图 5-25　钢管的变管径连接

5.5.3　连接焊缝的计算

5.5.3.1　支管与主管的连接焊缝形式

一般支管壁厚不大，其与主管的连接宜沿相贯线采用全周角焊缝。当支管壁厚较大时（例如 $t_a \geqslant 6\text{mm}$），则宜沿支管周边部分采用角焊缝、部分采用对接焊缝。具体来说，凡支管外壁与主管外壁之间的夹角 $\theta \geqslant 120°$ 的区域宜采用对接焊缝或带坡口的角焊缝，其余区域可采用角焊缝。由于全部采用对接焊缝在某些部位施焊困难，故不予推荐。

支管端部焊缝位置可分为 A、B、C 三个区域，如图 5-26 所示。当各区均采用角焊缝时，其形式见图 5-27；当 A、B 两区采用对接焊缝而 C 区采用角焊缝（因 C 区管壁交角小，采用对接焊缝不易施焊）时，其形式见图 5-28。各种焊缝均宜切坡口，坡口形式随主管壁厚、管端焊缝位置而异。当支管壁厚小于 6mm 时可不切坡口。

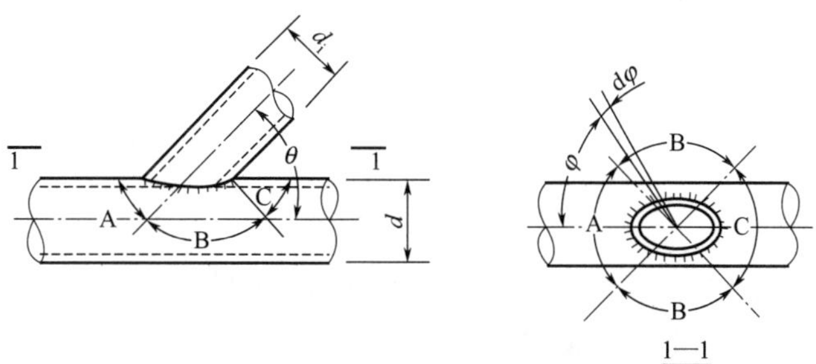

图 5-26　管端焊缝位置分区图

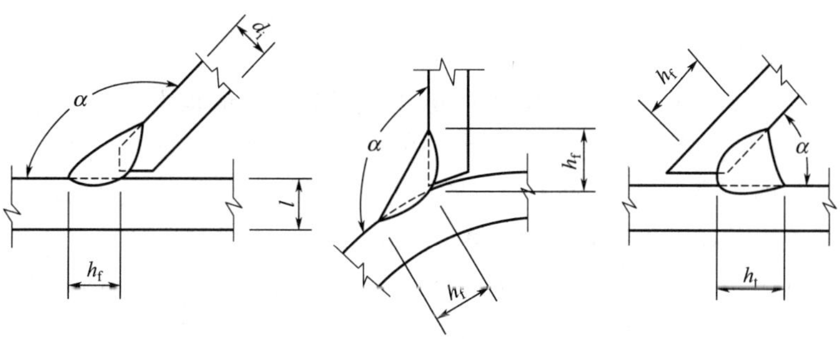

(a) A区　(b) B区　(c) C区

图 5-27　各区均为角焊缝的形式

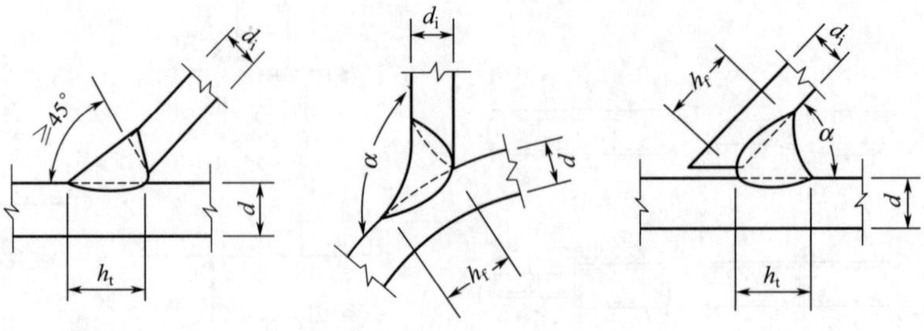

图 5-28　部分为对接焊缝部分为角焊缝的形式

5.5.3.2　角焊缝的焊脚尺寸及计算厚度

(1) 角焊缝的焊脚尺寸

角焊缝的焊脚尺寸，若按普通钢结构焊缝最大焊脚尺寸的规定应不大于 $1.2t$，但对钢管结构应予以放宽。这是因为当焊脚尺寸较小时，受拉的支管将会由于焊缝不足而加大壁厚，使钢材用量增加，失去直接焊接钢管结构的优势。为确保焊缝承载力大于或等于节点承载力，现行钢结构设计规范根据实践经验并参考国内外有关研究成果，将角焊缝的最大焊脚尺寸放宽到可等于支管壁厚的 2 倍，即支管与主管连接的焊脚尺寸 $A_f<2t_a$。一般支管的壁厚较小，且属单面施焊，管件端部焊接后的收缩应力不大，只要焊接工艺合理，就不会产生过大的残余应力和“过烧”现象。

(2) 焊缝的计算厚度

由于圆管结构支管与主管间连接焊缝相交线焊脚边的夹角是变化的，因而其坡口角度、焊根间隙等都是变化的。对接焊缝的焊根又不能清渣及补焊，因此焊缝的计算厚度沿支管周长实际是变化的，若要精确计算比较复杂。为方便计算，支管与主管的连接焊缝不论采用角焊缝、对接焊缝或带坡口的角焊缝，都可视为全周角焊缝按正面角焊缝公式进行计算。

焊缝的有效厚度 h_e 沿长度也是变化的。设第 Δl_i 段的有效厚度为：

$$h_{ei}=h_f\cos\frac{\alpha_i}{2} \tag{5-4}$$

式中　α_i——第 Δl_i 段中点处，支管外壁切平面与主管外壁切平面的夹角。

沿焊缝长度，有效厚度的平均值为：

$$h_{ei}=\frac{2\sum_{i=1}^{n}\Delta l_i\cos\frac{\alpha_i}{2}}{l_w}h_f=Ch_f \tag{5-5}$$

式中　C——平均值系数，其值与 d_i/d 和 θ 有关。

经计算分析，当支管轴线与主管轴线夹角 $\theta<60°$时，C 值均大于 0.7；当 $\theta>60°$时，C 值一般小于 0.7，最低为 0.6079。考虑到 $\theta>60°$的情况，焊缝已有正面角焊缝的性质，若考虑正面角焊缝强度的提高系数 β_f 或 $\beta_{f\theta}$，则平均 C 值均略大于 0.7。因此当支管轴心受力时，圆管端部焊缝有效厚度的平均值可取为 $0.7h_f$。

焊缝连接强度的计算方法与普通角焊缝相同，但应取正面角焊缝强度增大系数 $\beta_f=1$。经过计算分析，当采用的角焊缝焊脚尺 h_f 满足下式的要求时，可认为与基本金属等强：

$$h_f\geqslant\frac{2t}{0.534/\sin\theta+0.466} \tag{5-6}$$

5.5.3.3 焊缝的计算长度

(1) 圆管结构的焊缝计算长度

对于圆管结构，支管端部焊缝的长度实际上是支管与主管的相交线长度（图 5-20）。因主、支管均为圆管的节点焊缝，传力较为均匀，焊缝的计算长度可取为相交线长度，该相交线是一条空间曲线。若将曲线按其对称性质分为 $2n$ 段，微小段取空间折线代替空间曲线。则焊缝的计算长度为：

$$l_w = 2\sum_{i=1}^{n} \Delta l_i = K_s d_s \tag{5-7}$$

式中 K_s——相交线率，它是支管直径 d_s 与主管直径 d 之比和夹角 θ 的函数。

$$K_s = 2\int_0^{\pi} f\left(\frac{d_s}{d}, \theta\right) d\varphi \tag{5-8}$$

式中 θ——支管轴线与主管轴线的夹角；

φ——相交线的平面角（图 5-20）。

用数学方法求出 K_s 后，再经回归分析，同时考虑焊缝传力时的不均匀性，取焊缝的计算长度 l_w 均不大于相交线长度。得到圆管结构焊缝计算长度 l_w 的简化计算公式为：

当 $d_i/d \leqslant 0.65$ 时

$$l_w = (3.25d_i - 0.025d)\left(\frac{0.534}{\sin\theta_i} + 0.466\right) \tag{5-9}$$

当 $d_i/d > 0.65$ 时

$$l_w = (3.81d_i - 0.389d)\left(\frac{0.534}{\sin\theta_i} + 0.466\right) \tag{5-10}$$

式中 d，d_i——主管和支管外径；

θ_i——支管轴线与主管轴线的夹角。

(2) 矩形管节点的焊缝计算长度

矩形管节点支管与主管的相交线是直线，计算方便，但对于有间隙的 K 形和 N 形节点，当支管与主管轴线的夹角 θ_i 较大（≤60°）时，支管截面中垂直于主管轴线的侧边受力是不均匀的，靠近主管侧壁的部分，支承刚度较大，受力较大；远离主管侧壁部分，支承刚度较小，受力也较小。但当 θ_i 角较小（≤50°）时，主管对支管截面各部分的支承刚度比较均匀，可认为相贯线全长参加工作。因此连接焊缝的计算长度可根据支管与主管轴线间夹角 θ 大小，分别按下式计算：

当 $\theta_i \geqslant$ 时

$$l_w = \frac{2h_i}{\sin\theta_i} + b_i \tag{5-11}$$

当 $\theta_i <$ 时

$$l_w = \frac{2h_i}{\sin\theta_i} + 2b_i \tag{5-12}$$

当 $50° < \theta_i < 60°$ 时，可按插值法确定。

对于 T 形、Y 形和 X 形节点，偏于安全计，不考虑支管宽度方向的两个边参加传力，焊缝计算长度可取：

$$l_w = \frac{2h_i}{\sin\theta_i} \tag{5-13}$$

式(5-11)～式(5-13) 中的 h_i、b_i 分别为支管的截面高度和宽度。

当为搭接的 K 形和 N 形节点时，应考虑搭接部分的支管之间，其连接焊缝能可靠地传递内力，与管之间的连接焊缝可根据实际情况确定。

当支管为圆管、主管为矩形管时，焊缝计算长度取为支管与主管的相交线长度减去 d_i。

5.5.4 钢管相贯节点的强度

5.5.4.1 节点强度的研究

系统的圆钢管空间节点试验研究从 20 世纪 80 年代开始。我国现行《钢结构设计标准》(GB 50017) 就是在上述试验数据库的基础上，针对不同的节点形式及破坏模式，给出了圆钢管结构支管在管节点处的承载力限制值及构造要求。矩形管结构的节点承载力设计公式，是根据哈尔滨工业大学的管节点试验和考虑几何和材料非线性的有限元分析结果，并参照国外的试验结果及国际管结构研究和发展委员会设计指南和欧洲规范给出的。

节点分析模型大致有以下几类。第一类是简化模型，例如，圆管节点分析中的环模型；针对弦杆管壁塑性弯曲破坏模式的塑性铰线模型，应用在圆管和方管两种类型的节点形式中。第二类则是比较精确的有限元分析模型。随着弹塑性单元和非线性数值解法的发展，以及近年计算机硬件水平的飞速提高，有限元分析模型逐渐成为节点分析模型的主流。第三类则是半解析半数值方法。

5.5.4.2 破坏模式

钢管相贯节点破坏形式多样，根据试验现象分类，大体归为如下几类。

(1) 弦杆板件塑性失效

弦杆为方管或矩形管时，与腹杆连接的弦杆翼缘板受到腹杆轴力的直接作用，造成板件局部弯曲。翼缘板产生较大塑性变形是节点破坏的典型模式之一。翼缘板上形成相互贯通的塑性铰线变为机构后，则达到承载极限强度，弦杆为圆钢管时情况亦然，但塑性机构趋向复杂。当一拉一压两根腹杆交于弦杆并有间隙存在时，间隙内更易发展塑性；若两腹杆叠合，则腹杆内力的一部分不经弦杆翼缘板传递而自相平衡，叠合部分又提高了节点域内弦杆板件刚度，使得塑性变形不易发展。方矩管作弦杆时，钢管腹板因翼缘转动而面外受弯，处于双向轴应力和弯曲应力的复杂应力状态中，也可能造成塑性破坏。对各种空间节点，塑性变形受到更多因素影响。如 KX 形节点中，X 形支杆轴力受压时有助于提高弦杆抵抗腹杆压力作用下弯曲变形的承载力，受拉时则正好相反。

(2) 弦杆剪切破坏

两种基本形态是：相邻腹杆间隙内的弦杆剪切塑性变形；弦杆管壁被冲剪切断。

(3) 弦杆局部失稳

若弦杆压力很大，则无论是方管还是圆管，都有发生局部失稳的可能。在腹杆宽度和方矩形弦杆宽度相同时，在腹杆压力作用下，弦杆侧壁腹板产生外凸鼓曲而发生局部失稳，这种变形往往由压力和弯矩共同作用所致；因为腹杆对弦杆上翼板产生的压力并非完全作用在腹板面内，上翼板在横向力作用下，板边缘产生弯矩，造成弦杆腹板弯曲变形。

(4) 焊缝破坏

腹杆与弦杆连接焊缝产生裂缝、断裂，造成节点承载力的下降和丧失。

在节点试验中，也观察到试件有其他种类的破坏，如弦杆失稳、腹杆失稳、受拉屈服等等。这些破坏模式可以归结为杆件失效。需要说明的是，在节点部位附近发生的这些破坏，与节点处的传力方式和构造特性有关。管节点的破坏过程为：在焊缝附近往往某局部区域有很大的应力集中，受力时该区域首先屈服，支管内力增加，塑性区逐渐扩展并使应力重分布。直到节点出现显著的塑性变形或出现初裂缝以后，才会达到最后破坏。

一般认为有下列破坏准则。

① 极限荷载准则——节点产生破坏、断裂。

② 极限变形准则——变形过大。

③ 初裂缝准则——出现肉眼可见的宏观裂缝。

由于裂缝准则一般不易控制，也不便定出标准，而管节点在极限荷载之前往往已产生过度的塑性变形，致使管节点不适于继续承载。因此，目前国际上公认的准则为极限变形准则，即取使主管管壁产生过度的局部变形时管节点的承载力为其最大承载力，并以此来控制支管的最大轴向力。

节点的几种破坏形式有时会同时发生。从理论上确定管节点的最大承载力非常复杂，目前主要通过大量试验再结合理论分析，采用数理统计方法得出经验公式来控制支管的轴心力。我国原 88 版《钢结构设计规范》对圆管结构支管轴心的承载力设计值公式，是在对比分析国外有关规范和国内外有关资料的基础上，根据近 300 个各类型管节点的承载力极限值试验数据，通过回归分析归纳得出经验公式，然后采用校准法换算得到的。

X 形节点和 T、Y 形节点的承载力及限值与试验值比较见图 5-29、图 5-30。试验结果表明，d/t 对节点强度影响不大。

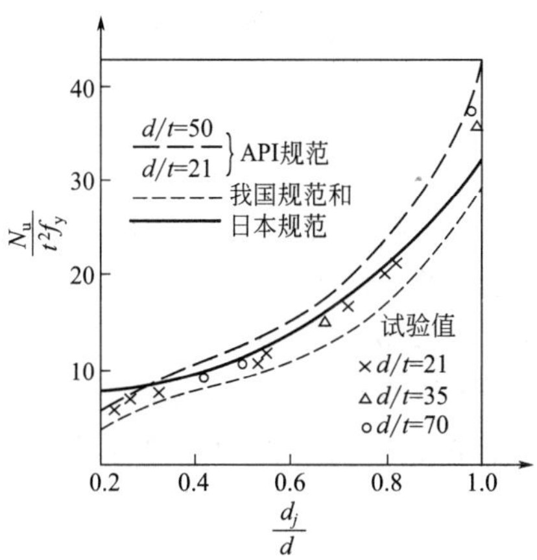

图 5-29 X 形节点的强度

($\sigma=0$，$\theta=90°$)

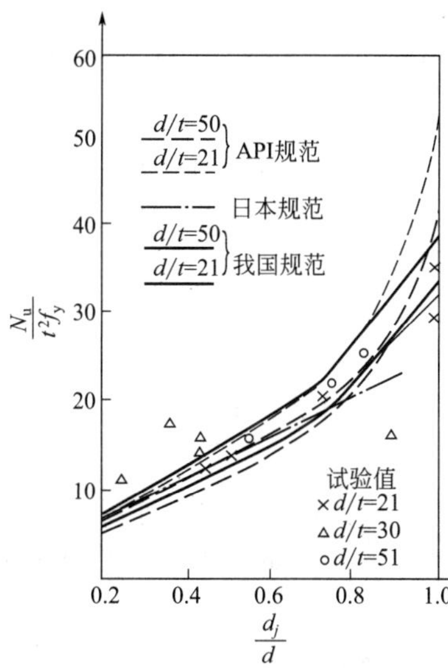

图 5-30 T、Y 形节点的强度

($\sigma=0$，$\theta=90°$)

K 形节点的几何影响因素较多，应力情况也较为复杂。一般说来，由于两支管分别为受拉和受压，对节点局部变形起到限制作用，因而提高了节点强度。式(5-19) 是将 Y 形节点强度乘以提高系数 ψ_a 得到的，而提高量则体现在 ψ_a 计算式中加号后三项的乘积。它分别反映了间隙比 a/d、径厚比 d/t 和直径比 $\beta=d_i/d$ 的影响，这三个代数式是通过对有关试验资料的回归分析确定的。图 5-31 给出了 K 形节点的计算值与试验值的比较。

由于 K 形节点的强度对各种随机因素的敏感性较强，试验值本身的离散性较大，在一般情况下公式的取值也略低。对于搭接节点，规定仍按 $a=0$ 计算，稍偏保守。这是考虑到搭接节点相交线的几何形状更为复杂，目前加工、焊接、装配经验不足，另外也是为了进一步简化计算。从与试验值对比的结果看，这样计算的结果比采用精确而繁琐的公式计算离散度的增加并不明显，仅 2%左右。

圆管节点的破坏大多是由于节点处过大的局部变形而引起。当主管受轴向压应力时，将促使节点局部变形，节点强度随主管压应力增大而降低；而当主管受轴向拉应力时，可减小节点局部变形，此时节点承载力比主管轴向应力 $\sigma=0$ 时提高 3%～4%，如图 5-32。当支管承受压力时，节点的破坏主要是由主管壁的局部屈曲引起的，当支管承受拉力时主要是强度破坏。大量试验可得到结论：支管受拉时承载力数据离散性大，比受压时大 1.4～1.7 倍。

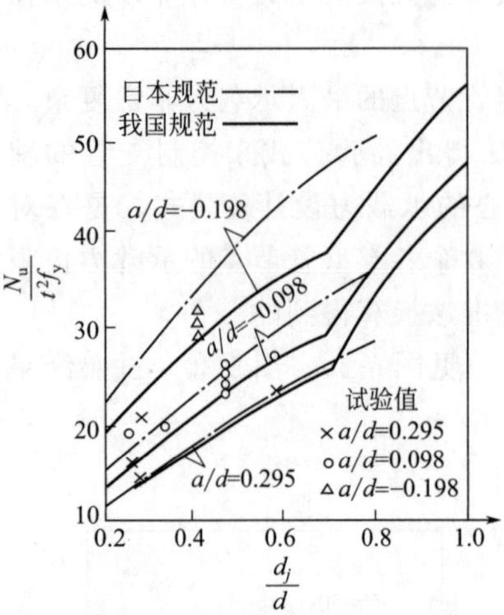

图 5-31　K 形节点的强度

（$\sigma=0$，$\theta=60°$，$d/t=31$）

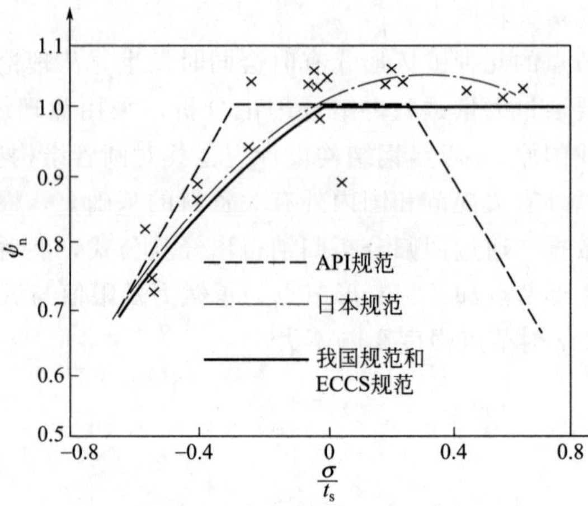

图 5-32　主管轴向应力 σ 的影响

5.5.4.3　圆管节点的承载力计算

主管和支管均为圆管的直接焊接节点时，为了保证节点处主管的强度，圆管结构支管的最大轴向应力不得大于下列规定中的承载力设计值。规范给出的主管和支管均为圆管的管结构计算公式，适用于 $0.2\leqslant\beta\leqslant1.0$；$d_i/t_i\leqslant60$；$d/t\leqslant100$，$\theta\geqslant30°$，$60°\leqslant\varphi\leqslant120°$的情况。其中，$\beta$ 为支管外径与主管外径之比；d_i、t_i 为支管的外径和壁厚；θ 为支管轴线与主管轴线之夹角；φ 为空间管节点支管的横向夹角，即与支管轴线在主管横截面所在平面投影的夹角（图 5-20）。

(1) X 形节点［图 5-17(c)］

① 受压支管在管节点处的承载力设计值 N_{cX}^{pj} 应按下式计算：

$$N_{cX}^{pj}=\frac{5.45}{(1-0.81\beta)\sin\theta}\psi_n t^2 f \tag{5-14}$$

$$\psi_n=1-0.3\frac{\sigma}{f_y}-0.3\left(\frac{\sigma}{f_y}\right)^2$$

式中　ψ_n——参数，当节点两侧或一侧主管受拉时，则取 $\psi_n=1$；

f——主管钢材的抗拉、抗压和抗弯强度设计值；

f_y——主管钢材的屈服强度；

σ——节点两侧主管轴心压应力的较小绝对值。

② 受拉支管在管节点处的承载力设计值 N_{tX}^{pj} 应按下式计算：

$$N_{tX}^{pj}=0.78\left(\frac{d}{t}\right)^{0.2}N_{cX}^{pj} \tag{5-15}$$

参数 ψ_n 考虑主管应力的影响。既然管节点的承载能力采用极限变形准则，主管受压时，节点的局部变形将会增大，节点强度将随主管压应力的提高而降低。当主管受拉时，可减小节点的局部变形，按理节点强度应有所提高。但若主管拉应力较大以至接近钢材屈服强度时，节点强度又会有所降低。

(2) T 形（或 Y 形）节点［图 5-19(a)、(b)］

① 受压支管在管节点处的承载力设计值 N_{cT}^{pj} 应按下式计算：

$$N_{cT}^{pj}=\frac{11.51}{\sin\theta}\left(\frac{d}{t}\right)^{0.2}\psi_n\psi_d t^2 f \tag{5-16}$$

式中　ψ_d——参数；当 $\beta\leqslant 0.7$ 时，$\psi_d=0.069+0.93\beta$；当 $\beta>0.7$ 时，$\psi_d=2\beta-0.68$。

② 受拉支管在管节点处的承载力设计值 N_{tT}^{pj} 应按下式计算：

当 $\beta\leqslant 0.6$ 时

$$N_{tT}^{pj}=1.4N_{cT}^{pj} \tag{5-17}$$

当 $\beta>0.6$ 时

$$N_{tT}^{pj}=(2-\beta)N_{cT}^{pj} \tag{5-18}$$

(3) K 形节点［图 5-17(d)］

① 受压支管在管节点处的承载力设计值 N_{tK}^{pj} 应按下式计算：

$$N_{cK}^{pj}=\frac{11.51}{\sin\theta_c}\left(\frac{d}{t}\right)^{0.2}\psi_n\psi_d\psi_a t^2 f \tag{5-19}$$

$$\psi_a=1+\frac{2.19}{1+\frac{7.5a}{d}}\left[1-\frac{20.1}{6.6+\frac{d}{t}}\right](1-0.77\beta) \tag{5-20}$$

式中　θ_c——受压支管轴线与主管轴线之夹角；

ψ_a——参数；

a——两支管间的间隙，当 $a<0$ 时，取 $a=0$。

② 受拉支管在管节点处的承载力设计值 N_{tK}^{pj} 应按下式计算：

$$N_{tK}^{pj}=\frac{\sin\theta_c}{\sin\theta_t}N_{cK}^{pj} \tag{5-21}$$

式中　θ_t——受拉支管轴线与主管轴线之夹角。

(4) 平面 K 形搭接节点［图 5-19（c)］

支管在管节点处的承载力设计值应按照下列公式计算：

受压支管

$$N_{cK}=\left(\frac{29}{\psi_q+25.2}-0.074\right)A_c f \tag{5-22}$$

受拉支管

$$N_{tK}=\left(\frac{29}{\psi_q+25.2}-0.074\right)A_t f \tag{5-23}$$

$$\psi_q=\beta^{\eta_{Ov}}\gamma\tau^{0.8-\eta_{Ov}} \tag{5-24}$$

式中　ψ_q——参数；

第5章

A_c——受压支管的截面面积；
A_t——受拉支管的截面面积；
f——支管钢材的强度设计值；
N_{cK}——受压支管在管节点处的承载力设计值；
N_{tK}——受拉支管在管节点处的承载力设计值。

(5) 平面 DY 形节点（图 5-33）

两受压支管在管节点处的承载力设计值 N_{cDY} 应按下式计算：

$$N_{cDY}=N_{cX} \tag{5-25}$$

式中 N_{cX}——X 形节点中受压支管极限承载力设计值。

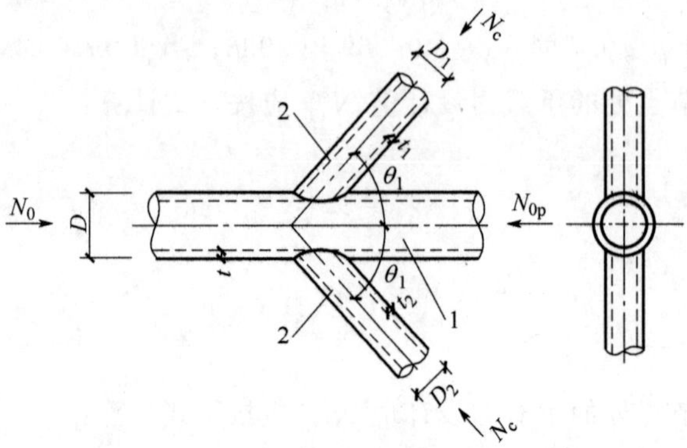

图 5-33 平面 DY 形节点
1—主管；2—支管

(6) 平面 DK 形节点

① 荷载正对称节点，如图 5-34。

四支管同时受压时，支管在管节点处的承载力应按下列公式验算：

$$N_1\sin\theta_1+N_2\sin\theta_2\leqslant N_{cXi}\sin\theta_i \tag{5-26}$$

$$N_{cXi}\sin\theta_i=\max(N_{cX1}\sin\theta_1,N_{cX2}\sin\theta_2) \tag{5-27}$$

四支管同时受拉时，支管在管节点处的承载力应按下列公式验算：

$$N_1\sin\theta_1+N_2\sin\theta_2\leqslant N_{tXi}\sin\theta_i \tag{5-28}$$

$$N_{tXi}\sin\theta_i=\max(N_{tX1}\sin\theta_1,N_{tX2}\sin\theta_2) \tag{5-29}$$

式中 N_{cX1}，N_{cX2}——X 形节点中支管受压时节点承载力设计值；
N_{tX1}，N_{tX2}——X 形节点中支管受拉时节点承载力设计值。

② 荷载反对称节点，如图 5-35。

$$N_1\leqslant N_{cK} \tag{5-30}$$

$$N_2\leqslant N_{tK} \tag{5-31}$$

对于荷载反对称作用的间隙节点，如图 5-35，还需补充验算截面 a—a 的塑性剪切承载力：

$$\sqrt{\left(\frac{\sum_i^N \sin\theta_i}{V_{pl}}\right)^2+\left(\frac{N_a}{N_{pl}}\right)^2}\leqslant 1.0 \tag{5-32}$$

$$V_{pl}=\frac{2}{\pi}Af_v \tag{5-33}$$

$$N_{p1}=\pi(D-t)tf \tag{5-34}$$

式中 N_{cK}——平面 K 节点中受压支管承载力设计值；

N_{tK}——平面 K 节点中受拉支管承载力设计值；

V_{p1}——主管剪切承载力；

A——主管截面面积；

f_v——主管钢材抗剪强度设计值；

N_{p1}——主管轴向承载力；

N_a——截面 $a—a$ 处主管轴力设计值。

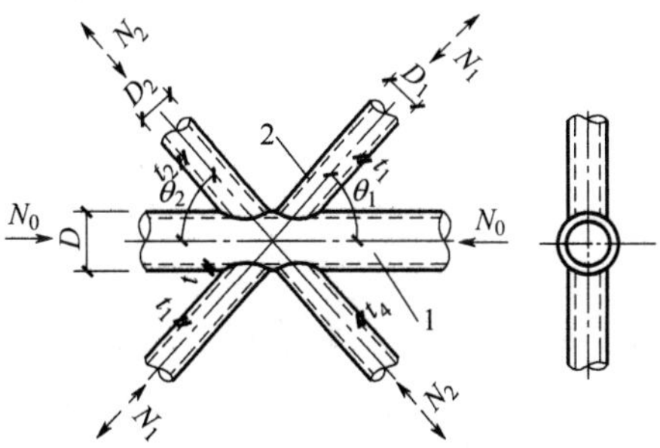

图 5-34 荷载正对称节点平面 DK 形节点

1—主管；2—支管

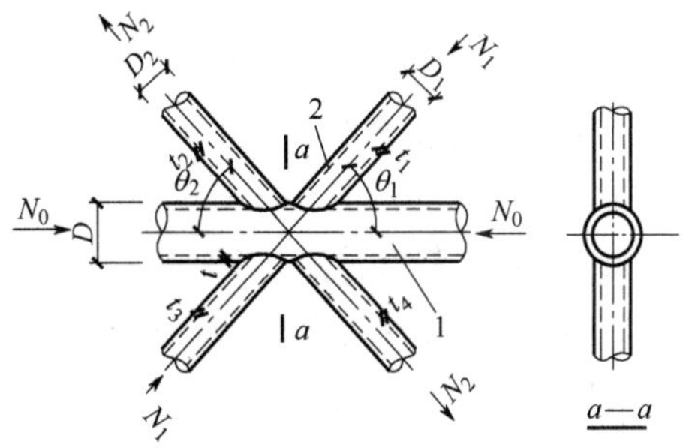

图 5-35 荷载反对称节点平面 DK 形节点

1—主管；2—支管

(7) 平面 KT 形节点（图 5-36）

对有间隙的 KT 形节点，当竖杆不受力，可按没有竖杆的 K 形节点计算，其间隙值 a 取为两斜杆的趾间距；当竖杆受压力时，按下式计算：

$$N_1\sin\theta_1+N_2\sin\theta_3\leqslant N_{cK1}\sin\theta_1 \tag{5-35}$$

$$N_1\sin\theta_2\leqslant N_{cK1}\sin\theta_1 \tag{5-36}$$

当竖杆受拉力时，尚应按下式计算：

$$N_1\leqslant N_{cK1} \tag{5-37}$$

式中 N_{cK1}——K 形节点支管承载力设计值，由式（5-20）计算，公式中用$\dfrac{D_1+D_2+D_3}{3D}$代替$\dfrac{D_1}{D}$。

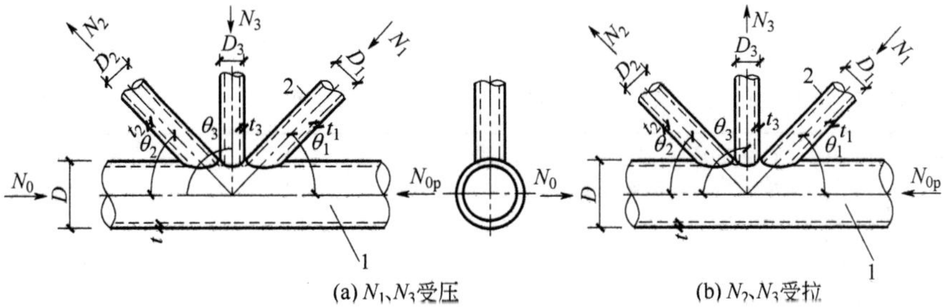

图 5-36 平面 KT 形节点

1—主管；2—支管

(8) T、Y、X 形和有间隙的 K、N 形，平面 KT 形节点的冲剪验算

支管在节点处的冲剪承载力设计值 N_{si} 应按下式进行补充验算：

$$N_{si}=\pi\frac{1+\sin\theta_i}{2\sin^2\theta_i}tD_if_v \tag{5-38}$$

(9) TT 形节点［图 5-18(b)］

① 受压支管在管节点处的承载力设计值 N_{cTT}^{pj} 应按下式计算：

$$N_{cTT}^{pj}=\psi_g N_{tT}^{pj} \tag{5-39}$$

$$\psi_g=1.28-0.64\frac{g}{d}\leqslant1.1$$

式中　g——两支管的横向间距。

② 受拉支管在管节点处的承载力设计值 N_{tTT}^{pj} 应按下式计算：

$$N_{tTT}^{pj}=N_{tT}^{pj} \tag{5-40}$$

(10) KK 形节点［图 5-18(a)］

受压或受拉支管在管节点处的承载力设计值 N_{cKK}^{pj} 或 N_{tKK}^{pj} 应等于 K 形节点相应支管承载力设计值 N_{cK}^{pj} 或 N_{tK}^{pj} 的 0.9 倍。

5.5.5 矩形管直接焊接节点的承载力计算

主管和支管均为矩形管的直接焊接节点时，矩形管直接焊接节点承载力应按下列规定计算，其适用范围如表 5-2 所示。

表 5-2　矩形管节点几何参数的适用范围

<table>
<tr><th colspan="2" rowspan="3">管截面形式</th><th rowspan="3">节点形式</th><th colspan="6">节点几何参数，$i=1$ 或 2，表示支管；j 表示被搭接的支管</th></tr>
<tr><th rowspan="2">$\frac{b_i}{b}$、$\frac{h_i}{b}\left(或\frac{d_i}{b}\right)$</th><th colspan="2">$\frac{b_i}{t_i}$、$\frac{h_i}{t_i}\left(或\frac{d_i}{t_i}\right)$</th><th rowspan="2">$\frac{h_i}{b_i}$</th><th rowspan="2">$\frac{b}{t}$、$\frac{h}{t}$</th><th rowspan="2">$a$ 或 η_{Ov}
b_i/b_j、t_i/t_j</th></tr>
<tr><th>受压</th><th>受拉</th></tr>
<tr><td rowspan="4">主管为矩形管</td><td rowspan="3">支管为矩形管</td><td>T、Y、X 形</td><td>$\geqslant0.25$</td><td rowspan="2">$\leqslant37\sqrt{\frac{235}{f_{yi}}}$
$\leqslant35$</td><td rowspan="3">$\leqslant35$</td><td rowspan="3">$0.5\leqslant\frac{h_i}{b_i}$
$\leqslant2$</td><td rowspan="2">$\leqslant35$</td><td></td></tr>
<tr><td>有间隙的
K 形和 N 形</td><td>$\geqslant0.1+\frac{0.01b}{t}$
$\beta\geqslant0.35$</td><td>$0.5(1-\beta)\leqslant\frac{a}{b}\leqslant$
$1.5(1-\beta)$①
$a\geqslant t_1+t_2$</td></tr>
<tr><td>搭接 K 形
和 N 形</td><td>$\geqslant0.25$</td><td>$\leqslant33\sqrt{\frac{235}{f_{yi}}}$</td><td>$\leqslant40$</td><td>$25\%\leqslant\eta_{Ov}\leqslant100\%$
$\frac{t_i}{t_j}\leqslant1.0$,
$1.0\geqslant\frac{b_i}{b_j}\geqslant0.75$</td></tr>
<tr><td colspan="2">支管为圆管</td><td>$0.4\leqslant\frac{d_i}{b}\leqslant0.8$</td><td>$\leqslant44\sqrt{\frac{235}{f_{yi}}}$</td><td>$\leqslant50$</td><td colspan="3">用 d_i 取代 b_i 之后，仍应满足上述相应条件</td></tr>
</table>

① 当 $a/b>1.5(1-\beta)$，则按 T 形或 Y 形节点计算。

注：b_i、h_i——第 i 个矩形支管的截面宽度、高度。

d_i——第 i 个圆支管的外径。

t_i——第 i 个支管的壁厚。

b、h、t——矩形主管的截面宽度、高度和壁厚。

a——支管间的间隙。

η_{Ov}——搭接率，见《钢结构设计标准》(GB 50017) 第 13.4.2 条第 3 款。

β——参数；对 T、Y、X 形节点，$\beta=\frac{b_i}{b}$或$\frac{d_i}{b}$；对 K、N 形节点 $\beta=\frac{b_1+b_2+h_1+h_2}{4b}$或$\beta=\frac{d_1+d_2}{2b}$。

f_{yi}——第 i 个支管钢材的屈服强度。

为保证节点处矩形主管的强度，支管的轴力和主管的轴力不得大于下列规定中承载力设计值。

5.5.5.1 支管为矩形管的 T、Y 和 X 形节点［图 5-19（a）、(b)］

（1）当 $\beta \leqslant 0.85$ 时，支管在节点处的承载力设计值 N_i^{pj} 应按下式计算：

$$N_i^{pj}=1.8\left(\frac{h_i}{bc\sin\theta_i}+2\right)\frac{t^2}{c\sin\theta_i}\psi_n \tag{5-41}$$

$$c=(1-\beta)^{0.5}$$

式中 ψ_n——参数，当主管受压时，$\psi_n=1.0-\frac{0.25}{\beta}\frac{\sigma}{f}$；当主管受拉时，$\psi_n=1.0$。

σ——节点两侧主管轴心压应力的较大绝对值。

（2）当 $\beta=1.0$ 时，支管在节点处的承载力设计值 N_i^{pj} 应按下式计算：

$$N_i^{pj}=2.0\left(\frac{h_i}{\sin\theta_i}+5t\right)\frac{tf_k}{\sin\theta_i}\psi_n \tag{5-42}$$

当为 X 形节点时，$\theta_i<90°$ 且 $h \geqslant h_i/\cos\theta_i$ 时，尚应按下式验算：

$$N_i^{pj}=\frac{2htf_v}{\sin\theta_i} \tag{5-43}$$

式中 f_k——主管强度设计值，当支管受拉时，$f_k=f$；当支管受压时，对 T、Y 形节点，$f_k=0.8\varphi_f$；对 X 形节点，$f_k=(0.65\sin\theta_i)\varphi_f$；$\varphi_f$ 为按长细比 $\lambda=1.73\left(\frac{h}{t}-2\right)\left(\frac{1}{\sin\theta_i}\right)^{0.5}$ 确定的轴心受压构件的稳定系数。

f_v——主管钢材的抗剪强度设计值。

（3）当 $0.85<\beta<1.0$ 时，支管在节点处承载力的设计值应按式(5-41）与式(5-42）或式(5-43）所得的值，根据 β 进行线性插值。此外，还不应超过下列二式的计算值：

$$N_i^{pj}=2.0(h_i-2t_i+b_e)t_if_i \tag{5-44}$$

$$b_e=\frac{10}{b/t}\frac{f_yt}{f_{yi}t_i}b_i \leqslant b_i$$

当 $0.85 \leqslant \beta \leqslant 1-2t/b$ 时：

$$N_i^{pj}=2.0\left(\frac{h_i}{\sin\theta_i}+b_{ep}\right)\frac{tf_v}{\sin\theta_i} \tag{5-45}$$

$$b_{ep}=\frac{10}{b/t}b_i \leqslant b_i$$

式中 h_i，t_i，f_i——支管的截面高度、壁厚以及抗拉（抗压和抗弯）强度设计值。

5.5.5.2 支管为矩形管的有间隙的 K 形和 N 形节点［图 5-20（a）、(b)］

（1）节点处任一支管的承载力设计值应取下列各式的较小值：

$$N_i^{pj}=1.42\,\frac{b_1+b_2+h_1+h_2}{b\sin\theta_i}\left(\frac{b}{t}\right)^{0.5}t^2f\psi_n \tag{5-46}$$

$$N_i^{pj}=\frac{A_vf_v}{\sin\theta_i} \tag{5-47}$$

$$N_i^{pj}=2.0\left(h_i-2t_i+\frac{b_i+b_e}{2}\right)t_if_i \tag{5-48}$$

当 $\beta \leqslant 1-2t/b$ 时，尚应小于：

$$N_i^{pj}=2.0\left(\frac{h_i}{\sin\theta_i}+\frac{b_i+b_{ep}}{2}\right)\frac{tf_v}{\sin\theta_i} \tag{5-49}$$

式中 A_v——弦杆的受剪面积，按下式公式计算：

$$A_v=(2h+\alpha b)t \tag{5-50}$$

$$\alpha=\sqrt{\frac{3t^2}{3t^2+4a^2}} \tag{5-51}$$

（2）节点间隙处的弦杆轴心受力承载力设计值为：

$$N^{pj}=(A-\alpha_v A_v)f \tag{5-52}$$

$$\alpha_v=1-\sqrt{1-\left(\frac{V}{V_p}\right)^2} \tag{5-53}$$

$$V_p=A_v f_v \tag{5-54}$$

式中 α_v——考虑剪力对弦杆轴心承载力的影响系数；

V——节点间隙处弦杆所受的剪力，可按任一支管的竖向分力计算。

5.5.5.3 支管为矩形的搭接的 K 形和 N 形节点［图 5-21（c）、（d）］

搭接支管的承载力设计值根据不同的搭接率 η_{Ov} 按下列公式计算（下标 j 表示被搭接的支管）：

（1）当 $25\% \leqslant \eta_{Ov} < 50\%$ 时：

$$N_i^{pj}=2.0\left[(h_i-2t_i)\frac{\eta_{Ov}}{0.5}+\frac{b_e+b_{ej}}{2}\right]t_i f_i \tag{5-55}$$

$$b_{ej}=\frac{10}{b_i/t_j}\frac{t_i f_{yj}}{t_i f_{yi}}b_i \leqslant b_i \tag{5-56}$$

（2）当 $50\% \leqslant \eta_{Ov} < 80\%$ 时：

$$N_i^{pj}=2.0\left(h_i-2t_i+\frac{b_e+b_{ej}}{2}\right)t_i f_i \tag{5-57}$$

（3）当 $80\% \leqslant \eta_{Ov} < 100\%$ 时：

$$N_i^{pj}=2.0\left(h_i-2t_i+\frac{b_i+b_{ej}}{2}\right)t_i f_i \tag{5-58}$$

被搭接支管的承载力应满足下式要求：

$$\frac{N_j^{pj}}{A_i f_{yj}} \leqslant \frac{N_i^{pj}}{A_i f_{yi}} \tag{5-59}$$

5.5.5.4 支管为圆管的各种形式的节点

当支管为圆管时，上述各节点承载力的计算公式仍可使用，但需用 d_i 取代 b_i 和 h_i，并将各式右乘以系数 $\pi/4$，同时应将式(5-50) 中的值取为零。

5.6 管桁架结构工程实例

甘肃会展中心包含展览中心、大剧院兼会议中心、五星级酒店、市民广场及地下配套服务设施四部分（图 5-37），建筑面积 17.8 万平方米，总投资 12 亿元。其中会展中心工程采用曲线形钢管立体桁架，室内建筑效果见图 5-38。该工程长 236.1m，宽 84.7m，地上两层，地下一层，建筑物总高 29.5m，总建筑面积 6 万平方米。建筑整体模型见图 5-39，局部单元平面见图 5-40，剖面见图 5-41。

图 5-37　甘肃会展中心建筑群全貌

图 5-38　甘肃会展中心室内建筑效果

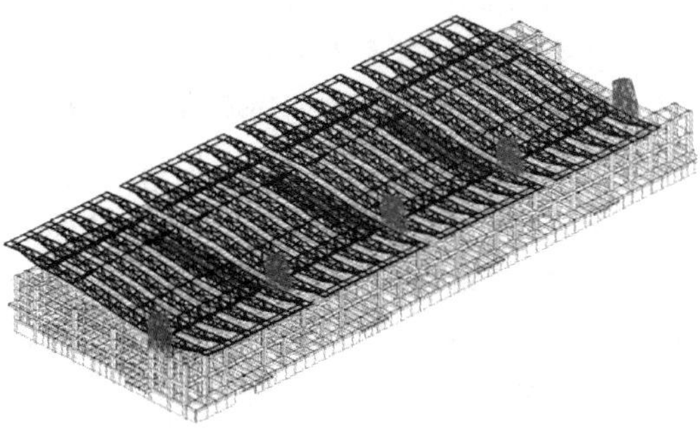

图 5-39　甘肃会展中心主体结构

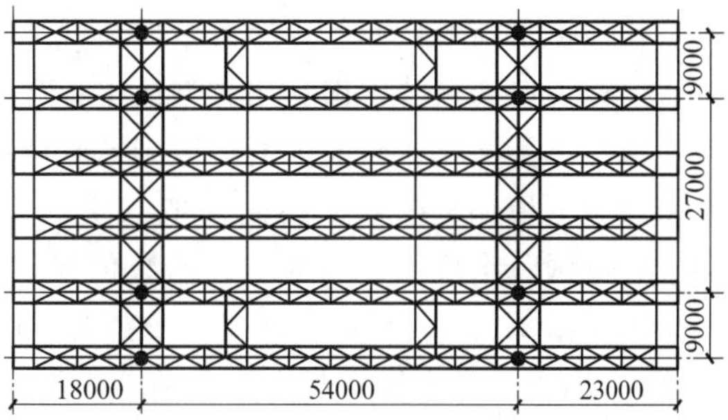

图 5-40　甘肃会展中心单元平面图

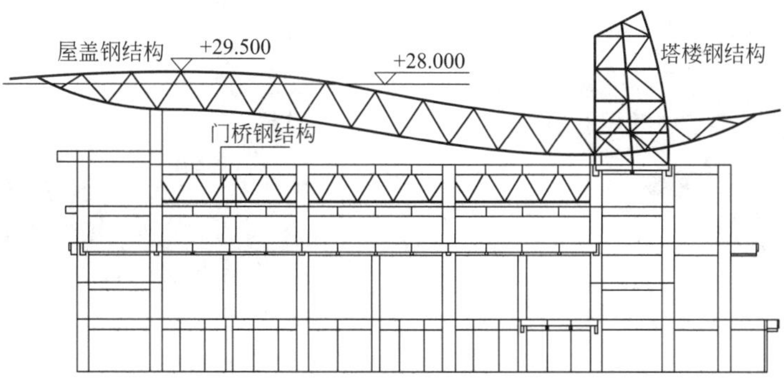

图 5-41　甘肃会展中心剖面图

屋盖钢结构的主要受力体系是南北向的倒三角截面的主桁架，其中，两侧各两榀，均直接连接在支座上，而中间的两榀则需通过支座桁架将荷载传递给柱顶支座。故从概念上讲，支座桁架（尤其是中间段）的强度和刚度对整个屋盖的安全是至关重要的。该屋盖结构主要由主桁架 6 道＋纵向 2 道支座组合侧向支撑杆而成的空间钢管桁架体系，屋盖共有 8 个支座点，位于支座桁架下弦节点上。计算模型采用梁、杆单元混合的方式，其中，桁架（主桁架、支座桁架、支撑桁架）上下弦均采用考虑节点刚度的梁单元，其余腹杆均采用两端铰接的杆单元。考虑到腹杆的长细比较大，因此，该模型是相对合理的。

混凝土柱顶的固定铰支座采用预埋螺栓式支座，混凝土柱内设置抗剪键。构造图见图 5-42。

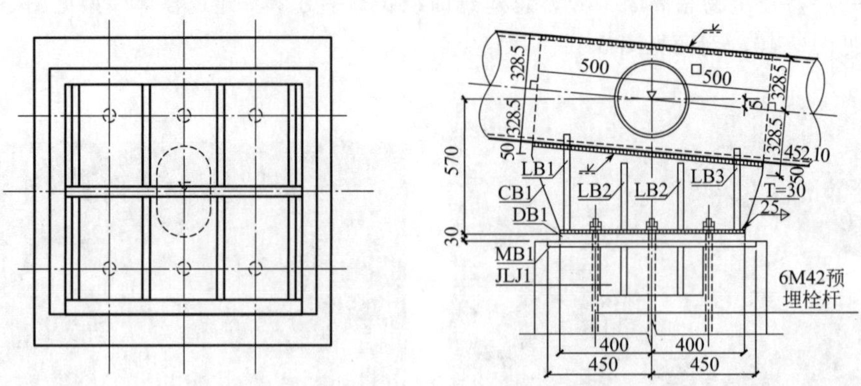

图 5-42　混凝土柱顶钢支座节点构造

由于本工程建筑外形复杂，且地处内陆大风地区，风荷载对建筑影响比较严重，故体育馆结构应进行风洞试验，以便确定风荷载体型系数等计算参数。本工程由同济大学进行计算机数值模拟风洞试验，即利用大型风工程计算程序（CFX）对体育馆的风环境进行有限元计算，取得相关数据。数值模型按原型尺度建模，其模型的外形与实际相同，数值模型属刚性模型。数值模型见图 5-43。同一般的实验室风洞类似，数值模拟时要建立一个数值风洞，用于甘肃国际会展中心展览中心的数值风洞见图 5-44。随后给出的供屋盖钢结构设计时的平均风压结果为 50 年重现期、10 分钟时距的结果，设计时还应乘以风振系数（仅乘以风振系数），用等效静力风荷载设计承重结构。具体分析结果略。

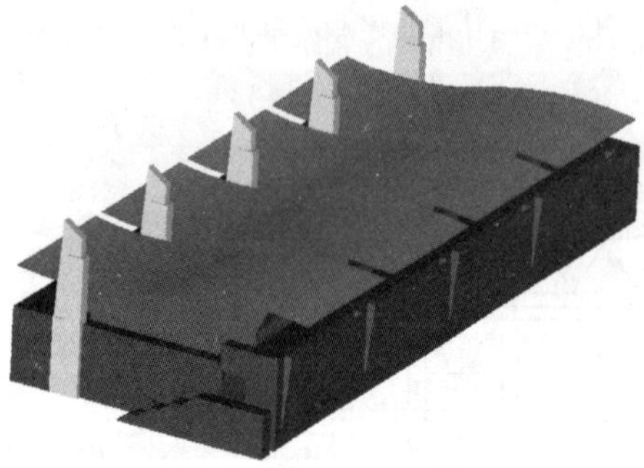

图 5-43　会展中心数值模型

图 5-44　会展中心数值风洞

思考题

1. 简述钢管桁架结构的优缺点及适用范围，并举例说明。

2. 简述钢管桁架结构的节点是否允许偏心？《钢结构设计标准》（GB 50017）是如何规定的？

3. 简述钢管桁架相贯节点的基本构造要求。

4. 简述圆钢管相贯节点的基本构造形式和计算公式。

5. 管桁架结构相贯节点的焊缝计算是采用角焊缝么？

第 6 章
其他空间结构简介

由于计算技术、新型材料及空间结构分析理论的发展，近几十年来，国内外空间结构迅速发展。除前面各章介绍的网架结构、网壳结构、悬索结构和膜结构等常用空间结构体系外，各种新型空间结构体系在体育场馆、展览馆、飞机库、厂房等建筑中也得到广泛应用。本章主要介绍了大跨度空间结构的组合网架结构、斜拉结构、折叠式网架结构、张弦结构、张拉整体结构、索穹顶结构、可展结构、仿生结构、自由曲面结构以及开合结构，请读者理解各种结构体系的概念和特点，了解大跨度空间结构新体系的应用及发展。

6.1 概述

组合网架结构是一种由钢材和钢筋混凝土组成的空间结构。它将网架上弦杆用钢筋混凝土平板（或带肋板）代替，下弦杆和腹杆仍然用钢材，形成一种下部是钢结构、上部由钢筋混凝土组合而成的新型空间结构。组合网架并非仅是简单地用混凝土板代替上弦的问题，板的抗弯刚度和面内刚度对结构起重要作用，设计时应根据荷载大小合理调整板厚和肋截面尺寸。

斜拉结构是将斜拉桥技术与预应力技术综合应用到空间结构而形成的一种形式新颖的预应力大跨度空间结构体系。整个结构体系通常由屋面结构、伸高的桅杆或下置的塔柱、斜拉索等部分组成，各个组成部分协调工作而形成一种杂交组合空间结构，广泛应用于体育场馆、飞机库、展览馆、挑篷、仓库等工业与民用建筑。

图 6-1　张弦梁结构

张弦梁结构（图 6-1）是由日本大学的 M. Saito 教授在 20 世纪 80 年代初首先提出的，它是用撑杆连接抗弯抗压构件和抗拉构件而形成的自平衡体系。

弦支穹顶结构（图 6-2）是由日本法政大学川口卫教授将索穹顶等张拉整体结构的思路应用于单层球面网壳而形成的一种新型杂交空间结构体系，根据索穹顶和单层球面网壳两种结构的不同特点，将两者有机结合在一起而形成的。

索穹顶结构（图 6-3）是运用张拉整体思想而产生的一种新的结构体系。索穹顶最早是在 20 世纪 80 年代由美国著名结构工程师盖格尔对富勒的思想进行了适当的改造，发明了支承于周边压梁上的一种索杆预应力张拉整体穹顶结构，即索穹顶，从而使得张拉整体的概念首次应用到大跨度结构工程中。

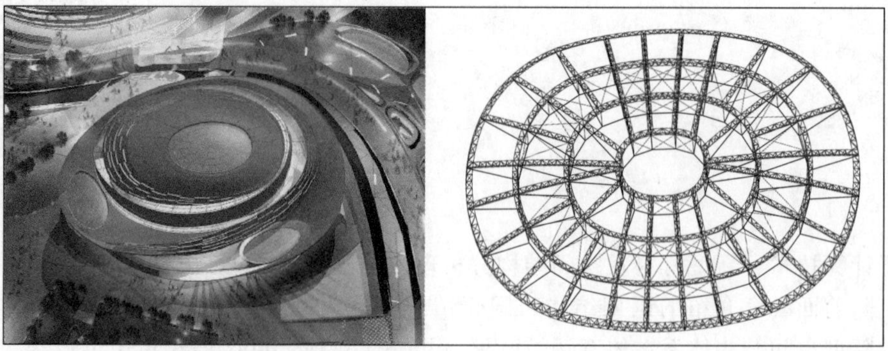

(a) 大连市体育馆　　(b) 有限元模型

图 6-2　弦支穹顶结构

图 6-3　索穹顶结构

仿生结构（图 6-4）是研究并模仿生物体的结构或其巢穴等的优良力学性能，进而设计出用料省、强度高、刚度大且稳定性好的建筑结构。生物在长期与自然的抗争中，形成了能够经受环境考验的结构，“优胜劣汰”的自然法则表明了这些结构的合理性和优越性。目前，常见的仿生结构有树状结构、贝壳结构、肌理结构、骨架结构等。

可展结构（图 6-5）是一种用时展开、不用时可折叠收起的结构。1961 年美国建筑师富勒首先提出折叠网架结构，1961 年西班牙建筑师皮奈偌展出一个可折叠移动的小剧院，人们从中发现了这种结构的诸多优点：一般可重复使用，且折叠后体积小、便于运输及储存。目前，这种结构在计算理论及结构形式上都得到很大发展，并得到了广泛应用。

除此之外还有自由曲面结构、开合结构等。新型大跨建筑结构的发展体现了大跨建筑结构的迅速发展，同时也代表了大跨建筑结构的研究方向。

图 6-4　仿生结构

图 6-5　可展结构

6.2　组合网架结构

6.2.1　组合网架结构的概念和应用概况

组合网架是从普通网架演变而来，采用钢筋混凝土平板代替一般钢网架的上弦杆作为结构的上表层，从而形成下部是钢结构，上部由混凝土组成的一种新型空间结构（如图 6-6 所示）。组合网架由于钢筋混凝土板有一定的抗弯刚度，面内刚度很大，因此组合网架在荷载作用下的挠度比相同条件下网架要小很多，现场测试表明，腹杆和弦杆的内力也小很多。

图 6-6　组合网架结构

组合网架具有刚度大、自重轻（与钢筋混凝土结构相比）的特点，更适宜于建造活荷载较大的大跨度楼层结构，例如仓库、厂房、百货公司、展览厅等建筑。近二十年来组合网架在我国发展迅速，已有多个工程建成。如河南新乡市百货大楼（图 6-7），该工程为我国首次在多层大跨建筑中采用的组合网架结构，平面尺寸为 35m×35m，斜放四角锥网格，网架高 2.5m，共 4 层；又如湖南长沙市纺织大厦（图 6-8），该建筑物总高 45m，地下 2 层，地上 11 层，楼盖跨度为 12m×7.5m 和 12m×10m，正放四角锥和抽空正放四角锥网格，网架高为 1.0m，屋盖平面尺寸为 24m×27m。这是我国首次在高层建筑中采用组合网架结构。

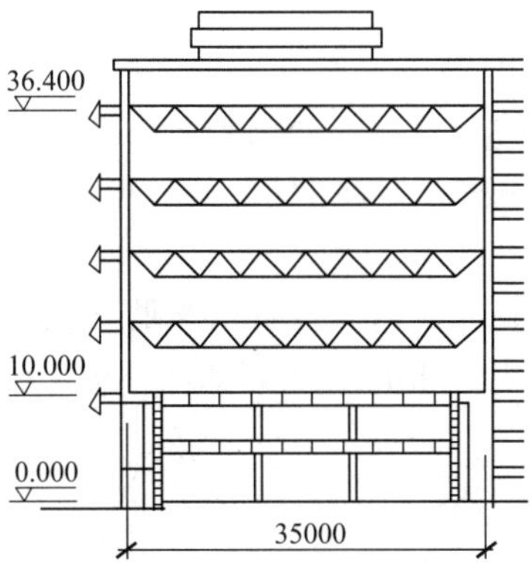

图 6-7　河南新乡市百货大楼

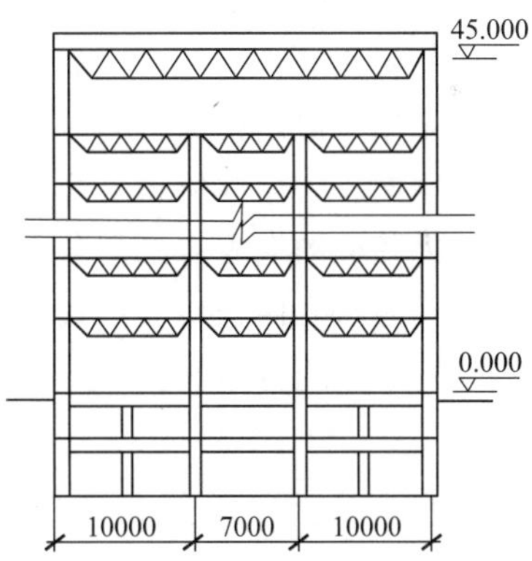

图 6-8　湖南长沙市纺织大厦

6.2.2　组合网架的特点与分类

6.2.2.1　组合网架的特点

（1）采用钢筋混凝土平板或带肋平板，代替一般钢网架的上弦杆，从而形成一种钢结构与钢筋混凝土结构共同工作的组合结构，也是一种板系、梁系与杆系共同受力的组合结构。

（2）一般来说，网架结构是上部受压，下部受拉的。因此，组合网架结构可充分发挥混凝土受压、钢材受拉这两种不同材料的强度优势。

（3）组合网架可使结构的承载功能和围护功能合二为一，如将组合网架用于屋盖，就不需要另行设置屋面板。

（4）组合网架的刚度大、抗震性能好。与同等跨度的钢网架相比，其竖向刚度要提高30%～50%。由于装配为整体后的上弦平板在自身平面内有很强的抗水平力能力，因而组合网架的水平刚度比钢网架的水平刚度有成倍的增加。

（5）用钢量节省。一般钢网架用钢量中，上弦杆的用量要占35%～45%，有的甚至占到一半。因此，不采用钢上弦的组合网架要比全钢网架的钢材耗用量有明显的降低。根据国内外资料综合分析，当组合网架用于屋盖结构时，与同等跨度的钢网架相比（包括混凝土屋面板中的用钢量），其用钢量可节省15%～25%，而且组合网架的施工和网架相似，如网格选型得当，不会增加施工困难。

组合网架更适用于作为楼层结构，这种组合网架楼层有三大优点。

（1）跨度大，室内柱子少，建筑面积利用率高，适于作为大跨度多层大型商场、展厅、灵活车间等公共与工业建筑之用。

（2）楼层的结构自重小，与6m×6m柱网的无梁楼盖或升板相比可减轻结构自重的50%。

（3）由于楼层结构自重的减轻，水平地震作用要相应地降低约20%，柱子和基础的内力和反力就要减少15%～20%，这可导致整栋结构的自重减轻，建筑材料的消耗降低。

组合网架的缺点：①上弦节点构造比较复杂，给制作安装带来一些不便；②用作楼层时，其楼层的结构高度要比通常楼盖的结构高度大。然而这些不足可通过工程实践积累经验，采取恰当的设计构造与制作安装措施，使得问题得到妥善解决。

6.2.2.2 组合网架的分类

（1）按照网架形式分类

组合网架是从一般钢网架发展而来的，某种形式的钢网架便有某种相应形式的组合网架。因此，可采用一般网架的分类方法进行组合网架的分类，如分成平面桁架系组合网架、四角锥体组合网架、三角锥体组合网架三大类。这是一种分类方法。

（2）按照上弦板的搁置方式划分

上弦预制板通常有四种主要形式，即正放正方形板（板内可设置交叉肋）、斜放正方形板（板内可设置十字肋）、正三角形板、正三角形与六边形相间的板，如图6-9所示。

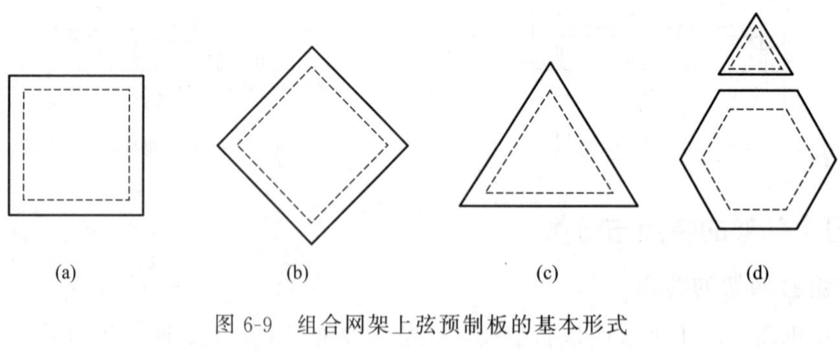

图6-9 组合网架上弦预制板的基本形式

按此类方式共划分为四类。

① 两向正交类组合网架。包括两向正交斜放组合网架、正交四角锥组合网架、正放抽

空四角锥组合网架及棋盘形四角锥组合网架，共4种形式的组合网架。

② 两向斜交类组合网架。包括两向正交斜放组合网架、斜放四角锥组合网架及星形四角锥组合网架，共3种形式的组合网架。

③ 三向类组合网架。包括三向组合网架、三角锥组合网架及抽空三角锥组合网架，共3种形式的组合网架。

④ 蜂窝形三角锥组合网架。此类网架只有1种。

为减少组合网架预制板的类型和数量，扩大预制板的覆盖面积，在基本形式的基础上，可开拓为扩大形式的预制上弦板，如图6-10所示。上述四类组合网架可相应地分别由图6-10所示的4种预制上弦板组装而成。如德国MERO-Massiv正放抽空四角锥组合网架体系，其上弦与预制板采用了图6-10(a)所示的形式。又如罗马尼亚30m×30m多功能体育馆的斜放四角锥组合网架，其上弦预制板采用了图6-10(b)所示的形式。对于蜂窝形三角锥组合网架，如采用图6-10(d)所示的预制上弦板，则预制板的大小、形状与网架下弦蜂窝形网格的大小、形状完全相同，致使这种组合网架的上弦预制板或小拼单元更趋于单一化。

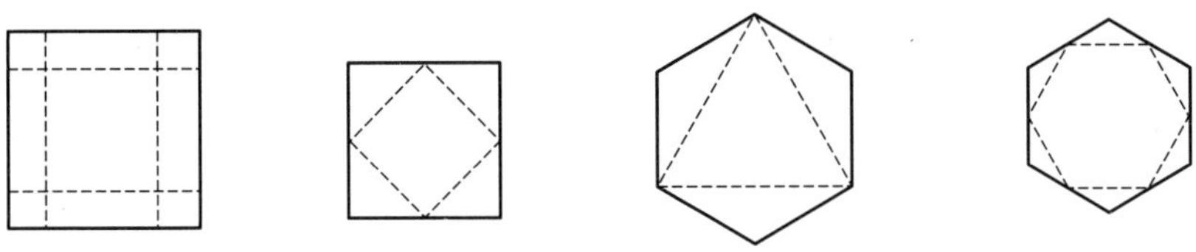

(a) (b) (c) (d)

图6-10 组合网架预制上弦板的扩大形式

6.2.3 组合网架的构件选型

6.2.3.1 面板

在板的设计中，肋高很重要，不同的荷载应取相应的肋高。即板的抗弯刚度与荷载大小有关。设计时应根据结构所受荷载和跨度的大小，选用合理的板厚、肋高、网架高，应使钢筋混凝土板与钢腹杆及下弦等强。面板可选用平板或带肋板（四边为主肋，中间辅肋有田字格和交叉格两种），面板可现浇或预制。

当楼层活荷载较大（10～20kN/m^2）时，可设计成现浇板，这时钢腹杆和下弦杆可作为模板的支撑。

当面板采用预制板时，预制板间的连接有两种做法：一是按整体板考虑，即要求板与板间为固接，能传递一切内力（弯矩、扭矩和压力、剪力）[图6-11(a)]，这时，在内力分析时，板内弯矩、扭矩不能忽略；二是按铰接考虑，板与板之间不能传递弯矩和扭矩[图6-11(b)]，这时，计算内力时可忽略板内弯矩、扭矩。

6.2.3.2 网格形式

组合网架施工时，先安装下弦及腹杆，然后安装施工面板（现浇或预制吊装），因此，要求下弦及腹杆在面板施工前能自立，不需要另加支撑。下列的网格形式可以自立：两向或三向桁架系[图6-11(c)]、正放四角锥[图6-11(d)]、星形四角锥[图6-11(e)，与正放四角锥类似，但星形四角锥的竖腹杆不能自立，需要支撑]。如果正放四角锥采用下弦支撑[图6-11(f)]可使锥体全部自立。另外斜放四角锥、棋盘形四角锥、蜂窝形三角锥等都不能自立。可将单元倒过来拼装，然后再翻身吊装，或者增设临时支撑，然后进行拼装。这些都增加了施工费用［图 6-11(g)、(h)］，因此宜选用能自立的网格形式。

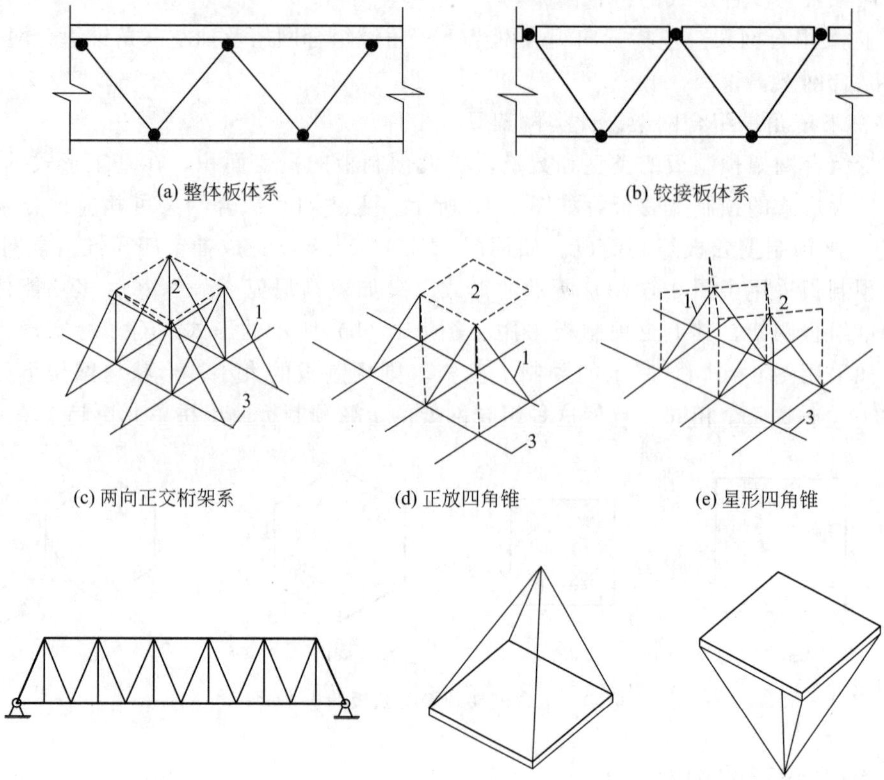

(a) 整体板体系　(b) 铰接板体系

(c) 两向正交桁架系　(d) 正放四角锥　(e) 星形四角锥

(f) 下承式四角锥　(g) 单元拼装位置　(h) 单元翻身后吊装

图 6-11　板的计算简图及几种网格形式

1—腹杆；2—板；3—下弦杆

当点支承时，宜选用腹杆较多的网格形式，并便于设置柱帽等局部加强杆件。周边支承可不考虑此因素。另外，点支承和悬挑部分均会出现负弯矩，周边简支时的两向正交斜放网格的角部也可能出现面板受拉，在设计时应加以注意。

6.2.3.3　组合网架高度及网格尺寸

在常规屋面荷载条件下，组合网架高度可比网架略矮，当活荷载较大时，应参照已有工程经验及估算结果来确定。

一般情况下由于预制板不超过 3m，故网格不大于 3m。当为现浇板时，可不受此限。当现场有大型起重机可供利用时，预制板也可放大尺寸，以减少节点数量。

组合网架高度与网格尺寸有一定关系，和网架结构一样；弦杆与腹杆的交角在 45°～55°之间，以防止节点过大。

由于组合网架的刚度较网架大，因此在相同荷载和跨度的条件下，组合网架宜选用较网架小的高度。

6.2.4　组合网架的计算要点

目前，分析组合网架有三种方法，即拟板法、拟网架法和有限元法。拟板法是将组合网架转换成等效平板进行计算；拟网架法则将其用网架（铰接杆系）来代替，然后用相应的方法（一般为电算）进行计算。这两种方法的优点是可以利用目前已有的图表、程序进行分析，不必再进行设计图表或编写程序。但这两种方法精度较差，虽然在多数情况下能满足工程设计的要求；另外，这两种方法在各种变荷载、边界条件下的适用性，在局部区域内力的分布等问题，还得通过更精确的分析方法去验算。

有限元法用于组合网架内力分析比较有效，这时应将组合网架分解成板壳单元、梁单元和桁架单元三种单元进行分析。桁架单元就是空间桁架位移法所述的杆件。板壳单元和梁单元的分析原理，可参见板壳理论，在此不再赘述。

6.2.4.1　拟板法

计算组合网架的拟板法也是将整个结构用一块平板来代替，利用平板结构中已有的各种计算方法和结论，得到等代板的内力及位移，再反推出各构件的内力。而面板内由于局部弯曲引起的弯矩、剪力则应另外计算。

为了能利用拟板法的有关结果，做如下假定。

① 钢筋混凝土面板为一平面薄膜构件，不计其出平面的抗弯和抗剪刚度。

② 等代平板的泊松比为零，抗扭刚度亦为零。

采用了上述假定后，组合网架就可直接采用拟板法有关公式，因此，只需确定面层（面板）的刚度 B_t 就行了。

(1) 面层刚度的计算

根据定义，用拟板法计算结构面层刚度 B_t 时，可用位移法求得，对于具有交叉辅助的面板则有：

$$B_t=E_c(A_p+A_r+A_d/\sqrt{2})/s \tag{6-1}$$

式中　E_c——混凝土的弹性模量；

s——板的边长；

A_p——平板部分的面积 $A_p=t\times s$；

A_r——板边肋的横截面面积之和，$A_r=2b_1\times h_1$；

A_d——对角交叉肋的横截面面积，$A_d=b_2\times h_2$。

有时为了叙述方便，也将面层折算成等厚度板，这时板的等效厚度为：

$$\bar{t}=t+t_1+t_2 \tag{6-2}$$

$$t_1=2b_1h_1/s$$

$$t_2=b_2h_2/(\sqrt{2}s)$$

这时的面层刚度 $B_t=E_c\times\bar{t}$。

(2) 等效抗弯刚度

由交叉梁系差分法可得

$$\overline{EI}=h^2\frac{B_tB_b}{B_t+B_b}=h^2\frac{E_c\bar{t}\times E_sA_s/s}{E_c\bar{t}+E_sA_s/s} \tag{6-3}$$

式中　h——面层与底层形心间距。

为避免面层形心繁复的计算，可近似取面层形心位于平板部分的中心。

(3) 构件内力计算

组合网架的构件，除面板外，均与普通网架相同，其内力计算可选用相应的公式。对于

第6章

每块屋面板可用下式计算内力：

$$\overline{N_t}=-M\frac{s}{h} \tag{6-4}$$

式中负号表示受压。N_t 实际是由平板、边肋交叉辅助共同承担的。N_t 在各部分的分配按下式计算：

$$\left.\begin{aligned}&\text{板} && N_p=\frac{t}{\bar{t}}N_t\\&\text{边肋} && N_r=\frac{t_1}{t}\frac{N_t}{2}\\&\text{交叉肋} && N_d=\frac{t_2}{\bar{t}}\frac{N_t}{2}\end{aligned}\right\} \tag{6-5}$$

由于交叉肋在两个方向上均有投影，最终内力应为两个方向计算值之和。

6.2.4.2 拟网架法

拟网架法用等代网架来模拟组合网架的工作特性。通过对等代网架的计算，反推实际结构的内力、位移。就等代这一点而言，拟网架法和拟板法相同，但就采取的具体手段而言，两者几乎截然不同。拟板法是把整个组合网架用等厚光滑平板来代替，因此是一种连续化方法；而拟网架法则与此相反，在保留组合网架原有腹杆、悬杆不变的前提下，把组合网架面板用离散杆件来代替，因此它是一种离散化方法，属于有限元范畴。

目前的研究成果表明，当边界条件比较规则时，拟网架法能给出较好的面板内力值，但当边界条件复杂，如多点支承时，建议用更精确的有限元法计算。和拟板法一样，拟网架法只能得到面板的面内力，弯曲内力需要用其他方法确定。

(1) 面板的等代杆

面板一般带肋，可以把板和肋分开考虑。

对于肋，其等代杆比较简单，先将肋与平板切开，肋的等代杆就是与肋相同面积的杆，其轴向刚度为 $E_hA/l=E_g\overline{A}/l$，故

$$\overline{A}=A\frac{E_h}{E_g}$$

式中 E_h，E_g——混凝土和钢的弹性模量；

A——钢筋混凝土杆截面积；

$\overline{A}$——钢杆截面积。

上述处理方法对边肋、交叉肋、田字肋均适用。

对于板，其等代杆的确定较复杂。在结构分析阶段，等代的意义即刚度等价。由于平板是一连续体，而等代杆系则是一离散体系，要做到完全等价，即要求在任意荷载作用下均保证两者具有相同的刚度，这是不可能的。因此在实际工程中，一般只要求在特定荷载，或者说对特定的变形、应变满足等价条件。根据有限元理论，首先要满足在常应变状态下的等价。以下讨论基于有限元理论的方法。

如图 6-12 所示的正方形平板，仅考虑板平面内的位移，并用双线性插值函数，其刚度矩阵见式(6-6)。

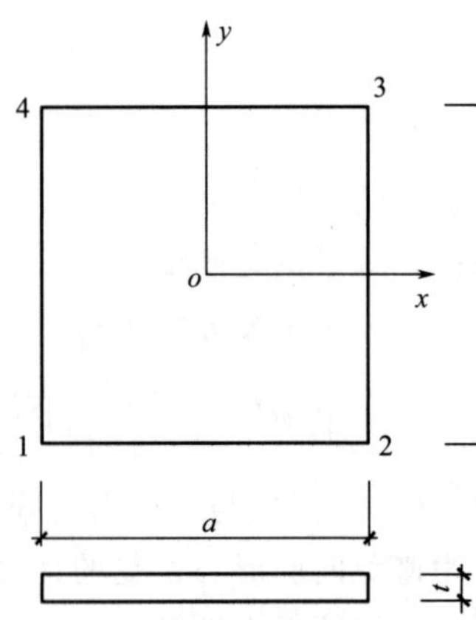

图 6-12 面板的等代杆

$$[K]=\frac{E_k t}{1-\mu^2}\begin{bmatrix} \frac{3-\mu}{6} & & & & & & & \\ \frac{1+\mu}{8} & \frac{3-\mu}{6} & & & \text{对 称} & & & \\ -\frac{3+\mu}{12} & \frac{1-3\mu}{8} & \frac{3-\mu}{6} & & & & & \\ -\frac{1-3\mu}{8} & \frac{\mu}{6} & -\frac{1+\mu}{8} & \frac{3-\mu}{6} & & & & \\ -\frac{3-\mu}{12} & -\frac{1+\mu}{8} & \frac{\mu}{6} & \frac{1-3\mu}{8} & \frac{3-\mu}{6} & & & \\ -\frac{1-3\mu}{8} & -\frac{3-\mu}{12} & -\frac{1-3\mu}{8} & -\frac{3+\mu}{12} & \frac{1+\mu}{8} & \frac{3-\mu}{6} & & \\ \frac{\mu}{6} & -\frac{1-3\mu}{8} & -\frac{3-\mu}{12} & \frac{1+\mu}{8} & -\frac{3+\mu}{12} & \frac{1-3\mu}{8} & \frac{3-\mu}{6} & \\ \frac{1-3\mu}{8} & -\frac{3-\mu}{12} & \frac{1+\mu}{8} & -\frac{3-\mu}{12} & -\frac{1-3\mu}{8} & \frac{\mu}{6} & -\frac{1+\mu}{8} & \frac{3-\mu}{6} \end{bmatrix} \tag{6-6}$$

对于具有相同节点数（现等于 4）的杆系来说，以图 6-13 的布置较好。根据对称性原理，显然只可能有两种不同的截面规格，设为 A_1、A_2（图 6-13）。这时，该杆系的刚度矩阵为：

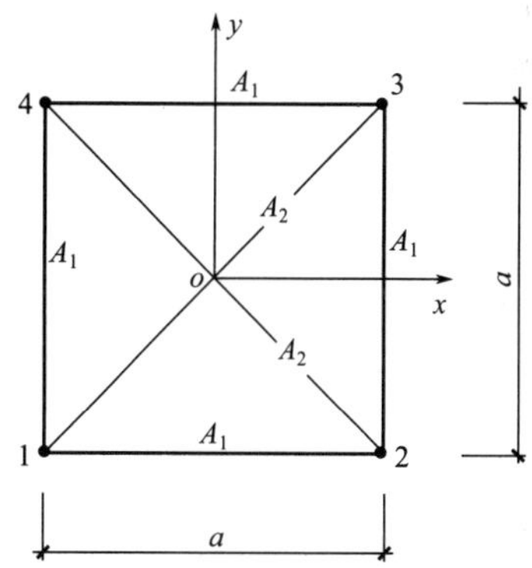

图 6-13　等代网架

$$[K]=E_g\begin{bmatrix} b_1 & & & & & \\ b_2 & b_1 & & \text{对 称} & & \\ -b_3 & 0 & b_1 & & & \\ 0 & 0 & -b_2 & b_1 & & \\ -b_2 & -b_2 & 0 & 0 & b_1 & \\ -b_2 & -b_2 & 0 & -b_3 & b_2 & b_1 \end{bmatrix} \tag{6-7}$$

$$b_1=A_1/a+A_2/(2\sqrt{2}a)$$

$$b_2=A_2/(2\sqrt{2}a)$$

$$b_3=A_1/a$$

b_1、b_2、b_3 三个参数中仅有两个是独立的，即 A_1、A_2。

从理论上讲，要使 $[\overline{K}]$ 与 $[K]$ 相等，应使 $[\overline{K}]$ 中的每一个元素与 $[K]$ 中的对应元素相等，由于 $[\overline{K}]$ 中的待定系数（杆件的截面积 A_1、A_2）仅有两个，上述条件是无法满足的，简单的解决办法就是要求 $[\overline{K}]$ 与 $[K]$ 的特定元素相等。考虑 $[K]$ 中绝对值较大的两个元素，令其与 $[\overline{K}]$ 中的元素相等。则有

$$\left.\begin{aligned} E_y b_1 &= E_h \frac{t}{1-\mu^2}\frac{3-\mu}{6} \\ E_y b_3 &= E_h \frac{t}{1-\mu^2}\frac{3+\mu}{12} \end{aligned}\right\} \tag{6-8}$$

$$\left.\begin{aligned}A_1&=E_h\frac{at(3+\mu)}{12(1-\mu^2)E_g}\\A_2&=E_h\frac{at\sqrt{2}}{2(1+\mu)E_g}\end{aligned}\right\}\tag{6-9}$$

（2）面板的面内力

肋的内力就是等代杆的内力。板的内力可通过静力等效原则加以确定。设网架结构算得的各杆内力如图 6-14 所示（受拉为正），则面板的面内力为：

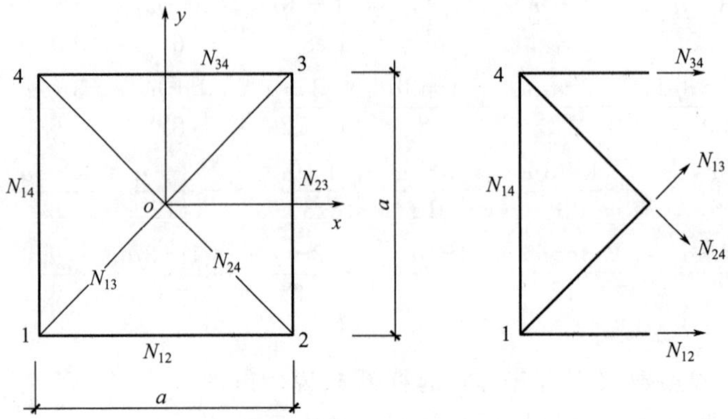

图 6-14　面板的面内力

$$\left.\begin{aligned}N_x&=\frac{1}{a}\left[N_{12}+N_{34}+\frac{1}{\sqrt{2}}(N_{13}+N_{24})\right]\\N_y&=\frac{1}{a}\left[N_{14}+N_{23}+\frac{1}{\sqrt{2}}(N_{13}+N_{24})\right]\\S&=\frac{1}{a}\frac{1}{\sqrt{2}}(N_{13}-N_{24})\end{aligned}\right\}\tag{6-10}$$

式中等号右边除以板宽 a 是因为 N_x、N_y 及 S 一般均以单位宽度上的值来表示的；其中 N_x、N_y 分别为 x、y 向的内力，S 为剪力。

（3）面板的弯曲

根据结构的计算模型，如为连续点支承，则按多点支承双向多跨板分析；如为点支承简支板，则按多支点单跨板计算板的局部弯曲内力。

6.2.5 组合网架构件设计、构造

（1）自重估算

根据统计表明，组合网架中钢腹杆及下弦的重量约占其总重的 10%～20%，因此，估算组合网架自重时，在估算钢筋混凝土面板重量后，再增加 10%～20%的钢杆件重量即可。

面板的板厚及肋高尺寸取决于板内力（弯矩及面内力）。当缺乏经验数据时，可先行试算。

（2）钢筋混凝土面板设计

组合网架的面板受力复杂。在板内存在双向的弯曲内力和面内力，而且通常有加劲肋，这就更增加板内力的复杂性，目前还没有相应的规程可直接用于这种板的设计，设计时建议

考虑下列问题。

① 对任一方向的截面（x 向或 y 向），每块面板按组合截面偏心受压构件进行设计。

② 设计时，面板内力取整个面板横截面上的内力之和，即取板部分和肋部分内力之和。

③ 应考虑两个方向的轴力偏心而引起弯矩和挠度的增加，可适当乘以系数。

(3) 节点构造

组合网架中钢筋混凝土板与钢腹杆的连接节点是关键部位，必须保证能可靠地传递内力，而且构造要简单。焊接十字板节点（图 6-15）是连接角钢杆件的节点，对于焊接球节点组合网架，可将半圆球焊于钢板上构成焊接球缺节点（图 6-16）。这种节点由冲压成型的球缺与钢盖板焊接而成。

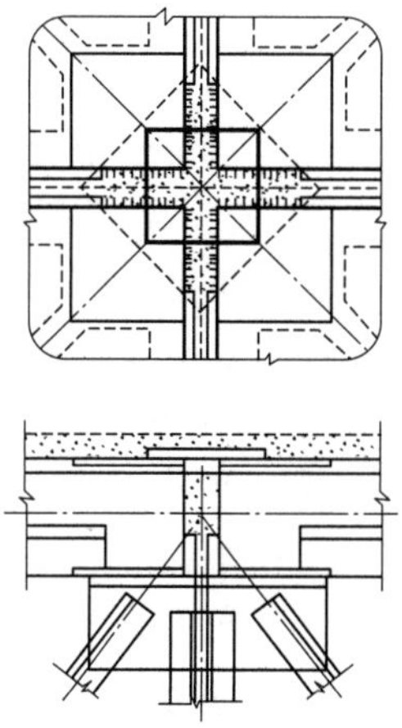

图 6-15　焊接十字板节点

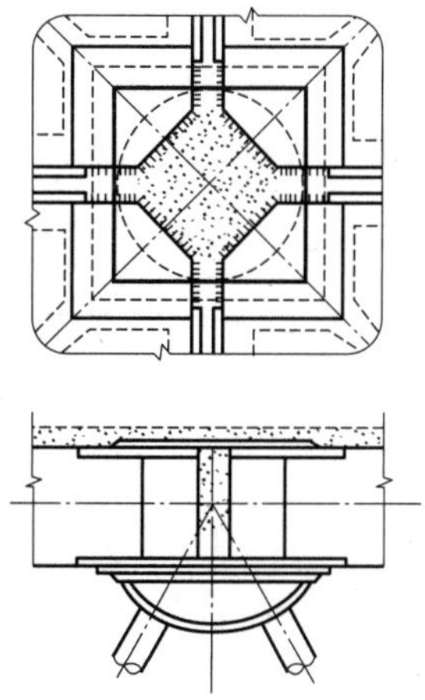

图 6-16　焊接球缺节点

对于螺栓球节点网架，螺栓球节点则因螺栓球为 45 号钢，而钢板为 3 号钢，制作时必须解决 45 号钢与 3 号钢间的焊接工艺问题，因此可采用螺栓环节点，如图 6-17 所示。此外还有对锚直焊式节点。如图 6-18 所示，这种节点在三角形上弦预制板的对角处通过螺栓锚接，使上弦肋构成六角形与三角形相间的网格，六角形的上弦预制板在三角形板埋件上。腹杆与三角形板的埋件直接相连焊接。

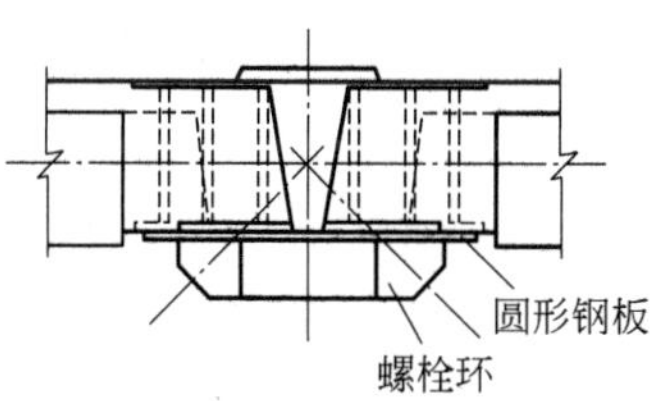

图 6-17　螺栓环节点

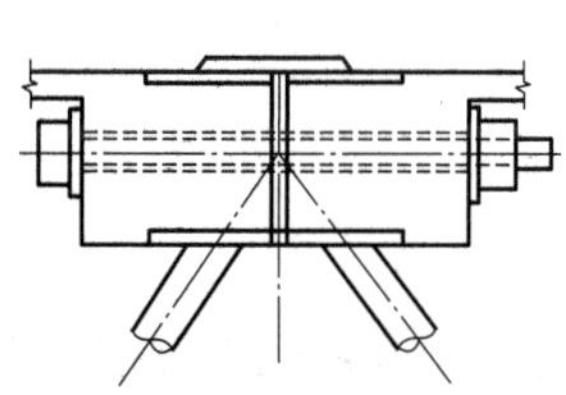

图 6-18　对锚直焊式节点

6.2.6　组合网架施工方法简介

组合网架的钢筋混凝土板，均与一般混凝土工程做法相同。若采用预制板，预制板的集合尺寸允许偏差及混凝土质量标准应符合《混凝土结构工程施工质量验收规范》（GB 50204）有关规定。

当设计中要求预制板接缝间传递弯矩和剪力时，应用微膨胀水泥拌制的细石混凝土灌缝，待灌缝混凝土达到设计强度的 75%以上时方可拆除拼装支架。

组合网架的钢腹杆和下弦杆件、节点的制作与拼装，其焊接质量要求和几何尺寸允许偏差，应符合《空间网格结构技术规程》(JGJ 7) 的规定。

组合网架结构的安装方法一般可沿用网架结构的安装方法，如高空散装法、整体提升法、整体顶升法，也可采用分条（分块）安装法和高空滑移法。

由于组合网架必须安装上面板后才能承受自重荷载。因此当将组合网架分成条状单元安装时，应验算条状单元组合网架的挠度，使其不大于形成整体网架后该处的挠度。条状单元的组合网架安装后是不便于调整挠度的。分条安装法适合于活荷载较大的楼层结构。

6.3 斜拉结构

对于水平方向跨越结构，随着跨度的增加，弯矩也随着跨度呈平方关系增加。如何在大跨度结构中减小结构所受弯矩，著名建筑工程师纳维（P. L. Nervi）从吊桥中得到启发，将其应用于 Mantra 造纸厂的屋顶设计中；富莱·奥托（Frei Otto）在 Breme 港货棚中也有类似的应用（图 6-19）。斜拉桥的概念用于空间结构的工程实例则更多。有代表性的工程是日本千叶县船桥市中央市场，为斜拉正放四角锥网架，如图 6-20。斜拉空间结构一般工程跨度在 120m 以下，用斜拉方法处理可以取得较好的经济效果。可以斜拉的结构有网架、网壳、折板、薄壳、格梁、立体桁架等。以下仅讨论斜拉网架结构。

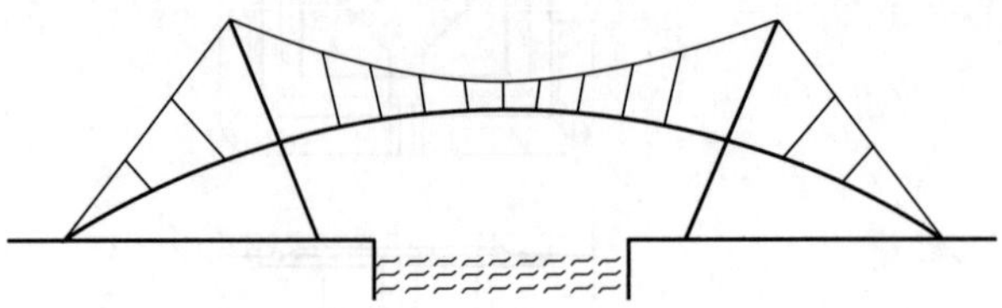

图 6-19　Breme 港货棚

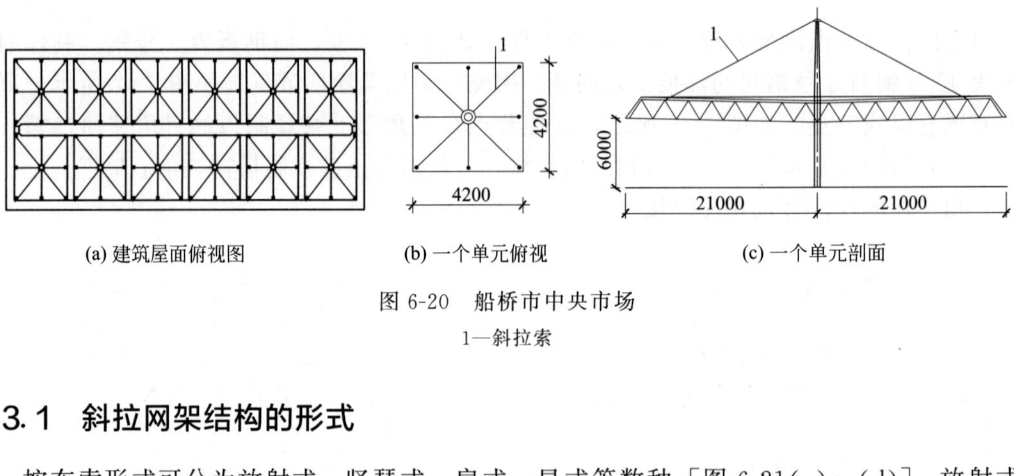

(a) 建筑屋面俯视图　(b) 一个单元俯视　(c) 一个单元剖面

图 6-20　船桥市中央市场

1—斜拉索

6.3.1 斜拉网架结构的形式

按布索形式可分为放射式、竖琴式、扇式、星式等数种［图 6-21(a)～(d)］。放射式的特点为塔柱 1 高度不变，斜拉索 2 倾角随着索的位置不同而改变。竖琴式的塔柱较高，位于同一竖直平面的斜拉索倾角相同。星式的斜拉索下端呈直线布索，而上端则分两层锚固于柱顶。

图 6-22 所示为几种斜拉网架结构示意图。当有附房可锚固斜拉索时，可选用图 6-22(a) 的方案，图 6-22(b) 为无附房的情况。当建筑上允许室内设立柱子，则可用图 6-22(c) 方案。当结构为开敞式时，必须考虑风吸力的作用，斜拉索应加预应力，使网架向上掀时索不至退出工作。图 6-22(d) 方案增加了下面的拉索，以抵抗风掀力，这时网架高度也可适当减小。

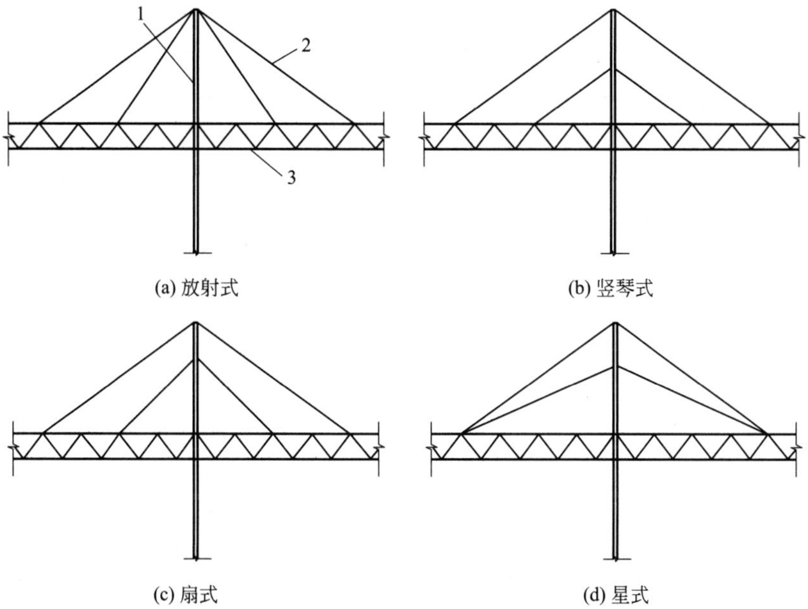

图 6-21　斜拉网架斜拉索张拉方式

1—塔柱；2—斜拉索；3—网架

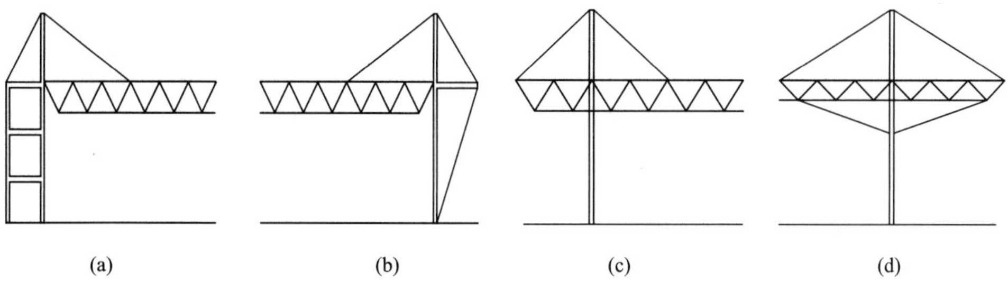

图 6-22　几种斜拉网架结构形式

6.3.2　斜拉网架结构的特点

（1）节约钢材、降低造价。经测算斜拉网架适用于 60m 以上的大中型网架，因为中小型网架省下的钢材价格往往还抵不过造价变化较少的斜拉索、锚具、塔柱等增加的费用。

（2）改善了网架内力，使杆件受力均匀。研究表明斜拉网架减少了跨中上下弦杆内力，虽然吊点附近的杆有“内力集中”现象（不严重），但整个杆件受力趋于均匀，且有较大幅度的下降（图 6-23）。

6.3.3　斜拉网架结构的选型

（1）布索

斜拉网架布索以 3 根、4 根、8 根为主，必要时可增加至 12 根、16 根，索太多了柱顶节点构造复杂。分析表明，8 根索比 4 根索效果好。当塔柱位于网架中央时，在网架侧边不须设置平衡锚索。当塔柱位于网架侧部时，则必须设置平衡锚索，否则斜拉索的预应力效果不明显。

由于网架对集中力的分散性较强，为了取得满意的预应力效果，斜拉索吊点间距不宜过

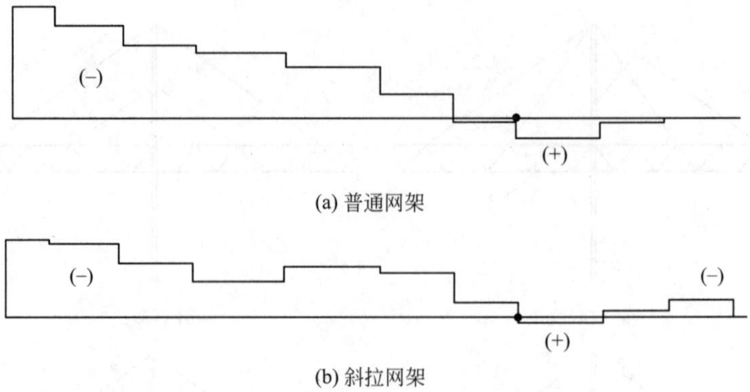

图 6-23　120m×120m 正放四角锥四点支承网架上弦内力比较图

（● —塔柱位置；布索 8 根，预应力 80t）

远，例如不超过 4 个网格。

(2) 塔柱

四点支承网架，塔柱位于 $a/4$（a 为网架边长）处能取得最高的省钢率，这时在网架侧边仍应有平衡锚索。塔柱的高度变化，对网架内力有一定的影响。塔柱合理高度应由多方案比较确定，一般不宜过高。

分析图 6-24 结构体系，网架上弦 AB、CD 段承受由斜拉索引起的附加压力（起到加载作用），而 BC 段则受斜拉索附加拉力（起到卸载作用），由于这种加载和卸载作用促使网架内力均匀化（计算结构已得到证明）。如进一步减小 AB、CD 段杆件截面积，就更加强了 BC 段拉索效应，可使网架进一步节省材料。因此，从这个意义而言，斜拉索不一定要求有大的水平夹角，夹角大了，却增加了索的长度和塔柱高度。适宜高度可参考斜拉桥经验，斜拉索的水平夹角≥25°即可；塔柱高可取 $0.15L \sim 0.25L$（L 为跨度）。

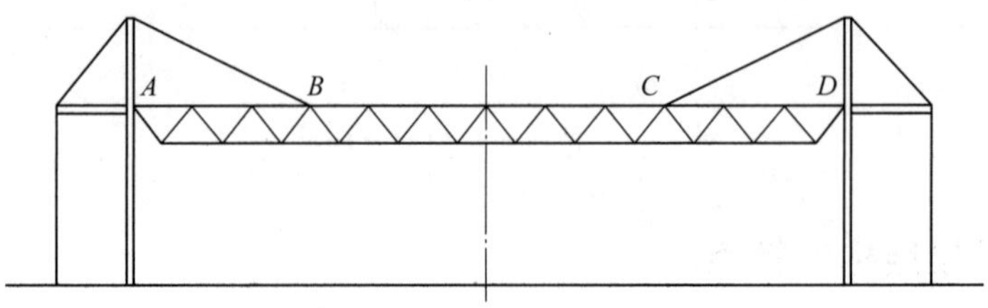

图 6-24　斜拉网架结构剖面

(3) 网架高度

用于斜拉网架的网架高度不宜过小，因太薄后网架刚度不够，斜拉索即使加大预应力值，对网架内力的改善也极少，但应比普通网架的高度略小。例如跨度为 60～120m 的斜拉网架，高跨比可取 1/20～1/14，对于某跨度的网架，应通过不同预应力值由试算确定合理高度。

6.3.4 斜拉网架结构的内力分析

(1) 基本假定

① 斜拉索可假定为一直线杆

研究表明，斜拉索内力与沿斜弦张力有一定误差，其大小与斜拉索的水平夹角和斜弦垂度有关。但在夹角<45°及小垂度（$f/L \leqslant 0.1$）情况下，其误差小于 5%，故用直线代替曲线进行计算已能满足工程精度要求。

② 忽略几何非线性影响

由于结构的变形，将引起索的几何非线性变形。图 6-25 所示为索的位移几何关系图。

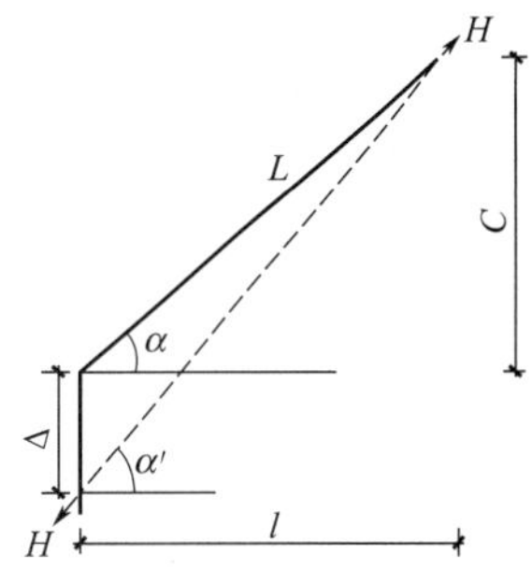

图 6-25 索的位移几何关系

由图 6-25 知

变位前索长 $L=\sqrt{C^2+l^2}$

变位后索长 $L'=\sqrt{\Delta^2+2\Delta C+L^2}$

式中 Δ——索伸长值。

索应变为 $\varepsilon=(L'-L)/L=-1+\sqrt{1+(\Delta^2+2\Delta C)/L^2}$

展开整理得 $\varepsilon\approx\Delta\dfrac{C}{L^2}+\left(1-\dfrac{C^2}{L^2}\right)\dfrac{\Delta^2}{2L^2}$

因为 $H=\varepsilon EA$

在此等式两边各乘 $\sin\alpha'$，略去高阶微量得：

$$H\sin\alpha'=\frac{EA}{L^3}\left[\Delta C^2+\frac{\Delta^2 C}{2}\left(3-\frac{C^2}{L^2}\right)\right]$$

上式中$\dfrac{\Delta^2 C}{2}\left(3-\dfrac{C^2}{L^2}\right)$，$\Delta C^2$ 一般很小（$<2\%$），故可忽略非线性影响。

③ 材料非线性问题

斜拉索在分析中假定是弹性材料。但由于索的垂度引起非线性性质，为此应采用修正方法。在斜拉桥的计算中广泛应用修正弹性模量法，其中，厄恩特（Ernst）法采用最多。等价弹性模量推导的公式如下：

$$E_{eq}=\frac{E}{1+\dfrac{(A\gamma l)^2 EA}{12T^3}}=\frac{E}{1+\dfrac{(\gamma l)^2 E}{12\sigma^3}} \tag{6-11}$$

式中 E_{eq}——等价弹性模量；

E——索的弹性模量；

γ——索的比重；

T——索张力；

σ——索拉应力；

A——索截面积；

l——索跨度。

式(6-11) 的 E_{eq} 值与 l、σ 呈非线性关系。因此 E_{eq} 的计算过程是一个逐次迭代过程，经过若干次迭代运算直至所要求的收敛数值为止。根据分析可知，当结构跨度不大，非线性影响较小时，可忽略。对于跨度大、刚度又不大的结构（如斜拉索），则应进行非线性分析。

(2) 网架位移的总刚度方程

网架受荷载后，在总体坐标系下的总刚度方程见第 2 章（网架刚度方程）。

网架承受荷载后产生挠度，再通过斜拉索引起塔柱侧向位移；施工时斜拉索的拉力差也会引起塔柱侧移，因此，索、网架、塔柱三者变形相互影响，并引起内力变化。因此要建立塔柱位移的总刚度方程。

塔柱可用空间梁单元进行分析，并设斜拉索交于塔柱形心，不产生偏心矩。在局部坐标系下的梁单元刚度矩阵见第 3 章（单层网壳梁单元刚度方程）。

总体坐标系下的单元刚度矩阵为：

$$[K_z^e]=[\lambda]^T[K^e][\lambda] \tag{6-12}$$

式中 $[\lambda]$——单元坐标变换矩阵。

由平衡关系和约束条件，形成总刚度方程为：

$$\{F_z\}=[K_z]\{\delta_z\} \tag{6-13}$$

$$\{F_z\}=[F_{xl},F_{yl},F_{zl},M_{xl},M_{yl},M_{zl},\cdots,F_{xn},F_{yn},F_{zn},M_{xn},M_{yn},M_{zn}]^T$$

$$\{\delta_z\}=[u_l,v_l,w_l,\theta_{xl},\theta_{yl},\theta_{zl},\cdots,u_n,v_n,w_n,\theta_{xn},\theta_{yn},\theta_{zn}]^T$$

式中 $\{F_z\}$——作用于塔柱上的总荷载向量；

$\{\delta_z\}$——塔柱总体位移向量；

$[K_z]$——塔柱总刚度矩阵。

(3) 斜拉索、网架、塔柱间变形协调分析

① 斜拉索张力改变值 ΔT，设斜拉索 $i(x_i, y_i, z_i)$ 端与网架连接，$j(x_j, y_j, z_j)$ 端与塔柱连接，当 i 点发生位移（u_i, v_i, w_i），塔柱在 j 点发生位移（u_j, v_j, w_j）时，斜拉索沿弦线方向改变量为：

$$\Delta S=\sqrt{[(x_j+u_j)-(x_i+u_i)]^2+[(y_j+v_j)-(y_i+v_i)]^2+[(z_j+w_j)-(z_i+w_i)]^2}-\sqrt{(x_j-x_i)^2+(y_j-y_i)^2+(z_j-z_i)^2} \tag{6-14}$$

于是斜拉索的张力改变量为

$$\Delta T=E_{eq}A\frac{\Delta S}{S} \tag{6-15}$$

② 斜拉索、网架、塔柱间变形协调分析步骤

a. 选取斜拉索的预应力值 T_0，由索两端点坐标求出索弦长 S，再由式(6-11) 求出索在 T_0 作用下的等价弹性模量 E_{eq}（设 A 不变）。

b. 假定塔柱为刚体，按照网架内力计算方法求出网架在 T_0 及外荷载作用下的位移，并求出塔柱的支反力。

c. 由式(6-13) 算出塔柱在 T_0 及网架支反力作用下的位移。

d. 根据已求出的网架及塔柱位移，由式(6-14) 算出 ΔS。

e. 由式(6-15) 算出 ΔT（设 A 已知），当 $\Delta T>-T_{k-1}$ 时，新的索张力为 $T_k=T_{k-1}+\Delta T$；当 $\Delta T<-T_{k-1}$ 时，说明索所受压力值超过原来张力 T_{k-1}，此时索退出工作，索张力 $T_k=0$。

f. 由 T_k 求出新的索张力，再求新的 E_{eq}（式中 $l=S\cos\alpha$，α 为斜拉索水平夹角，忽略 α 的变化）。

g. 算出网架在 T_k、外荷载、支座位移（由网架与塔柱连接处线位移一致求得）条件下的位移，并由平衡条件算出塔柱支反力。

h. 由式(6-13) 算出塔柱在 T_k 及网架反作用力下的侧移。

i. 重复 d～h 步，直到两次求得的塔柱在支撑网架点处位移的最大差值在容许误差范围内为止。

以上是斜拉索的非线性影响，通过 S 和 E_{eq} 的迭代计算完成。在下节张弦网架计算预应力弦索非线性影响时，可通过对 σ 和 E_{eq}（设 l 不变）的若干次迭代获得所要求的收敛数值为止。

(4) 内力分析考虑的两个状态

内力分析考虑的两个状态为：①网架自重加索预应力；②其他恒载加活载。

将此两个阶段的内力叠加即得结构最终内力。由此可见，索内力也由预应力值及第二阶段荷载引起的索力相叠加。因此斜拉索的预应力值并非索的最终内力。

(5) 斜拉索预应力值

索预应力值 T_0 的选取，目前尚无统一规定。日本斜拉桥容许应力为 0.4 倍索的抗拉极限应力。考虑到斜拉索在长期荷载作用下的松弛影响，斜拉索的最终应力建议不宜超过 0.45 倍抗拉极限应力。斜拉索应施加多大预应力，应由试算确定。施工时，网架拼完后，网架处于全部恒载作用下，其内力和挠度有所增加。活荷载发生时，索力、网架内力和挠度将达最大值。这时的索内应力和网架挠度不能超过允许值。

(6) 风荷载的作用

风吸力使斜拉索卸载，风压力使其加载。当缺乏风力系数资料时，有条件的应做风洞试验。开敞式的斜拉网架风吸力较大，如图 6-20 所示工程，网架端部风吸力系数最大值为 1.5，平均值为 1.0，风压力系数平均值为 0.8。

斜拉索在风吸力作用下，不能退出工作，网架不能上掀。设计时可采用加大预应力值或采用重屋盖或采用连接构造等措施予以解决。

(7) 温度影响

由于暴露于室外的索会由于温度变化引起热胀冷缩以至影响网架的内力，在设计时应予以考虑。

6.3.5 斜拉结构设计构造

6.3.5.1 塔柱

塔柱可选用钢筋混凝土、钢管、钢管混凝土等结构形式。

6.3.5.2 连接

(1) 网架与塔柱的连接。网架上、下弦分别与塔柱连接，使网架与中央塔柱有刚接功能；当多点支承或塔柱位于周边时可由上弦支承。

(2) 斜拉索与塔柱的连接。图 6-26(a)（放射式布索）和图 6-26(b)（竖琴式布索）所示为连接方法示例。

(3) 斜拉索与网架的连接。预应力张拉端位于下部较为方便，因此该节点要根据不同张拉方法的要求进行设计，并能方便地调整张拉力，以易于后期换索等。节点从屋面伸出的防漏防渗构造必须可靠。

6.3.5.3 斜拉索的防腐

露天钢索的防腐方法可分为两类：第一类为缠包法；第二类为套管法。缠包法采用耐候性防水涂料、树脂等对钢索进行多层涂覆，再用玻璃纤维布或聚酯带缠包，最外层还可再做套管护罩；套管法采用钢管、铝管、不锈钢管或塑料管套在钢索外面，其间填充水泥浆或防锈材料。由于 PE 管的抗老化性能较好，近年来在斜拉桥、斜拉房屋中应用广泛。PE 管为

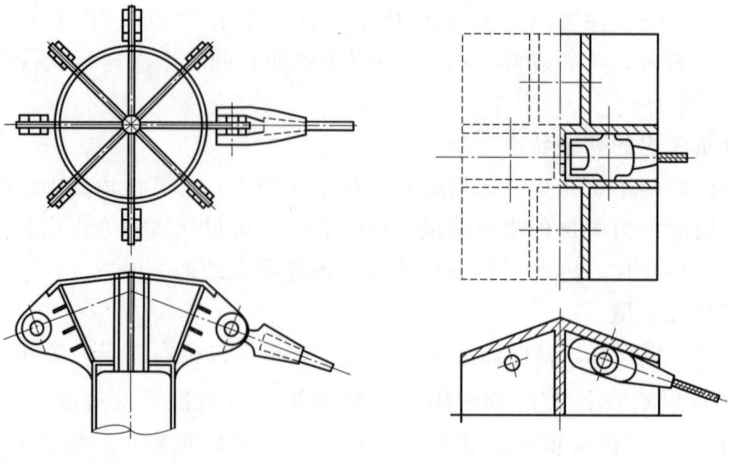

(a) 放射式布索柱顶节点示例　　(b) 竖琴式布索柱节点示例

图 6-26　斜拉索与塔柱连接节点示例图

一种黑色低密度聚乙烯管，使用前必须经过人工气候老化试验 3000 小时以上（相当于室外 25 年寿命）。

6.3.5.4　斜拉索的张拉

由于斜拉索内、外层及平衡锚索的拉力不等，所有索不能同时张拉等因素，在索张拉过程中，必须控制塔柱的位移，使其不超过规定值。另一个控制指标是网架的挠度。索张拉总的原则是对称、分批。分批加荷分张批拉，每批拉张完毕后测量塔柱顶位移、网架挠度、调整索力。一般可分为 3～4 批，如 30%、30%、30%、10%，最后一次张拉作精调用。分批级差大小与柱刚度和材料有关，钢筋混凝土柱不能承受较大偏心荷载，每批张拉级差就应小些，其允许柱顶偏移值由裂缝验算确定。

6.3.6　工程实例与点评

国家奥林匹克体育中心综合体育馆（图 6-27）是亚运会工程的主馆之一。其最大空间平面尺寸为 70m×83m，整个屋盖的平面尺寸为 80m×112m。屋盖结构形式采用斜拉双坡形曲面网壳。屋面由三部分组成：第一部分为两边曲面形网壳，采用斜放四角锥，下弦网格为 6.6m×6.6m，网壳厚为 3.3m；第二部分为中间屋脊部位设置了立体桁架；第三部分为斜拉索。网壳的最高点标高为 22.54m，最低点的下弦标高为 8.75m。屋面曲率半径为 17m。

图 6-27　国家奥林匹克体育中心综合体育馆

该工程两端有 60m 高塔，并设置了斜拉索，其目的是减小网壳的厚度，同时减小立体桁架的杆件截面。在每边用八根斜拉索把部分屋顶重量提上去，传至塔筒，形成一种特殊的组合结构体系。网壳采用大网格，下弦节间尺寸为 6.6m，优点是节点少，节点的用钢量只占网架总用钢量的 19%。如果节间尺寸由 6.6m 缩小到 5m 以下，则节点数增加，节点用钢量约为总用钢量的 20%～28%，甚至更多，而杆件的用钢量变化幅度不大。这是因为节间尺寸减小，内力虽然相应减小，但构造杆件却增多等原因造成的。采用大节间，构造杆件少，能充分发挥钢管的承载能力，受力合理，施工方便，焊接工作量也相应减少。斜拉结构的设计方法主要有两种。一是以斜拉力为主，起主要支承作用，这种设计方法大多应用在斜拉桥，而应用在房屋结构中，多大跨度合适，还应进一步研究。东京的代代木体育馆，以及慕尼黑体育中心的建筑等，都是采用这种概念设计的。二是斜拉力起辅助作用，先加预拉力与主结构产生的内力相抵消，达到设计所需要的内力值。该工程结合建筑造型，采用支吊结合的受力体系，综合上述两种方法进行设计，既满足了建筑要求，受力也较合理。通过实践经验，设计斜拉屋盖结构，还要考虑发挥四周支承的空间作用。许多资料表明，直接传力的方式一般较为优越，直接传力就是将屋盖重量通过受力结构直接传到支座上，同时在边界处不产生推力或拉力。如果在支座处产生推力或拉力则称为间接传力，此时在边界处因受力结构自身不能达到平衡而需要有外平衡体系的结构。虽然间接传力的结构体系自身能充分发挥材料受压或受拉的性能，但外平衡结构费用较大，如何掌握这些原则需要进一步探讨。对于这种类型的工程，选择结构体系的主要标准应是采用以直接传力为主的结构体系。间接传力越多，外平衡结构体系越复杂。该工程采用斜拉网壳方案，适当地考虑了直接传力与间接传力的比例关系。因此，设计大跨度屋盖结构方案的优选比结构本身杆件的优选更为重要。

6.4　折叠式网壳结构

6.4.1　折叠式网壳结构的简介与特点

在网壳结构中设置一些机构构造，使其成为可折叠的一种网壳结构，称之为折叠式网壳结构。因为这类网壳结构的形成实际上是从初始“折叠”状态到展开状态的过程，故又可称为“折叠展开式”网壳结构。国外将这种结构取名 Pantadome（攀达穹顶）。折叠式网壳结构是将柱面或球面状网壳去掉部分杆件，使一个稳定结构变成一个可以运动的机构，这样就可以将网壳结构在地面折叠起来，最大限度地降低安装高度，然后将折叠的网壳提升到设计高度，最后补缺未安装的构件，使机构又变成稳定的结构，整体施工过程见图 6-28。

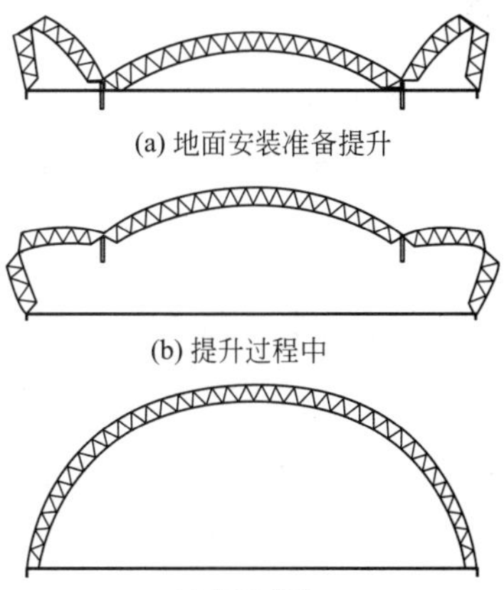

(a) 地面安装准备提升

(b) 提升过程中

(c) 提升就位

图 6-28　折叠展开式整体提升过程

折叠式网壳结构的核心就是一个机构运动的概念。将结构变化成机构，再将机构变成可以承力的结构，这中间的过程只需要拆装少量的构件就可以实现。只要克服机构的重力，就可以使其大范围灵活运动。

折叠式网壳结构的提出与这种结构的施工过程密切相关。折叠式网壳结构可以将网壳靠近地面折叠起来，大大降低了安装高度，节省了大量脚手架，避免高空作业，加快结构安装速度。特别适合高大的曲面网壳结构。它是一种充分结合施工工艺、具有先进设计理念的结构体系。

6.4.2 折叠式网壳结构的分类

6.4.2.1 双曲面折叠网壳结构

双曲面折叠网壳的基本概念是通过设置三道铰线并临时去掉一些环向杆件，使穹顶在施工阶段暂时变为一个几何可变体系，即一个机构，从而可以趴伏在地面上完成大部分施工工作，之后顶升到预定高度就位，只留少量工作到高空完成。

双曲面折叠式结构的特点在于它形成过程中是一个只有一个自由度的机构，其他方向的运动是受约束的，因而它本身就可以抵抗风、地震等水平荷载的作用，从而施工时不必再增加稳定索或支撑杆件等其他保证稳定的措施。由于结构只有一个方向的自由度，双曲面折叠式网壳结构顶升方向甚至可以不与地面垂直，容许与垂直方向存在一个倾角，当然倾角不宜过大。

结构在竣工后，三道铰线上的铰通常原封不动地保留在结构中，其中两道铰线中的铰作结构铰使用，使得结构在温度变化时可以自由变形释放温度应力。

6.4.2.2 柱面折叠网壳结构

与双曲面折叠式网壳结构相比，柱面折叠式网壳结构的可动铰轴线为一条直线，结构在垂直和水平方向具有两个自由度。由于空间上不具有环箍作用，其侧向刚度较差，特别是在风力作用下可能出现摇晃。因此柱面折叠网壳结构在计算分析及构造处理上也显得较为复杂。

6.4.3 折叠式网壳结构的工程应用

6.4.3.1 双曲面折叠式网壳结构

双曲面折叠式网壳结构已经在世界各地多个工程中得到应用。

以大阪府立门真穹顶为例对双曲面折叠式网壳结构作简单介绍。上述提到，双曲面折叠式网壳结构自身具有侧向稳定性，不仅可用于抵抗风、地震等水平荷载作用，同时可应用于非垂直方向的提升。大阪府立门真穹顶工程就是其中一个典型例子。

大阪府立门真穹顶于 1997 年建造于大阪，作为当时日本举办全国运动会的一个主赛场。穹顶工程由 Showa Sekkei 公司设计，平面投影尺寸为一个椭圆，长轴跨度 127m，短轴跨度 111m。该穹顶建筑的主要功能是作为游泳跳水项目国际标准赛事的比赛举办场地，另外在其余季节可举办一些其他运动项目或展览会，冬季可作为冰上项目的比赛场地。穹顶结构的一个显著特征是其中心纬线并不在水平面上，而是与水平面有一个 5°的倾角。因此，在采用折叠式网壳结构时也须进行相应的调整设计，顶升轨迹线应与垂直方向存在 5°的倾角。施工过程示意图与照片分别如图 6-29、图 6-30 所示。

6.4.3.2 柱面折叠式网壳结构

柱面折叠式网壳结构于 2001 年首次应用于我国河南南阳鸭河口电厂储煤库工程中，储煤库设计跨度 108m，长度 90m，矢高 38.766m，采用正放四角锥三心圆柱面双层网壳结构形式，是当时国内跨度最大的柱面网壳结构，如图 6-31 所示。

由于煤场场地的限制，将网壳分成两块，即每块平面尺寸为 108m×45m，分别安装成形，成形前结构平面布置如图 6-32 所示。首先在地面安装大部分构件，网壳各个区域之间及塔柱部位的部分构件暂时不安装，区域之间用单向活动铰相连。地面安装完毕后开始整体

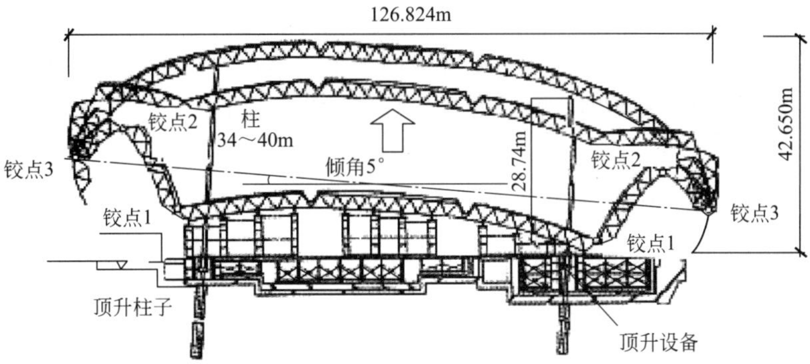

图 6-29　大阪府立门真穹顶的非垂直顶升设计

(a) 顶升过程一

(b) 顶升过程二

(c) 顶升过程三

(d) 顶升过程四

图 6-30　攀达穹顶应用于大阪府立门真穹顶中

图 6-31　河南南阳鸭河口电厂储煤库

提升，提升采用计算机控制的液压同步提升装置，保证各提升点在运动过程中保持同步，提升过程如图 6-33 所示。在网壳内部放置四个塔柱，在塔柱顶部设置钢梁和液压提升设备，拉索一端与液压设备相连，另一端从钢梁竖直向下连接吊点。液压系统与地面计算机操作台相连，加载和卸载由计算机控制，提升到位后进行构件补缺。

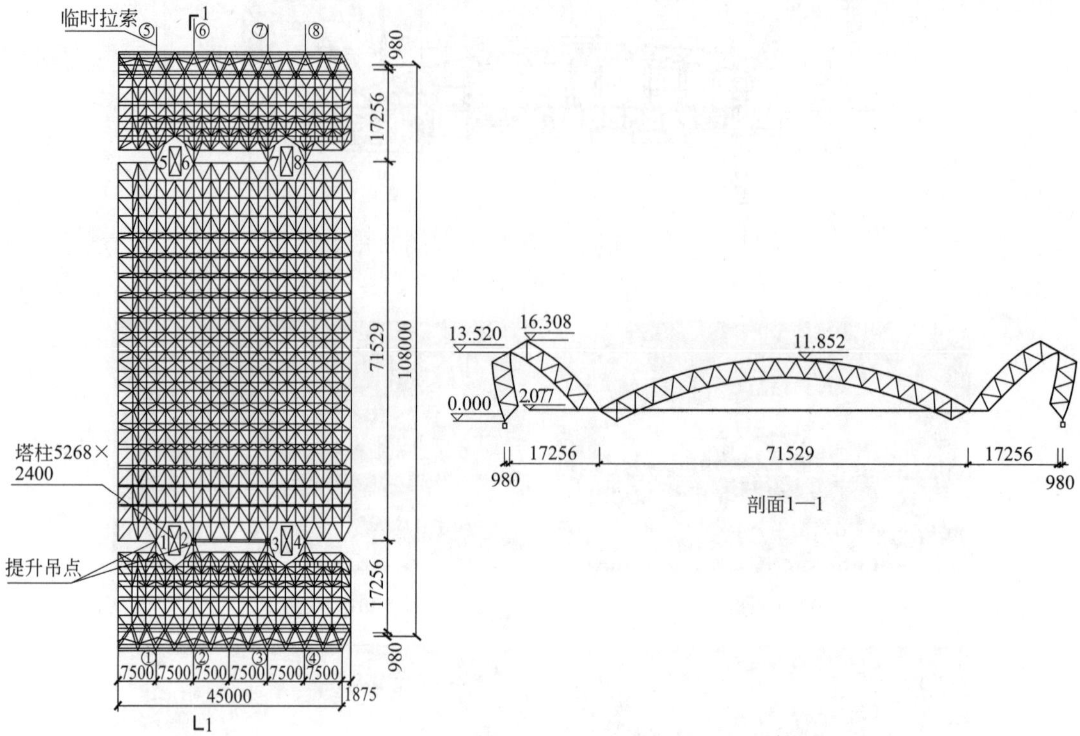

图 6-32　成形前结构平面布置图

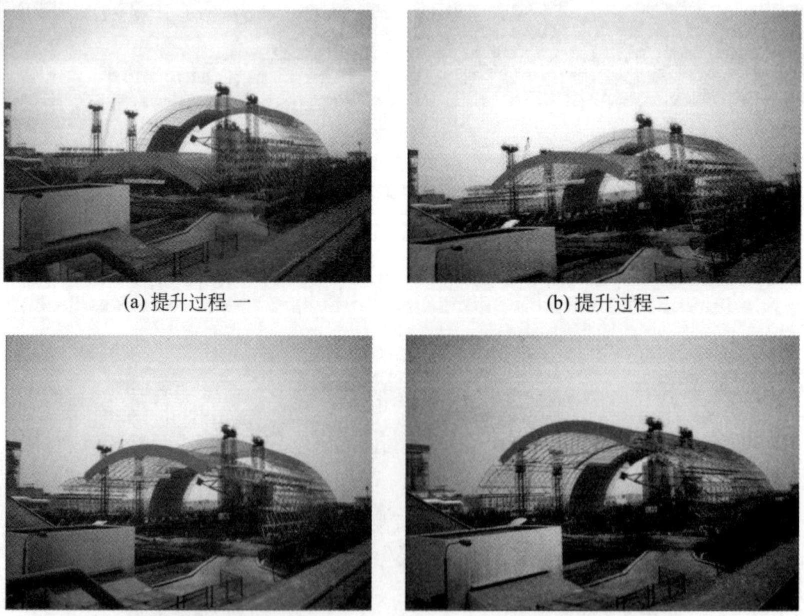

(a) 提升过程一

(b) 提升过程二

(c) 提升过程三

(d) 提升过程四

图 6-33　河南南阳鸭河口电厂网壳结构成形过程

6.5 张弦结构

张弦结构是张拉式组合的空间结构形式，主要有张弦网架结构和张弦梁结构。图 6-34 所示为几种张弦网架方案。张弦网架结构是由斜拉网架结构变化而来，目的是取消伸出屋面的塔柱，构造上将索置于室内。如果张弦网架拉紧弦索，则产生与屋面荷载方向相反的垂直分力以抵消屋面荷载向下的力，如果在设计上采取措施，不使网架自平衡掉这些水平分力，而由下部结构来平衡，则弦索拉力可增大至抵消掉大部分屋面荷载的程度，这时的张弦网架将达到最经济的效果。显然，这样的张拉式组合空间结构要比单一的空间结构更经济。经分析表明，图 6-34(c) 方案与普通网架相比可省钢 25%以上。

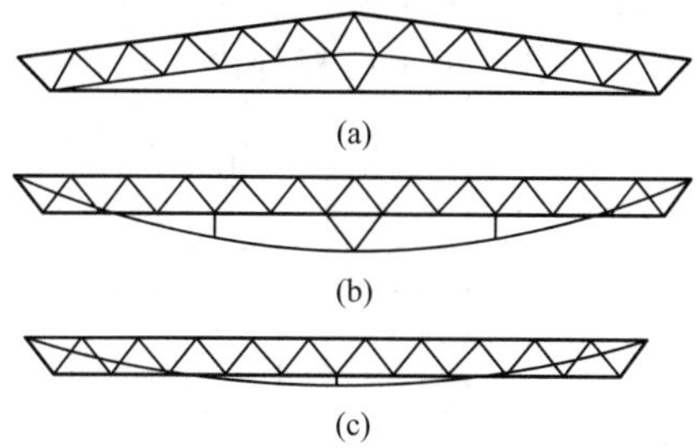

图 6-34　张弦网架结构

张弦梁结构是近年发展起来的一种大跨预应力空间结构体系。张弦梁结构得名于该结构体系的受力特点是“弦通过撑杆对梁进行张拉”（图 6-35）。但是随着张弦梁结构的不断发展，其结构形式多样化，20 世纪日本大学的 M. Saitoh 教授将张弦梁结构定义为“用撑杆连接抗弯受压构件和抗拉构件而形成的自平衡体系”。可见，张弦梁结构由三类基本构件组成，即可以承受弯矩和压力的上弦刚性构件（通常为梁、拱或桁架）、下弦的高强度拉索以及连接两者的撑杆。本节简要介绍张弦网架结构和张弦梁结构的受力特点及分析原理。

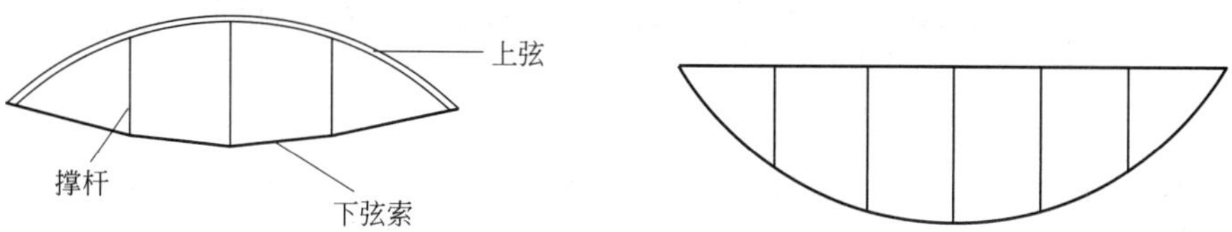

图 6-35　张弦梁示意图

6.5.1 张弦网架结构简介

6.5.1.1 预应力索的布置

张弦网架的布索方案有单折［图 6-36(a)］、双折［图 6-36(b)］、三折或多折数种。对于周边支撑网架，布索宜集中于中央区，其密度可每个网格或间隔设置弦索。同理，因网架对集中力的扩散性较强，布索不宜过稀。

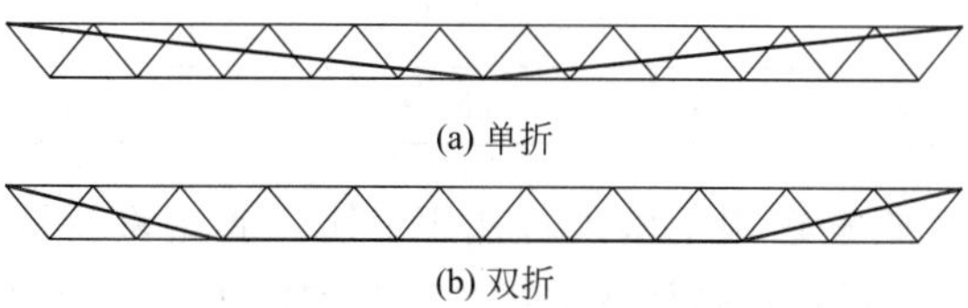

图 6-36　张弦网架的布索方案

网架通过弦索施加预应力，使一部分杆件产生外荷载作用下与杆件内力相反的力，这类杆件为卸载杆，弦索预应力使其受益，称预应力正效应部分。但这种做法必然伴随 部分增载杆件，加重了杆件负担，称预应力负效应部分。另外，还有一部分不受预应力影响。在各种布索方案中，应使卸载杆件最多，增载杆件最少。

有研究者曾对正方形周边支承斜放四角锥网架进行了多方案分析比较后发现，弦索的转折点在下弦跨中两行两侧第二节点的预应力效果最好。估计其他形式的周边支承网架也有类似情况，因为中部弦杆内力最大。因此，布索时宜优先布置在两向的中央几个网格，根据需要再向外扩展（图 6-37）。也就是说，弦索应布置在网架内力最大处，其效果最佳。为了便于施工，索截面可取一种。同一算例，当用双折弦施加预应力时，对上弦略有影响，中央区域杆件内力最大下降 14%，对腹杆影响更小，而下弦内力则有大幅度下降（图 6-38）。图中所示为中央网格下弦杆件内力比较图。

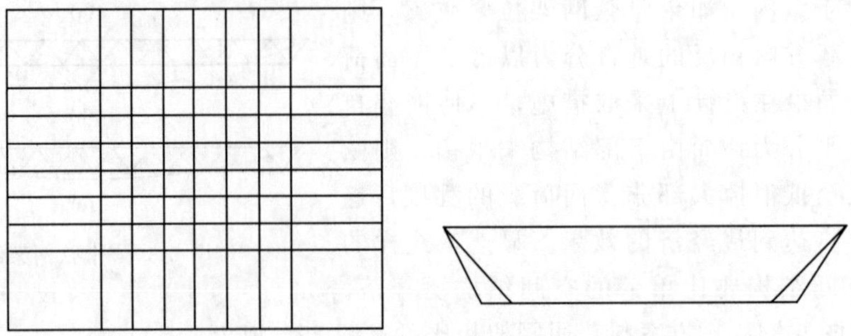

(a) 平面　　(b) 剖面图

图 6-37　布索示意图

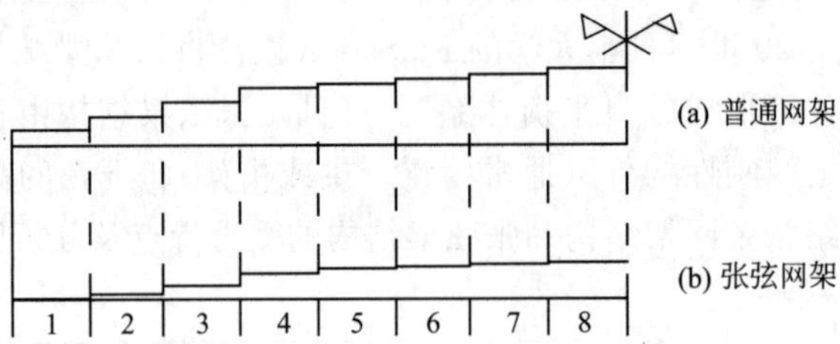

图 6-38　80m×80m 斜放四角锥网架内力比较

通过满应力和优化分析，得到荷载为 $q=2\text{kN/m}^2$ 时边长 56～80m 五种斜放四角锥网架的合理预应力及网架高度，如表 6-1 所示。

表 6-1　预应力斜放四角锥网架的计算参数

序号	平面尺寸	网格数	预应力	网架高度
1	56m×56m	14 格	300～400kN	3～4m
2	60m×60m	14 格	400～600kN	3.5～4.6m
3	72m×72m	16 格	400～600kN	3.6～5.2m
4	80m×80m	16 格	400～600kN	4.0～5.6m
5	80m×80m	18 格	400～600kN	4.0～5.6m

在以上参数下，网架用钢量变化较小，因此宜选用下限，若选用上限，省钢率反而下降，这是因为普通网架增高后用钢量下降明显，而张弦网架在上述高度范围内用钢量变化不大。由此可见，当网架形式确定后，合理的网架高度、布索、预应力值问题，应通过多方案比较确定。

6.5.1.2　计算分析及单元刚度矩阵

网架部分仍可用空间桁架位移法编制的计算机程序进行内力分析。预应力弦索应另推导折线型杆单元。

(1) 直线型预应力杆单元

单元刚度矩阵同网架杆单元。用直接刚度法推导的在平面直角坐标系下单元刚度矩阵为：

$$[k]^{e}=\frac{EA}{l}\begin{bmatrix}\cos^{2}\alpha & \cos\alpha\sin\alpha & -\cos^{2}\alpha & -\cos\alpha\sin\alpha \\ & \sin^{2}\alpha & -\cos\alpha\sin\alpha & -\sin\alpha \\ \text{对} & & \cos^{2}\alpha & \cos\alpha\sin\alpha \\ & \text{称} & & \sin^{2}\alpha\end{bmatrix} \tag{6-16}$$

式中　E——弦索的弹性模量；

A——弦索的截面积；

l——弦索长度；

α——弦索与 x 轴正向的夹角（图 6-39）。

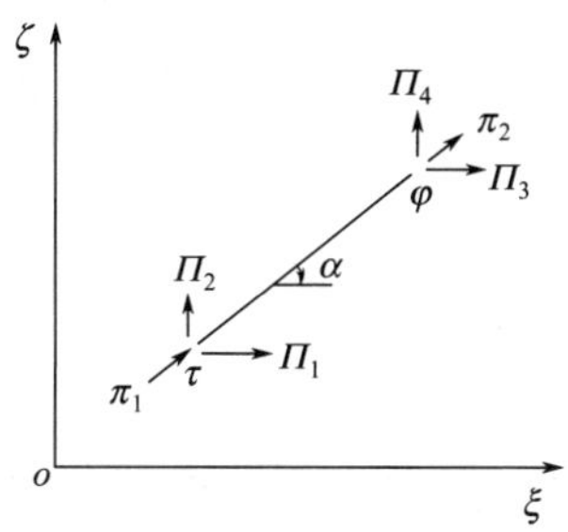

图 6-39　直线型预应力杆单元

若将式(6-16) 置于三维空间坐标系下，则扩展为 6×6 阶方阵。

$$[k]^{e}=\frac{EA}{l}\begin{bmatrix}\cos^{2}\alpha & 0 & \cos\alpha\sin\alpha & -\cos^{2}\alpha & 0 & -\cos\alpha\sin\alpha \\ & 0 & 0 & 0 & 0 & 0 \\ & & \sin^{2}\alpha & -\sin\alpha\cos\alpha & 0 & -\sin^{2}\alpha \\ \text{对} & & & \cos^{2}\alpha & 0 & \cos\alpha\sin\alpha \\ & & \text{称} & & 0 & 0 \\ & & & & & \sin^{2}\alpha\end{bmatrix} \tag{6-17}$$

在三维坐标系中，将其变换为任意位置的杆单元，只需对原杆单元绕 z 轴旋转某一 γ 角。当空间的 $i(x_i、y_i、z_i)$ 点绕 z 轴旋转 γ 角、z 坐标不变，坐标转换矩阵为 $[T_z^i]$。同理，$j(x_j、y_j、z_j)$ 点的坐标转换矩阵为 $[T_z^j]$，则 ij 杆单元的坐标转换矩阵为：

$$[T_z]=\begin{bmatrix}T_z^i & 0 \\ 0 & T_z^j\end{bmatrix}=\begin{bmatrix}\cos\gamma & \sin\gamma & 0 & 0 & 0 & 0 \\ -\sin\gamma & \cos\gamma & 0 & 0 & 0 & 0 \\ 0 & 0 & 1 & 0 & 0 & 0 \\ 0 & 0 & 0 & \cos\gamma & \sin\gamma & 0 \\ 0 & 0 & 0 & -\sin\gamma & \cos\gamma & 0 \\ 0 & 0 & 0 & 0 & 0 & 1\end{bmatrix} \tag{6-18}$$

设绕 z 轴旋转前的杆单元 ij，其杆端力向量为 $\{f\}$，位移向量为 $\{u\}$，则旋转后为：

$$\{\overline{f}\}=[T_z]\{f\},\quad \{\overline{u}\}=[T_z]\{u\} \tag{6-19}$$

旋转后的单刚为 $[\overline{k}]$，则：

$$\{\overline{f}\}=[\overline{k}]\{\overline{u}\} \tag{6-20}$$

将式(6-19) 代入式(6-20) 得

$$[T_z]\{f\}=[\overline{k}][T_z]\{u\},\{f\}=[T_z]^{-1}[\overline{k}][T_z]\{u\} \tag{6-21}$$

则

$$[k]=[T_z]^{-1}[\overline{k}][T_z] \tag{6-22}$$

可证明 $[T_z]^{-1}[T_z]=E$，E 为单位矩阵，

所以

$$[T_z]^{-1}=[T_z] \tag{6-23}$$

由式(6-21) 三个矩阵相乘得单元刚度矩阵为 6×6 阶：

$$[k]^{e}=\frac{EA}{l}\begin{bmatrix} C^2\cos^2\gamma & C^2\cos\gamma\sin\gamma & CS\cos\gamma & -C^2\cos^2\gamma & -C^2\cos\gamma\sin\gamma & -CS\cos\gamma \\ & C^2\sin^2\gamma & CS\sin\gamma & C^2\cos\gamma\sin\gamma & -C^2\sin^2\gamma & -CS\sin\gamma \\ \text{对} & & S^2 & -CS\cos\gamma & -CS\sin^2\gamma & -S^2 \\ & & & C^2\cos^2\gamma & C^2\cos\gamma\sin\gamma & CS\sin\gamma \\ & \text{称} & & & C^2\sin^2\gamma & CS\sin\gamma \\ & & & & & S^2 \end{bmatrix} \tag{6-24}$$

式中　A、E、l 定义同前；

$$l=\sqrt{(x_j-x_i)^2+(y_j-y_i)^2+(z_j-z_i)^2}$$

$$\cos\gamma=(x_j-x_i)/\sqrt{(x_j-x_i)^2+(y_j-y_i)^2}$$

$$\sin\gamma=(y_j-y_i)/\sqrt{(x_j-x_i)^2+(y_j-y_i)^2}$$

$$C=\sqrt{(x_j-x_i)^2+(y_j-y_i)^2}/l;\quad S=(z_j-z_i)/l$$

(2) 单折型预应力杆单元（图 6-40）

同理，可推导出单折预应力单元的单元刚度矩阵为 9×9 阶。

$$[K]^{e}=\frac{EA}{l}\begin{bmatrix} C_1D^2 & C_1^2DB & C_1S_1D & -C_1ED^2 & -C_1EDB & C_1ID & -C_1C_2D^2 & -C_1C_2DB & -C_1S_2D \\ & C_1^2B^2 & C_1S_1B & -C_1EBD & -C_1EB^2 & C_1IB & -C_1C_2DB & -C_1C_2B^2 & -C_1S_2B \\ & & S_1^2 & -S_1ED & -S_1EB & S_1I & -S_1C_2D & -S_1C_2B & -S_1S_2 \\ & \text{对} & & E^2D^2 & E^2DB & -IED & C_2ED^2 & C_2EDB & S_2ED \\ & & & & E^2B & -IEB & C_2EDB & C_2EB^2 & S_2EB \\ & & & & & I^2 & -C_2ID & -C_2IB & -S_2I \\ & & & & & & C_2D^2 & C_2^2DB & C_2S_2D \\ & & & & \text{称} & & & C_2^2B^2 & C_2S_2B \\ & & & & & & & & S_2^2 \end{bmatrix} \tag{6-25}$$

$$C_1=\sqrt{(x_j-x_i)^2+(y_j-y_i)^2}/L_1$$

$$C_2=\sqrt{(x_k-x_j)^2+(y_k-y_j)^2}/L_2$$

$$l=L_1+L_2$$

$$L_1=\sqrt{(x_j-x_i)^2+(y_j-y_i)^2+(z_j-z_i)^2}$$

$$L_2=\sqrt{(x_k-x_j)^2+(y_k-y_j)^2+(z_k-z_j)^2}$$

$$S_1=(z_j-z_i)/L_1;\quad S_2=(z_k-z_j)/L_2$$

$$D=\cos y=(x_k-x_j)/\sqrt{(x_k-x_j)^2+(y_k-y_j)^2}$$

$$B=\sin y=(y_k-y_j)/\sqrt{(x_k-x_j)^2+(y_k-y_j)^2}$$

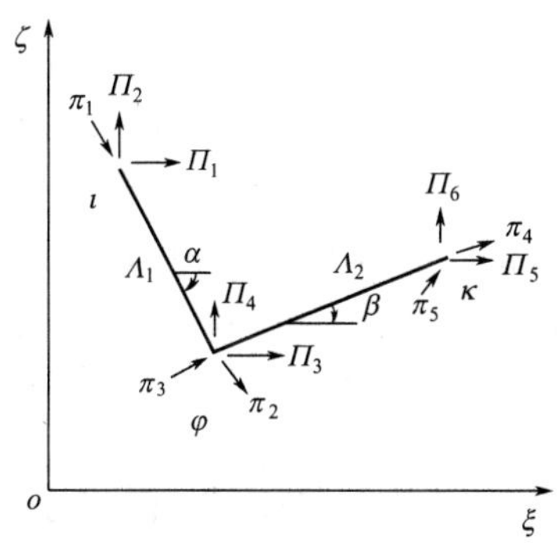

图 6-40　单折型预应力杆单元

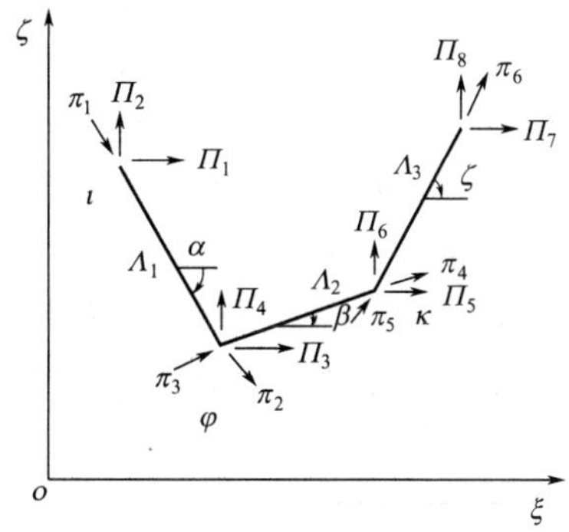

图 6-41　双折型预应力杆单元

(3) 双折型预应力杆单元（图 6-41）

同理，可推导出双折预应力杆单元的单元刚度矩阵为 12×12 阶。式中 C_1、C_2、L_1、L_2、S_1、S_2、D、B 同式(6-25) 定义。

$$[K]^e=\frac{EA}{l}\begin{bmatrix}
C_2D & C_1^2DB & C_1S_1D & C_1FD^2 & C_1FDB & C_1ID & C_1HD^2 & C_1HDB & C_1MD & -C_1C_3D^2 & -C_1C_3DB & -C_1S_3D \\
 & C_1^2B^2 & C_1S_1B & C_1FDB & C_1FB^2 & C_1IB & C_1HDB & C_1HB^2 & C_1MB & -C_1C_3DB & -C_1C_3B^2 & -C_1S_3B \\
 & & S_1^2 & -S_1ED & -S_1EB & S_1I & S_1HD & S_1HB & S_1M & -S_1C_3D & -S_1C_3B & -S_1S_3 \\
 & & & E^2D^2 & E^2DB & IFD & EGD^2 & EGDB & FMD & C_3ED^2 & C_3DEB & S_3ED \\
 & & & & E^2B^2 & IFB & EGDB & EGB^2 & FMB & C_3DEB & C_3EB^2 & S_3EB \\
 & \text{对} & & & & E^2 & IMD & IHB & IM & -C_3ID & -C_3IB & S_3I \\
 & & & & & & G^2D^2 & G^2DB & GKD & C_3GD^2 & C_3GDB & S_3GD \\
 & & & & & & & G^2B^2 & GKB & C_3GDB^2 & C_3GB^2 & S_3GB \\
 & & & & \text{称} & & & & K^2 & C_3KD & C_3KB & S_3K \\
 & & & & & & & & & C_3^2D^2 & C_3^2DB & C_3S_3D \\
 & & & & & & & & & & C_3^2B^2 & C_3S_3B \\
 & & & & & & & & & & & S_3^2
\end{bmatrix} \tag{6-26}$$

注：$C_1-C_2=E$；$C_2-C_1=F$；$C_2-C_3=G$；$C_3-C_2=H$；$S_2-S_1=I$；$S_2-S_3=K$；$S_3-S_2=M$。

$$C_3=\sqrt{(x_l-x_k)^2+(y_l-y_k)^2}/L_3$$

$$L_3=\sqrt{(x_l-x_k)^2+(y_l-y_k)^2+(z_l-z_k)^2}$$

$$S_3=(z_l-z_k)/L_3$$

三折以上预应力杆单元的单元刚度矩阵推导方法同理。

6.5.2 张弦梁结构

6.5.2.1 张弦梁结构的发展及工程应用

张弦梁结构的基本受力特性是通过张拉下弦高强度拉索使得撑杆产生向上的分力，导致上弦构件产生与外荷载作用下相反的内力和变形，从而降低上弦构件的内力，减小结构的变形。但是，对张弦梁结构受力特点也存在不同的理解。一种理解是认为张弦梁结构是在双层悬索体系中的索桁架（图 6-42）基础上，将上弦索替换成刚性构件而产生。这样处理的好处是由于上弦刚性构件可以承受弯矩和压力，一方面可以提高桁架的刚度，另一方面结构中构件内力可以在其内部平衡（自相平衡体系），而不再需要支撑系统的反力来维持。另一种理解是将张弦梁结构看作拉索替换常规平面桁架结构的受拉下弦而产生的结构体系，这种替换的优点是桁架的下弦拉力不仅可以由高强度拉索来承担，更为重要的是可以通过张拉拉索在结构中产生预应力，从而达到改善结构受力性能的目的。还有一种理解是将张弦梁结构看作体外布索的预应力梁或桁架，通过预应力来改善结构的受力性能。

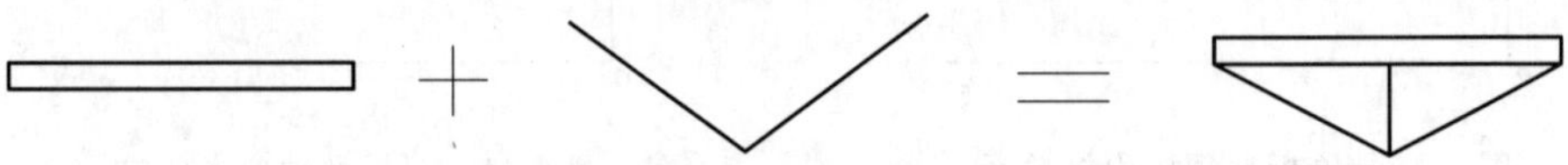

图 6-42　张弦梁结构受力特点

在 19 世纪便有张弦梁在桥梁结构中应用的报道，如英国 1859 年建造的皇家阿尔伯特桥，但张弦梁结构在大跨度建筑结构中的应用是从 20 世纪 80 年代开始的，该时期的代表性工程有日本某幼儿园的健身房，其屋盖采用的是平行布置的单榀张弦梁，平面尺寸为 26m×36m，上弦拱矢高为 1.6m，下弦索垂度 0.4m；日本大学体育馆采用的是平面布置的微斜人字形张弦梁，其纵向间距为 5m，平面尺寸 58m×85m；1994 年建成的南斯拉夫贝尔格莱德体育馆采用的是双向张弦梁结构，体育馆的纵向和横向分别布置 3 榀和 4 榀平面张弦梁，上弦梁采用钢筋混凝土梁，下弦为 8 束预应力筋，在纵横向张弦梁的交叉点处设置倒四角锥撑架。张弦梁结构在我国的工程应用开始于 20 世纪 90 年代后期，上海浦东国际机场航站楼是国内首次采用张弦梁结构的工程，其进厅、办票大厅、商场和登机廊 4 个单体建筑均采用张弦梁屋盖体系，其中以办票大厅屋盖跨度最大（图 6-43），水平投影跨度达 82.6m，每榀张弦梁纵向间距为 9m。该张弦梁结构上下弦均为圆弧形，上弦构件由 3 根方钢管组成（其中主弦以短钢管相连），腹杆为 ϕ350mm 圆钢管，下弦拉索采用平行钢丝束。

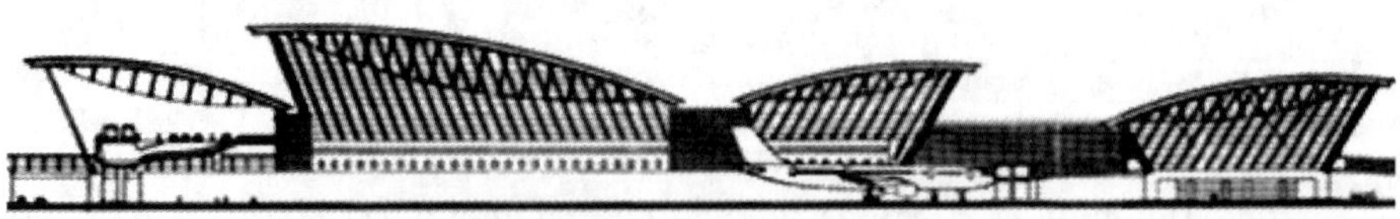

图 6-43　上海浦东国际机场航站楼张弦梁屋盖结构

第二个代表性工程为 2002 年建成的广州国际会展中心的屋盖结构（图 6-44）。该屋盖张弦梁结构的一个重要特点是其上弦采用倒三角断面的钢管立体桁架，跨度为 126.6m，纵向间距为 15m；撑杆截面为 ϕ325mm，下弦拉索采用高强度低松弛冷拔镀锌钢丝。

哈尔滨国际会展中心体育馆屋盖结构采用了张弦梁结构（图 6-45），该建筑中部由相同的 35 榀 128m 跨的预应力张弦桁架覆盖，桁架间距为 15m。该工程张弦梁结构与广州国际

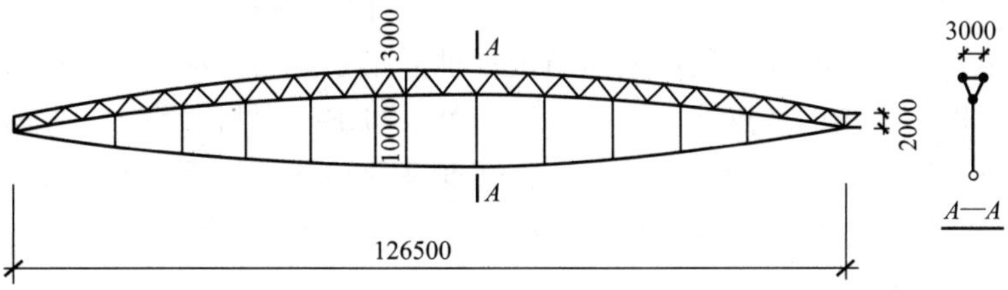

图 6-44 广州国际会展中心张弦梁桁架屋盖结构

会议展览中心的区别是拉索固定在桁架上弦节点，而没有固定在下弦支座处。张弦梁的低端支座支撑在钢筋混凝土剪力墙上，高端支座下为人字形摇摆柱。下弦拉索采用 439ϕ7 的冷拉镀锌钢丝。

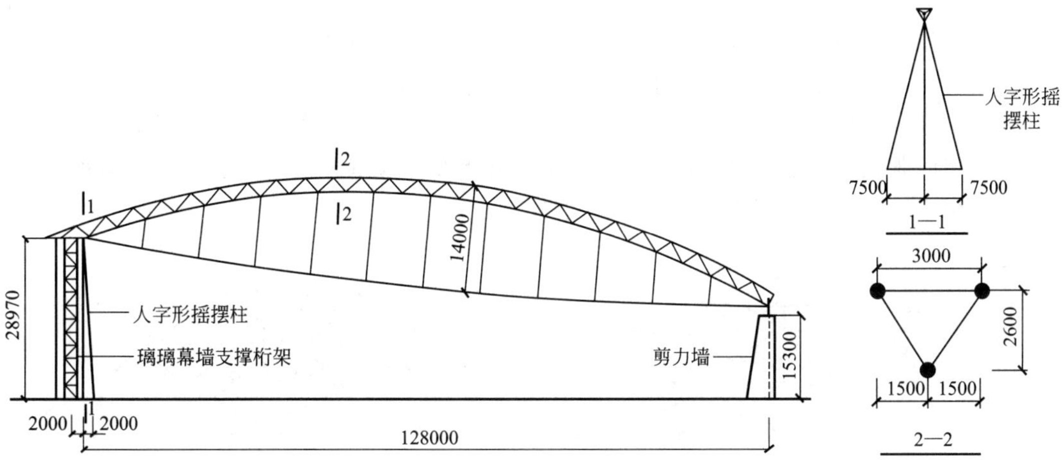

图 6-45 哈尔滨国际会展中心体育馆张弦梁桁架结构

张弦梁结构由于其结构形式简洁，易于被赋予建筑表现力，是建筑师乐于采用的一种大跨度结构体系。从结构受力特点来看，张弦梁结构的下弦采用高强度拉索，其不仅可以承受结构在荷载作用下的拉力，而且可以适当地对结构施加预应力以致改善结构的受力性能，从而提高结构的跨越能力。

6.5.2.2 张弦梁结构的形式与分类

(1) 平面张弦梁结构

平面张弦梁结构为其结构构件位于同一平面内，且以平面内受力为主的张弦梁结构。平面张弦梁结构根据上弦构件的形式可分为 3 种基本形式：直梁形张弦梁、拱形张弦梁和人字形张弦梁结构（图 6-46）。

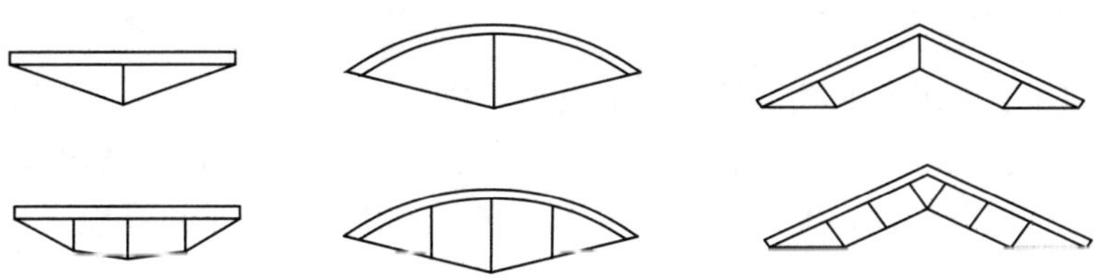

(a) 直梁形　　(b) 拱形　　(c) 人字形

图 6-46 平面张弦梁结构的基本形式

直梁形张弦梁的上弦构件呈直线，通过拉索和撑杆提供弹性支撑，从而减小上弦构件的弯矩，主要适用于楼板结构和小坡度屋面结构；拱形张弦梁除了拉索和撑杆为上弦构件提供弹性支承、减小拱上弯矩的特点外，由拉索张力可以与拱推力相抵消，一方面充分发挥了上弦拱的受力优势，同时也充分利用了拉索抗拉强度高的特点，其适用于大跨度甚至超大跨度的屋盖结构；人字拱形张弦梁结构主要用下弦拉索来抵消拱两端推力，通常其起拱较高，适用于跨度较小的双坡屋盖结构。

（2）空间张弦梁结构

空间张弦梁结构是以平面张弦梁结构为基本组成单元，通过不同形式的空间布置所形成的以空间受力为主的张弦梁结构。空间张弦梁结构可以分为以下几种形式。

① 单向张弦梁结构（图 6-47）。是在平行布置的单榀平面张弦梁结构之间设置纵向支撑索。纵向支撑索一方面可以提高整体结构的纵向稳定性，保证每榀平面张弦梁的平面外稳定，同时通过对纵向支撑索进行张拉，为平面张弦梁提供弹性支承，因此此类张弦梁结构属于空间受力体系。该结构形式适用于矩形平面的屋盖。

② 双向张弦梁结构（图 6-48）。是由单榀平面张弦梁结构纵横向交叉布置而成。两个方向的交叉平面张弦梁相互提供弹性支承，因此该体系属于纵横向受力的空间受力体系。该结构形式适用于矩形、圆形及椭圆形等平面的屋盖。

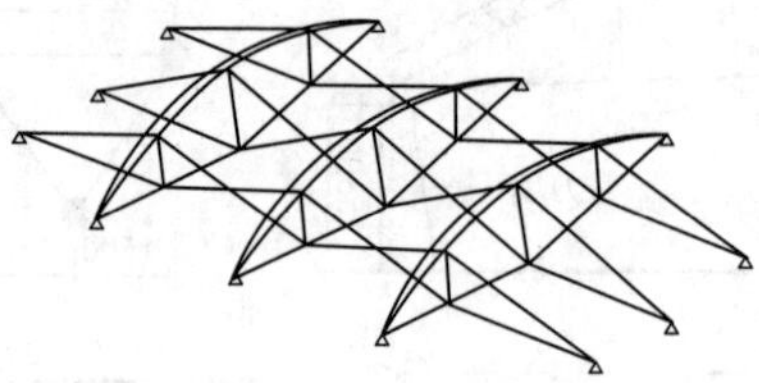

图 6-47　单向张弦梁结构

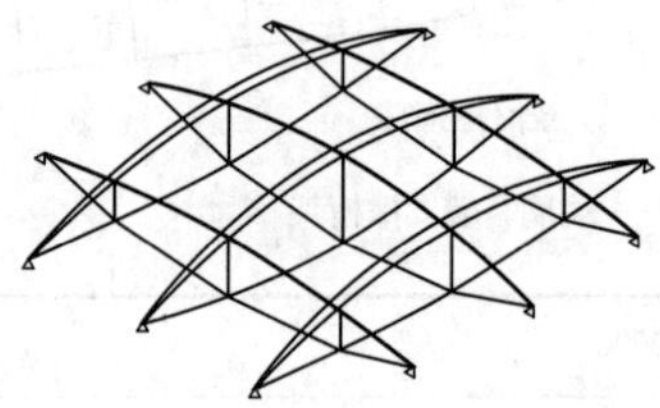

图 6-48　双向张弦梁结构

③ 多向张弦梁结构（图 6-49）。是将平面张弦梁结构沿着多个方向交叉布置而成，适用于圆形平面和多边形平面的屋盖。

④ 辐射式张弦梁结构（图 6-50）。由中央按辐射状放置上弦梁（拱），梁下设置撑杆，撑杆用环向索或斜索连接。该结构形式适用于圆形平面或椭圆形平面屋盖。

图 6-49　多向张弦梁结构

图 6-50　辐射式张弦梁结构

从目前已建工程来看，张弦梁结构的上弦构件通常采用实腹式构件（包括矩形钢管、H型钢等）、格构式构件、平面桁架或立体桁架等。从构件材料上看，上弦构件基本采用钢构件，但也可采用混凝土构件；撑杆通常采用圆钢管；下弦拉索以采用高强平行钢丝束居多，也可以采用钢绞线。

从结构形式来看，张弦梁结构的工程应用大多采用平面张弦梁结构。主要原因是平面张弦梁结构的形式简洁，为建筑师乐于采用；同时平面张弦梁结构受力明确，制作加工、施工安装均较为方便。

6.5.2.3 平面张弦梁结构的结构性能和一般设计原则

(1) 张弦梁结构的结构性能

如果不考虑拉索超张拉在结构上产生的预应力，平面张弦梁结构的受力特性实际上相当于简支梁的受力特性（图 6-51）。从截面内力情况来看，张弦梁结构与简支梁一样需要承受整体弯矩和剪力。根据截面内力平衡关系易知，张弦梁结构在竖向荷载作用下的整体弯矩由上弦构件的压力和下弦拉索的拉力所形成的等效力矩来承担。由于张弦梁结构中通常只布置竖向撑杆，从两根竖向撑杆之间的截面内力平衡关系来看，其整体剪力基本由上弦构件承受。因此上弦构件除了承受整体弯矩效应产生的压力外，还承受剪力以及由剪力产生的局部弯矩效应。

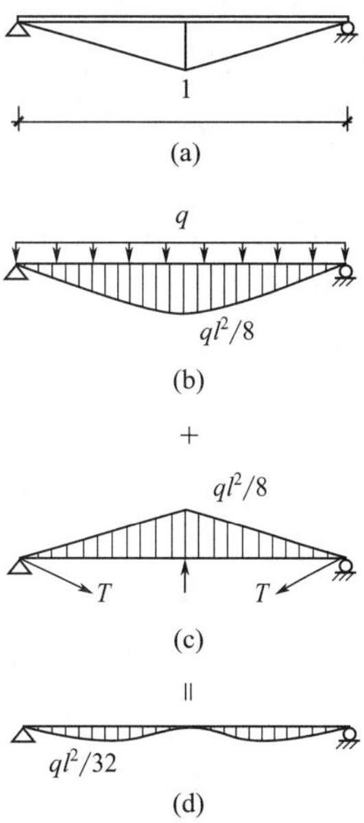

图 6-51 简支梁和平面张弦梁结构受力性能比较

对于张弦梁结构的下弦拉索来讲，通常采用平行钢丝束或钢绞线等高强度材料，与采用普通型钢的桁架结构下弦构件相比，其可以承受更大的拉力，这也是该类结构适用于大跨度屋盖的一个主要原因。但是应该注意，当张弦梁结构的跨度增加时，其上弦构件的内力同样增大且承受压力和弯矩，因此张弦梁结构上弦构件的选型是设计时需要考虑的重要参数。上弦构件形式主要取决于结构跨度和撑杆间距这两个因素。跨度增加，跨中整体弯矩增大，导致上弦构件压力增加，因此需要加大上弦构件的截面面积来保证；另外当撑杆间距增大，其整体剪力效应对上弦构件产生的局部弯矩增大，因此需要上弦构件提供较大的抗弯刚度。以上分析说明了当张弦梁结构跨度较大时，习惯采用截面面积和抗弯模量均较大的桁架结构的原因。从张弦梁结构的上弦桁架类型来看，立体桁架比平面桁架更有优越性，其主要原因是立体桁架比普通的平面桁架的平面外刚度大，这对受压上弦构件的平面外稳定性是有利的。特别是在张弦梁结构的施工阶段，由于通常采用单榀整体吊装的施工方案，因此上弦立体桁架较大的平面外刚度能够有效地保证吊装过程中结构的平面外稳定。

张弦梁结构的上弦矢高和下弦垂度（图 6-52）的大小是设计过程中需要考虑的重要参数。从结构性能上来看，张弦梁的矢跨比和垂跨比增加，都能有效地降低结构的跨中挠度。这一点实际上可以通过简支梁刚度来反映，因为无论是矢跨比还是垂跨比增加，上下弦的等代刚度都会增加，因此可以有效地减小结构的变形。

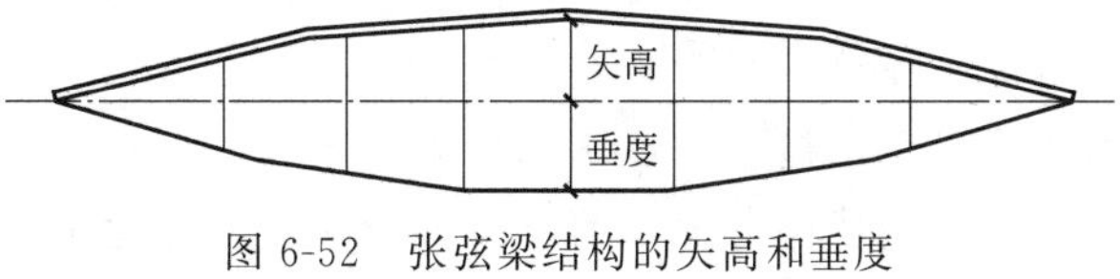

图 6-52 张弦梁结构的矢高和垂度

另外，张弦梁结构由于下弦拉索的存在，可以方便地通过张拉索在结构中建立预应力。从张拉拉索后结构上弦构件的预应力来看，构件的轴向压力会增加，这实际上是不利因素。但是从构件中的弯矩分布来看，与竖向荷载效应相反的负弯矩可以减小上弦构件的弯矩，从这个角度来看却是有利的。

第6章

(2) 张弦梁结构的形态定义和力学特性

张弦梁结构是由上弦刚性构件和下弦柔性拉索两类不同单元组合而成的一种结构体系，通常将其归类为“杂交体系”。从受力形态来看，张弦梁结构通常被认为是一种“半刚性”结构。

像悬索结构等柔性结构一样，根据张弦梁结构的加工、施工及受力特点通常也将其结构形态定义为零状态、初始状态和荷载态三种（图 6-53）。其中零状态是拉索张拉前的状态，实际上是指构件的加工和放样形态（通常也称结构放样态）；初始状态是拉索张拉完毕后，经过安装就位的形态（通常也称预应力态），也是建筑施工图中所明确的结构外形；而荷载态是外荷载作用在初始态结构上发生变形后的平衡状态。

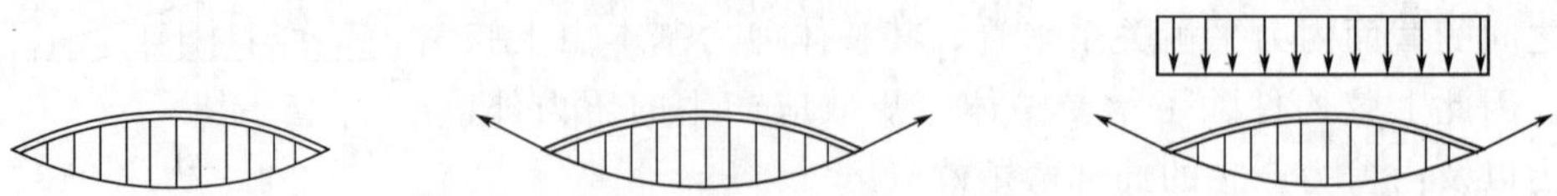

(a) 零状态　　(b) 初始状态　　(c) 荷载态

图 6-53　张弦梁三种结构形态

以上三种状态的定义，对张弦梁结构来说具有现实意义。对于张弦梁结构零状态，主要涉及结构构件的加工放样问题。张弦梁结构的初始形态是建筑设计所给定的基本形态，即结构竣工后的验收状态。如果张弦梁结构的上弦构件按照初始形态给定的几何参数进行加工放样，那么在张拉拉索时，由于上弦构件刚度较弱，拉索的张拉势必引导撑杆使上弦构件产生向上的变形（图 6-54）。当拉索张拉完毕后，结构上弦构件的形状将偏离初始状态，从而不满足建筑设计的要求。因此，张弦梁结构上弦构件的加工放样通常要考虑拉索张拉产生的变形影响，这也是张弦梁这类半刚性结构需要进行零状态定义的原因。

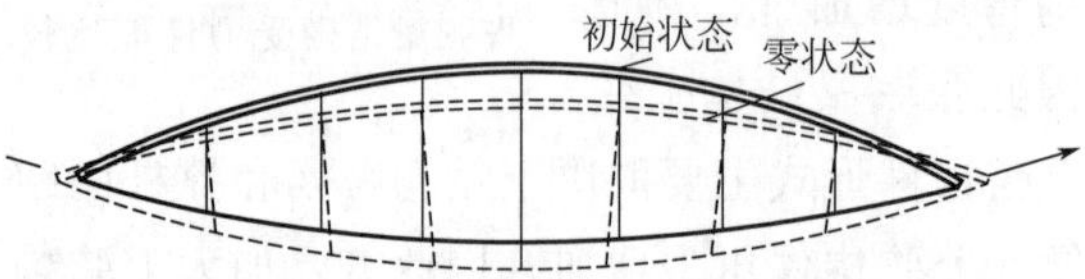

图 6-54　张弦梁结构拉索张拉过程的变形

从目前已建张弦梁结构工程的施工程序来看，通常是每榀张弦梁张拉完毕后进行整体吊装就位，再铺设屋面板和吊顶。因此该类结构的变形控制应该像悬索结构那样，以初始形态为参数形状。也就是说，恒荷载和可变荷载在该状态下产生的结构变形才是正常使用极限状态所要求控制的变形，即结构变形不应该计入预应力对结构提供的反拱效应。

由于张弦梁结构属于通常定义的半刚性结构，因此人们担心该类结构的分析是否应该考虑几何非线性影响。但是相关研究表明，张弦梁在荷载态分析时，考虑几何非线性效应的分析结果和线性分析结果非常接近，因此该类结构荷载的分析可不考虑几何非线性的影响，即符合小变形的假定。但是应该注意，对于跨度较大的张弦梁结构，在下弦拉索的张拉阶段，即结构由零状态变化到初始状态的过程中，结构会出现较大的变形。因此在保证上弦构件加工精度的前提下，有些研究结论建议考虑几何非线性影响。关于这方面的内容将在下一小节讨论。

(3) 张弦梁结构的预应力特性

张弦梁结构可以通过张拉索的张拉在结构中产生预应力，符合预应力空间结构一般性原则，张弦梁结构通常设计成为预应力自平衡体系。也就是说，结构中的预应力不会因为外部支撑条件的反力和变形变化而改变。对于平面张弦梁结构，其支座处理通常采用一端固定、一端水平可以滑动的简支梁做法。

张弦梁结构中预应力的合理取值是工程设计考虑的重要问题，这里首先应该阐明预应力的定义，其为在没有外荷载作用下在结构内部所维持的自平衡内力分布。因此在张拉下弦拉索的施工过程中，拉索的张拉力并不是预应力，其通常包括两部分效应，一部分为外荷载和结构自重所引起的拉索内力，还有一部分为预应力在拉索中产生的内力。也就是说，如果结构中并不需要预应力的作用，张拉拉索实际上就是使拉索参与结构共同工作的过程，而不是施加预应力。

张弦梁结构中是否需要超张拉拉索产生预应力，通常有两种考虑。一种是出于改善上弦构件的受力性能，减小上弦构件的弯矩考虑；另外一种是由于在结构使用期间某种荷载工况（主要是屋面风吸力作用下）可能会克服恒荷载的效应而使得拉索受压而退出工作，因此拉索中维持一定的预应力可以保证拉索不出现压力。但是应该注意的是，张弦梁结构中的预应力不应过大。前面已经分析，过高的预应力会使得上弦构件的轴力增加，从而人为地加大上弦构件的负担，造成结构的不经济。以上海浦东国际机场 82.6m 跨度的张弦梁结构为例，在张拉阶段拉索的张拉力为 620kN，而此时结构自重作用下拉索的张力约为 550kN，可以看出预应力产生的拉索张力仅为 70kN 左右。

还有一个问题应该注意，与悬索结构等柔性构件不同，张弦梁结构中的预应力并不能为结构提供较高的刚度。前面已经讲到张弦梁结构的变形计算应该以结构初始态为参照构形，计算分析表明，张弦梁结构的变形按考虑预应力的非线性分析结果与线性分析的结果非常接近。其理论上的解释是张弦梁结构的几何刚度（考虑预应力效应的刚度矩阵，具体见悬索结构有限元法的相关公式），与其弹性刚度相比是小量。

(4) 平面张弦梁结构平面外稳定和屋面支撑系统设计

平面外张弦梁作为一种大跨度结构体系，当其跨度较大时，由于上弦构件存在较大的压力，因此应充分保证平面外稳定性。保证张弦梁结构平面外稳定的措施可以从两方面来考虑：其一是采用平面外刚度较大的上弦构件，譬如上海浦东国际机场的张弦梁采用三根平行梁，广州国际会议展览中心的张弦梁结构上弦构件采用立体桁架；更为重要的是要重视屋面水平支撑系统的设置，从目前国内已建的几个大跨度张弦梁工程来看，其屋面均设置了密布的上弦水平交叉支撑。

严格来讲，大跨张弦梁结构的屋面水平支撑系统不应该根据构造设置，因为其不仅起保证单榀张弦梁平面外稳定的作用，更重要的是其还要作为受力系统承担屋盖平面内的纵向荷载，主要包括两端山墙传递给屋面的风荷载以及纵向地震作用。因此，在抗震设防烈度较高的地区以及山墙传递风荷载较大的情况下，平面张弦梁结构必须进行整体分析，以验算结构在纵向荷载作用下屋面支撑系统。

(5) 张弦梁结构的抗风和抗震设计

张弦梁在风荷载作用下的抗风性能是设计时应重视的问题。张弦梁结构抗风设计的要点主要体现在两个方面。由于目前张弦梁结构的屋面系统通常采用轻质屋面，质量较轻，因此当结构在以风荷载为主的工况作用下，由于风荷载体型系数大多为向上的吸力，较为容易克服结构自重和屋面恒荷载的重量，使张弦梁结构出现向上的分布荷载作用，从而导致上弦受拉，下弦受压。因此在风荷载较大的地区采用张弦梁结构，设计时应该采取措施来保证拉索不退出工作：一般方法有增大屋面恒荷载，或者加大拉索预应力来抵抗压力效应。当然，有些工程还通过在张弦梁结构下设置地锚拉索来抵抗一部分风吸力的效应。然而应该注意，当风荷载效应使得拉索压力效应较大时，如果采用加大预应力的方法保证拉索不退出工作，相应的拉索中的预应力也应较大。但是结构中预应力过大，在没有风荷载作用的工况下，实际是人为地加大结构的负担，对结构产生不利影响。这个特性是张弦梁结构的主要缺点之一。

张弦梁结构的抗风设计还应该注意结构在脉动风作用下的几个风振效应的影响。由于张弦梁结构的刚度与普通刚性结构相比较弱，在跨度较大的情况下，结构的特性周期较低，而且分布较密，因此张弦梁结构的风振效应是设计中不可忽视的问题。关于张弦梁结构风振响应的研究还不充分，还有待于进一步开展工作。

张弦梁结构的抗震设计也是值得重视的问题，由于这方面的研究工作开展较少，因此该类结构的抗震性能还不完善。但是从概念上来看，张弦梁主体结构，由于矢高通常不是很高，其地震效应主要由竖向地震效应控制。但是，一定要充分重视纵向地震对支撑系统内力的影响。

6.5.2.4 平面张弦梁结构的分析方法

(1) 结构分析的一般原则

张弦梁结构的分析通常采用有限单元法。前面已经讲到，张弦梁结构在荷载态的结构受力性能符合小变形的假定，因此可不考虑结构几何非线性的影响。但是对于跨度较大的张弦梁结构，出于对上弦构件放样尺寸精确性的考虑，建议考虑几何非线性的效应，因此可能需要采用非线性有限元进行分析。

从张弦梁结构的构件类型来看，其由上弦构件、下弦拉索和撑杆组成。在建立张弦梁结构的分析模型时，单元类型的选择应该区别对待。对于上弦构件，如果为实腹式或格构式构件，通常将其定义为梁单元；但是如果上弦构件为桁架，通常将桁架中的杆件按杆单元处理。如果结构中仅存在竖向撑杆，一般下弦拉索与撑杆之间节点固定，即不允许拉索滑动，因此结构分析时将拉索在节点处分段，每段按直线拉索单元处理。有时张弦梁结构的腹杆设置像普通桁架一样采用交叉腹杆，且拉索可以绕下弦节点滑动，这时下弦拉索应按折线拉索单元处理。对于撑杆，一般按杆单元处理。

可以看出，张弦梁结构中的单元类型复杂，包括梁单元、杆单元和拉索单元三类，因此张弦梁结构分析的有限元法是一种混合单元的有限元法。但是空间梁单元和空间杆单元的分析已分别在空间刚架位移法和空间桁架位移法中作了详细阐述，拉索单元在预应力网格结构中也进行了分析，因此张弦梁结构的有限单元分析方法理论上并没有太大的困难。

根据张弦梁结构的施工和受力特点，其结构设计中涉及以下几类结构分析问题。

① 荷载态各工况下的结构变形和构件内力分析。

② 零状态结构加工放样形状分析。

③ 施工阶段结构吊装过程的分析。

由于张弦梁结构属于小变形的线性结构，因此张弦梁结构荷载态各工况作用下的结构分析可以采用线性叠加原则，即先计算各单项荷载作用下的节点位移和构件内力，然后按照荷载组合原则将单项荷载作用下的节点位移和构件内力乘以荷载分项系数和组合系数后相加，最终求得各荷载工况作用下的节点位移和构件内力。张弦梁结构是一种可以施加预应力的结构体系，因此其在单独预应力作用下的结构分析是荷载态结构分析的重要问题。

张弦梁结构加工放样形状分析主要求解上弦构件的加工放样形状，张弦梁结构施工阶段的吊装过程分析包括两个方面的内容：首先是要验算吊装过程中结构的杆件和节点强度；其次是要验算结构在吊装过程中的平面外稳定性。

(2) 结构预应力分析

张弦梁结构的预应力分析主要是计算结构在初始态时的自平衡预应力分布，其分析可采用预应力等效节点荷载方法。在具体分析之前，先阐述张弦梁结构的预应力特点。

对于图 6-55 所示的只设置竖向撑杆的平面张弦梁，如果任意相邻索段的自平衡预张力（为结构预应力产生的张力）分别为 T_k 和 T_{k+1}，根据下弦节点在撑杆垂线方向的平衡条件可知：

$$T_k \cos\alpha_k = T_{k+1} \cos\alpha_{k+1}$$

即

$$T_{k+1} = T_k \cos\alpha_k / \cos\alpha_{k+1} \tag{6-27}$$

图 6-55 只设置竖向撑杆的平面张弦梁

其中 α_k、α_{k+1} 分别为两边拉索与撑杆垂直的夹角。

从式（6-27）可以看出，张弦梁结构的下弦拉索各索段之间的预张力符合一定的关系，而不是独立的。如果已知某一根索段的预张力，那么利用全部下弦节点在撑杆垂直方向的平衡关系便可求得所有其他索段的预张力。也就是说，张弦梁结构中的拉索张力只有一根是独立的，其他索段的预张力可以看成是某根索段张拉的结果。

由于通常已知的是张拉端索段的设计张力，将其扣除结构自重所产生的张力值就可方便地求其预张力值。因此在实际计算时，一般选择张拉端索段作为张拉索，然后按照预应力等效节点荷载方法进行结构预应力分析。

(3) 结构放样形状的分析

张弦梁结构的放样形态分析其目的就是求解结构的一个形状，以保证拉索张拉完毕后，其变形后的形状为建筑设计所给的结构形状，即初始态形状，这类问题实际上是与常规结构分析相对应的“逆分析”问题。下面给出平面张弦梁结构放样形状分析的一种迭代方法——逆迭代法。

张弦梁结构放样形态分析逆迭代法的基本思想是首先假设一零状态几何（通常第一步迭代就取初始态的形状）；然后在该零状态几何上施加预应力，并求出对应的结构变形后形状；将其与初始态形状比较，如果差别比较微小，就可以认为此时的零状态就是要求的放样状态；如果差别超过一定的范围，则修正前一步的零状态几何，并再次进行迭代计算，直到求得的变形后形状与初始态形状满足要求的精度。

令图纸给定的结构初始态几何坐标为 $\{X\ Y\ Z\}$，第 k 次迭代的结构零状态几何坐标为 $\{X\ Y\ Z\}_{0,k}$，在 $\{X\ Y\ Z\}_{0,k}$ 结构形状上施加预应力变形后的结构几何坐标为 $\{X\ Y\ Z\}_k$，则逆迭代法的基本计算步骤（图 6-56）如下。

① 首先假设初始态几何即为零状态几何，即令 $\{X\ Y\ Z\}_{0,k}=\{X\ Y\ Z\}$，进行第一次迭代。

② 在 $\{X\ Y\ Z\}_{0,k}$ 结构形状上施加预应力，计算结构位移并得到 $\{X\ Y\ Z\}_k=\{X\ Y\ Z\}_{0,k}+\{U_x\ U_y\ U_z\}_k$，令 $k=1$。

③ 计算 $\{\Delta_x \Delta_y \Delta_z\}_k=\{X\ Y\ Z\}-\{X\ Y\ Z\}_k$，判断 $\{\Delta_x\ \Delta_y\ \Delta_z\}_k$ 是否满足给定的精度。若满足，则 $\{X\ Y\ Z\}_{0,k}$ 即为所求的放样态几何坐标；若不满足，令 $\{X\ Y\ Z\}_{0,k+1}=\{X\ Y\ Z\}_{0,k}+\{\Delta_x\ \Delta_y\ \Delta_z\}_k$，$k=k+1$，重复②、③步。

注意，在计算结构位移 $\{U_x\quad U_y\quad U_z\}_k$ 时，应考虑结构自重影响。研究表明，结构

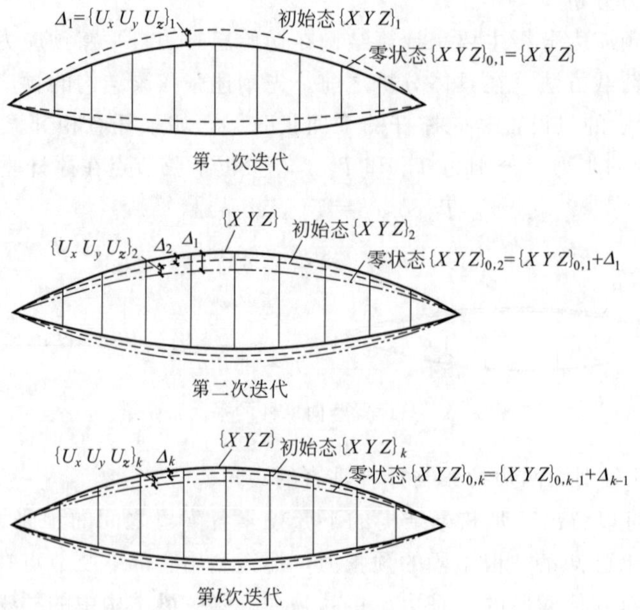

图 6-56　逆迭代法计算过程

位移 $\{U_x\quad U_y\quad U_z\}_k$ 计算时，对于中小跨度且上弦构件刚度较大的张弦梁结构，采用线性有限元法分析便可达到较好的精度。但是对于跨度较大、上弦构件刚度较弱的张弦梁结构，由于拉索张拉过程上弦变形较大，采用线性有限元法分析，其误差相对较大，主要体现在水平坐标计算精度不够。出于对放样尺寸精确性的考虑，建议采用非线性有限元法进行分析。

6.5.2.5 张弦梁结构的节点构造

张弦梁结构的主要节点包括：①支座节点；②撑杆与下弦拉索节点；③撑杆与上弦构件节点。以下结合目前已建工程介绍上述三类节点的构造。

(1) 支座节点

为了保证结构的预应力自平衡和释放部分温度应力，张弦梁结构的两端铰支座通常设计成一端固定、一端水平滑动的简支梁。通常张弦梁两端支座都支承于周边构件上，但对于水平滑动支座也有通过下设人字形摇摆柱来实现的做法，如黑龙江省国际会议展览体育中心主馆的张弦梁结构便属于此类。

对于跨度较大的张弦梁结构支座节点，由于其受力大、杆件多、构造复杂，因此较多地采用铸钢节点以保证节点的空间角度和尺寸的精度，免去了相贯线切割和复杂的焊接工序，也避免产生复杂的焊接温度应力，但是铸钢支座节点制作加工复杂且重量较大。图 6-57(a) 为哈尔滨会展中心张弦梁立体桁架下弦索锚固在支座铸钢节点的构造。

(2) 撑杆与下弦拉索节点

撑杆与下弦拉索之间的节点构造必须严格按照计算分析简图进行设计。对于只准在竖向撑杆的张弦梁结构，其下弦拉索和撑杆之间必须固定，因此其节点构造应保证将拉索夹紧，不能滑动。目前大多工程采用由两个实心球组成的索球节点来扣紧下弦拉索，上海浦东国际机场的张弦梁结构中该类节点的构造是将索球扣在撑杆的槽内；图 6-57(b) 为哈尔滨会展中心的构造，它是利用一个铸钢节点将索球和撑杆相连。

(3) 撑杆与上弦构件节点

下弦索平面外没有支撑，因此撑杆与上弦杆件的节点通常设计为平面内可以转动、平面外限制转动的节点构造形式。图 6-57(c) 为哈尔滨会展中心采用的铸钢节点。

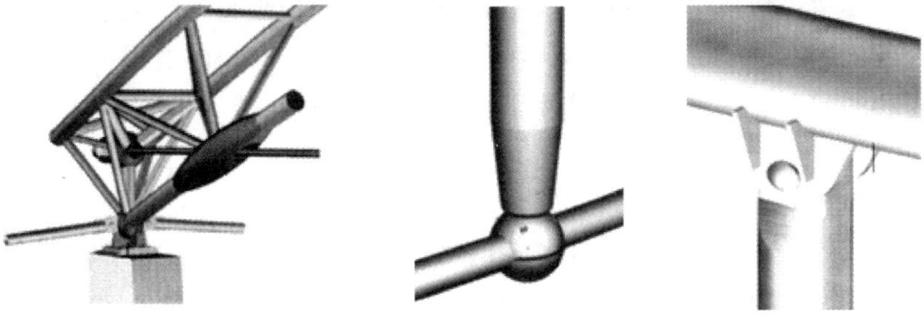

(a) 支座节点 (b) 撑杆与下弦拉索节点 (c) 撑杆与上弦构件节点

图 6-57 铸钢节点

6.5.2.6 双向张弦梁结构的动力响应分析

根据张弦梁结构的受力性能和其构造特点，利用 ANSYS 软件的仿真功能分析张弦梁结构在地震作用下的响应。在 ANSYS 动力特性分析中，利用瞬态动力学分析法对张弦梁结构进行分析，并进行空间非线性地震响应时程分析；同时，针对不同参数，如不同矢跨比、垂跨比、预应力及不同支座等条件进行了大量分析，得到各参数对地震响应的影响。

本节主要分析立体桁架截面为倒三角形的双向张弦梁结构模型，拱形立体桁架的轴线和拉索轴线的形状均采用二次抛物线的形式，立体桁架的各个杆件均采用梁单元，撑杆也采用空间梁单元，索采用索单元。两个水平方向均为 7 榀桁架梁，两个方向的梁对称相互交叉布置，计算模型中的各桁架杆件采用 beam188 单元，索采用 link10 单元。结构的支座跨度为 80m，所有支座均为固定铰支座，上、下弦杆视为连续梁，腹杆和上下弦之间、撑杆和下弦之间视为铰接，撑杆与钢索之间视为刚性连接。计算模型如图 6-58，构件截面选择如表 6-2。

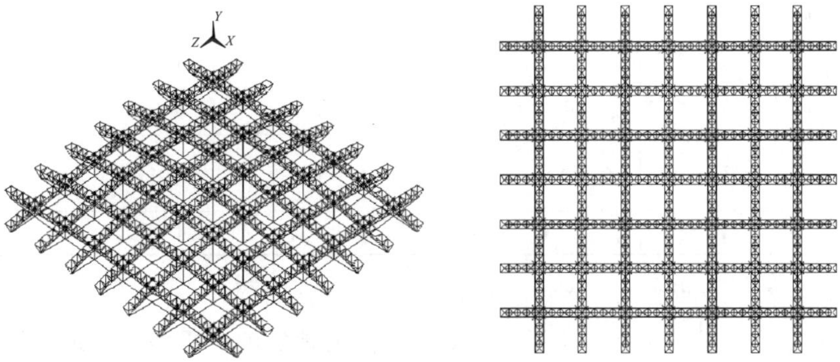

图 6-58 双向张弦梁结构

表 6-2 构件截面形式

构件	截面	面积/m^2	弹性模量/Pa	材料
桁架上弦	ϕ200mm×12mm	0.00708384	2.1×10^{11}	Q345B
桁架下弦	ϕ200mm×12mm	0.00708384	2.1×10^{11}	Q345B
桁架腹杆	ϕ200mm×12mm	0.00708384	2.1×10^{11}	Q345B
撑杆	ϕ200mm×12mm	0.00708384	2.1×10^{11}	Q345B
索	1×144ϕ6mm	0.000009	2.1×10^{11}	高强度低松弛镀锌钢丝

计算结果表明，对于大跨度的双向张弦梁结构，受力比较合理，在水平地震作用和竖向地震作用下，上部结构的变形满足要求，表明该结构是一种良好的结构形式，同时也看到对于大跨度双向张弦梁结构，预应力的主要作用在于调节结构在使用荷载作用下的变形。随着内力的重新分布，结构的地震响应趋于接近，与索施加的预张力大小关系不大。此外，对于不同矢跨比的结构体系，随矢跨比的增大抵抗水平地震作用和竖向地震作用的变形能力逐渐增强；随矢跨比的增大，在水平地震作用下轴力逐渐减小，在竖向地震作用下，轴力也是逐渐减小。

此外，跨度为 96m 的辐射式张弦梁结构空间计算模型如图 6-59 所示，拱采用了平面桁架，拱和拉索轴线的形状均采用二次抛物线的形式。平面桁架的各个杆件和撑杆均采用空间梁单元 beam188、索采用索单元 link10 来描述，所有的支座均为固定铰支座。本文选取的参数：矢跨比为 0.04、0.06、0.10，拉索的预拉力值为 800kN、1000kN、1200kN。构件截面尺寸见表 6-3。

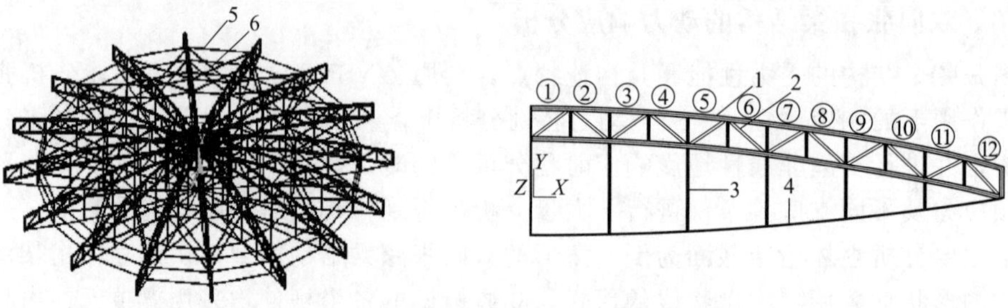

图 6-59　辐射式张弦梁结构模型

表 6-3　构件截面参数

构件	编号	截面	面积/m^2	弹性模量/Pa	材料
桁架上下弦杆	1	ϕ500mm×20mm	0.03015929	2.1×10^{11}	Q345B
桁架腹杆	2	ϕ245mm×12mm	0.00878389	2.1×10^{11}	Q345B
撑杆	3	ϕ245mm×12mm	0.00878389	2.1×10^{11}	Q345B
斜索	4	ϕ7mm×337mm	0.0129745	1.85×10^{11}	Q345B
环索	5	ϕ7mm×337mm	0.0129745	1.85×10^{11}	高强度低松弛镀锌钢丝
侧向撑杆	6	ϕ245mm×12mm	0.00878389	2.1×10^{11}	Q345B

辐射式张弦梁结构的动力性能有些不同，计算结果如下。

① 对于辐射式张弦梁结构，水平地震响应比竖向地震响应强烈，因此水平地震对辐射式张弦梁结构起控制作用。

② 辐射式张弦梁结构的上弦杆最大动力反应一般发生在 1/4 跨附近和 3/4 跨附近，顶点并不是动力反应的最剧烈处，而下弦杆最大动力反应则发生在支座附近。

③ 矢跨比对结构的地震响应有一定的影响，随着矢跨比的增大，跨中竖向位移、索应力减小，因此设计时要慎重选择。建议 96m 跨的辐射式张弦梁结构矢跨比选择 0.10。

④ 对于辐射式张弦梁结构，索内的预拉力大小对结构的地震响应影响很大，施加的预拉力越大，结构的地震响应越大，所以，索预拉力的大小满足结构的反拱要求即可。因此，对于不同的结构要进行单独分析，确保工程安全。

6.6 张拉整体结构

6.6.1 张拉整体结构概述

张拉整体结构是 20 世纪 50 年代美国著名建筑师富勒提出的一种新概念结构体系，它是“张拉”和“整体”的结合。富勒认为宇宙的运行是按照张拉整体的原理进行的，即万有引力是一个平衡的张力网，各个星球单体之间相互远离，独立存在，它们各自都是一个压实单元。按照这个思想，张拉整体结构可定义为一组不连续的受压构件与一套连续的受拉单元组成的自支承、自应力、自平衡的空间网格结构。这种结构的刚度由受拉和受压单元之间的平衡预应力提供，在施加预应力之前，结构几乎没有刚度，并且初始预应力的大小对结构的外形和刚度起着决定性作用。由于张拉整体结构固有的符合自然规律的特点，最大限度地利用了材料和截面的特性，可以用尽量少的钢材建造超大跨度建筑。

6.6.2 张拉整体结构的形式和特点

6.6.2.1 张拉结构的形式

如果形成多面体的各个面全等，则这种多面体为正多面体。结构体系中大多为图 6-60 所示的几种多面体。张拉整体结构大部分由张拉整体单元通过不同的组合形成。张拉整体单元是由一些正多面体或多面体的变换组成。多面体中任意三个平面不相交于同一直线，平面的交线形成多面体的棱边，交线的交点形成多面体的顶点。

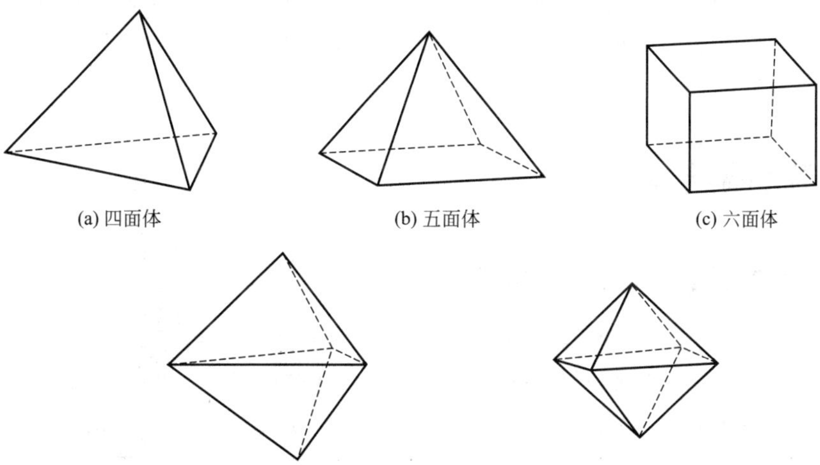

(a) 四面体　(b) 五面体　(c) 六面体

(d) 由两个正四面体组合成的多面体　(e) 由两个正五面体组合成的多面体

图 6-60　基本多面体及其组成

6.6.2.2 张拉结构的特点

(1) 预应力成形特性

张拉整体结构的一个重要特征就是在无预应力情况下结构的刚度为零，即此时体系处于机构状态。对张拉整体结构中的单元施加预应力（杆元对应于压力，索元对应于拉力）后，结构自身能够平衡，不需要外力作用就可保持应力不流失。并且结构的刚度与预应力的大小直接有关，基本呈线性关系。

(2) 自适应

自适应能力是结构自我减少物理效应、反抗变形的能力，在不增加结构材料的前提下，通过自身形状的改变而改变自身的刚度以达到减少外荷载的作用效果。

(3) 恒定应力状态

张拉整体结构中杆元和索元汇集到节点达到力学平衡的状态，称为互锁状态。互锁状态保证了预应力的不流失，同时也保证了张拉整体结构的恒定应力状态。即在外力的作用下，结构的索元保持拉力状态，而杆元保持压力状态。这种状态保证材料的充分利用，使索元和杆元能充分发挥自身作用。当然要维持这种状态，一则要有一定的拓扑和几何构成，二则需要适当的预应力。

(4) 结构的非线性特性

张拉整体结构是一种非线性形状的结构，结构很小的位移也许就会影响整个结构的内力分布。首先，非线性实质上是指结构的几何体系中包括了应变的高阶量，即应变的高阶量不可以随便忽略；其次，描述结构在荷载作用过程中的受力性能的平衡方程，应该在新的平衡位置中建立；再次，结构中的初应力对结构的刚度有不可忽略的影响，初应力对刚度的贡献甚至可能成为索元的主要刚度。初应力对索元的贡献反映在单元的几何刚度矩阵中。在索结构中，以上所述的非线性应该得到描述和考虑。

(5) 结构的非保守性

非保守性是指结构系统从初始加载后结构体系的刚度也随之改变。即使卸去外荷载，使荷载恢复到原来的水平，结构体系也并非完全恢复到原来的状态和位置。结构体系的刚度变化是不可逆的，这也意味着结构的形态是不可逆的。结构的非保守性使其在复杂荷载作用下有可能因刚度不断减弱而破坏，但同时也使得结构具有自适应能力和可控制的特点，非保守性的结构易于获得被控制效果。

6.7 索穹顶结构

6.7.1 索穹顶结构的发展和工程应用

索穹顶结构是由美国工程师盖格尔根据富勒的张拉整体结构思想开发的。1948 年，雕塑家 Snelson 完成了第一个张拉整体艺术品，即由一些弦固紧的 3 根相互独立杆组成的结构（图 6-61），这一事件证实了富勒的设想，并被公认为现代张拉整体结构发展的一个起点。富勒由此受到更大的鼓励与启发，于 20 世纪 60 年代初发表了张拉集成体系的概念和初步理

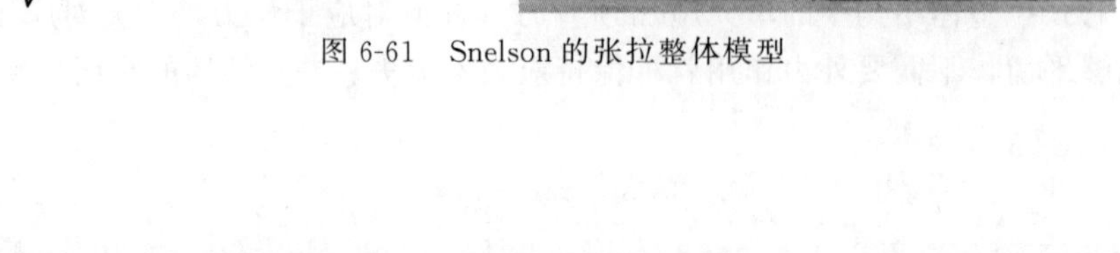

图 6-61　Snelson 的张拉整体模型

论。他在1962年的专利中较详细地描述了他的结构思想：即在结构中尽可能地减少受压状态而使结构处于连续的张拉状态，从而实现他的“压杆的孤岛存在于拉杆的海洋中”的设想并第一次提出了张拉整体体系这一概念。继富勒的“张拉整体结构”专利后，法国的Emmerich于1963年提出了“构造的自应力索网格”专利，美国的Snelson于1965年提出了“连续拉、间断压”的专利。这些研究进一步推动了张拉整体结构的发展。

自从张拉整体概念提出以来，各国学者对各种形式的张拉整体结构进行了研究，但很长时间这种结构除了艺术雕塑方面的应用和模型实验研究外，没有功能性建筑出现。1986年美国著名工程师盖格尔首次根据富勒的张拉整体结构思想，发明了支承于周边受压环梁上的一种索杆预应力张拉整体穹顶即索穹顶结构，并把它成功地应用于汉城奥运会的体操馆（圆平面$D=119.8$m，见图6-62）和击剑馆（圆平面$D=89.9$m），自此这一新型结构形式开始出现在建筑历史的舞台。之后，盖格尔和他的公司又相继建成了美国伊利诺伊州大学的红鸟体育馆和佛罗里达州的太阳海岸穹顶。由美国工程师利维等设计的乔治亚穹顶是1996年亚特兰大奥运会主赛馆的屋盖结构（如图6-63）。这个被命名为双曲抛物面形张拉整体索穹顶的耗钢量还不到30kg/m^2。继乔治亚穹顶之后，他们还成功设计了圣彼得堡雷声穹顶和沙特阿拉伯利亚德大学体育馆可开启穹顶等多项大跨度屋盖结构。这些工程进一步展示了索穹顶结构的开发应用前景。

图6-62 汉城奥运会体操馆

图6-63 乔治亚穹顶

6.7.2 索穹顶结构的形式和特点

6.7.2.1 索穹顶结构的形式

现有的索穹顶结构形式主要有肋环型和葵花型两种，这两种体系分别由盖格尔和利维设计并应用到工程中，又分别被命名为盖格尔型和利维型。盖格尔型的代表工程为图6-62所示的汉城体操馆索穹顶，结构形式简图可见图6-64，该图所示的盖格尔型索穹顶是由中心受拉环、径向布置的脊索、斜索、压杆和环索组成，并支承于周边受压环梁上。由于它的几何形状接近平面桁架系结构，总的来说，桁架系平面外刚度较小，在不对称荷载作用下容易失稳。利维型的代表工程为图 6-63 所示的乔治亚穹顶，其结构形式简图见图 6-65。它将辐射状布置的脊索改为葵花型（三角化型）布置，使屋面膜单元呈菱形的双曲抛物面形状。尽管利维型索穹顶较好地解决了盖格尔型索穹顶存在的索网平面内刚度不足容易失稳的问题，但它在构造上仍然存在脊索网格划分不均匀的缺点。尤其是结构内圈部分由于网格划分密集，大大增加了杆件布置、节点构造和膜片铺设等技术的复杂性。

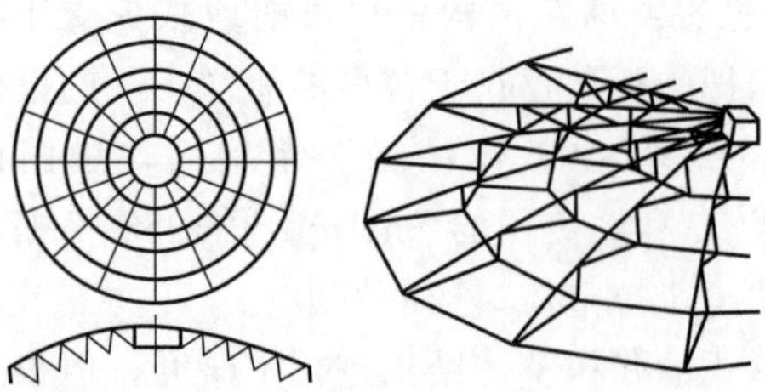

图 6-64　汉城体操馆索穹顶结构简图

凯威特型穹顶（图 6-66）和混合型穹顶是在综合考虑结构构造、几何拓扑和受力机理的基础上提出的新型索穹顶结构形式。其中混合Ⅰ型（图 6-67）为肋环型和葵花型的重叠式组合，混合Ⅱ型（图 6-68）为凯威特型和葵花型的内外式组合。这些新型穹顶脊索划分较为均匀，刚度分布均匀且有较低的预应力水平，使薄膜的制作和铺设更为简便可行。

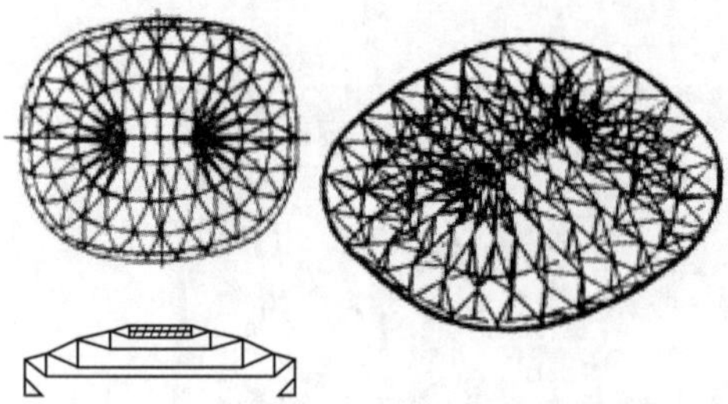

图 6-65　利维设计的乔治亚穹顶

图 6-66　凯威特型穹顶

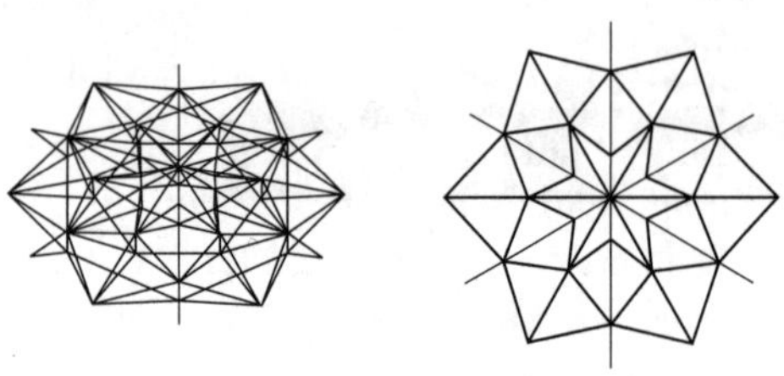

图 6-67　混合Ⅰ型
（肋环型和葵花型的重叠式组合）

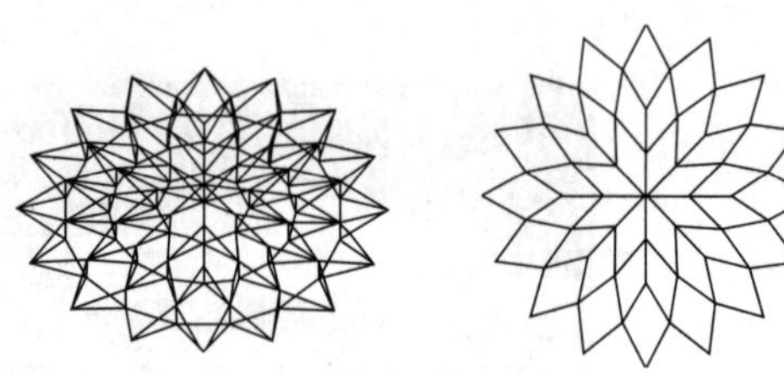

图 6-68　混合Ⅱ型
（凯威特型和葵花型的内外式组合）

6.7.2.2　索穹顶结构的特点

索穹顶是一种受力合理、结构效率高的结构体系，其主要特点如下。

（1）全张力状态。张拉整体索穹顶结构由连续的拉索和不连续的压杆组成，连续的拉索构成了张力的海洋，使整个结构处于连续的张力状态，即全张力态。

（2）预应力提供刚度。索穹顶结构中的索在未施加预应力前几乎没有自然刚度，它的刚度完全由预应力提供。索穹顶结构的刚度与预应力的分布和大小有密切关系。

（3）力学性能与形状有关。索穹顶结构的工作机理和力学性能依赖于其自身的拓扑形状。结构有合理的形状，才能有良好的工作性能。

（4）力学性能与施工方法有关。索穹顶结构的力学性能很大程度上取决于预应力状态，而预应力的形成又与施工过程有直接关系，所以选择合理、有效的施工方法是实现结构良好力学性能的保证。

（5）自平衡体系。无论在初始状态还是荷载态，它都是压力和拉力的有效自平衡体系。

6.7.3　索穹顶结构的初始预应力确定

同张拉整体结构相似，索穹顶结构的力学分析包括找形分析、初始预应力确定和外力作用下的性能分析等内容。由于索穹顶结构没有自然刚度，它的刚度完全由预应力提供。根据结构初始几何形状、构件的关联关系（拓扑）确定形成一定刚度的初始预应力值是首先要解决的问题。本节首先推导了索穹顶结构初始预应力确定的一般理论，然后分别提出了肋环型索穹顶和葵花型索穹顶初始预应力分布的快速计算法。

6.7.3.1　索穹顶结构初始预应力确定的一般理论

对于给定的空间铰接结构体系，设杆件数为 b，非约束节点数为 N，排除约束节点中某些自由度不被约束的情况，则非约束位移数（自由度）为 $3N$。该结构体系的平衡方程如下：

$$At=f \tag{6-28}$$

式中　A——平衡矩阵，$3N\times b$ 矩阵；

t——b 维杆件内力矢量；

f——$3N$ 维节点力矢量，设 A 的秩为 r，可得自应力模态数 $s=b-r$，独立机构位移 $m=3N-r$。

对平衡矩阵 A 进行矩阵运算，可分别得到独立机构位移模态 $D=[d_1d_2\cdots d_m]$ 和单位自应力模态 $T=[T_1T_2\cdots T_m]$。一般的预应力状态是各单位自应力模态的线性组合，记为：

$$T\alpha=T_1\alpha_1+T_2\alpha_2+\cdots+T_s\alpha_s \tag{6-29}$$

式中，α 为自应力模态组合因子，可取任意实数。索穹顶结构是索杆组合的空间预应力体系，按上述步骤可求得独立机构位移模态和单位自应力模态，不同的是其中的索是一种单向约束构件，只能承受拉力。杆虽为双向约束构件，但由于张拉整体结构特有的“压杆的孤岛存在于拉杆的海洋中”的构造思想，只能承受压力。这种杆受压、索受拉的预应力状态通常被称为可行预应力状态。考虑到索穹顶结构的对称性，特提出整体可行预应力状态的概念，该状态除了满足杆受压、索受拉的条件外，还具有同类（组）杆件初始内力相等和整体自应力平衡等特点，这种预应力状态能使索穹顶结构最终达到理想设计状态。

索穹顶结构是一种杆件拓扑关系较有规律的对称结构体系，因此结构中的索和杆内力分布具有一定的规律性，具体来说即对一实际的索穹顶结构，位于同等地位（位置）的杆件属于同一类（组）杆件，其初始内力值也应该是相同的。如图 6-69 所示结构，尽管总杆件数 b 为 49，但相应的杆件类型只有 7 类，分别为：①第一道上斜索；②第二道上斜索；③第一道下斜索；④第一道竖杆；⑤第一道环索；⑥第二道

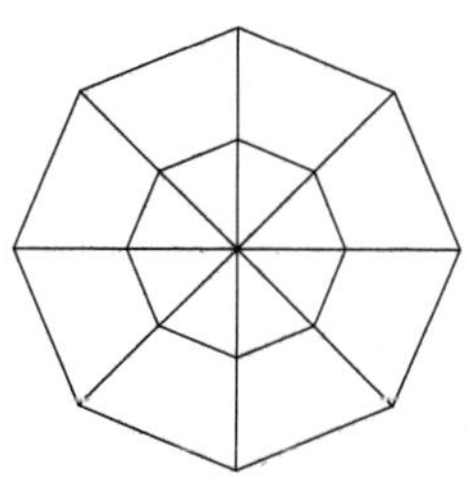

(a) 平面图

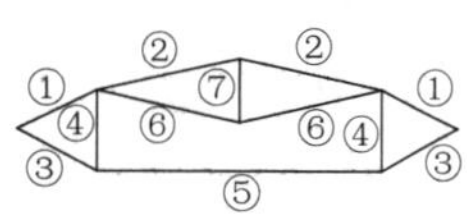

(b) 剖面图

图 6-69　肋环型索穹顶

下斜索；⑦中心竖杆。因此机构对应的初始预应力值也只有不同的 7 组。

对索穹顶结构，先从一般预应力状态 $X=T_1\alpha_1+T_2\alpha_2+\cdots+T_s\alpha_s$ 出发，找到一组 α，使同组杆件预应力值相同，设该预应力为 X，有：

$$T_1\alpha_1+T_2\alpha_2+\cdots+T_s\alpha_s=X \tag{6-30}$$

对于具有 n 组杆件数的结构，X 可记为：$X=\{x_1\ x_1\ x_1\cdots x_i\ x_i\ x_i\cdots x_n x_n x_n\}^{\mathrm{T}}$。为更好地用矩阵表示，整理式(6-30) 如下：

$$T_1\alpha_1+T_2\alpha_2+\cdots+T_s\alpha_s-X=0 \tag{6-31}$$

简记为：

$$\widetilde{T}\widetilde{\alpha}=0 \tag{6-32}$$

其中 $\widetilde{T}=[T_1\ T_2\cdots T_i\cdots T_s-e_1-e_2\cdots-e_i\cdots-e_n]$；$T_i$ 为单位独立自应力模态；基向量 e_i 由相应第 i 类杆件轴力为 1，其余杆件轴力为 0 组成。

未知数为 $\widetilde{\alpha}=\{\alpha_1\ \alpha_2\ \alpha_3\cdots\alpha_s\ x_1\ x_2\cdots\ x_n\}^{\mathrm{T}}$。对 $\widetilde{T}$ 进行奇异值分解如下：

$$\widetilde{T}=UDV \tag{6-33}$$

若 $\widetilde{T}$ 的秩为r，则 V 中的第 $r+1$ 列至第 $s+n$ 列向量为 $\widetilde{\alpha}$ 的解，由 $\widetilde{\alpha}$ 中第 $s+1$ 列至第 $s+n$ 列可解得 n 组杆件对应的预应力值。对肋环型索穹顶和葵花型索穹顶，$\widetilde{T}$ 为 $b\times(s+n)$ 维矩阵，其秩 r 为$s+n-1$，可得一种预应力分布，该分布同时满足杆受压、索受拉条件，所以是一种整体可行预应力分布。对其他类型如凯威特型索穹顶结构，满足同组杆件预应力值相同的解大于 1，设分别为 X_1，X_2，…，X_w，$w>1$。此时可再根据杆受压、索受拉条件对求得的若干组预应力向量进行组合 $X_1\beta_1+X_2\beta_2+\cdots+X_w\beta_w$，从而得到整体可行预应力分布。

值得特别指出的是，在用整体可行预应力一般概念进行预应力设计时，杆件的正确分组是能否求得满足整体平衡预应力分布的关键。若杆件分组与实际情况不符，则按该分组计算得到的预应力不能使结构各节点受力平衡。

6.7.3.2 肋环型索穹顶结构初始预应力分布的快速计算法

考虑到肋环型索穹顶为一轴对称结构，它的计算模型可取一榀平面径向桁架。针对不设内拉环和设有内拉环两种情况，计算所得内力示意图分别为图 6-70 和图 6-71。

其中径向平面桁架中的中心竖线为等效竖杆（图 6-70），等效竖杆内力 $V_{0,\mathrm{equ}}$ 与结构中心竖杆实际内力 V_0 的关系为：

$$V_{0,\mathrm{equ}}=\frac{2}{n}V_0 \tag{6-34}$$

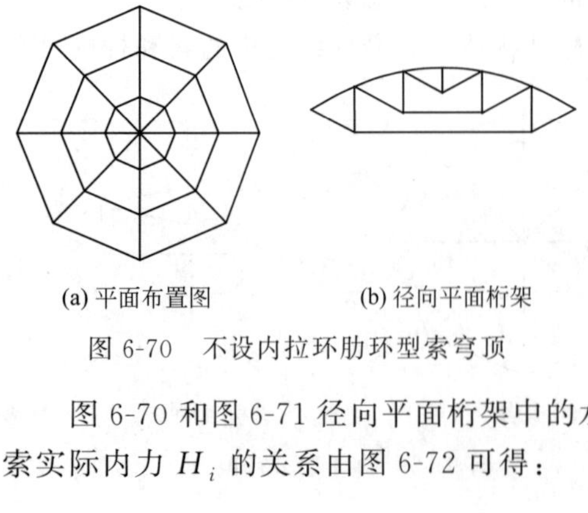

(a) 平面布置图　　(b) 径向平面桁架

图 6-70　不设内拉环肋环型索穹顶

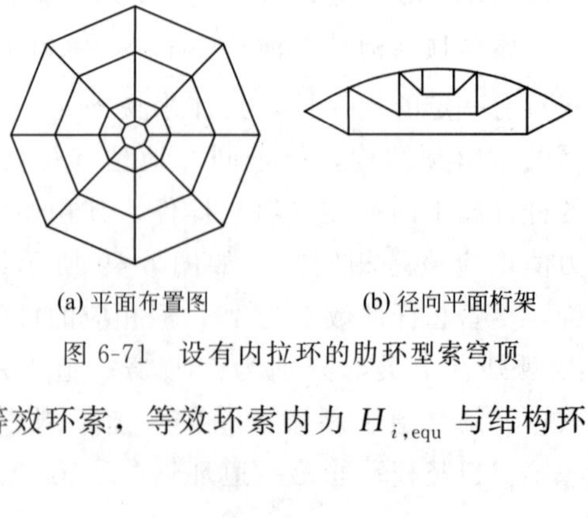

(a) 平面布置图　　(b) 径向平面桁架

图 6-71　设有内拉环的肋环型索穹顶

图 6-70 和图 6-71 径向平面桁架中的水平线为等效环索，等效环索内力 $H_{i,\mathrm{equ}}$ 与结构环索实际内力 H_i 的关系由图 6-72 可得：

$$H_{i,\mathrm{equ}}=2H_i\cos\phi_n=2H_i\cos\left(\frac{\pi}{2}-\frac{\pi}{n}\right)=2H_i\sin\frac{\pi}{n} \tag{6-35}$$

式(6-34）和式(6-35）中 n 为结构平面环向等分数。

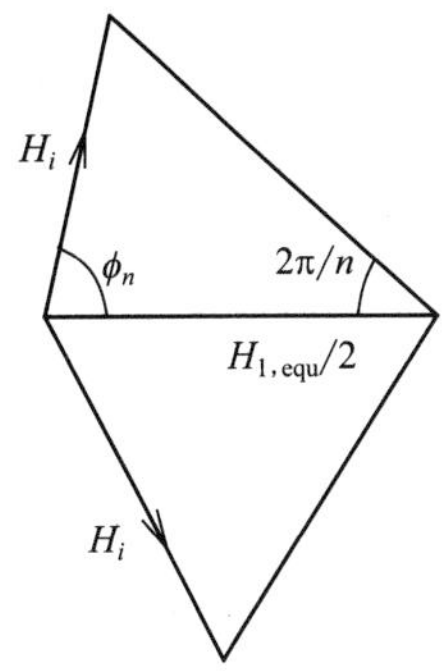

图 6-72　环索内力示意图

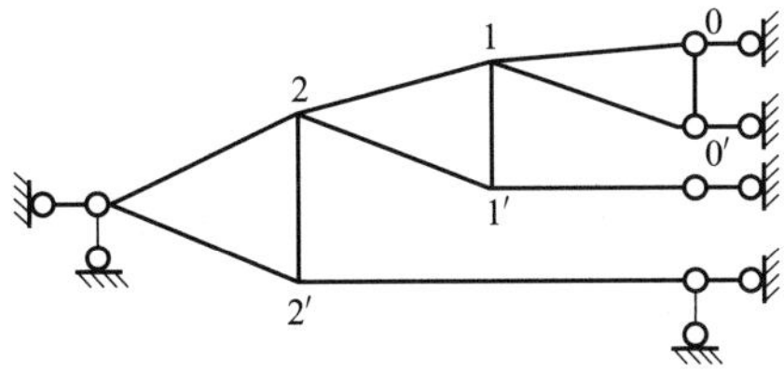

图 6-73　简化半榀平面桁架

分别以图 6-70 和图 6-71 所示简化平面桁架为基础，对各节点建立平衡关系，可推导出各类杆件内力计算公式如下。

(1）不设内拉环的情况

由平面桁架的对称性再引入边界约束条件（包括对称面的对称条件）后，可进一步简化为图 6-73 所示的半榀平面桁架，由机构分析可知该结构为一次超静定结构。由图 6-74 所示各类杆件内力示意图，可得出以中心竖杆内力 V_0 为基准的各脊索、压杆、斜索和环索内力计算公式：

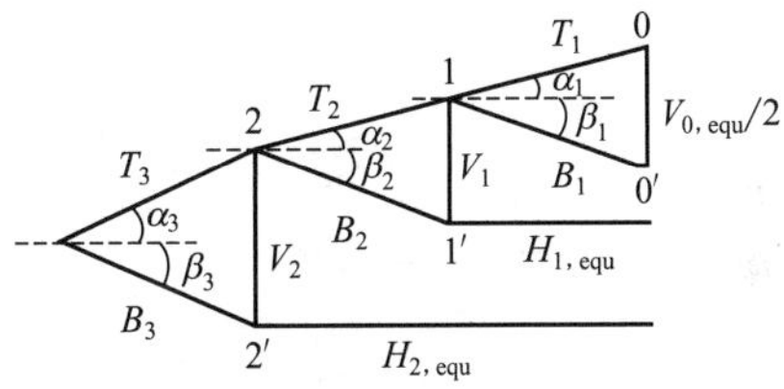

图 6-74　各类杆件内力示意图

当 $i=1$ 时，$T_1=-\dfrac{1}{n\sin\alpha_1}V_0$，$B_1=-\dfrac{1}{n\sin\beta_1}V_0$　(6-36)

当 $i\geqslant 2$ 时，

$$\left.\begin{aligned}
&T_i=-\frac{(\cot\alpha_1+\cot\beta_1)(1+\tan\alpha_2\cot\beta_2)\cdots(1+\tan\alpha_{i-1}\cot\beta_{i-1})}{n\cos\alpha_i}V_0\\
&B_i=T_i\sin\alpha_i/\sin\beta_i\\
&V_{i-1}=-T_i\sin\alpha_i\\
&H_{i-1}=-\frac{\cot\beta_i}{2\sin\dfrac{\pi}{n}}V_{i-1}
\end{aligned}\right\} \tag{6-37}$$

(2）设有内拉环的情况

对设有内拉环（图 6-75）的索穹顶，仍以竖杆内力 V_0 为基准，可得各脊索、压杆、斜索和环索的一般性内力计算公式：

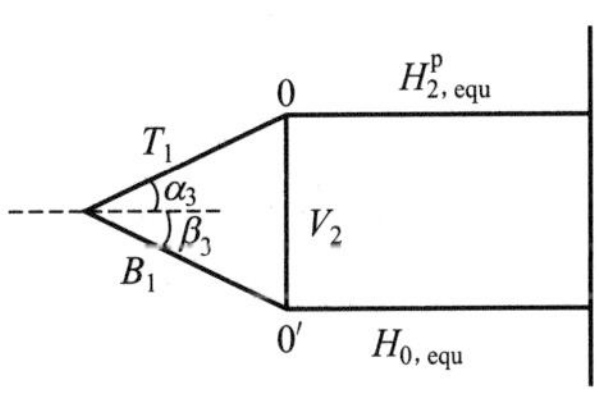

图 6-75　内拉环节点内力示意图

当 $i=1$ 时

$$\left.\begin{aligned}
&T_1=-\frac{1}{\sin\alpha_1}V_0,B_1=-\frac{1}{\sin\beta_1}V_0\\
&H_0^{\mathrm{p}}=-\frac{\cot\alpha_1}{2\sin\dfrac{\pi}{n}}V_0,H=-\frac{\cot\beta_1}{2\sin\dfrac{\pi}{n}}V_0
\end{aligned}\right\} \tag{6-38}$$

当 $i \geqslant 2$ 时

$$\left.\begin{aligned}
T_i &= -\frac{(\cot\alpha_1 + \cot\beta_1)(1+\tan\alpha_2\cot\beta_2)\cdots(1+\tan\alpha_{i-1}\cot\beta_{i-1})}{\cos\alpha_i}V_0 \\
B_i &= T_i\sin\alpha_i/\sin\beta_i \\
V_{i-1} &= -T_i\sin\alpha_i \\
H_{i-1} &= -\frac{\cot\beta_i}{2\sin\frac{\pi}{n}}V_{i-1}
\end{aligned}\right\} \tag{6-39}$$

6.7.3.3 葵花型索穹顶结构初始预应力分布的快速计算法

对于圆形平面的葵花型索穹顶，若环向分为 n 等分，其 $1/n$ 不设内环的索穹顶示意图见图 6-76(a)。与肋环型索穹顶相类似，只要分析研究一肢半榀桁架便可。如图 6-76(b) 所示，这是一次超静定结构，其中节点 0、1、3、5 在一个对称平面内，节点 2、4 在相邻的另一个对称平面内。

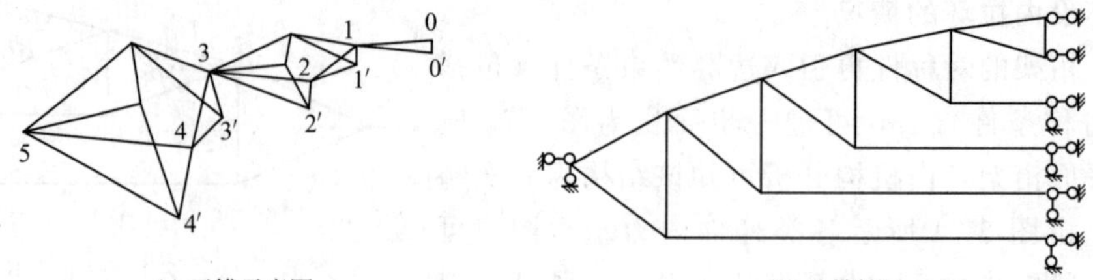

(a) 三维示意图　　(b) 计算简图

图 6-76　$1/n$ 不设内环的葵花型索穹顶示意图和计算简图

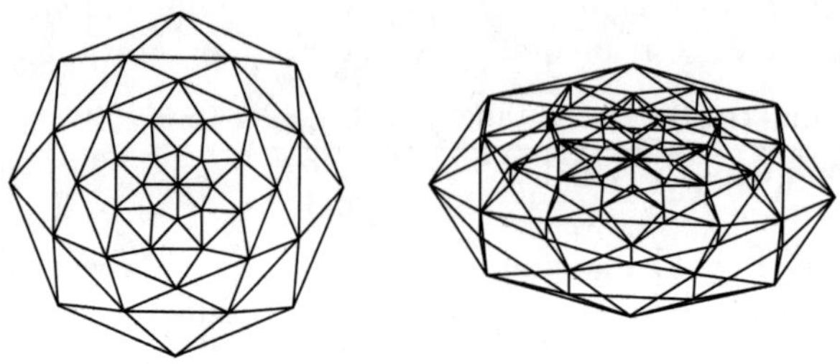

(a) 平面图　　(b) 三维图

图 6-77　不设内拉环的葵花型索穹顶

(1) 不设内拉环的情况

图 6-77 为一不设内拉环的葵花型索穹顶。为方便各类杆件内力三向分解，引入变量 f_i，$d_{i,i+1}$，α_i，β_i，$\varphi_{i,i+1}$ 和 $\varphi_{i+1,i}$，详见图 6-78。其中 $\varphi_{i,i+1}$ 代表由节点 i，$i+1$ 组成的杆件与通过节点 i 的径向轴线的夹角；$\varphi_{i+1,i}$ 代表由节点 $i+1$，i 组成的杆件与通过节点 $i+1$ 的径向轴线的夹角；α_i 代表脊索与水平面的夹角；β_i 代表斜索与水平面的夹角。

由图 6-78 所示几何关系可得：

$$\varphi_{i,i+1} = \tan^{-1}\left[\frac{r_{i+1}\sin\frac{\pi}{n}}{r_{i+1}\cos\frac{\pi}{n} - r_i}\right],\quad \varphi_{i+1,i} = \tan^{-1}\left[\frac{r_i\sin\frac{\pi}{n}}{r_{i+1} - r_i\cos\frac{\pi}{n}}\right] \tag{6-40}$$

当 $i=1$ 时，

$$\alpha_1 = \tan\left(\frac{h_{0\alpha}}{r_1}\right),\quad \beta_1 = \tan\left(\frac{h_{0\beta}}{r_1}\right) \tag{6-41}$$

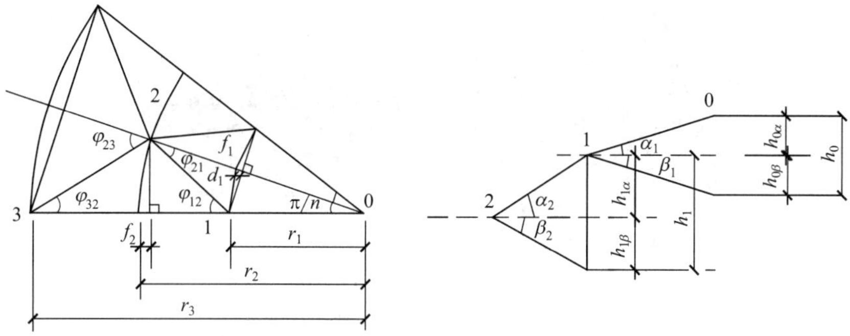

图 6-78　不设内拉环的葵花型索穹顶平面及脊索、斜索与水平面夹角示意图

当 $i \geqslant 2$ 时，

$$\alpha_i = \tan\left[\frac{h_{i-1,\alpha}}{\sqrt{\left(r_i \sin\frac{\pi}{n}\right)^2 + \left(r_i \cos\frac{\pi}{n} - r_{i-1}\right)^2}}\right]$$

$$\beta_i = \tan\left[\frac{h_{i-1,\beta}}{\sqrt{\left(r_i \sin\frac{\pi}{n}\right)^2 + \left(r_i \cos\frac{\pi}{n} - r_{i-1}\right)^2}}\right] \tag{6-42}$$

以中心竖杆的实际内力 V_0 为基准，对各节点建立平衡关系，可得各脊索、竖杆、斜索和环索的一般性内力计算公式（见图 6-79）：

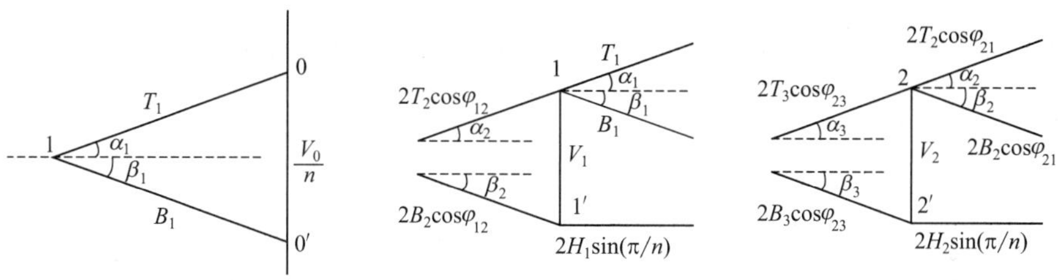

图 6-79　不设内拉环的节点内力示意图

当 $i=1$ 时，

$$T_1 = -\frac{1}{n\sin\alpha_1}V_0,\quad B_1 = -\frac{1}{n\sin\beta_1}V_0 \tag{6-43}$$

当 $i \geqslant 2$ 时，

$$\left.\begin{aligned}
T_i &= -\frac{(\cot\alpha_1 + \cot\beta_1)(1+\tan\alpha_2\cot\beta_2)\cdots(1+\tan\alpha_{i-1}\cot\beta_{i-1})\cos\varphi_{21}\cos\varphi_{32}\cdots\cos\varphi_{i-1,i-2}}{2n\cos\alpha_i\cos\varphi_{12}\cos\varphi_{23}\cdots\cos\varphi_{i-1,i}}V_0 \\
B_i &= T_i\sin\alpha_i/\sin\beta_i \\
V_{i-1} &= -2T_i\sin\alpha_i \\
H_{i-1} &= -\frac{\cos\beta_i\cos\varphi_{i-1,i}}{\sin\frac{\pi}{n}}B_i
\end{aligned}\right\} \tag{6-44}$$

(2) 设有内拉环的情况

图 6-80 为一设有内拉环的葵花型索穹顶。

第6章

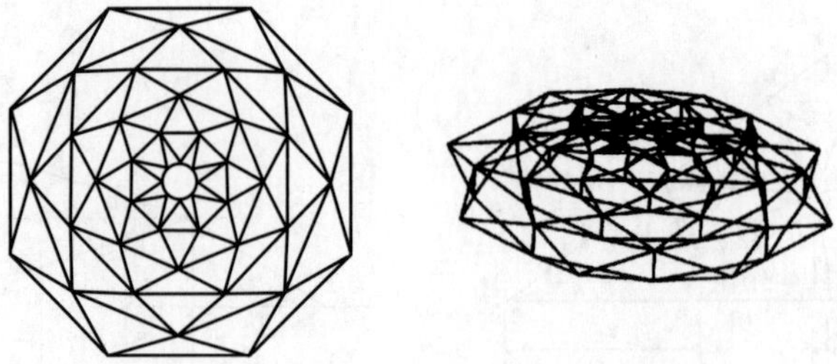

图 6-80　设有内拉环的葵花型索穹顶

同样为方便各类杆件内力三向分解，引入变量 f_i，$d_{i,i+1}$，α_i，β_i，$\varphi_{i,i+1}$ 和 $\varphi_{i+1,i}$，详见图 6-81，各变量含义同前。

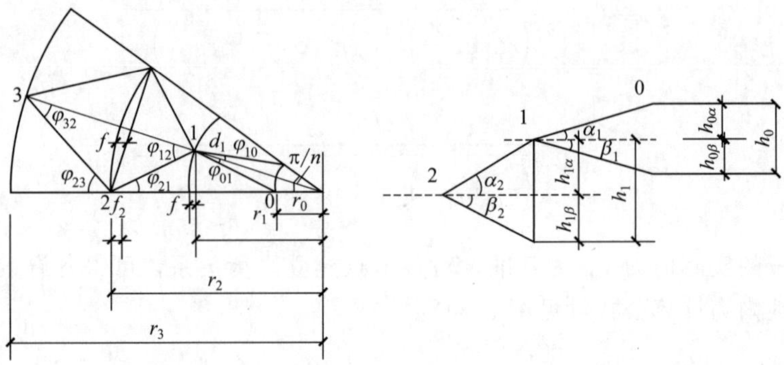

图 6-81　设有内拉环的葵花型索穹顶平面及脊索、斜索与水平面夹角示意图

由图 6-81 所示几何关系可得：

当 $i\geqslant0$ 时，$\varphi_{i,i+1}=\tan^{-1}\left[\dfrac{r_{i+1}\sin\dfrac{\pi}{n}}{r_{i+1}\cos\dfrac{\pi}{n}-r_i}\right]$，$\varphi_{i+1,i}=\tan^{-1}\left[\dfrac{r_i\sin\dfrac{\pi}{n}}{r_{i+1}-r_i\cos\dfrac{\pi}{n}}\right]$　　(6-45)

当 $i\geqslant1$ 时，$\alpha_i=\tan^{-1}\dfrac{h_{i-1,\alpha}}{\sqrt{\left(r_i-r_{i-1}\cos\dfrac{\pi}{n}\right)^2+\left(r_{i-1}\sin\dfrac{\pi}{n}\right)^2}}$，

$$\beta_i=\tan^{-1}\frac{h_{i-1,\beta}}{\sqrt{\left(r_i-r_{i-1}\cos\dfrac{\pi}{n}\right)^2+\left(r_{i-1}\sin\dfrac{\pi}{n}\right)^2}}\tag{6-46}$$

仍以内环的竖杆内力 V_0 为基准进行推导，可得各脊索、竖杆、斜索和环索的一般性内力计算公式（见图 6-82）。

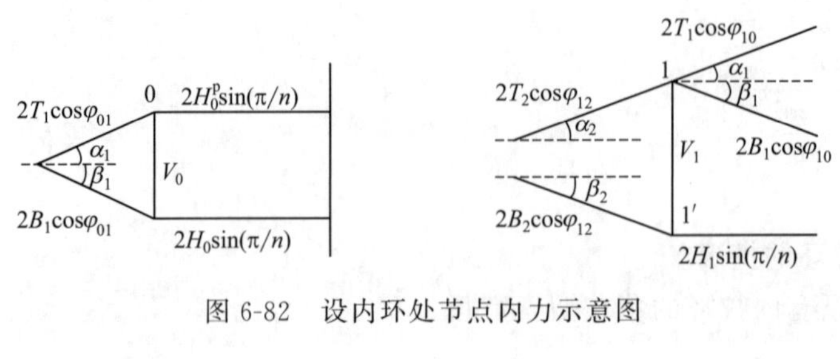

图 6-82　设内环处节点内力示意图

当 $i=1$ 时，

$$\left.\begin{aligned} &T_i=-\frac{1}{2\sin\alpha_1}V_0, \quad B_1=-\frac{1}{2\sin\beta_1}V_0 \\ &H_0^{\mathrm{p}}=\frac{\cot\alpha_1\cos\varphi_{01}}{2\sin\dfrac{\pi}{n}}V_0, \quad H_0=-\frac{\cot\beta_1\cos\varphi_{01}}{2\sin\dfrac{\pi}{n}}V_0 \end{aligned}\right\} \tag{6-47}$$

当 $i\geqslant 2$ 时，

$$\left.\begin{aligned} &T_i=\frac{(\cot\alpha_1+\cot\beta_1)(1+\tan\alpha_2\cot\beta_2)\cdots(1+\tan\alpha_{i-1}\cot\beta_{i-1})\cos\varphi_{10}\cos\varphi_{21}\cos\varphi_{32}\cdots\cos\varphi_{i-1,i-2}}{2n\cos\alpha_i\cos\varphi_{12}\cos\varphi_{23}\cdots\cos\varphi_{i-1,i}}(-V_0) \\ &B_i=T_i\sin\alpha_i/\sin\beta_i \\ &V_{i-1}=-2T_i\sin\alpha_i \\ &H_{i-1}=\frac{\cos\beta_i\cos\varphi_{i-1,i}}{\sin\dfrac{\pi}{n}}B_i \end{aligned}\right\} \tag{6-48}$$

6.7.4　索穹顶结构的节点构造

索穹顶结构的节点主要分为脊索、斜索与压杆连接节点，斜索、环索与压杆连接节点，索与受压环梁连接节点，中心压杆节点或内拉环节点等。对于不同的工程，索穹顶结构的节点构造各不相同，目前尚未形成统一的节点体系。下面给出一部分用于实际工程的节点构造详图以供参考（图 6-83～图 6-87）。

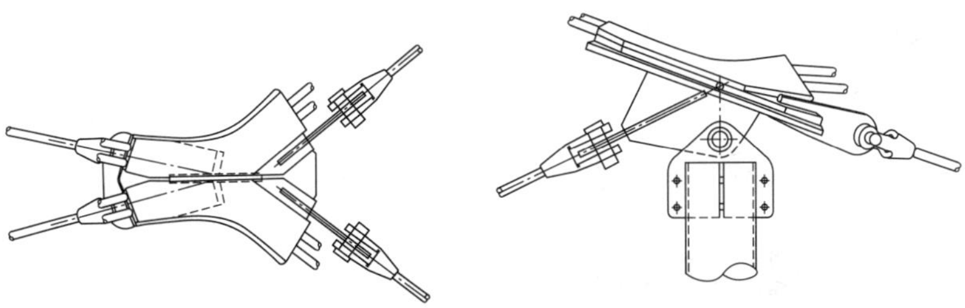

(a) 平面　　(b) 剖面

图 6-83　美国亚特兰大乔治亚穹顶脊索、斜索与压杆连接节点

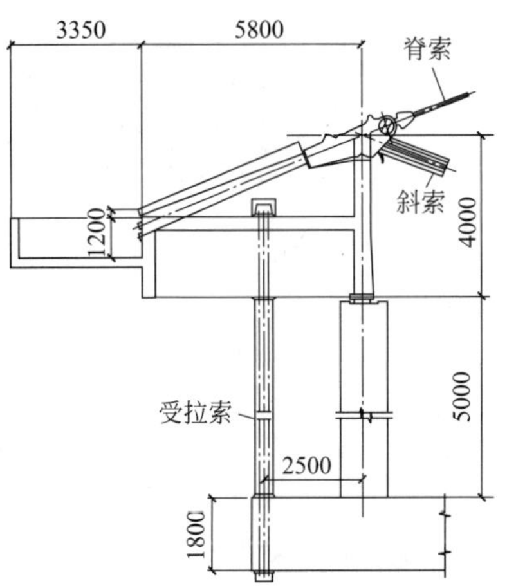

图 6-84　台湾桃园县表演场脊索、斜索与压杆连接节点

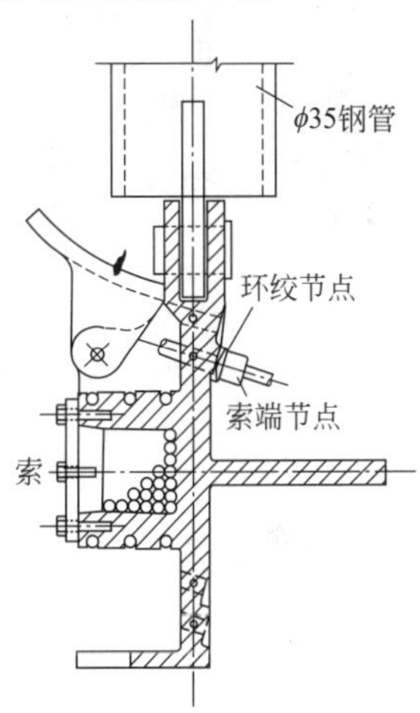

图 6-85　美国伊利洛伊大学红鸟体育馆节点斜索、环索与压杆连接节点

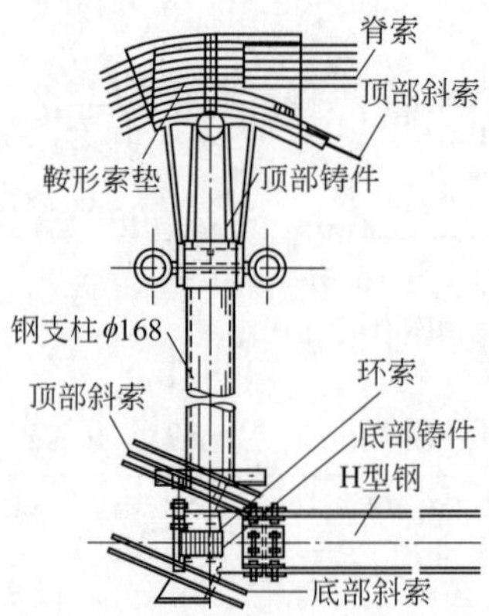

图 6-86　汉城奥运会体操馆压杆连接详图

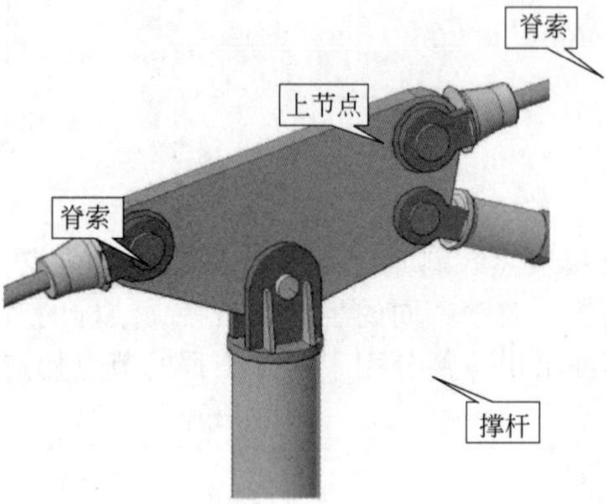

(a) 撑杆上节点

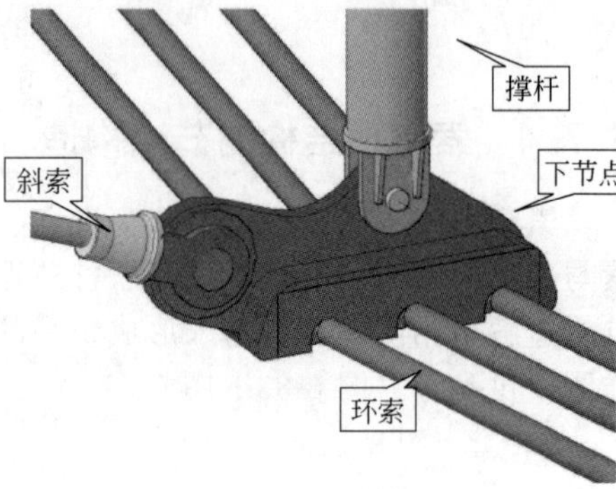

(b) 撑杆下节点

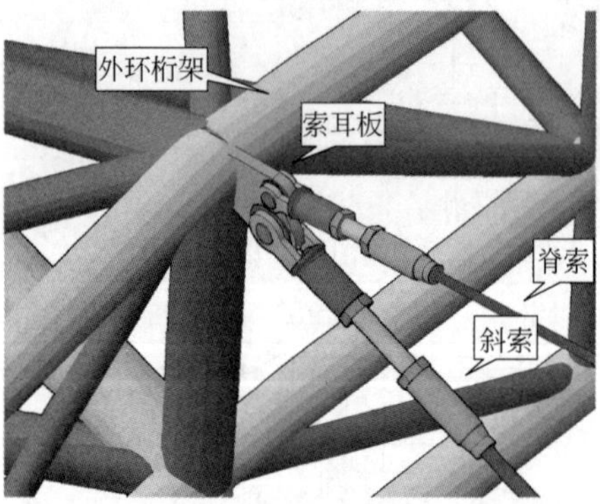

(c) 外环梁节点

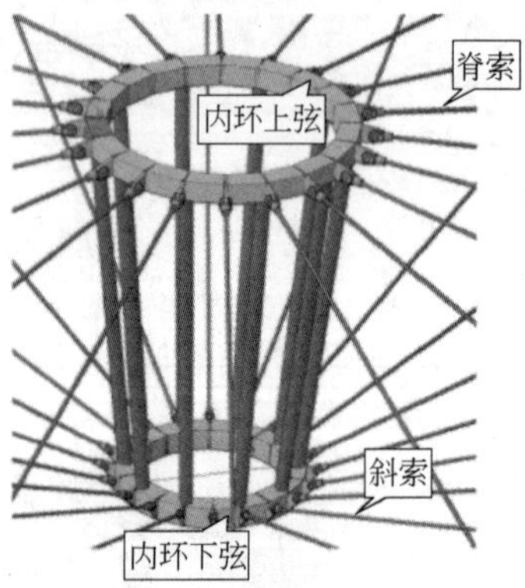

(d) 鄂尔多斯伊旗索穹顶连接

图 6-87　日本天诚穹顶压杆连接

6.8　仿生结构

仿生建筑设计可分为结构仿生设计、形态仿生设计、功能仿生设计和视觉仿生设计。相比其他三种仿生的形式，结构仿生非常复杂，通常需要建筑师具有很强的运用结构的能力，并且能够将结构赋予更多的美感和意义，也就是一种抽象的理性。

结构仿生是研究并模仿生物体本身或其巢穴等的优良力学性能，进而设计出用料省、强度高、刚度大且稳定性好的建筑结构的学科。自然界的空间结构如蛋壳、海螺壳是薄壳结构，蜂窝是空间网格结构，肥皂泡是充气膜结构，蜘蛛网是索网结构，棕榈树叶是折板结构等。

图 6-88 法国国家工业与技术中心大厦建于 1958 年，它的整体结构造型就像一个倒扣的贝壳。这幢纯现代主义的建筑有当时全世界最大的混凝土穹顶，它是一个只有三个支撑点的曲壳建筑，其内部以钢索张力拉住，其下所覆盖的面积几乎可罩住巴黎协和广场。虽然其陈列大厅跨度较大，但它采用的混凝土壳的厚度仅 12cm。

图 6-89 美国肯尼迪机场候机大楼的外形似一只展翅欲飞的大鸟。其屋面为四瓣组合式薄壳，由下部的丫形柱支撑，中间有缝隙采光，整个屋面很像拼合的人的头盖骨。这一别出心裁的设计，解决了自由曲线造型的难点，在结构与形式上也达到了有机的融合。

图 6-88　法国国家工业与技术中心大厦

图 6-89　肯尼迪机场候机大楼

坐落在美国密尔沃基的艺术博物馆被称为鸟之翼，如图 6-90 所示。建筑师卡拉特拉瓦第一次将鸟的形态搬上了建筑的大舞台，价值 1 亿美元的双曲面穹顶由金属钢条支撑，在内侧进行了焊接固定。屋面从中间分为两个部分，每部分由 36 根钢条排列组成，这些钢条长度从 32m 逐渐减到 8m，从而形成特殊的屋面形式。桅杆和海鸟羽翼般的屋顶构成了一个极具吸引力的形象，而这一结构体系是由两根平行的、倾斜 47°的桅杆通过拉力支撑的，其中一根桅杆位于屋顶的中线上。另一根位于博物馆入口的桥上。这些元素共同创造了富有诗意的结构体系和动感的整体效果。

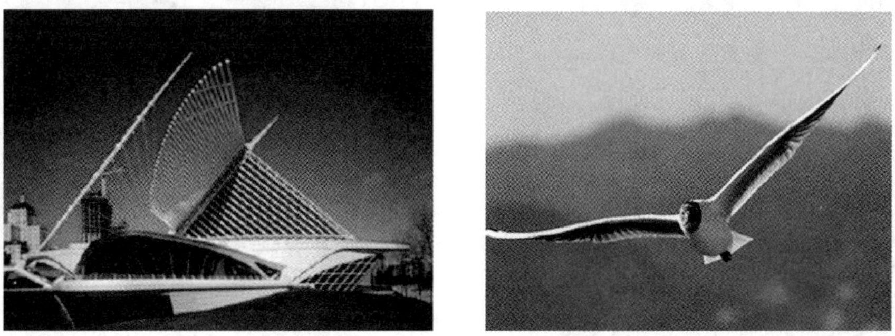

图 6-90　美国密尔沃基艺术博物馆

2008 年奥运会体育馆“鸟巢”（图 6-91）地面以上呈椭圆形，长轴最大尺寸为 332.3m，短轴最大尺寸为 296.4m。大跨度屋盖被支撑在 24 根桁架柱之上，主桁架围绕敞开屋盖洞口环向放射形布置，有 22 榀主桁架直通或接近直通。这样交叉布置的主结构与屋面及立面的次结构一起形成了“鸟巢”的特殊造型。

图 6-91 2008 年奥运体育馆鸟巢仿生

6.9 自由曲面结构

6.9.1 自由曲面结构简介

自由曲面结构是空间结构发展的新趋势，由于其具有丰富的建筑表现力和强烈的视觉冲击效果，因此越来越广泛地应用于实际工程。自由曲面是指无法用解析函数精确表达的曲面。相对于球面、柱面、马鞍面等常规曲面，自由曲面为建筑师提供了更大的创作空间。近年来，计算机技术的发展（计算机图形学、CAD、CAM 等）为自由曲面结构的设计和建造提供了巨大可能性，因而这类结构已成为当代空间结构发展的一种新趋势，图 6-92～图 6-95 所示为典型的自由曲面结构工程实例。

图 6-92 上海世博会阳光谷

图 6-93 日本福冈市中央公园中心设施

图 6-94 某宝马汽车展厅

图 6-95 法国蓬皮杜梅斯中心

自由曲面的出现也对传统的建筑结构技术提出了新问题。第一，如何创建更加丰富的、符合建筑功能和审美要求的自由曲面形式（在几何造型方面）。自由曲面造型方法的建立是丰富和发展新颖建筑表现形式的驱动力，以仿生学、物理学、几何学、力学等多学科交叉研究为基础，开展深入的理论与实验研究，探索多种可能的形态生成理论和方法，是形态创新的源泉。第二，如何在自由曲面的创建过程中保证其具有良好的受力性能。空间结构是形状抵抗型结构，因此自由曲面除了需要满足建筑功能和审美要求之外，还应具有良好的受力性能。然而，现行的设计步骤是建筑设计在前、结构设计在后，这种割裂式的设计过程往往导致建筑设计所产生的曲面在力学性能上不尽合理。因此，自由曲面结构的发展也应伴随设计思想的改进。

要解决以上两方面问题需要借助结构形态学的研究思路与方法。以结构形态学的观点指导设计，综合考虑建筑、结构等方面的要求，利用分析的方法可生成具有合理受力性能的自由曲面结构。

6.9.2　自由曲面结构的形态创建

结构形态创建，即为结构设计合理的几何造型。在自由曲面网格结构设计中，确定结构的几何造型是空间网格结构设计的第一步。对于传统的规则曲面，由于曲面简单，能够通过解析函数形式进行表达或组合，建筑师往往能够快速构建几何形体。而对于造型复杂的自由曲面，限于当时的计算机辅助设计水平，早期的曲面造型研究大多采用物理模型试验方法，如逆吊试验法和仿生设计的方法。

6.10　开合结构

6.10.1　简述

开合屋盖结构是一种在很短时间内部分或全部屋盖结构可以移动或开合的结构形式，根据使用要求或天气情况使建筑物在屋顶开启和关闭两种状态下都可以使用。开合屋盖的实现是将一个完整的屋盖结构按一定规律划分成几个可动和固定单元，使可动单元能够按照一定轨迹移动达到屋盖开合的目的。

人们使用的照相机快门、雨伞、敞篷汽车的车顶、活动机库以及天文观测中使用的可开合屋顶观测站等，这些都是生活中开合结构的例子，它们对大型开合结构的研究具有很好的启迪作用。到目前为止，世界上已建成了不同规模的各类开合屋盖结构 200 多座，其中一些使用效果非常好。然而，还有相当一部分已建成的开合结构中不乏打开合不上、合上开不了的例子，更有一些开合结构因开合功能故障最终不得不改为固定屋盖。这说明开合结构确实是一种技术要求很高的结构形式，对设计和施工都有很高的要求。

6.10.2　开合结构的开合方式

(1) 水平移动

单纯通过屋盖水平移动形成开合，是使用最多，也是相对简单的一种开合屋盖建筑形式。该形式在功能的实现上不会受限制，可以用于除高尔夫球外的几乎任何陆上体育运动项目。在结构体系的布置、驱动行走机构的构造和安全性等方面也具有很大的优势，是优先考虑选用的开合方式。

(2) 重叠方式

水平重叠，即通过数段屋盖水平重叠搭接形成开合；上下重叠，即将屋盖上下分成数段，底端固定，上面几段可上下活动形成开合；回转重叠，即通过数块屋盖回转重叠形成开合和水平回转移动重叠，既有水平移动又有回转移动。水平回转移动重叠，既有水平移动又有回转移动，最后重叠搭接形成开合。

(3) 折叠方式

水平折叠，即构件在水平方向折叠搭接形成开合；回转折叠，即构件水平回转折叠形成开合；上下折叠，一般采用膜屋面，类似于折叠伞，通过吊起或放下屋盖形成开合。

(4) 混合方式

即为上述这些开合方式的组合。

6.10.3 工程应用

开合结构造价较高、施工难度大、维护管理费用要求也很高。1989 年建成的加拿大多伦多天空穹顶，如图 6-96 所示，一度是世界上跨度最大的开合结构。其屋顶直径 205m，覆盖面积 32374m^2，为平行移动和回转重叠式的空间开合网壳结构。整个屋盖由 4 块单独网壳组成，其中 3 块可以转动 180°。屋盖开启后 91％的座位露在外面，赛场面积开启率可达 100％，开闭时间约 20min。天空穹顶与著名的多伦多电视塔相邻，屋盖开启后呈现在观众面前的是以安大略湖和高 553m 的电视塔为背景的多彩空间。日本福冈穹顶，见图 6-97。该馆于 1993 年 3 月建成，建筑面积 72740m^2，是 1995 年在福冈举行的世界大学生运动会的主场馆。屋盖由 3 片扇形网壳组成，最下一片固定，中间及上面两片可沿着圆的导轨移动，开合式为回转重叠式，全部开启可呈 125°的扇形开口，整个开启过程大约 20min。各片网壳均为自支承，为避免在开合过程中振幅过大在顶部引起装饰互相碰撞，在屋顶中心设置液压阻尼器减震。屋盖移动的轨道上装有地震仪，当地震仪接收到超过 50gal 的加速度时，能自动停止移动。

图 6-96 加拿大多伦多天空穹顶

图 6-97 日本福冈穹顶

日本宫崎海洋穹顶，由三菱重工设计，1993 年建成，如图 6-98，屋顶开启，透明的活动 PTFE 膜屋顶使得结构使用正常。在开启时，中央两块大板分别向外侧平行移动，与其相邻的大板重叠，然后两块重叠的大板一起移动至两端固定屋盖的上方。开启后，游乐大厅与室外融为一体。

为 2002 年世界杯建造的日本大分穹顶采用了沿曲面滑移的开合方式（图 6-99），开口面积 29000m^2，最大跨度 274m，它是空间移动方式中移动屋盖单元片最大的一个，也是现代开合屋盖建筑中利用刚性屋盖实现开合的最大规模建筑。

图 6-98　日本宫崎海洋穹顶结构

图 6-99　日本大分穹顶

我国在大跨度开合结构领域的技术发展迅速，已从早期的引进消化逐步转向自主创新，并在大跨度建筑、体育场馆、展览中心等项目中实现多项突破。国家游泳中心，又称水立方，采用的 ETFE 充气膜结构是开合结构领域的经典案例，部分区域能根据天气开合调节室内环境，其设计融合了轻量化、智能调控与可持续性理念。杭州奥体中心体育场（图 6-100）屋顶由 8 片巨型花瓣状空间管桁架钢结构组成，单片最大重量达 1280t、展开面积约 3200m^2，通过同步控制系统可在 20min 内完成开合动作（展开直径 60m、垂直升降高度 8m），可应对台风、暴雨等极端天气。成都凤凰山体育场（图 6-101）是中国开合屋盖技术的代表性工程之一，其设计融合了创新驱动系统、轻量化结构和智能化管理，展现了国内在该领域的自主技术能力。

图 6-100　杭州奥体中心体育场

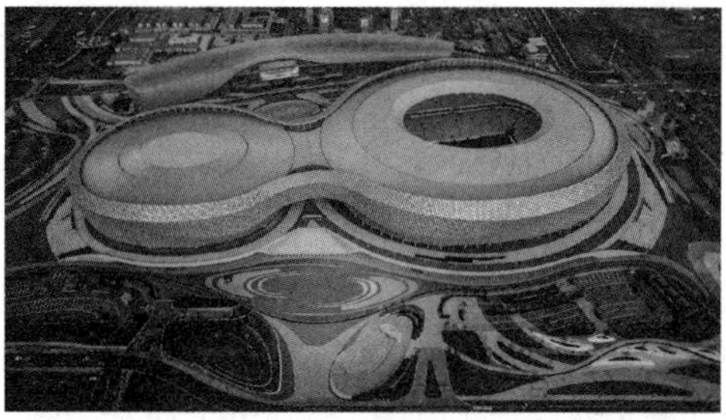

图 6-101　成都凤凰山体育场

思考题

1. 组合网架的特点和分类有哪些？
2. 斜拉结构由什么组成？其受力特点如何？
3. 以某一工程实例介绍张弦梁结构的特点。
4. 简述张拉整体结构的形式及特点。
5. 索穹顶结构由什么组成？其受力特点如何？
6. 以某一工程实例介绍仿生结构的特点。

第 7 章 空间结构创新与结构设计大赛

7.1 概述

7.1.1 结构设计大赛与空间结构的相关性

全国结构设计大赛以培养创新型工程人才、推动学科发展、服务行业需求为目标，通过竞赛这一理论与实践深度融合的模式，激发学生解决复杂工程问题的潜能，促进土木工程领域的技术创新与教育革新。

空间结构作为现代土木工程的重要分支，其设计理念、技术创新与工程实践往往成为赛事命题的核心内容，同时竞赛也为空间结构领域的人才培养和技术探索提供了创新平台。全国结构设计大赛与空间结构之间存在着密切的学科关联与实践互动。

7.1.2 赛题与空间结构类型的深度耦合

结构设计大赛通常运用空间结构的理念，通过限定条件引导学生突破传统设计范式。例如：某届赛题要求用竹材设计曲面网壳，考验学生对空间结构传力的合理性与杆件受力的协同优化能力；又如某届赛题设定不同风工况下塔架结构承载安全性，需考虑荷载分布的偶然性与环境适应性；还有一些体育场馆类的赛题，更鼓励学生对新结构体系进行创新与挑战。

这类竞赛题目都运用了空间结构类型，强化学生对复杂三维力学体系的理解；同时竞赛成为新型空间结构技术的试验场——突破传统几何限制的结构造型实现形态创新，通过受压杆件与受拉绳索的协同作用，从单一体系发展为混合结构体系，从而优化出轻量化的空间结构。数据显示，近五年 60%以上的作品涉及创新空间结构体系，部分方案被企业转化为实际工程参考案例。

7.2 赛题分类

图 7-1 竞赛作品模型图

在结构设计竞赛中，结构体系的选用需结合赛题具体要求（如跨度、荷载、材料限制及评分标准等），分析历届赛题可将其大致分为几种类型。

7.2.1 大跨度轻量化赛题

案例：全国大学生结构设计竞赛（2021 年，如图 7-1 所示）。

赛题要求：双跨桥梁结构，跨度大、承受移动荷载。

【解析】可选用的空间结构体系：

（1）空间桁架体系：采用三角形或四边形桁架单元，通过上下弦杆+腹杆组合实现轻量化（如双向交叉桁架）。

（2）悬索+桁架混合结构体系：主梁用桁架保证刚度，悬索分担荷载（需注意锚固节点设计）。拓扑优化减少冗余杆件，例如用空腹桁架（取消部分腹杆）降低重量。

7.2.2 抗冲击或动荷载赛题

案例：2023年某省赛（冲击荷载下屋顶结构）。

赛题要求：承受瞬时冲击（如落球）、要求结构变形可控。

【解析】在抗冲击或动荷载结构设计大赛中，赛题通常选用以下空间结构体系，这些体系因其力学性能优越、传力路径明确或能量吸收能力强而备受青睐。这时可选择的体系很多，每种结构各有利弊，可综合选用。例如：

（1）空间桁架与网架结构：单层/双层网壳、三角锥体系等，由杆件通过节点连接形成三维受力体系，具有高刚度、轻量化的优势，可通过优化杆件截面和节点构造提升抗冲击性。

（2）张拉整体结构：受压杆件与受拉索形成自平衡体系，具有极轻自重和高变形能力。索的弹性变形可吸收动能，需精确控制预应力以避免失稳。

（3）蜂窝或泡沫填充夹层结构：金属/复合材料面板+轻质多孔芯层（如铝蜂窝、聚合物泡沫），芯层通过塑性变形耗散冲击能量，可结合3D打印技术优化芯层拓扑结构。

（4）仿生结构：如分形几何、骨骼仿生设计，利用自然界的抗冲击原理。

（5）模块化可展结构：通过折叠或滑动单元实现冲击后的快速修复。

7.2.3 异形或艺术性赛题

复杂曲面结构因其形态的非线性、几何的多样性和力学性能的特殊性，在结构体系选择上需兼顾形态合理性 、力学高效性和建造可行性。

案例：2019年国际赛（自由曲面景观桥，如图7-2所示）。

赛题要求：复杂曲面形态，通过力密度法或动态松弛法优化曲面受力。参数化双曲薄壳：通过Rhino-Grasshopper生成极小曲面（如Gyroid或Schwarz D表面），利用双曲率实现壳体的膜应力主导，减少弯曲应力。

图7-2 竞赛作品

【解析】某团队采用拓扑优化算法（如SIMP法）在壳体内部挖空形成蜂窝状肋格，减重30%的同时可以保持抗弯刚度。空间索网支撑体系：以自由曲面玻璃纤维增强塑料（GFRP）面板为桥面，下方用预应力碳纤维索网悬吊，通过索力调整适应人群荷载振动。索网节点采用3D打印钛合金铰接件，实现多自由度转动，避免应力集中。

7.3 结构设计竞赛的赛题分析

在结构设计竞赛中，结构体系的选择和创新是决定作品性能与竞争力的核心因素。合理的结构体系能够高效传递荷载、优化材料用量，并提升整体稳定性；创新性的体系设计则能突破传统思维，在轻量化、刚度分配或冗余度等方面形成独特优势，进而在承载能力、经济性和美观性等评分维度上脱颖而出。因此，需基于力学原理和赛题要求，通过体系拓扑优化、节点构造创新或新材料应用等手段，实现结构效能与创意的平衡，最终在竞赛中展现科学性与艺术性的统一。

7.3.1 赛题核心要素分析

(1) 题目类型与目标

① 静力加载类：桥梁、楼板、高塔等，重点考察承载能力与材料经济性（如用最少材料承受最大荷载）。

② 动力/抗震类：需考虑振动频率、阻尼、稳定性，如地震模拟台的抗侧移设计。

③ 创新设计类：强调结构创新性（如可展开结构、拓扑优化）或特殊功能（如可移动、模块化）。

(2) 关键限制条件

① 材料限制：竹皮、桐木、纸板等轻质材料的力学特性分析。

② 尺寸约束：跨度、高度、自重限制等几何条件。

③ 加载方式：集中荷载、均布荷载、冲击荷载，以及加载位置（如跨中、悬臂端）。

(3) 评分标准

① 经济性：材料用量与结构效率（荷载/自重比）。

② 稳定性：是否发生屈曲、倾覆或节点失效。

③ 创新性：结构形式的原创性与合理性。

7.3.2 结构体系与截面选型

在结构设计竞赛中，空间结构体系因其高效受力与创新形态备受青睐，常见体系包括：空间桁架（通过三维杆件组合实现轻量化大跨）、网壳结构（曲面形态分散荷载，兼具力学性能与美学表现）、索穹顶（预应力索与刚性杆件协同工作，轻盈且高刚度）、悬索结构（以拉索为主，跨越超大跨度）以及张拉整体体系（自平衡拉压杆件组合，形态新颖）。此外，混合体系（如索-桁架、斜拉网壳）通过融合不同材料特性可优化刚度和经济性。设计时需结合赛题跨度、荷载条件与材料限制，通过拓扑优化（如杆件布局调整）或节点创新（如铰接、滑动支座）提升性能，同时注重形态艺术性（如自由曲面、参数化网格），在竞赛中平衡结构效率与视觉冲击力。

第十二届全国大学生结构设计竞赛赛题为“大跨度空间结构模型设计与制作”，该赛题要求学生在8h内完成特定大跨度空间屋盖结构模型。模型构建有明确的空间范围限制，加载方式模拟实际工程，竖向荷载模拟恒荷载，水平荷载模拟风荷载或地震作用。模型构件允许的布置范围为两个半球面之间的空间，如图7-3所示。外半球体半径为550mm，内半球体半径为375mm，模型跨度及高度范围要求在750～1100mm范围内。

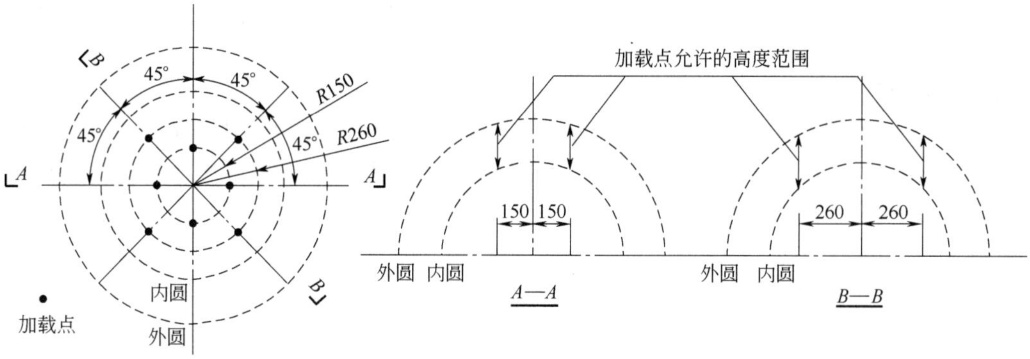

加载点平面位置图　　加载点剖面图

图 7-3　模型空间区域及加载点示意图

(1) 结构设计选型Ⅰ（图 7-4）

采用三根 1mm×6mm 竹片组合成钢结构常用的 U 形截面，作为竖向受力构件的截面形式，并在截面腹板内嵌竹片作为加劲肋。内设 4 个竖向受力构件，8 根 2mm×2mm 的竹条模拟钢索作为辅助受拉构件。顶部根据受力点设 200mm×200mm 正方形托盘。正方形托盘与竖向构件通过三角形桁架传力。受压构件仅通过 4 个支点与平台连接，类似于空间结构中的柱脚铰接。

(2) 结构设计选型Ⅱ（图 7-5）

采用三根规格为 1mm×6mm 的竹片，组合成钢结构常用的 U 形截面，作为竖向受力构件的截面形式；参照格构式钢构件的原理，设两个分肢，两两通过 2mm×2mm 杆件做成格构式构件。顶部根据受力点设 200mm×200mm 正方形托盘，托盘内设米字形支撑。正方形托盘与竖向构件通过 8 根 H 形截面杆件组成三角形空间结构。水平构件与竖向构件交汇到一个点，竖向构件与平台板通过 8 个支点连接，类似于空间结构中的柱脚刚接。

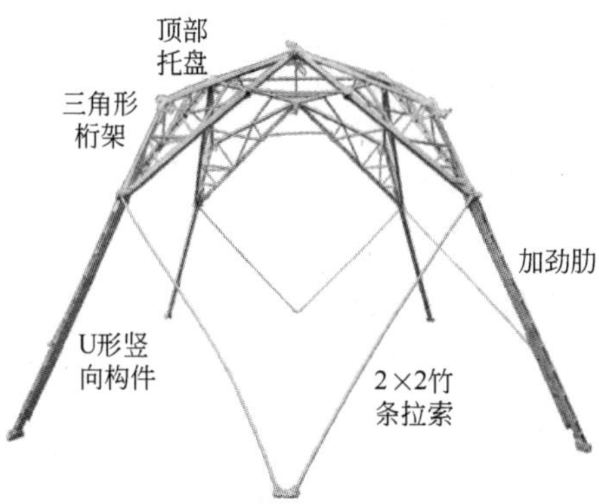

图 7-4　结构选型Ⅰ

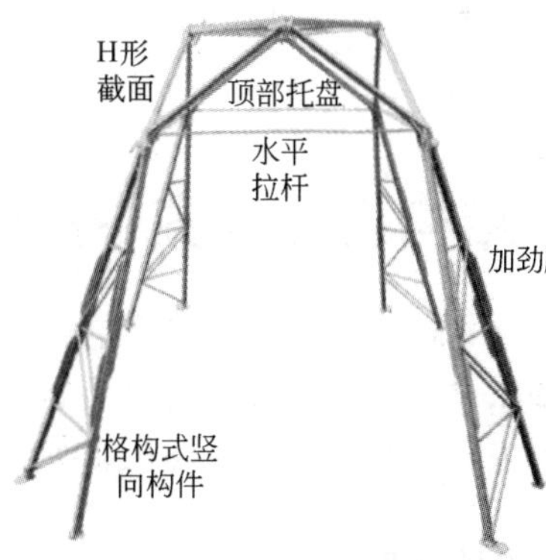

图 7-5　结构选型Ⅱ

(3) 构件类型应用

受力构件分为压、拉、弯、压弯四类，理解其受力公式，有助于在结构选型时了解杆件的受力性能和作用，如受压杆件可设置侧向支撑，以减小计算长度并提升受压性能。

(4) 截面选型

常见钢结构截面有工字形、箱形等。结构设计竞赛常用竹条，可参照钢结构原理将竹条制成相应截面。主受力构件宜用双轴对称截面，次要构件用单轴对称截面，需依据竹材截面特性选择。

(5) 加劲肋应用

钢结构和竹材结构属薄壁结构，为控制板件局部稳定性，结构设计竞赛引入加劲肋的概念。可将 2mm×2mm 竹条切成小构件作为加劲肋，镶嵌到主受力杆件中，避免稳定破坏先于材料破坏，充分发挥材料性能。

7.3.3 竞赛策略与设计步骤

(1) 结构选型

常见结构类型：

桥梁：桁架桥（三角形稳定性）、拱桥（压力传递）、悬索桥（抗拉优化）。

高层结构：框架-剪力墙体系、核心筒结构、斜撑加强。

塔架：空间桁架、张拉整体结构。

选型依据：根据荷载类型（拉/压/弯）选择传力路径最短的结构形式。

(2) 材料力学特性利用

木条/竹皮：注意顺纹抗拉强度高，但抗剪弱；层叠胶合可提高抗弯能力。

节点处理：采用榫卯、L 形/工字形截面加强，避免应力集中。

优化截面：空心杆件（如圆管、箱梁）提高抗弯刚度，减少自重。

(3) 力学分析与仿真

理论计算：计算关键杆件的轴力、弯矩、剪力，校核强度与稳定性（欧拉公式校核长细比）。利用虚功原理或矩阵位移法简化复杂结构分析。软件辅助：使用 ANSYS、ABAQUS 或 Midas 进行有限元分析，验证应力分布与薄弱点。

(4) 模型制作与测试

切割精度：误差控制在±1mm 内，避免杆件长度不均导致内力重分布。

胶接质量：均匀涂抹胶水，加压固化，避免虚粘。

预加载测试：通过逐步加载观察破坏模式，针对性加固（如增加斜撑或节点板）。

7.4 结构设计竞赛中的体系创新

结构体系创新可包括材料、形式、连接方式、受力机制等方面的创新。在结构设计竞赛中，结构体系的创新是脱颖而出的关键，需要结合轻量化、高效承载、美观性和可持续性等目标。以下是一些典型的结构体系创新方向及具体示例。

7.4.1 材料创新

(1) 轻质高强材料

使用轻质高强的材料如掺入碳纤维、玻璃纤维、芳纶纤维等的纤维增强复合材料(FRP)，替代传统木材或竹材，降低自重的同时提高强度。

案例：用碳纤维增强复合材料杆件替代木杆，实现超轻桁架结构。

(2) 3D 打印材料

通过 3D 打印定制异形构件（如拓扑优化后的节点），实现复杂几何形状的轻量化设计。

(3) 生物基材料

使用可降解或再生材料（如竹纤维、菌丝体基材料）体现环保理念。

7.4.2　结构形式创新

(1) 空间结构体系

采用网壳、索穹顶、张拉整体等三维空间结构，优化传力路径。

案例：张拉整体结构通过拉索与压杆组合，实现“漂浮”视觉效果。

(2) 仿生结构

模仿自然界高效结构（如蜂巢、蜘蛛网、树叶脉络），设计分形桁架或曲面壳体。

案例：蜂巢状六边形网格提高抗弯刚度，同时减少材料用量。

(3) 模块化与可拆卸结构

通过预制单元快速组装（如折纸式折叠结构），适应限时竞赛需求。

(4) 基于智能建造快速装配大跨预应力空间钢结构

大跨度预应力装配式脊杆环撑索穹顶结构，通过引入“刚性脊杆”和受压装配环梁，解决传统索穹顶刚度低、脊索易松弛问题，实现整体全装配。新型装配式预应力空间结构案例，如大跨度预应力装配式脊杆环撑索穹顶结构（图 7-6），一种能够实现该结构体系上层刚性脊杆之间装配连接的新型预应力连接节点（图 7-7）及对应的受压装配环梁（图 7-8、图 7-9）。设计全装配式索杆弦支穹顶体系，为大跨度预应力结构提供新的穹顶体系基础。

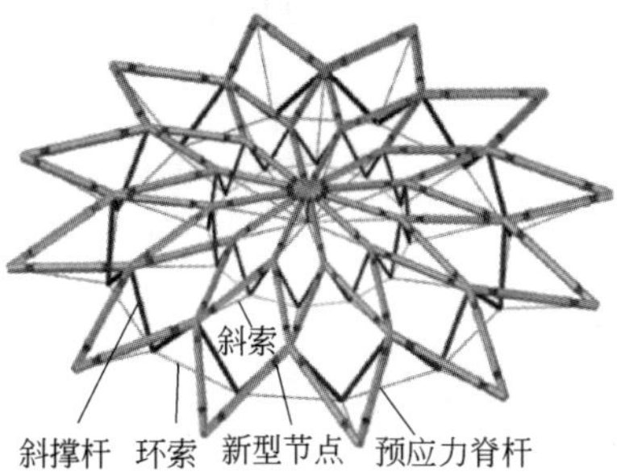

图 7-6　预应力装配式脊杆环撑索穹顶结构

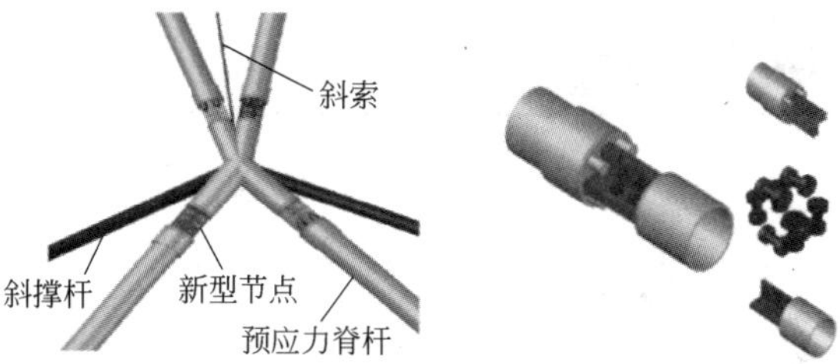

图 7-7　新型预应力连接节点构造

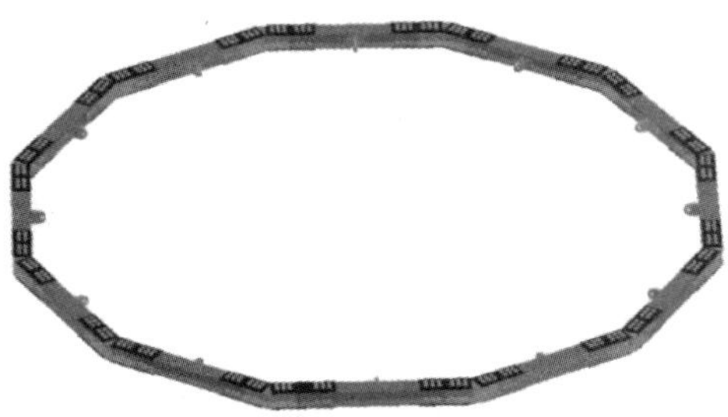

图 7-8　装配环梁构造图

图 7-9　装配环梁连接节点构造

7.4.3　受力机制创新

(1) 张力主导体系

利用拉索、悬索或悬挂系统分散荷载，减少受压构件（如悬索桥模型）。

例如选用鱼线作为拉索，悬挂轻质桥面以跨越更大跨度。

(2) 自适应结构

设计可变刚度或可调节构件（如可伸缩杆件），动态适应不同荷载工况。

(3) 抗侧力体系创新

引入斜撑、剪力墙或核心筒的变体形式，优化抗震/抗风性能。

7.4.4 结构设计竞赛中创新应用案例

以第十届结构设计竞赛赛题以“大跨度空间结构”为例。赛题以中国大跨度结构近30年取得的技术进步和广泛应用为背景，立足于结构设计极限状态、承载力极限状态和正常使用极限状态，融入刚柔并济的结构设计理念，以激发大学生的创新能力为宗旨，使比赛更富有竞争性、不确定性和观赏性。

特等奖作品（长沙理工大学），结构屋盖部分主由两榀梯形桁架交叉构成，结构上部横向联系采用拉条，在保证结构整体稳定性的同时，有效缩短了桁架上弦杆的杆长，单个立柱由一根压杆与两根拉条构成。整个结构重57.50g，承重33kg，第一阶段跨中挠度为3.56mm。一等奖作品——湖州职业技术学院采用拉索式屋盖结构由两个张弦梁交叉连接至四个立柱构成。该体系结构简单，受力时由撑杆传至两根拉索将加载垫的重力直接传递到立柱上，所以受力分析较为简单。

此外也可以采用平行弦框架屋盖结构（宁波工程学院），该体系由四榀桁架空间相互连接后再与四个立柱连接构成，该结构在受力上比交叉梯形桁架屋盖结构及拉索式屋盖结构稍微复杂，需要材料更多。在制作时四榀桁架节点更多，制作及节点处理难度更大。

思考题

1. 通过制作结构模型，探讨建筑材料的性能特征。
2. 通过参与模型制作，归纳结构体系的基本形式及其特点。
3. 在结构设计模型中，如何考虑节点刚度对结构承载力的影响？
4. 结合结构设计的学习与思考，试述结构体系创新的主要方向。

第 8 章 大跨度空间结构健康监测简介

8.1 概述

8.1.1 大跨度空间结构健康监测的意义

随着现代社会和科学技术的进步，土木工程结构形式日新月异，近三十年来，基于新材料、新技术、新工艺、新设备的应用，空间结构分析理论日臻完善、设计理念不断更新，一座座新颖别致的空间结构不断涌现，结构跨度和规模越来越大，成为国家或地区建筑科技水平的象征。然而，大跨度空间结构不可避免地遭受环境侵蚀、材料老化、地基不均匀沉降、复杂荷载的长期效应与疲劳效应、突变效应及几种因素耦合作用的影响，导致结构抗力衰减，极端情况下可能引发灾难性突发事件。如 1963 年罗马尼亚布加勒斯特市的一个 93.5m 跨度的单层穹顶网壳结构在一场大雪后坍塌，其主要原因是部分构件被破坏导致结构整体失稳（图 8-1）。1978 年 1 月，美国康涅狄格州哈特福德中心体育馆在雪荷载作用下，导致整个屋顶突然倒塌。

图 8-1　罗马尼亚布加勒斯特单层穹顶

重大工程和标志性建筑多为人员聚集的地方，一旦发生倒塌事故，将造成难以估量的人员伤亡和财产损失，并引发严重的社会影响。因此，在设计年限及后续使用年限内，必须确保空间结构具有足够的安全度，使其不发生失效或至少将失效风险降至最低；同时，应积极采用先进的监测技术，科学监测运营状态并评估安全性，对受损结构及时进行维修加固，从而减少人为因素和自然因素造成的损伤，提升结构的防灾能力并延长其使用寿命。对空间结构健康监测及安全性评价研究，具有重要理论意义及工程意义。

8.1.2 结构健康监测技术的应用与发展

结构健康监测（structural health monitoring，SHM）起源于 20 世纪 50 年代，大致经历了三个阶段。第一阶段是以专家经验为基础的经验诊断技术，对诊断信息只能作简单的数据处理；第二阶段是以传感器技术和动态测试技术为手段，以信号处理和建模处理为基础的现代诊断技术；第三阶段是以知识处理为核心，数据处理、信号处理与知识处理相融合的大型结构智能诊断技术阶段。早在 20 世纪 80 年代初期，日本在修建 Chichby 斜拉桥和 Yokohama 海湾斜拉桥时，便成功运用计算机联网传输技术，建立了一套拉索结构索力调整的自动监测系统。该系统实现了在施工过程中实测参数与设计值的快速比对验证，为确保施工安全与精度、加快工程进度发挥了决定性作用。美国在20世纪80年代中后期就开始在多座桥梁上布设传感器，监测环境荷载、结构振动和局部应力状态，用以验证设计假定、监视施工质量和实时评定服役安全状态。美国1995年投资1.44亿美元，在90座大坝上配备了安全监测设备。英国针对航海发展目标，开展了海上平台智能结构系统的研究计划。该计划以全光纤传感器为核心，研发复合材料海上平台系统，探索恶劣海洋环境下平台健康监测等综合技术。国内自20世纪90年代起在一些大型重要桥梁上安装了不同规模的健康监测系统。香港的青马大桥、汲水门桥和汀九桥上安装了保证桥梁运营阶段安全的“结构健康监测系统”，可监测作用在桥梁上的外部荷载与桥梁的响应；上海徐浦大桥、东海大桥、江阴长江大桥、南京长江大桥以及润扬长江大桥等上面安装了不同的传感器，监测大桥运行过程中的对各种情况的反应，以保证其使用过程中的安全。欧进萍等针对渤海JZ20-2MUQ海洋平台结构，开发并实现了实时安全监测系统；李爱群和丁幼亮利用小波分析等实现了润扬大桥损伤预警；浙江大学罗尧治等将光纤光栅技术应用于网壳结构单元积累滑移法施工过程监测；夏峰林和高博青对杭州大剧院钢网壳结构吊装施工过程进行了应力监测；同济大学采用EM传感器对中国航海博物馆施工过程中的索力进行了监测；彭明祥和张琨等分别对CCTV主楼的施工过程进行了应力和变形等多项监测，保证了其施工合龙过程中的安全；张纪刚和张同波利用振弦式应变传感器和静力水准仪对青岛国信游泳跳水馆的复杂大跨多曲面异形钢屋盖结构进行了卸载监测；曾志斌和张玉玲等采用基于无线传感技术的应变和温度监测系统对国家体育场“鸟巢”的卸载阶段进行了应力和温度的监测；王秀丽对首座综合性气象塔“嘉峪关气象塔”（图8-2）进行了风环境与温度应力监测，并对祁家黄河大桥（图8-3）、甘肃庆阳体育馆（图8-4）进行了施工与运维过程的监测。

图8-2 嘉峪关气象塔

图8-3 祁家黄河大桥

图8-4 甘肃庆阳体育馆

随着结构工程的大型化、复杂化的发展和结构整体监测的要求，结构健康监测技术涵盖了结构损伤诊断、结构安全状态预警、结构健康状态评估、结构剩余寿命预测和结构损伤的自动修复等多种功能，结构健康监测系统是一种集结构监测、系统识别和结构评价于一体的综合监测系统（图8-5）。

伴随着现代科学技术的进步，结构健康监测系统越来越向着高度智能化方向发展，主要表现在以下三个方面：

① 结构工作状态的智能监测，通过有限数量传感器的测试，判断结构构件或整个结构的工作状态；

② 结构未知损伤的自动诊断，通过对结构上有限数量损伤指标的测量，自动确定结构未知损伤的位置、发生的时间和损伤的程度；

③ 结构安全性的实时自动评定，根据结构的实际工作状态和已发生的损伤情况，自动对当前结构安全性能做出评价。

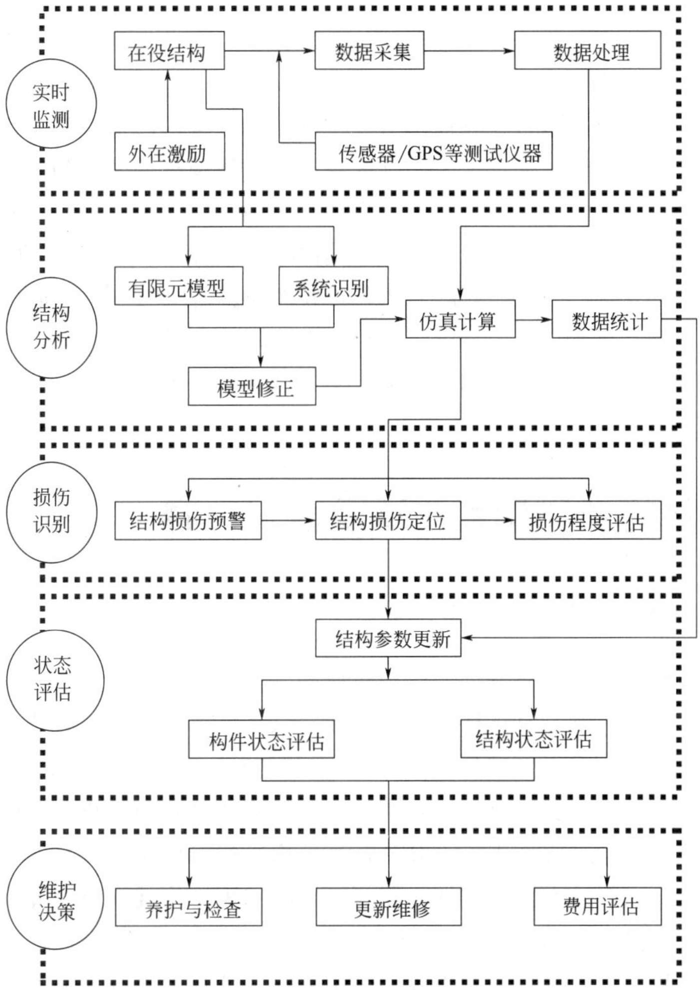

图 8-5　结构健康监测系统的功能模块示意图

8.1.3　大跨度空间结构的损伤与破坏形式

现代大跨度空间结构集中了钢混结构、钢结构和空间结构的特点。从结构形式上看，大跨度空间结构不再是单纯的空间屋盖结构，更多的是拥有下部支承结构（如钢混框架结构）的空间组合网格结构。从结构材料上看，大跨度空间结构既具有钢结构的失稳、腐蚀和火灾三大隐患，又拥有钢筋混凝土结构的自重大、抗裂性能差等缺点；从结构受力特点上看，大跨度空间结构是空间网格结构，下部支承结构是平面结构。现代大跨度空间结构自身的特点，决定了在役结构的监测与安全性评定的特殊性、复杂性和艰巨性。科学地识别大跨度空间结构的健康状态，明晰其结构损伤类型、损伤原因和破坏形式，是探求适宜于大跨度空间结构安全性评价方法的第一步。

由于结构自身缺陷和外在因素影响，结构会出现不同程度的损伤。按照时间长短，结构损伤可以分为突发性损伤和累积性损伤。前者是突发性事件引起，结构损伤在短时期内达到或超过一定限值；后者则是缓慢积累的结果，结构损伤达到一定程度会引起结构或杆件的破坏。按照影响部位，结构损伤可以分为杆件损伤、节点损伤和结构损伤。在不同损伤原因的作用下，结构的损伤或者破坏往往优先表现在结构的某些部位或构件与节点上。为了与现有传感设备性能、损伤识别方法和安全性评价方法协调统一，从损伤现象上，将空间网格结构损伤类型划分为断裂、弯曲变形和锈蚀三大类别。

结构的损伤程度达到或超过现行规范（或规程）所规定的限值，结构构件或结构就会发生失效或破坏。所以，结构损伤程度大小是衡量结构或结构构件破坏的基本条件。从材质角度，结构破坏形式划分为构件承载力和刚度失效、失稳破坏、疲劳破坏、塑性破坏和脆性破坏、腐蚀破坏、火灾破坏与其他类型破坏。从结构部位角度，结构破坏形式可分为构件破坏、节点破坏和整体破坏。为了便于针对不同破坏形式采取适宜的损伤识别方法，保证对易发生破坏部位重点监测，本文将空间网格结构破坏（或失效）的基本形式划分为四类，即结构构件强度与刚度失效、结构构件失稳破坏、结构局部失稳破坏和结构整体失稳破坏。

8.2 空间结构监测测点布置及监测内容

8.2.1 空间结构健康监测的阶段划分

大跨度空间结构健康监测通常分为施工阶段和运维阶段监测。大跨度空间结构施工通常采用高空散装法，通过搭设临时支撑结构进行部分或整体安装。施工方法的一个关键环节为临时支撑拆除过程中（此过程又称为“卸载”）主体结构的安全问题。卸载过程是主体结构和临时支撑相互作用的一个复杂过程，是结构受力逐渐转移和内力重分布的过程。尽管利用先进的计算手段可对结构进行详细的计算分析，但由于钢结构在制作、安装阶段存在很多不确定性因素，为确保卸载过程的安全性，需要对钢结构关键构件在整个卸载过程中的应力以及整体结构的变形进行有效监测，全面把握卸载过程中的实际受力状态与原设计的符合情况，提供结构状态的实时信息，这对于确保结构的安全性具有十分重要的意义。

大跨度空间结构建成后，在正常使用阶段仍会受到各种荷载作用，因此运营期间的健康监测至关重要。主要考虑的因素有：

① 环境风荷载是大跨度空间结构的主要荷载，因此为保证结构安全，需对结构附近环境风速风向进行监测，在风速过大时及时做出预警。

② 大跨度钢结构整体变形对使用功能有较大的影响，故结构长期变形成为结构健康安全监测的重要内容。

③ 对于像体育中心这样的建筑，结构安全等级高，为保障运营安全，需要在特殊气候如暴雪、暴风及地震情况下进行监测和评估，为其维护、维修和管理提供依据和指导。

8.2.2 结构关键构件及关键节点确定

为准确确定关键构件及节点，需根据具体工程分析计算结果确定关键点位置，综合优化测点布置并制订监测方案。具体包括：

① 关键杆件确定原则。空间网格结构关键杆件的确定依据内力最大及应力最大原则。根据计算可知：短边方向的上弦、下弦、支座腹杆内力为最大值，支座附近的撑杆受力较大，为关键构件；此外还有较大跨度的悬挑立体桁架根部的构件为关键杆件。

② 关键节点确定原则。大跨度空间结构关键节点是指受力最大的节点或影响位移变化的节点，通常是支座附近的撑杆对应的节点。

③ 关键位移控制点。对于简支形式的空间结构，跨中挠度为关键位移控制点；对于体育场的悬挑结构，悬挑边缘构件的位移可以作为位移关键点。

④ 关键动力测试点的确定。动力测试点与位移控制点有相同的要求，因为位移最大点与振动最大点是一致的。

⑤ 关键温度控制点的测试。温度控制与应力应变测点的温度补偿测量同步进行；对于有特殊温度要求的测点，可单独布置温度测点。

8.2.3 大跨度空间结构的监测内容

大跨度空间结构施工阶段的监测内容包括：结构关键部位应力应变监测（包含索结构中的索力监测）、特殊节点应力应变监测、结构施工过程动态应变与单元结构变形监测，施工卸载与屋面加载过程结构关键部位应力应变监测、结构变形监测、结构振动监测、风速监测、温（湿）度监测，对于特殊结构施工方案配合施工模拟与监测。

运营阶段监测的主要内容包括：关键部位应力应变监测（包含索结构中的索力监测）、结构变形监测、结构振动监测、局部倾斜监测、开合结构运行过程监测、风速监测、温度监测。

运营阶段继续对卸载阶段所布点位进行连续监测，监测设备及仪器仍然采用卸载阶段的应力应变监测系统。在结构运营过程中，为加强监测效果，可在以下各时期对选定构件的应变变化情况进行监测：钢屋盖主体结构验收（且幕墙马道等安装完毕）时；特别重要体育赛事、大型演出、大型表演及大型集会期间；大风过程中（8 级风或以上）；本场地烈度 5 度及以上地震；其他异常情况。

8.3 大跨度空间结构监测方法和仪器

大跨度空间结构的检测内容包括应力、应变监测、变形监测、振动监测、风环境监测、温湿度监测、索力监测。

(1) 应力、应变监测

监测结构应力的目的在于通过对结构的控制部位和重点部位内力的监测，研究结构的内力分布、局部结构及连接处在各种载荷下的响应，为结构损伤识别、疲劳损伤寿命评估和结构状态评估提供依据，同时通过控制点上的应力和应变状态的变异，检查结构是否有损坏或潜在损坏的状态。

应力应变监测可采用电阻式应变传感器、振弦式应变计、光纤光栅类的应变计，应力应变计布置如图 8-6 所示。电阻式应变传感器的寿命较短，适合短期监测，对于需要长期监测和信号传输等方面考虑，宜采用（或部分采用）适合长期监测用的光纤传感器和钢弦传感器。应变传感器需要配套的测试设备，如光纤光栅解调仪（图 8-7）。所选择的应变传感器的测量精度、量程应满足构件应力应变幅度的要求，且测量精度不低于 2$\mu\varepsilon$、量程不小于 3500$\mu\varepsilon$、工作温度范围在－20～55℃之间、耐久性不低于 3 年。要求传感器及其监测系统稳定性好、抗干扰能力强、耐久性好。动态应力监测可采用振弦式应变计、光纤光栅类的应变计。

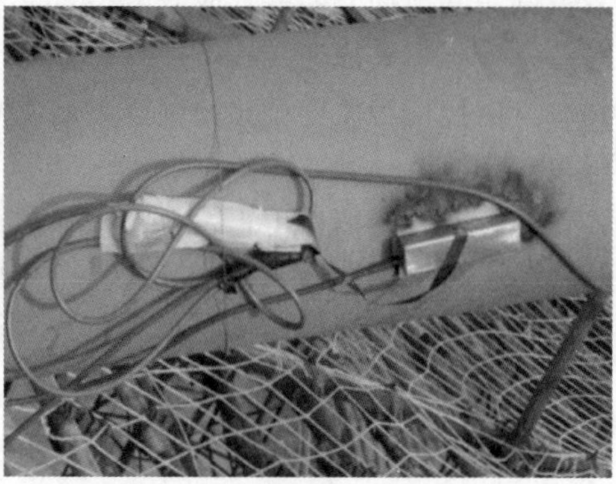

图 8-6　应力应变计布置示意

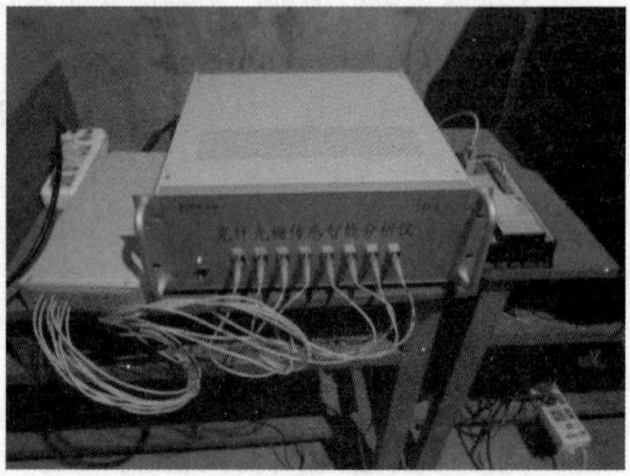

图 8-7　光纤光栅解调仪

（2）变形监测

大跨度空间结构变形监测可分为施工期间变形监测和使用期间变形监测，变形监测的方法可根据监测项目的特点、精度要求和变形速率以及监测体的安全性等指标，按表 8-1 选用，也可以采用多种方法联合监测。

表 8-1　变形监测方法

类别	监测方法
水平位移监测	全站仪测量、GNSS 测量、固定式地面激光扫描、近景摄影测量方法等
垂直位移监测	水准测量、静力水准测量
裂缝监测	伸缩仪、位移计、裂缝监测仪测量法
倾斜监测	极坐标法、投点法、垂准法、差异沉降计算法、固定式地面激光扫描、近景摄影测量方法等
挠度监测	极坐标法、投点法、垂准法、差异沉降计算法、固定式地面激光扫描、近景摄影测量方法等

变形监测常用设备如：水准仪、全站仪及三维激光扫描仪等设备（图 8-8）。多点连续测量可使用静力水准仪（图 8-9），应用地球重力做基准面的连通管技术方案，根据连通管内的液体介质在重力作用下保持液面水平的连通管原理（图 8-10），采取对称设计。各测点与相对不动点的差值测量采用中心对称的双层螺旋簧片作为浮子单元的导轨。浮子随液位变化而移动，通过连接杆将被测参考点的微小高差变化转换为标志杆的垂直位移，并由传感器监测该位移信号。该仪器特别适合于要求高精度监测垂直位移的场合，可监测到 0.05mm 的高程变化，可以连续实时监测。采用这种位移监测系统进行监测，精度比 GPS 更高，耐久性不低于 3 年。其他监测设备应符合《工程测量标准》（GB 50026）的要求。

大跨度结构垂直位移的监测点一般设在支座、跨中及跨间，测点间距不宜大于 30m，总数量不少于 5 个点；对于长悬臂结构，应在悬挑端点设置监测点，测点间距不宜大于 10m。

(a) 水准仪　(b)全站仪　(c) 三维激光扫描仪

图 8-8　常用的变形监测设备

图 8-9　静力水准仪

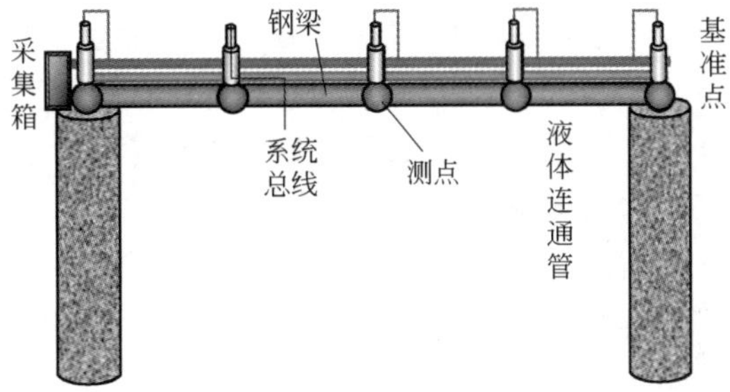

图 8-10　静力水准仪测量原理

(3) **振动监测**

结构安全性降低主要是由于主要构件疲劳损伤累积所致，而疲劳损伤则源于动荷载作用下的交变应力。结构的整体性能改变时，其模态参数（如频率、振型等）也会发生相应的变化。通过对结构振动特性的连续监测，可考察结构的疲劳响应，进而考察结构的安全可靠性。结构的动态响应往往与引起整体振动的强振源相联系，因此，通过对结构振动的监测，不仅可以识别结构的动态特性参数，还可以实现对结构承受波动荷载历程的记录。结构振动监测通常在结构使用过程中实施，采用加速度传感器。

当采用光纤光栅加速度传感器进行结构的振动监测时，传感器量程±2g、频率响应范围 DC-100Hz、最小分辨率优于 10～5g、动态范围＞100dB、灵敏度不小于 2.5V/g，工作温度范围在－20～55℃之间，耐久性不低于 3 年。

(4) **风环境监测**

风环境与风致响应监测包括风压、风速、风向及风致振动响应的监测。风压监测可采用可测正负压的压力传感器，也可选用专用的风压计（图 8-11），监测参数为空气压力；风速可采用机械式风速仪（图 8-12）进行监测。风速仪风速范围 0～60m/s，风速精度±0.5m/s，风向范围 0～360°，风向精度±3°，风速仪工作温度范围在－20～55℃之间，耐久性不低于 3 年。

(5) **温湿度监测**

不同温度状态下结构工作状态的变化，如变形、应力变化等的比较与定量分析，对验证和完善结构设计理论具有积极意义。通过对结构温度场分布状况的监测，可为结构设计中温度影响的计算分析提供原始依据。在系统中采用外贴式温度传感器，构成的单线多点温度测量系统进行结构温度分布状况的监测。各温度传感器以并联方式与网络节点连接，通过网络总线实现与计算机进行通信、对温度进行自动远程监测。

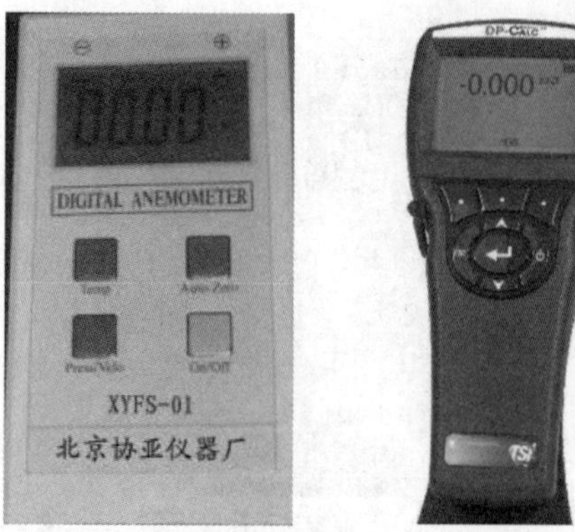

图 8-11　不同型号的风压计

图 8-12　机械式风速仪

湿度传感器可选择可靠的湿度计，并考虑监测构件部位和特殊性，固定在结构的内外表面。长期温度监测时，监测结果应包括日平均温度、日最高温度和日最低温度，结构温度分布监测时宜绘制结构温度分布等温线图。温度监测精度宜为±0.5℃，湿度监测精度宜为±2%RH。

(6) 索力监测

索力监测可选择电阻应变计、振弦式应变计、光纤光栅应变计、加速度传感器（测振法）、激光测振法和磁通量传感器等方法进行监测。

8.4　大跨度空间结构健康监测安全性评估

本节围绕大跨度空间结构健康监测安全性评估，先以空间网格结构为例介绍安全性评价等级，含杆件、整体性损伤及分级标准；再引入FUZZY综合评价数学模型；最后阐述结构安全性评价方法，含评定分级、综合评价层次、方法及安全性综合判断原则。读者可扫码查看。

8.4　大跨度空间结构健康监测安全性评估

8.5　大型结构健康监测案例简介

8.5.1　兰州奥体中心项目介绍

兰州奥体中心作为市级体育中心项目，旨在打造集大型体育赛事、文艺演出、会展等多功能于一体的综合性体育服务中心。项目整体包括一场三馆+公寓，包括体育场、综合馆、游泳馆、网球馆和运动员公寓，工程效果图如图 8-13 所示。兰州奥体中心项目中，一场三

图 8-13　兰州奥体中心工程效果图

馆均为大型体育场馆，结构体系根据建筑功能的要求结合实际采用了不同的空间结构，形成了风格各异、造型优美、整体协调的建筑群。

8.5.2　大跨度空间结构主要受力特性及关键问题分析

兰州奥体中心“一场三馆”的结构体系各具特色。针对主体结构的受力特点，需明确监测目标，合理选用仪器与监测方法，并优化传感器布置方案。在确保测点可控、数据采集完整的同时，还要全面覆盖结构整体特性。为此，需采取一系列措施方能实现健康监测的目标。具体结构的主要受力特性如下：

体育场（图 8-14）最重要的结构体系为交叉落地桁架，悬挑端最大跨度 45m，最小跨度 33m，悬挑根部最大 5m，悬挑及落地端 3m，交叉落地桁架天然形成交叉支撑的作用，不仅能够承担竖向荷载，还能为主体结构提供主要的抗侧力作用。为加强结构的整体空间性能，在外环屋脊、支承框架柱、内环的位置设置三道环向套箍，保证了结构的整体稳定。

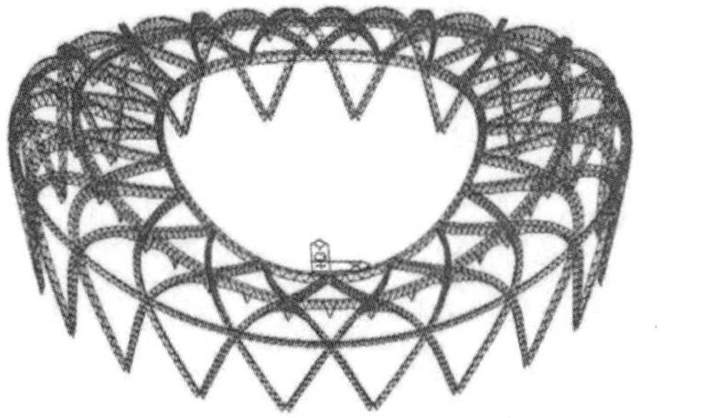

图 8-14　体育场主桁架结构

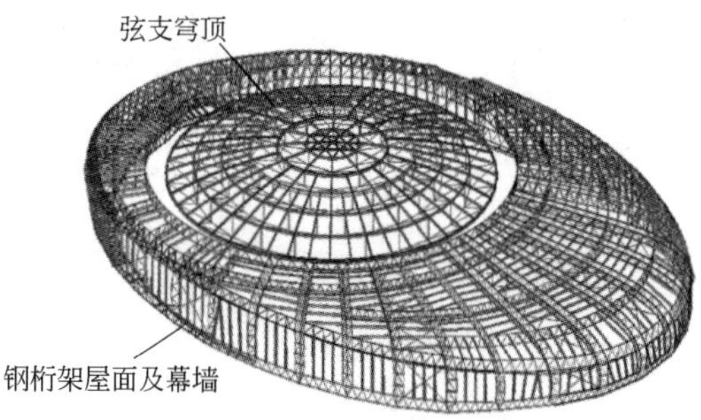

图 8-15　综合馆整体结构

综合馆（图 8-15）的平面呈椭圆形，长轴为 173m；短轴约 132m。上部屋面和侧立面采用钢结构，中央屋面采用弦支穹顶结构。综合馆的结构特征集中体现在中部 94m 跨度的弦支穹顶结构上，该结构需承载大吨位吊挂荷载。由于弦支穹顶结构在不同阶段的受力状态与刚度变化显著，因此健康监测工作至关重要。

网球馆（图 8-16）顶部为圆形钢结构罩棚，直径约 98m；中心比赛场地顶部为可开启屋盖，可开合屋盖平面投影面积 28m×40m。固定屋盖的主受力体系采用由格构柱与立体桁架构成的强框架体系；立体桁架同时作为活动屋面的轨道梁支撑构件，可有效减小轨道梁挠度，确保开合屋盖在使用阶段的正常运行。

游泳馆（图 8-17）钢屋盖顶标高 23.5m。主要柱网为 9.0m×8.4m、9.0m×11.8m。

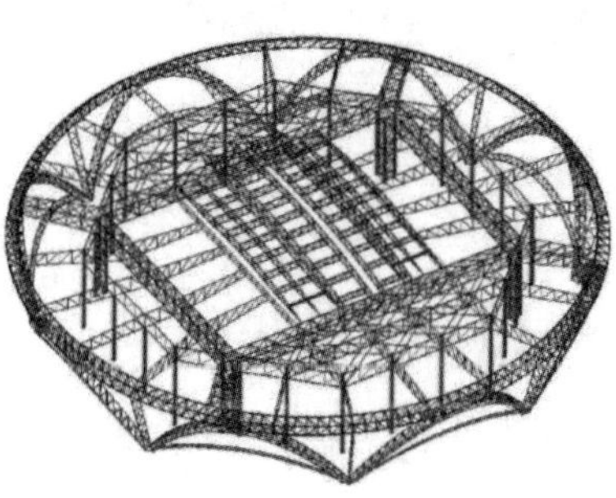

图 8-16　网球馆总体结构

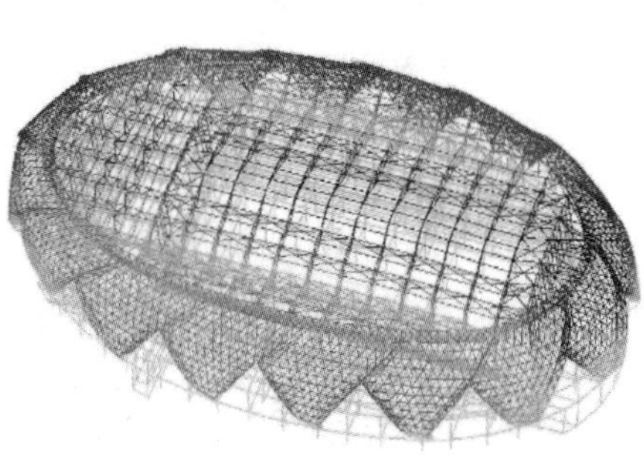

图 8-17　游泳馆总体结构

下部主体结构采用钢筋混凝土框架-剪力墙结构，屋面及侧面幕墙采用钢结构。屋面最大跨度约 65m，采用平面桁架＋侧向支撑，主桁架为变高度桁架，高度 3.8～3.0m。桁架周圈做封边桁架，同时作为侧面交叉网壳的支点，侧面根据幕墙分割采用斜向交叉网壳。主体结构为大型钢桁架结构。

8.5.3 奥体中心监测方案部分测点布置示意图

（1）体育场监测布置方案（图 8-18）

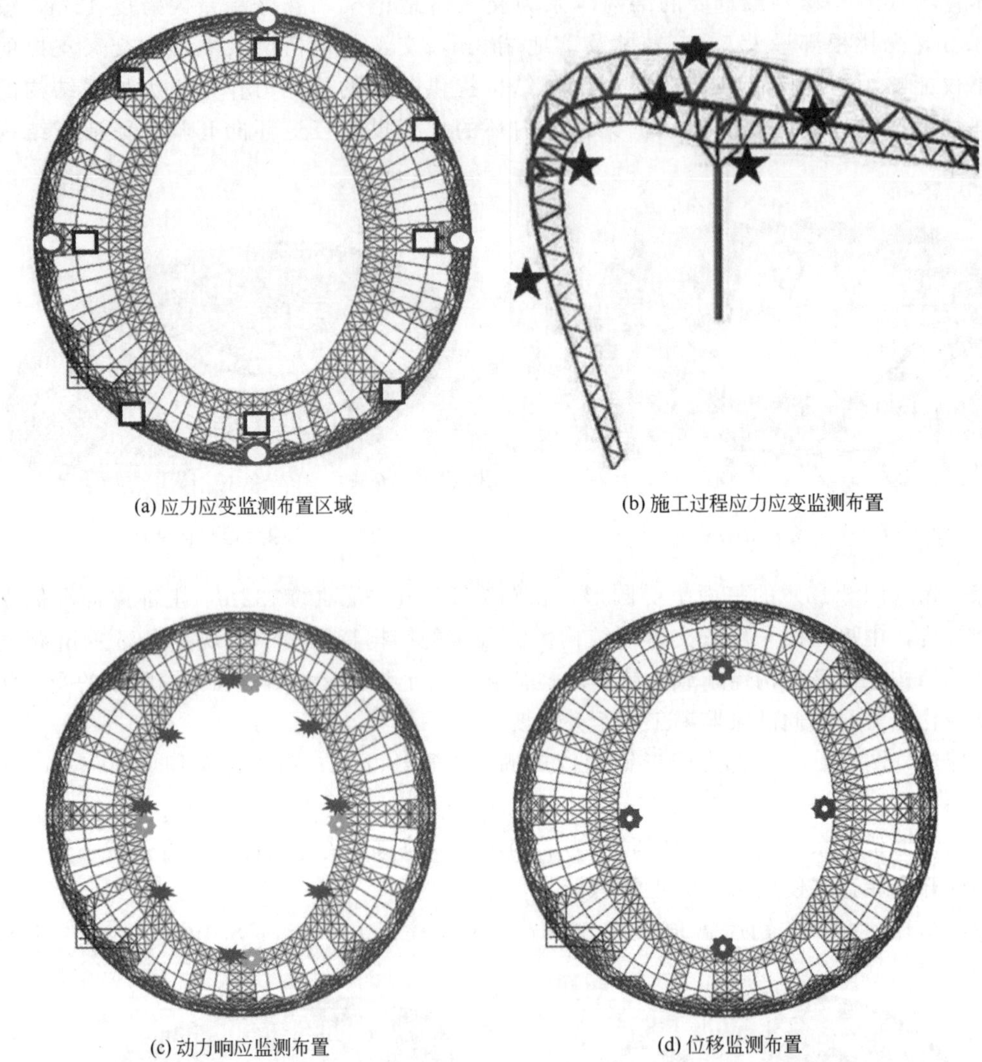

(a) 应力应变监测布置区域　(b) 施工过程应力应变监测布置

(c) 动力响应监测布置　(d) 位移监测布置

图 8-18　体育场监测布置方案

○—光纤传感器布置区域；★—动态应变监测传感器；□—钢弦式传感器布置区域；

✸—加速度传感器布置；✪—激光位移计布置；✪—特殊地震动测试布置

(2) 综合馆监测方案（图 8-19）

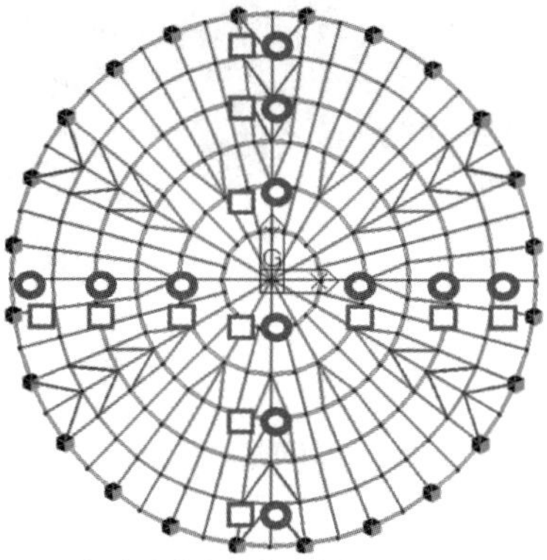

(a) 网壳应力应变监测布置

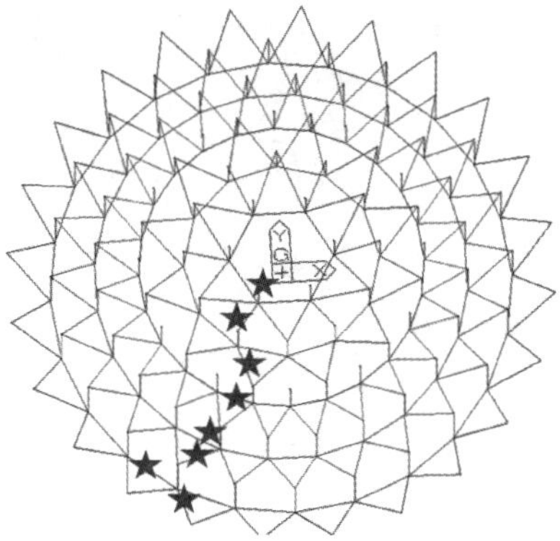

(b) 弦支结构动态应力监测布置

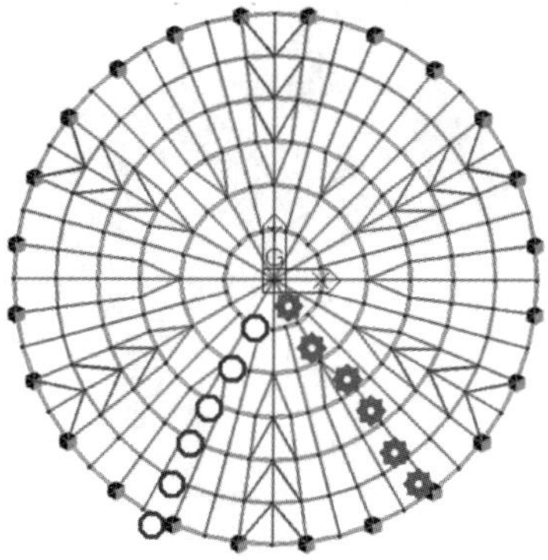

(c) 施工过程拉索索力监测布置

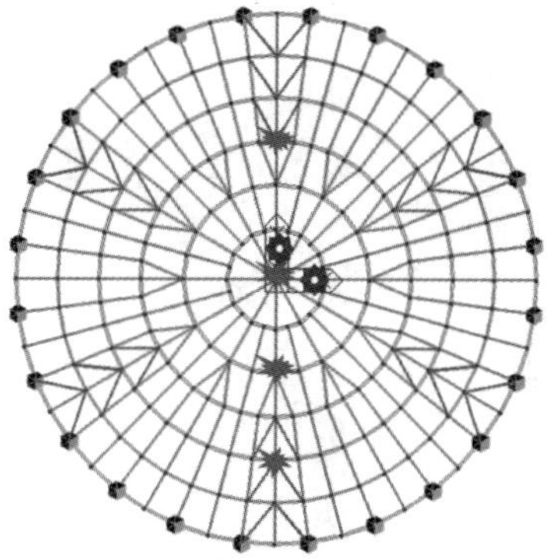

(d) 动力响应监测布置

图 8-19　综合馆监测方案

—光纤传感器布置区域；—动态应变监测传感器；—弦式传感器布置区域；—环向索监测点设置；

—加速度传感器布置区域；—径向索监测传感器；—特殊地震动测试布置区域

(3) 网球馆监测方案（图 8-20）

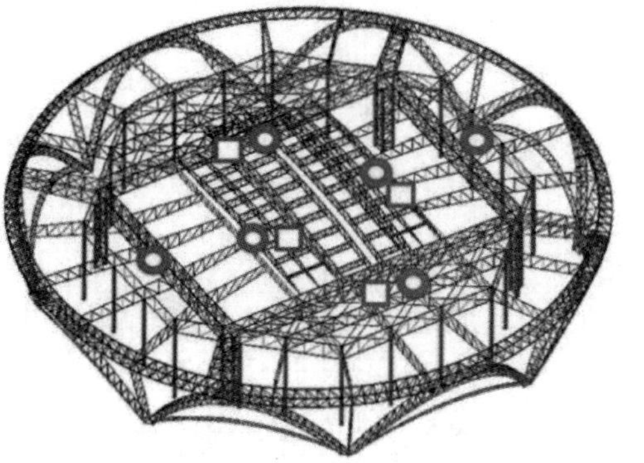

(a) 整体结构应力监测布置

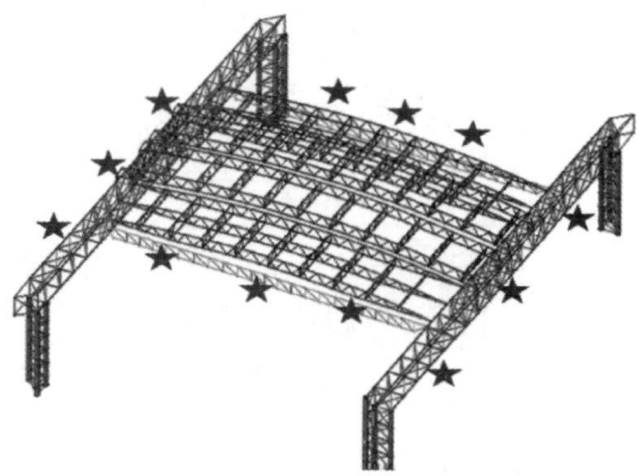

(b) 施工阶段动态应力应变监测布置

图 8-20

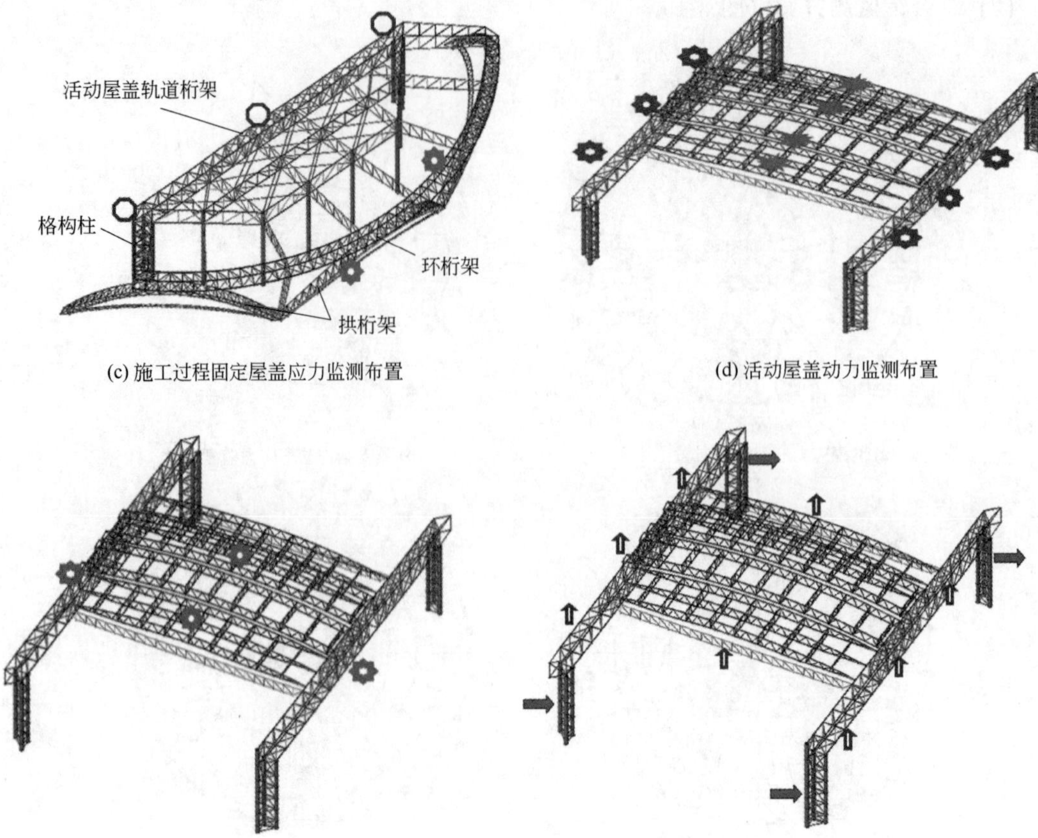

(c) 施工过程固定屋盖应力监测布置　　(d) 活动屋盖动力监测布置

(e) 开合屋盖位移监测布置　　(f) 开合屋盖静力水准仪监测布置

图 8-20　网球馆监测方案

—光纤传感器布置区域；—动态应变监测传感器；—钢弦式传感器布置区域；—固定屋盖部分桁架；

—加速度传感器布置区域；—固定屋盖外环桁架；—特殊地震动测试布置区域；

—激光位移计布置区域；—静力水准仪；—倾角计

(4) 游泳馆监测方案（图 8-21）

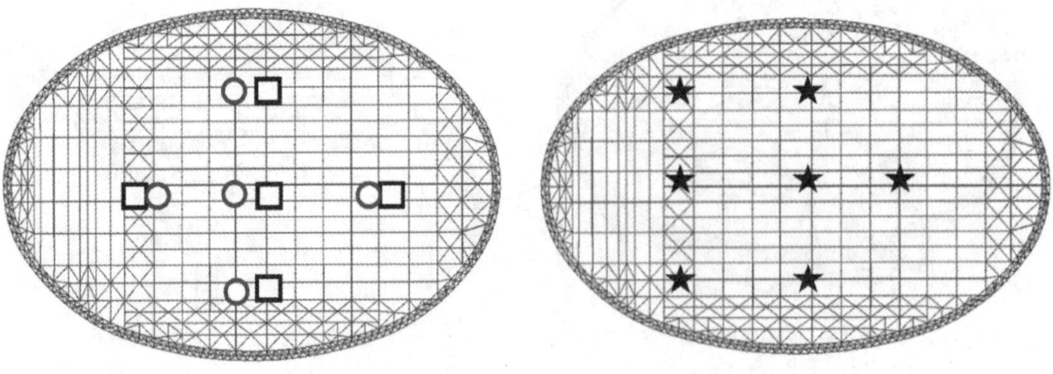

(a) 应力应变监测布置　　(b) 施工过程动态应力应变监测布置

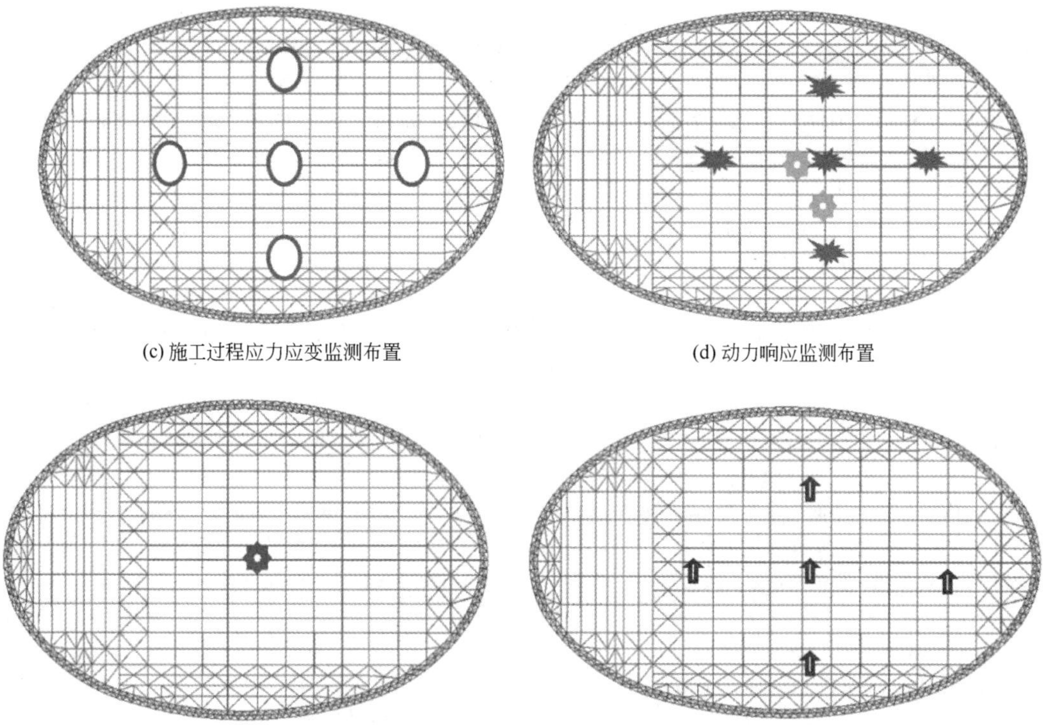

(c) 施工过程应力应变监测布置　　(d) 动力响应监测布置

(e) 激光位移监测布置　　(f) 静力水准仪监测布置

图 8-21　游泳馆监测方案

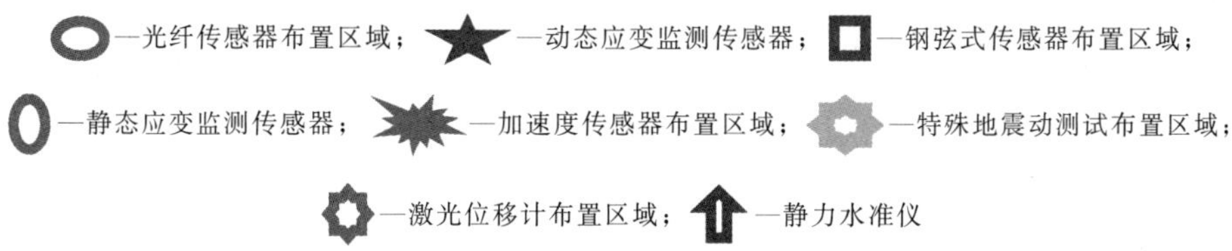

思考题

1. 简述大跨度空间结构健康监测的意义。
2. 确定大跨度空间结构关键杆件的原则是什么？
3. 大跨度空间网格结构的关键节点包括哪些？
4. 大跨度空间结构在施工阶段和运营阶段监测的主要内容有哪些？

参考文献

[1] Rui Wang, Lin-Hai Han, Xiao-Ling Zhao, et al. Experimental behavior of concrete filled double steel tubular (CFDST) members under low velocity drop weight impact [J]. Thin-Walled Structures, 2015, 97.

[2] Rong Z, Xu-Dong Z, Feng F. Plastic behavior of circular steel tubes subjected to low-velocity transverse impact [J]. International Journal of Impact Engineering, 2017, 114 (APR.): 1-19. DOI: 10. 1016/j. ijimpeng. 2017. 12. 003.

[3] Zhao H. Experimental and numerical investigation on impact and post-impact behaviours of H-shaped steel members [J]. Engineering Structures, 2020, 216.

[4] 郭展，陈誉，李志慧. 冲击荷载作用后圆钢管柱抗震性能与恢复力模型研究 [J]. 建筑结构学报，2022，43 (08): 112-123.

[5] A H W, B B Y, B K C, et al. Parametric analysis and simplified approach for steel-framed subassemblies with reverse channel connection under falling-debris impact - ScienceDirect [J]. Engineering Structures, 225 [2025-06-12]. DOI: 10. 1016/j. engstruct. 2020. 111263.

[6] Wang Haitao, Huo Jingsi, Liu Yanzhi, et al. Experimental and numerical study on impact behavior of beam-column substructures of steel frame [J]. Structures, 2021, 29: 14-29.

[7] 张中昊，段皓鹏，于艳春，等. 张弦双向网格型单层柱面网壳稳定性及可靠度分析 [J]. 工程力学，2022，39 (10): 161-172.

[8] Hongbo Liu, Yuechen Xiong, Zhihua Chen, et al. Compressive performance of H-shaped aluminium alloy members with web openings [J]. Engineering Structures, 2022, 266: 114595.

[9] 王秀丽，马肖彤，吴长，等. 钢管柱支承单层网壳结构抗冲击动力性能试验研究 [J]. 振动工程学报，2015，28 (5): 683-691.

[10] 王秀丽，王昊，施刚，等. 单层网壳结构冲击响应模式及临界冲击动能研究 [J]. 工程力学，2015，32 (7): 81-87.

[11] 王秀丽，马肖彤，梁亚雄，等. 斜向冲击下单层网壳结构的动力响应试验 [J]. 振动、测试与诊断，2016，36 (3): 445-450.

[12] 吴长，王秀丽，马肖彤，等. 冲击荷载下单层球面网壳动力响应分析与试验研究 [J]. 振动与冲击，2014 (22): 88-96.

[13] 马肖彤，王秀丽. 冲击荷载作用下单层网壳结构动力稳定性研究 [J]. 振动与冲击，2015 (2): 119-124，133.

[14] 芦燕，彭冠楚，张晓龙. 泰姆科节点刚度对单层球面网壳稳定性能的影响 [J]. 建筑钢结构进展，2023，25 (01): 62-70+89.

[15] 徐帅，陈志华，王小盾，等. 泰姆科节点铝合金单层穹顶结构稳定性能分析 [J]. 天津大学学报 (自然科学与工程技术版)，2015，48 (S1): 32-38.

[16] Ma H, Jiang Y, Li C, et al. Performance analysis and comparison study of two aluminum alloy joint systems under out-of-plane and in-plane loading. An experimental and numerical investigation [J]. Engineering Structures, 2020, 214.

[17] 张志杰，冯若强，刘峰成. 北京大兴国际机场铝合金玻璃采光顶节点试验研究 [J]. 土木工程学报，2020，53 (08): 38-44+128.

[18] 冯若强，王希，朱洁，等. 北京新机场装配式单层铝合金网壳结构整体稳定性能研究 [J]. 建筑结构学报，2020，41 (04): 11-18.

[19] 何江辉，赵才其，王钢，等. 新型铝合金花环齿槽节点的抗剪性能试验研究 [J]. 钢结构 (中英文)，2023，38 (04): 29-34.

[20] 陈志华，徐帅，王小盾，等. 支座不均匀沉降对铝合金单层网壳结构性能的影响 [J]. 空间结构，2014，20 (04): 48-53+66.

[21] 吴金志，宋子魁，孙国军，等. 铝合金单层网壳结构的工程应用与研究进展 [J]. 建筑结构，2021，51 (17): 129-140.

[22] Zhihua Chen, Shuo Cui, Hongbo Liu, et al. Experimental and numerical study on hysteretic behavior of Double-

Layer and Single-Layer aluminum alloy gusset joints [J]. Structures, 2023: 809-822.

[23] Jinzhi Wu, Jianhua Zheng, Guojun Sun, et al. Shaking table test of the single-layer aluminum alloy cylindrical reticulated shell [J]. Thin-Walled Structures, 2022, 172, 108866.

[24] Shaobo Qi, Guangyan Huang, Xudong Zhi, et al. External explosion-induced collapse failure mechanism on single-layer reticulated domes [J]. Structures, 2023, 47: 177-188.

[25] 范重，彭翼，张康伟，等，开合屋盖结构与技术标准的新进展 [J]. 钢结构，2020，35 (2)：29-65.

[26] 贾培军，樊改荣. 某大型体育场馆开合屋盖变形监测及分析 [J]. 山西建筑，2018，44 (01)：57-59.

[27] 江涛，冯晓东，刘中华，等. 某水上乐园开合屋盖的一体化设计施工 [J]. 钢结构（中英文），2019，34 (07)：85-89+103.

[28] 范重，孟小虎，彭翼. 开合屋盖结构动力特性研究 [J]. 建筑钢结构进展，2015，17 (04)：27-36.

[29] Liu M., Li Q. S., Huang S. H., et al. Evaluation of wind effects on a large span retractable roof stadium by wind tunnel experiment and numerical simulation [J]. Journal of Wind Engineering and Industrial Aerodynamics, 2018, 179: 39-57.

[30] 陈伏彬，蔡虬瑞，翁兰溪，等. 大跨开合屋盖风荷载与风致响应试验与数值计算研究 [J]. 地震工程与工程振动，2019，39 (01)：88-95.

[31] Lu J. Y., Liao J., Shu G. P., et al. Experimental study on the motion process of radial retractable roof structures [J]. International Journal of Steel Structures, 2016, 16 (4): 997-1007.

[32] 彭翼，范重，栾海强，等. 国家网球馆"钻石球场"开合屋盖结构设计 [J]. 建筑结构，2013，43 (04)：10-18.

[33] Cai J. G., Zhang Q., Jiang Y. B., et al. Nonlinear stability analysis of a radially retractable hybrid grid shell in the closed position [J]. Steel and Composite Structures, 2017, 24 (3): 287-296.

[34] Cai J. G., Zhang Q., Feng J., et al. Modeling and kinematic path selection of retractable kirigami roof structures [J]. Computer-Aided Civil and Infrastructure Engineering, 2019, 34 (4): 352-363.

[35] 罗尧治，郑延丰，谢俊乔，等. 建筑施工临时支撑结构分类及稳定性分析 [J]. 建筑结构学报，2016，37 (04)：143-150.

[36] 赵海燕，董浩森，王秀丽，等. 空间管桁架结构吊装拼接过程实测分析及安全性研究 [J]. 建筑科学，2020，36 (01)：143-150.

[37] Li Bin, Wang Xiuli, Liu Jianhui., et al. Correction Method for Calculating Critical Plane Position of Geometric Discontinuity Steel Structure Under Multiaxial Loading [J]. Journal of Shanghai Jiao Tong University (Science), 2019, 24 (6): 799-804.

[38] 王秀丽，杨本学. 大跨度空间桁架结构卸载过程模拟分析与监测 [J]. 建筑科学，2018，34 (03)：105-110.